三峡水库消落区植被恢复综合研究

主编 杨帆 苗灵凤

中国水利水电出版社
www.waterpub.com.cn

·北京·

内 容 提 要

　　本书是在对三峡水库消落区生态环境问题认识、植被调查、适宜物种耐水淹机制研究、三峡水库消落区植被恢复规划设计案例分析等资料的基础上撰写而成，为多年研究成果的结晶。

　　本书主要内容包括：长江及三峡工程的基本情况；三峡水库消落区的基本情况；三峡水库消落区的生态环境现状；三峡水库消落区植被的研究进展情况；三峡水库消落区植被研究案例分析；三峡水库消落区部分适宜植物的耐水淹机制研究；以湖北秭归消落区为例，进行消落区植被恢复规划设计的案例分析；结论与展望等。

　　本书论述严谨，结构合理，条理清晰，内容丰富新颖，可供从事水利、环境、生态等专业的科研、工程技术人员参考使用。

图书在版编目（ＣＩＰ）数据

三峡水库消落区植被恢复综合研究 / 杨帆，苗灵凤
主编. -- 北京 : 中国水利水电出版社，2016.12
　ISBN 978-7-5170-5040-7

　Ⅰ．①三… Ⅱ．①杨… ②苗… Ⅲ．①三峡水利工程
－植被－生态恢复－研究 Ⅳ．①TV632.63②Q948.526.3

中国版本图书馆CIP数据核字(2016)第322992号

书　　　名	三峡水库消落区植被恢复综合研究　　SANXIA SHUIKU XIAOLUOQU ZHIBEI HUIFU ZONGHE YANJIU
作　　　者	主编　杨　帆　苗灵凤
出版发行	中国水利水电出版社
	（北京市海淀区玉渊潭南路 1 号 D 座 100038）
	网址：www.waterpub.com.cn
	E-mail：sales@waterpub.com.cn
	电话：(010)68367658(营销中心)
经　　　售	北京科水图书销售中心(零售)
	电话：(010)88383994、63202643、68545874
	全国各地新华书店和相关出版物销售网点
排　　　版	北京亚吉飞数码科技有限公司
印　　　刷	三河市佳星印装有限公司
规　　　格	170mm×240mm　16 开本　25.25 印张　453 千字
版　　　次	2017 年 5 月第 1 版　2017 年 5 月第 1 次印刷
印　　　数	0001—2000 册
定　　　价	89.00 元

前　言

　　举世瞩目的长江三峡工程于 1994 年 12 月 14 日正式开工。2003 年 6 月 1 日开始二期蓄水,6 月 10 日水位达到 135 m 高程,11 月 5 日水位达到 139 m 高程。2006 年 10 月底,三峡工程完成三期蓄水,水位达到 156 m 高程;2009 年,三峡水库已全部建成,蓄水后水位最终抬升至 175 m 高程。蓄水至 175 m 后,整个三峡水库将形成长约 660 km,库岸线长达 5,578 km (含支流),水域面积达 1,084 km² 的峡谷型水库。蓄水后,三峡水库平均水深 80 m,最深处可达 170 m,蓄水库容达 221.5 亿 m³,总库容达 393 亿 m³,平均水面宽 1,500 m,最宽水面 2,600 m,年平径流量达 4,510 亿 m³。三峡工程运行后,根据现行调度方案,坝前水位夏季 145 m 至冬季 175 m 之间变化,形成 221.5 亿 m³ 防洪库容的同时,水库周边形成面积达 348.93 km² 的消落区,是我国面积最大的水库消落区。

　　三峡水库实行 145～175 m 的"冬季蓄水、夏季泄洪"逆反枯洪规律的人工水位调节后,原来的陆生植被难以适应三峡水库水位的反季节变化,逐步消失或死亡,形成了新的裸露水库消落区及消落区植被。三峡水库消落区的核心问题是植被退化严重,并由此引起一系列其它生态环境问题,如面源污染、生物多样性降低、水土流失、流行病情和疫情流行、重金属和营养元素富集等。生态文明建设为生态学界推出了空前强烈的科技要求。生态文明建设的核心内容就是要实现基于生态学理论的可持续发展,加强生态系统管理和环境保护,同时需要正确的发展理念和科学理论指导,更需要技术系统的支撑。可持续发展的核心就是不牺牲未来发展空间和利益,现实社会与经济的发展。三峡库区的生态环境建设与修复必须依靠科技进步,三峡水库消落区的生态修复是三峡库区生态环境建设与保护的重要内容。

　　三峡水库消落区地处库区陆域和水域的过渡带,是流域生态系统组成的敏感部分。水库消落区因水库水位涨落幅度大、逆反自然洪枯变化,具有季节性淹水湿地生态系统特征。水库消落区属于湿地的范畴,是研究相邻区域景观因子间相互作用的关键生态区域,具有重要的社会、经济、生态价值,已成为流域生态修复和研究的中心环节。水库消落区植被是库区沿岸景观中的核心组成部分,为许多动物提供栖息地、同时也为动植物提供迁徙的廊道,对水土流失、养分循环和非点源污染物有着缓冲和过滤作用,在保障水库安全等方面具有重要屏障作用。但是,由于受到反季节、高强度的水淹影响,原来的多数陆生植被难以适应消落区的这种水文环境,逐步死亡,造成消落区内植被稀疏,水位降落后库周两岸经常出现"黄色"裸露地带,极大影响三峡库区的生态观景、库岸稳定和水库寿命。目前消落区的治理主要有工程措施、生物措施、生物+工程相结合等措施。工程措施不但成本高、而且还不具备生态功能,只适合在部分特殊区域,不能大面积推广。相对于工程措施,生物措施具有成本低、持续性好、生态服务功能强等特点,适合大面积推广应用。只有在消落区构建具有自我稳定维持机制的植被,提高消落区植被覆盖率,利用其降解吸收消落区的污染物质,阻截消落区陆上污染物和降低土壤侵蚀,稳定消落区库岸,提高消落区的生态环境质量和景观质量,才能从根本上解决消落区生态问题,实现生态文明的可持续发展。消落区湿地植被恢复重建的核心技术在于适宜物种的筛选、适宜植物的合理定植、群落的优化配置及适宜植物耐水淹机制研究等。因为只有先筛选出适宜物种,才能构建具有自稳定维持机制的植被,进而发挥其生态功能。不同坡度和土壤类型的消落区,要求不同的植物种植技术。不同植物耐水淹、耐干旱的能力不同,而不同高程的消落区受水淹程度也不同,因此需要根据物种的生长型、生活型及耐水淹能力,在消落区不同高程开展植物群路的优化配置技术研究。适宜植物的耐水淹机制及后期的恢复生长能力研究,有利于掌握消落区植物群落自的我维持机制,指导消落区的植被恢复重建。

本书是在编者对三峡水库消落区生态环境问题认识、植被调查、适宜物种耐水淹机制研究、结合三峡水库消落区植被恢复规划设计案例等资料的基础上编著而成,即本书为多年研究成果的结晶。全书分 8 章,第 1 章阐述了长江及三峡工程的基本情况,由杨帆和苗灵凤编写;第 2 章阐述了三峡水库消落区的基本情况,由杨帆和苗灵凤编写;第 3 章阐述了三峡水库消落区的生态环境现状,由杨帆、苗灵凤、王勇编写;第 4 章描述了三峡水库消落区植被的研究进展情况,由苗灵凤、杨帆编写;第 5 章开展了三峡库区长江河岸带植被、自然消落区植被及水库消落区植被调查、适宜物种水淹耐受性研究,由杨帆、苗灵凤、王勇、刘维暐编写;第 6 章主要为三峡水库消落区部分适宜植物的耐水淹机制研究,该部分由杨帆、苗灵凤、韩春宇、叶甜甜编写;第 7 章以湖北秭归消落区为例,进行消落区植被恢复规划设计的案列分析,由杨帆、王勇、苗灵凤编写;第 8 章对该书的内容进行了总结和展望,由杨帆编写。在本书编写过程中,苗灵凤的编写字数超过了 10 万字。

本书的研究内容及编写得到了海南大学的大力支持,同时得到了国家自然科学基金面上项目(31270449)、国家自然科学基金地区基金项目

（31660165）、海南大学科研启动项目（kyqd1573）及国务院三峡办、湖北省移民局、秭归县移民局等项目的资助。中国水利水电出版社对本书的出版付出了大量的辛苦劳动，对此表示深深感谢！

本书参考了同行的专著和研究成果（书中部分英文插图为了保留原始资料的准确性特意没有翻译），在此表示感谢！由于著作水平和编写时间有限，难免有疏漏、错误之处，敬请同行和读者批评指正。

作　者

2016 年 11 月于海南大学

目 录

第1章　长江三峡及三峡工程

1.1　长江

长江(Changjiang River)又名扬子江(Yangtze River),全长 6,363 km,是中国和亚洲的第一长河。仅次于非洲的尼罗河与南美洲的亚马逊河,是世界第三长河,也是世界完全流经在同一国境内的最长河流。长江多年以来年平均入海经流量 9,500 多亿 m^3,为黄河入海经流量的 20 倍,约占全国河川径流总量的 36%。长江经流量居世界第三位,仅次于南美洲亚马逊河以及非洲的刚果河(扎伊尔河)。与长江流域所处纬度带相似的南美洲巴拉那的拉普拉塔河和北美洲的密西西比河,流域面积虽然都超过长江,经流量却远比长江少,前者约为长江的 70%,后者约为长江的 60%。

长江发源于青藏高原格拉丹冬雪山西南侧,穿越中国西南、中部、东部;长江流域东西宽约 3,219 km,南北宽约 966 km。长江源头为沱沱河,流经青海、西藏、四川、云南、重庆、湖北、湖南、江西、安徽、江苏、上海等 11 个省、自治区、直辖市,垂直落差超过 6,600 m,其中最大落差集中在发源地与宜宾区域的上游河段之间,落差达到了 6,100 m,沿途汇聚了 7,000 余条支流,最后经上海汇入东海。

从源头青海格拉丹东到湖北宜昌市三峡出口的南津关为长江的上游流域,流域长度 4,512 km,约占流域总长的 71%;控制流域面积 100 万 km^2。这部分的干流包括:①沱沱河:源头至当曲口,全长 374 km。这里山高岸险,终年积雪数十米厚。②通天河:当曲口以下至青海玉树县境内的巴塘河口,全长 815 km,这里河谷宽阔,水势平缓,日照充足,两岸峰高雪深,景色壮丽、宜人,草滩密茂,是长江流域的重要畜牧区。③金沙江:巴塘河口至四川省宜宾岷江口,全长 2,308 km。其中宜宾至湖北省宜昌段称"川江",全长 1,030 km。另外,奉节至宜昌间的三峡河段又有"峡江"之称。从源头至金沙江,落差约 5,100 m,约占全江落差的 95%,河床比降大,滩多流急,加入的主要支流有雅砻江(金沙江的最大支流);宜宾至宜昌加入的主要支流有岷江、嘉陵江、乌江等。在四川宜宾岷江和金沙江汇合为长江。

从湖北宜昌南津关到江西省湖口则是长江的中游流域,流域干流长度955 km,约占整个流域干流总长的15%,流域面积68万 km²。这里包含了有"九曲回肠"之称的荆江(湖北的枝江至湖南的城陵矶,全长340 km)。其中枝江至藕池口为上荆江,全长160 km;藕池口到湖南的城陵矶为下荆江,全长180 km。在中游汇入的主要支流中,南岸有清江及洞庭湖水系的湘、资、沅、澧四水和鄱阳湖水系的赣、抚、信、修、饶五水,北岸有长江的最长支流——汉江。汉江中上游的丹江口水库为南水北调中线水源地。

从江西湖口到上海的长江入海口是长江的下游流域,流域干流长度896 km,约占整个流域干流总长的14%,流域面积12万 km²。江苏以下江段又称扬子江。下河段江面逐步开阔,有著名的长江三角洲。繁荣的长江三角洲经济占中国 GDP 的20%。崇明岛南端的黄浦江是长江汇入东海之前的最后一条支流。

长江水系除干流外,还由数以千计的大小支流、湖泊组成,主要有雅砻江、岷江、沱江、嘉陵江、乌江、赤水河、沅江、湘江、汉江、赣江、青弋江、黄浦江等支流以及滇池、草海、洪湖、洞庭湖、鄱阳湖、巢湖、太湖等重要湖泊。其中流域面积在 1,000 km² 以上的支流有437条,10,000 km² 以上的有49条,80,000 km² 以上的有8条(表1-1),分别是嘉陵江、汉江、雅砻江、岷江、湘江、沅江、乌江和赣江。其中雅嘉陵江、汉江、砻江和岷江4条支流的流域面积都超过了 100,000 km²。支流流域面积以嘉陵江最大,年径流量、年平均流量以岷江最大,长度以汉江最长。全流域现有面积大于 1 km² 的湖泊760个,总面积 17,093.8 km²。其中江源区湖泊总面积 758.4 km²,云贵高原区湖泊总面积 540.8 km²,最大的湖泊为滇池,面积 297 km²。中下游区共有湖泊642个,总面积 1,579.6 km²。整个长江水系的流域面积达180万 km²,位于东经 90°33′～122°25′,北纬 24°30′～35°45′之间。占全国陆地面积的18.8%,和黄河一起并称为中国的"母亲河"。长江流域人口约占全国的1/3,工农业总产值约占全国的48%。长江流域水系庞大,干支流纵横交汇,河川径流丰沛,落差达 5,400 m,蕴藏着巨大的水能资源。其理论蕴藏量为 2.68 亿千瓦,约占全国水能资源的40%。可开发的水能为 1.97 亿千瓦,占全国可开发水能资源的53.4%,年均可发电 10,270 亿度,相当于年产原煤 5.6 亿吨。

表 1-1 长江主要的 8 大支流概况

支流名称	发源地	终点	流域面积（km²）	干流长（km)	河口多年平均流量（m³/s）	全流域水能理论蕴藏量（万kw）	可开发的水力发电量（万kw）	总落差（m)
嘉陵江	秦岭西段南麓	重庆市注入川江	16	1,345	2,120	1,522	870	2,300
汉江	秦岭南麓	武汉市注入长江	15.9	1,577	1,710	1,093	614	639
雅砻江	巴颜喀拉山南麓	渡口市注入金沙江	13.6	1,571	1,860	3,372	2494.1	3,830
岷江	岷山南麓	宜宾注入川江	13.58	735	2830	4,886.6	3056	3,560
湘江	广西灵桂县海洋山	湘阴县濠河口注入洞庭湖	9.466	844	2,370			756
沅江	湘黔两省边界的云雾山	常德县德山注入洞庭湖	8.916	1,022	2,170	794	593.8	1,462
乌江	乌蒙山东麓	涪陵汇入长江	8.792	1,037	1,650	1,042.6	880	2,124
赣江	武夷山的黄竹岭	南昌市注入鄱阳湖	8.35	766	2,130	364		

1.2　三峡

　　四川宜宾至湖北的宜昌的长江段又称川江,全长 1,030 km。自奉节白帝城至宜昌南津关之间近 200 km 河段又称为"峡江",为世界闻名的长江三峡,即瞿塘峡、巫峡和西陵峡的总称(图 1-1)。长江三峡是我国十大自然风景区之一,也是世界著名的山水画廊,更是生物多样性的集中区域。长江三峡旅游资源得天独厚,三峡峡谷陡峭,雄奇壮美,奇峰竞起,千姿百态,幽深秀丽。这里的景色令人目不暇接,是首批国家级风景名胜区。长江三峡是世界上唯一可以乘船游览的大峡谷,和"丝绸之路"并称为中国最早向世界推荐的两条黄金旅游线。

图 1-1　长江三峡鸟瞰图[本图摘自《李鹏论三峡》,2001;《百问三峡》,P6]

1.2.1　瞿塘峡

　　瞿塘峡,又名夔(kuí)峡,位于重庆奉节境内,全长约 8 km。瞿塘峡西起重庆市奉节县的白帝城,东至巫山县的大溪镇。在长江三峡中虽然它最短,却最为雄伟险峻。瞿塘峡虽短,却能"镇渝川之水,扼巴鄂咽喉",有"西控巴渝收万壑,东连荆楚压摹山"的雄伟气势。古人形容瞿塘峡——"案与天关接,舟从地窟行"。境内有世界最大的小寨天坑、世界最长的天井峡地缝、世界级暗河龙桥河。中国十大风景名胜之一、中国旅游胜地四十佳的长江三峡第一峡的瞿塘峡,有中国历史文化名胜白帝城、刘备托孤的永安宫、诸葛亮的八阵图、瞿塘峡内的摩崖石刻、悬棺群等自然人文景观,构成了分别以白帝城瞿塘峡和天坑地缝为中心的两大特色旅游区。

1.2.2　巫峡

巫峡又名大峡,以幽深秀丽著称,位于重庆巫山和湖北巴东两县境内,西起巫山县城东面的大宁河口,东至巴东县官渡口,全长 42 km。包括金蓝银甲峡和铁棺峡,峡谷特别幽深曲折,是长江横切巫山主脉背斜而形成的。巫峡整个峡区奇峰突兀,怪石磷峋,峭壁屏列,绵延不断是三峡中最可观的一段,宛如一条迂回曲折的画廊,充满诗情书意,可以说处处有景,景景相连。巫峡谷深狭长,日照时短,峡中湿气蒸郁不散,容易成云致雾,云雾千姿万态,有的似飞马走龙,有的擦地蠕动,有的像瀑布一样垂挂绝壁,有时又聚成滔滔云纱,在阳光的照耀下,形成巫峡佛光,因而古人留下了"曾经沧海难为水,除却巫山不是云"的千古绝唱。长江三峡的巫山十二峰被称为"景中景,奇中奇",巫山十二峰分别坐落在巫峡的南北两岸,是巫峡最著名的风景点。长江三峡十二峰中以神女峰最为著名,峰上有一挺秀的石柱,形似亭亭玉立的少女。它每天最早迎来朝霞,又最后送走晚霞,故又称"望霞峰"。重庆巫山位于长江三峡库区腹心,素有"万峰磅礴一江通,锁钥荆襄气势雄"的地貌景观和"三峡明珠"、"渝东门户"之称。

1.2.3　西陵峡

西陵峡在湖北宜昌市秭归县境内,西起香溪口,东至南津关,西陵峡西起巴东县的官渡口,东到宜昌市的南津关,全长 126 km,以宜昌市的西陵山而得名。西陵峡是长江三峡中最长的一个峡,以滩多水急闻名。其自上而下共分 4 段:香溪宽谷、西陵峡上段宽谷、庙南宽谷、西陵峡下段峡谷。沿江有巴东、秭归、宜昌 3 座城市。原来的西陵峡为三峡最险处,礁石林立,浪涛汹涌,两岸怪石横陈,滩多流急,峡北的秭归为屈原的故乡,相邻有汉代王昭君的故里。唐代诗人李白在《早发白帝城》曾用"朝辞白帝彩云间,千里江陵一日还,两岸猿声啼不住,轻舟已过万重山。"的千古名句来描述三峡工程以前的长江三峡段下行水流湍急。随着三峡工程的建成,该段长江已成为湖泊,水势平缓,江中千帆飞驰,两岸橘林遍坡,黄绿相映,硕果累累,峡风阵阵,醉人心扉,奇险的景观与悠久的人文历史令海内外游客留连忘返。

1.3　三峡工程

1.3.1　长江流域特大洪水情况

　　长江流域是中华民族的发祥地之一,流域内资源丰富,土地肥沃,特别是中下游地区,是中国社会和经济最发达的地区之一。长江上游地区自然地理条件复杂多样,生物多样性丰富,水系发达,是长江流域重要的水源区和生态屏障。但是,在三峡水库蓄水前,由于河道行洪能力不足,洪水高出两岸地面数米至十几米,这一地区也是洪水灾害频繁且严重的地区。因此,长江的治理开发对中国社会经济发展具有重大的影响。长江洪水由暴雨形成,一般年份上游和中下游洪水相互错开,不致形成威胁中下游平原区的大洪水;若上游及中下游雨季重叠或上游发生特大暴雨,洪水相互遭遇,中下游就会出现较大或特大洪水。长江中下游发生洪水灾害的根本原因是上游干流及中游支流洪水来量大,中游没有一个有足够容积的调洪、滞洪场所,而且河道渲泄能力又不足,当洪水来量超过河槽安全泄量时,势必造成堤防溃决,洪水漫流成灾。

　　据历史记载,自汉初至清末 2000 年间(公元前 185 年—1911 年),长江曾发生大小洪灾 214 次,平均约十年一次。20 世纪,长江在 1931 年、1935 年、1954 年和 1998 年共发生四次严重的洪水灾害,这四次洪灾都造成了极其惨重的损失。1998 年长江遭遇了百年以来仅次于 1954 年的特大洪水,国家动用了大量人力、物力,进行了近三个月的抗洪抢险,全国各地调用 130 多亿元的抢险物资,高峰期有 670 万群众和数十万军队参加抗洪抢险,才使长江中下游人民生命财产免遭巨大的损失。

　　1870 年(清同治九年,庚午年)的洪水是长江上、中游的一次特大洪水。自 1153 年以来的 849 年间,在历史记载到的 8 次历史性大洪水和实测到的 20 世纪 5 次大洪水中,以 1870 年的洪水最大,实属历史上罕见的大洪水。1870 年 7 月长江中下游地区连续降雨,7 月中下旬,暴雨进入长江上游地区。这次暴雨范围广、强度大、历时长。整个暴雨过程约为 7 天,经模拟分析,7 天暴雨量 200 mm 以上的笼罩面积达 160,000 km²。宜昌站水位达 59.50 m、洪峰流量达 105,000 m³/s,15 天洪量为 975.1 亿 m³,30 天洪量为 1,650 亿 m³。这次特大洪水的灾情十分严重,损失之巨,范围之广,为数百年所罕见。主要受灾地区为四川、湖北、湖南等省。1870 年洪水灾害与

1931 年、1935 年、1954 年洪水灾害相比,其范围之广、灾情之重,为我国历史上所罕见。

1931 年 7 月,长江中下游连续降雨近一个月,雨量超过常年同期雨量两倍以上,江湖洪水满盈。7 月下旬长江中下游梅雨结束后,雨区转向长江上游,金沙江、岷江、嘉陵江发生大水,以岷江洪水最大。川水东下与长江中下游洪水相遇,造成荆江大堤下段漫溃,沿江两岸一片汪洋,54 个县市受灾,受淹农田 5,090 万亩,受灾人口 2,855 万人,损毁房屋 180 万间,因灾死亡 14.52 万人,灾情惨重。武汉三镇平地水深丈余,陆地行舟,商业停顿,百业俱废,物价飞涨,瘟疫流行,受淹时间长达 133 天。1935 年 7 月 3 日至 7 日的 5 天内,三峡区间南部以五峰为中心,北部以兴山为中心,发生了紧相衔接的两次特大暴雨。五天内暴雨量实测值以五峰 1,281.8 mm 为最大,是我国著名的"357"暴雨(即 1935 年 7 月暴雨)的最大暴雨中心。兴山暴雨中心的五日暴雨量也达 1,084 mm。由于暴雨急骤,致使三峡地区、清江、澧水、汉江洪水陡涨,来势凶猛,荆江大堤沙市以上得胜寺和横店子,沙市以下麻布拐相继溃口,荆州、沙市、监利、沔阳、枝江、松滋和石首均成泽国,"纵横千里,一片汪洋,田禾牲畜,荡然无存,十室十空,骨肉离散,为状之惨,目不忍睹"。江汉平原 53 个县市受灾,受淹农田 2,264 万亩,受灾人口 1,003 万人,因灾死亡 14.2 万人,损毁房屋 40.6 万间。由于这次洪水的洪峰流量大而洪水总量较小,故长江中下游干流两岸灾情比 1931 年小,具体灾情详见表 1-2。

1954 年 6 月中旬,长江中下游发生三次较大暴雨,历时 9 天,雨季提前且雨带长期徘徊于长江流域,直至 7 月底流域内每天均有暴雨出现,且暴雨强度大、面积广、持续时间长,在长江中下游南北两岸形成拉锯局面。8 月上半月,暴雨移至长江上游及汉江上中游。由于在上游洪水未到之前,中下游湖泊洼地均已满盈,以致上游洪水东下时,渲泄受阻,形成了 20 世纪以来的又一次大洪水。百万军民奋战百天,并相继运用了荆江分洪区和一大批平原分蓄洪区,才保住了武汉、黄石等重点城市免遭水淹,确保了荆江大堤未溃决,但洪灾造成的损失仍然十分严重。受灾农田 4,755 万亩,受灾人口 1,888 万人,因灾死亡 3.3 万人,损毁房屋 427.6 万间。武昌、汉口被洪水围困百日之久,京广铁路一百天不能正常通车,具体灾情详见表 1-2。

表 1-2　二十世纪长江流域特大洪水灾情比较

年份	受灾面积	受淹农田（万亩）	受灾人口（万人）	损毁房屋（万间）	死亡人数（万人）	直接经济损失（亿元）	宜昌站洪峰流量（m³/s）
1931.07	54 个县市	5,090	2,855	180	14.52	13.84	64,600
1935.07	53 个县市	2,264	1,003	40.6	14.2	——	56,900
1954.06	123 个县市	4,755	1,888	427.6	3.3	——	66,800
1998.08	29 个省（区、市）	4,002	22,300	685	0.3004	1,660	63,300

　　1998 年,长江又一次发生了全流域型特大洪水。洪水发生早、来势猛。5 月中旬,长江中下游大范围降雨,湘江中上游和汉江中下游降中到大雨;6 月中下旬,长江中下游大部分地区降中到大雨和暴雨,江河水位迅猛上涨,初步形成和长江上游来水相互顶托之势;6 月下旬末,长江上游和三峡区间发生持续数日的大到暴雨;7 月 2 日,宜昌出现第一次洪峰,上中游洪水相互遭遇,全流域型洪水从此开始。长江干流接连出现 8 次洪峰。7 月中下旬,中下游水系的大洪水使洞庭湖、鄱阳湖迅速蓄满,湖水位超过历史最高水位,中下游江段水位进一步抬升,上游洪峰的来水使中下游江段水位更加抬升。长江干流沙市至九江江段,水位多次超过历史最高水位 0.55～1.25 m;沙市水位曾 3 次超过 1954 年的历史最高水位 44.67 m,最高达 45.22 m。从 6 月中旬至 9 月 7 日,长江干流沙市、监利、螺山、汉口、九江水位超过警戒水位的天数长达 57～76 天,监利至螺山和武穴至九江江段超过历史最高水位的天数长达 40 多天。宜昌、汉口水文站实测 7、8 月份洪水总量均超过 1954 年。1998 年长江流域特大洪水,虽然洪峰次数多、洪峰水位高、持续时间长,但与 20 世纪前几次特大洪水相比,造成的灾害仍为最小,耕地成灾面积 4,002 万亩,倒塌房屋 81.2 万间,死亡 1,320 人。

　　造成长江中下游洪水灾害的洪水主要有以下三种类型:一是全流域型洪水,由全流域范围内持续暴雨而形成,如 1931 年、1954 年和 1998 年的洪水;二是上游型洪水,由金沙江、岷江、沱江、嘉陵江、乌江及三峡区间上段的持续暴雨而形成,如 1788 年、1860 年和 1870 年的洪水;三是中下游型洪水,由三峡区间下段、清江、汉江和澧水的持续暴雨而形成,如 1935 年洪水。

多年的实测资料表明,无论哪种类型的洪水,宜昌以上即长江上游的洪水来量都占长江中下游洪水的主要部分。据统计,长江主汛期 7、8 两个月的多年平均洪水总量中,宜昌以上洪水来量占枝城洪量的 95%,螺山(位于荆江与洞庭湖出流汇口城陵肌的下游)洪量的 61%~79.5%,汉口洪量的 55.4%~76.2%。即使中下游型的 1935 年洪水,7、8 两个月宜昌水文站实测的洪水总量仍分别占螺山洪量的 64.9%,汉口洪量的 55.1%。由于长江河道行洪能力不足,在夏季洪水期遇到较大的暴雨时,洪水通常高出两岸地面数米至十几米。因此,以前的长江流域是洪水灾害频繁且严重的地区。肆虐的长江洪水是国家和民族的心腹大患,也整个长江流域经济社会要发展所必须解决的重大问题。

1.3.2　三峡工程的由来

长江的治理开发对中国社会经济发展具有重大的影响。1919 年,孙中山先生在《建国方略之二——实业计划》中最早提出建设三峡工程的设想。1932 年,国民政府建设委员会派出的一支长江上游水力发电勘测队在三峡进行了为期约两个月的勘查和测量,编写了一份《扬子江上游水力发电测勘报告》,拟定了葛洲坝、黄陵庙两处低坝方案。这是中国专为开发三峡水力资源进行的第一次勘测和设计工作。1944 年,在当时的中国战时生产局内任专家的美国人潘绥写了一份《利用美贷款筹建中国水力发电厂与清偿贷款方法》的报告。美国垦务局设计总工程师萨凡奇到三峡实地勘查后,提出了《扬子江三峡计划初步报告》,即著名的"萨凡奇计划"。1945 年,国民政府资源委员会成立了三峡水力发电计划技术研究委员会、全国水力发电工程总处及三峡勘测处。1946 年,国民政府资源委员会与美国垦务局正式签订合约,由该局代为进行三峡大坝的设计,中国派遣技术人员前往美国参加设计工作。有关部门初步进行了坝址及库区测量、地质调查与钻探、经济调查、规划及设计工作等。1947 年 5 月,面临崩溃的国民政府,中止了三峡水力发电计划的实施,撤回全部技术人员。

1949 年,长江流域遭遇大洪水,荆江大堤险象环生。长江中下游特别是荆江河段的防洪问题,从新中国成立伊始就受到了重视。1950 年初,国务院长江流域规划办公室正式在武汉成立,三年后兴建了荆江分洪工程。1953 年,毛泽东主席在听取长江干流及主要支流修建水库规划的介绍时表示:希望在三峡修建水库,以"毕其功于一役"。他指着地图上的三峡说:"费了那么大的力量修支流水库,还达不到控制洪水的目的,为什么不在这个总口子上卡起来?"、"先修那个三峡大坝怎么样"? 1953 年 10 月,长江流域规划办公室上游局党组向西南局财委的报告中提出,未来三峡水库的蓄水高度可能在 190 m 左右,请西南局向沿江城市和有关单位打招呼,不要在 190 m 高程以下设厂或建较为重要的工程。西南局财委同意了这个建议。1954 年 9 月,长江流域规划办公室主任林一山在《关于治江计划基本方案的报告》中提出,三峡坝址拟选在黄陵庙地区,蓄水位拟选为 191.5 m。1955 年起,在中共中央和国务院的领导下,有关部门和各方面人才通力合作,全面开展长江流域规划和三峡工程勘测、科研、设计与论证工作。同年 3 月,在莫斯科签订了技术援助合同,第一批苏联专家 6 月到达武汉。长委所属 4 台钻机和第七地形测量队先后进入三峡地区,开展测量工作。1955 年 12 月,周恩来在北京主持会议,在听取长委和苏联专家两种截然相反的意见后,肯定了专家的意见,正式提出,三峡水利枢纽有着"对上可以调蓄,对下可以补偿"的独特作用,三峡工程是长江流域规划的主体。1956 年,毛泽东主席在武汉畅游长江后写下了"更立西江石壁,截断巫山云雨,高峡出平湖"的著名诗句。1957 年 12 月 3 日,周恩来总理为全国电力会议题词:"为充分利用中国五亿四千万千瓦的水力资源和建设长江三峡水利枢纽的远大目标而奋斗"。1958 年 3 月,周恩来总理在中共中央成都会议上作了关于长江流域和三峡工程的报告,会议通过了《中共中央关于三峡水利枢纽和长江流域规划的意见》,明确提出:"从国家长远的经济发展和技术条件两个方面考虑,三峡水利枢纽是需要修建而且可能修建的,应当采取积极准备、充分可靠的方针进行工作"。当月,周恩来总理登上三斗坪中堡岛,与随行专家共同研究三峡工程坝址优选方案。1958 年 3 月 30 日,毛泽东主席视察葛洲坝坝址。1958 年 6 月,长江三峡水利枢纽第一次科研会议在武汉召开,82 个相关单位的 268 人参加,会后向中央报送了《关于三峡水利枢纽科学技术研究会议的报告》。1958 年 8 月,周恩来总理主持了北戴河的长江三峡会议,更具体地研究了进一步加快三峡设计及准备工作的有关问题,要求 1958 年底完成三峡初设要点报告。1960 年 4 月,水电部组织了水电系统的苏联专家 18 人及中国有关单位的专家 100 余人在三峡查勘,研究选择坝址。同月,中共中央中南局在广州召开经济协作会,讨论了在"二五"期间投资 4 亿元、准备 1961 年三峡工程开工的问题。由于暂时经济困难和国际形势影响,三峡建设步伐得到调整。8 月苏联政府撤回了有关专家。

　　1970 年,中央决定先建作为三峡总体工程一部分的葛洲坝工程,一方面解决华中用电供应问题,一方面为三峡工程作准备。1970 年 12 月 26 日,毛泽东主席作了亲笔批示:"赞成兴建此坝"。1970 年 12 月 30 日,葛洲坝工程开工。1979 年,水利部向国务院报告关于三峡水利枢纽的建议,建议中央尽早决策。1980 年 7 月,邓小平副总理从重庆乘船视察了三峡坝址、葛州坝工地和荆江大堤,听取了三峡工程的汇报。1981 年 1 月 4 日,葛洲坝工程大江截流胜利合龙。1981 年 12 月,葛洲坝水利枢纽二江电站一二号机组通过国家验收正式投产。1981 年 11 月,邓小平副总理在听取兴建三峡工程的汇报时果断表态:"看准了就下决心,不要动摇"! 1984 年 4 月,国务院原则批准由长江流域规划办公室组织编制的《三峡水利枢纽可行性研究报告》,初步确定三峡工程实施蓄水位为 150 m 的低坝方案。1984 年底,重庆市对三峡工程实施低坝方案提出异议,认为这一方案的回水末端仅止于涪陵、忠县间 180 公里的河段内,重庆以下较长一段川江航道得不到改善,万吨级船队仍然不能直抵重庆。1986 年 3 月,邓小平接见美国《中报》董事长傅朝枢时表示:对兴建三峡工程这样关系千秋万代的大事,中国政府一定会周密考虑,有了一个好处最大、坏处最小的方案时,才会决定开工,是决不会草率从事的。1986 年 6 月,中央和国务院决定进一步扩大论证,责成水利部重新提出三峡工程可行性报告,以钱正英为组长的三峡工程论证领导小组成立了 14 个专家组,进行了长达两年八个月的论证。1989 年,长江流域规划办公室重新编制了《长江三峡水利枢纽可行性研究报告》认为,建比不建好,早建比晚建有利。报告推荐的建设方案是:"一级开发,一次建成,分期蓄水,连续移民",三峡工程的实施方案确定坝高为 185 m,蓄水位为 175 m。1989 年 7 月,中共中央总书记江泽民来到湖北宜昌,考察了三斗坪坝址。1989 年底,葛洲坝工程全面竣工,通过国家验收。

　　1990 年 7 月,以邹家华为主任的国务院三峡工程审查委员会成立,至 1991 年 8 月,委员会通过了可行性研究报告,报请国务院审批,并提请第七届全国人大审议。1991 年 9 月,全国政协主席李瑞环视察三峡大坝坝址。1992 年,全国人大常委会委员长乔石视察三峡大坝坝址。1992 年 4 月 3 日,七届全国人大第五次会议以 1767 票赞成、177 票反对、664 票弃权、25 人未按表决器通过《关于兴建长江三峡工程的决议》,决定兴建三峡工程列入国民经济和社会发展十年规划,由国务院根据国民经济发展的实际情况和国家财力、物力的可能,选择适当时机组织实施。三峡工程采取"一次开发、一次建成、分期蓄水、连续移民"的建设方式,水库淹没涉及湖北省、重庆市的 20 个区县、270 多个乡镇、1,500 多家企业,以及 3,400 多万 m³ 的房屋。从开始实施移民工程的 1993 年到 2005 年,每年平均移民近 10 万人左右,累计有 110 多万移民告别故土。1993 年 1 月,国务院三峡工程建设委员会成立,李鹏总理兼任建设委员会主任。委员会下设三个机构:办公室、移民开发局和中国长江三峡工程开发总公司。1993 年 7 月 26 日,国务院三峡工程建设委员会第二次会议审查批准了长江三峡水利枢纽初步设计报告(枢纽工程),标志着三峡工程建设进入正式施工准备阶段。1993 年 8 月,国务院发布了长江三峡工程建设移民条例,规定:国家在三峡工程建设中实行开发性移民方针,使移民的生活水平达到或者超过原有水平,并为三峡库区长远的经济发展和移民生活水平的提高创造条件。1993 年 9 月 26 日,江泽民主席为三峡工程题词:"发扬艰苦创业精神,建好宏伟三峡工程"。1993 年 9 月 27 日,中国长江三峡工程开发总公司正式挂牌成立。1993 年 12 月 25 日,国务院三峡工程建设委员会第三次会议研究三峡工程移民问题。1994 年 10 月 16 日,中共中央总书记、国家主席江泽民考察三峡工地时指出,"既然已经下定决心要上这个工程,就要万众一心,不怕困难,艰苦奋斗,务求必胜"。江泽民主席还为三峡工程题词:"向参加三峡工程的广大建设者致敬"。1994 年 11 月 2 日,朱镕基副总理视察三峡工程。

1994 年 11 月 17 日,国务院三峡工程建设委员会第四次会议研究三峡工程正式开工问题。

1994 年 12 月,李鹏总理在乘船赴三峡工地参加工程开工典礼的途中,写下歌颂三峡工程的《大江曲》:

巍巍昆仑,不尽长江,滚滚东流。望巴山蜀水,沃野千里,人杰地灵,满天星斗。夔门天险,巫峡奇峰,山川壮丽冠九州。出西陵,看大江南北,繁荣锦绣。

却惜无情风雨,滔滔洪水,万姓悲愁。众志绘宏图,截断波涛,高峡平湖,驯服龙虬。巨轮飞转,威力无穷,功在当代利千秋。展宏图,恰逢新时代,万丈潮头。

1994 年 12 月 14 日,国务院总理李鹏在宜昌三斗坪举行的三峡工程开工典礼上宣布:三峡工程正式开工。

1.3.3 三峡工程的社会效益

三峡工程全称为长江三峡水利枢纽工程,是当今世界上最大的水利枢纽工程。三峡工程包括了枢纽工程、移民工程和输变电工程。枢纽工程包括一座混凝重力式大坝,泄水闸,一座堤后式水电站,一座永久性通航船闸和一架升船机。三峡工程建筑由大坝、水电站厂房和通航建筑物三大部分组成。共挖土石方 1.2 亿 m^3,浇筑混泥土 2,807 万 m^3。大坝坝顶总长 3,035m,坝高 185 m,全长约 2,309 m。移民工程共搬迁安置移民 130 万人,迁建城市 2 座、县城 10 座、集镇 114 座,复建房屋 5,055 万 m^2,迁建工矿企业 1,632 户,还复建了大量的通信、输变电线路、桥梁、公路等。移民静态总投资为 530.04 亿元。水电站左岸设 14 台,左岸 12 台,共表机 26 台,前排容量为 70 万 kW 的小轮发电机组,总装机容量为 1,820 kW·h,年发电量 847 亿 kW·h。三峡大坝工程包括主体建筑物工程及导流工程两部分,工程总投资为 954.6 亿元人民币(按 1993 年 5 月末价格计算),其中枢纽工程 500.9 亿元;113 万移民的安置费 300.7 亿元;输变电工程 153 亿元。

三峡工程具有巨大的防洪效益,可以使荆江河段的防洪标准,由十年一遇提高到百年一遇,即使遇到类似 1870 年的特大洪水,也可避免发生毁灭性灾害。这样就可以有效地减免洪水灾害对长江中游富庶的江汉平原和洞庭湖区的生态与环境的严重破坏。最重要的是可以避免人口的大量伤亡,避免京广、汉丹铁路干线中断或不能正常运行而造成的生活和生产环境的恶化,避免疾病流行、传染病蔓延,避免洪灾带来的饥荒、救灾赈济和灾民安置等一系列社会问题;可减免洪灾对人们心理上造成的威胁;有利于中、下游血吸虫病的防治;减缓洞庭湖淤积速度,延长湖泊寿命;还可改善中下游枯水期的水质。由此可见,利用三峡水库的防洪库容能有效地调节并控制宜昌以上洪水来量,减少下泄流量,不仅可以保证荆江河段的行洪安全,而且对城陵矶、洞庭湖区、武汉等地的防洪安全也有较大作用,还可以大幅度减少分蓄洪损失。

三峡工程是实现长江航运发展目标的重要组成部分。它的兴建将促进西部地区与中部地区、沿海地区的经济交流,促进西南地区的经济发展。水库蓄水运行彻底改变了三峡大坝至重庆段航道的航运条件,推动了长江中上游航运的快速发展。三峡工程蓄水以来所取得的航运效益主要为以下几个方面:①库区航道条件显著改善。三峡工程蓄水后,库区航道尺度明显增大、库区江面宽度、航道维护水深增加,航行船舶吨位从 1,000 吨级提高到 3,000~5,000 吨级,三峡大坝至重庆港具备万吨级船队的航行条件。川江主要险滩淹没,实现昼夜通航。库区水流条件明显改善,三峡工程蓄水后过流断面明显扩大,水流明显变缓。②蓄水后库区香溪河、沿渡河、小江、大宁河等 39 条支流具备较好通航条件,可以形成以川江为主轴、支流为支撑的库区较高等级航道网,实现了干支联通,促进了腹地经济社会发展。③由于库区航道水流条件改善,船舶运输成本和油耗大为降低。总之,三峡工程蓄水后,库区航运条件显著改善,长江上游通航能力大幅提高,内河航运运量大、能耗小、污染轻、成本低的比较优势得到充分发挥。

三峡水电站装机总容量为 1,820 万 kW,年均发电量 847 亿 kW·h。三峡水电站若电价暂按 0.18~0.21 元/(kW·h)计算,每年售电收入可达 181 亿~219 亿元,除可偿还贷款本息外,还可向国家缴纳大量所得税。三峡电机组全部建成后,可以顶 10 个大亚湾核电站发出的电量。三峡水电站多往长期承受缺电之苦的经济发达地区,如广东、上海、浙江、江苏等地,极大地缓解了电力供应的紧张局面,为国民经济提供了强有力的清洁能源。截止至 2011 年,三峡电站自运行以来共发电 5,307 kW·h,其中送往华中地区占 38.3%,华东地区 41%,南方地区 20.7%。最远输电距离达 1,300 km,受益人口超过全国人口的一半,惠及半个中国。现在,三峡工程的电力正源源不断地送往沪、赣、浙、皖、豫、鄂、湘、粤、渝。如果将三峡水电站替代燃煤电厂,相当于 7 座 260 万 kW 的火电站,每年可减少燃煤 5,000 万吨,少排放二氧化碳约 1 亿吨,二氧化硫 200 万吨,一氧化碳约 1 万吨,氮氧化合物约 37 万吨以及大量的废水、废渣;可减轻因有害气体的排放而引起的酸雨的危害。三峡电站的建成,促进了全国的电力联网,对供电地区之间的错峰效益、水电火电容量交换效益、水电站群之间的电力补偿调节效益发挥了积极效应,充分保证了电力供给的可靠性和稳定性。

三峡大坝的旅游发展,收入潜力最终每年可以接近 60 亿元。三峡总公司实业总公司的负责人曾对外表示,三峡旅游工程完工后,初期每年的旅游收入有望达到 30 亿元。另据行业测算,三峡大坝旅游区每直接收入 1 元,民航、铁路、公路可增加收入 20 元,相关行业消费至少可达 4.3 元。旅游收入每增加 1 元,可带动第三产业相应增加 10.7 元。三峡坝区每年过百万的游客为宜昌市贡献约 11% 的 GDP 份额。为此,宜昌市制定的"十一五"发展规划中,2010 年宜昌市接待国内外游客超过 1,200 万人次,旅游总收入达到 100 亿元。第三组数据则是,宜昌市一学术机构研究预测,三峡工程建成后的初期,每年去三峡的游客将达到 1,300 万人次,旅游总收入有望达到 200 亿,人均在三峡的消费超过 1,500 元。2003 年三峡大坝的参观门票从 32 元涨到 68 元,2006 年再次涨至 105 元。2006 年前往参观三峡大坝的游客人数达到 130 万人次,仅此门票收入就超过 1 亿元。

现在的三峡工程,从最初重点关注防洪、发电、航运三大功能发挥,已经扩展到防洪、抗旱、供水、航运、渔业、旅游、发电等七项功能的全面发挥。在实践上,不仅关注雨情和水情变化,同时也关注长期的气候变化,不仅关注汛期的防洪问题,也关注枯水期的抗旱和供水问题。三峡工程还可使长江中下游枯水季节的流量显著增大。另外,有利于珍稀动物白暨豚及其它渔类安全越冬,减免因水浅而发生的意外死亡事故;还有利于减少长江口盐水上溯长度和入侵时间,减少上海市区人民吃"咸水"的时间。总之,三峡工程的生态环境效益是巨大的,但还应加强三峡工程对生态与环境影响的研究和监测,对不利影响采取妥善措施加以减免。

参考文献

[1]崔文华,邱健.细数三峡工程综合效益[J].中国三峡(科技版),2010,(5):14－22.

[2]郭涛.三峡工程的航运效益分析[J].水运工程,2010,443(7):104－106.

[3]郝志华,刘诗颖.三峡工程对长江中下游防洪减灾的作用[J].中国三峡建设,2001,8(1):32－33.

[4]李鹏.李鹏论三峡工程[M].中国三峡出版社、中央文献出版社,2011.

[5]马建华.三峡工程综合效益巨大[J].中国水利,2011,(12):14.

[6]邱忠恩,谈昌莉,张惠等.长江三峡工程综合经济效益研究[J].人民长江,2003,34(8):43－46.

[7]邱忠恩.论三峡工程的综合效益及对中国经济持续发展的作用[J].湖北水力发电,2004,(2):4－7.

[8]邱忠恩.三峡工程综合效益的长期发展趋势分析[J].湖北水力发电,2008,(1):54－56.

[9]荣天富,谢葆玲.三峡工程航运效益初步分析与展望[J].水运工程,2006,(8):70－73,78.

[10]石铭鼎,栾临滨.长江[M].上海教育出版社,1989.

[11]孙荣刚.长江三峡水利枢纽工程[M].五洲传播出版社,2008.

[12]田宗伟,阚如良.三峡工程低碳效益显著[J].中国三峡(科技版),2014,(2):84－86.

[13]万海斌.三峡工程防洪抗旱减灾效益显著[J].中国水利,2011,(12):15.

[14]王光谦.百问三峡[M].科学普及出版社,2012.

[15]王儒述.防洪是三峡工程最大的生态环境效益[J].三峡论坛(三峡文学·理论版),2010,(1):3－9.

[16]王儒述.论三峡工程的综合效益[J].水电与新能源,2011,(6):74－78.

[17]向阳,王儒述.三峡工程生态环境效益巨大[J].中国三峡(科技版),2014,(1):87－88.

[18]杨茜.三峡工程的三大效益[J].陕西水利,2006,(6):32－33.

[19]俞澄生. 三峡工程和南水北调关系及三峡的灌溉效益[J]. 人民长江，2008，39(5)：1—2，36.

[20]张楚汉. 三峡工程经济社会效益巨大大坝安全可靠[J]. 中国水利，2011，(12)：10.

[21]张仁. 长江与三峡工程[M]. 清华大学出版社，1998.

[22]张薇，晏浩，笪津榕等. 三峡工程综合利用效益探究[J]. 商界论坛，2013，(21)：195—195.

[23]郑守仁. 三峡工程与长江开发及保护[J]. 科技导报，2005，23(10)：4—7.

[24]郑守仁. 三峡工程在我国水电可持续发展中的地位及作用[J]. 人民长江，2012，43(10)：1—6，10.

[25]朱伯芳. 三峡工程的经济社会效益是我国最好的[J]. 中国水利，2011，(12)：10—11.

[26] Fu B. J. , Wu BF. , Lü Y. H. , Xu Z. H. , Cao J. H. , Niu D. , Yang G. S. & Zhou Y. M. Three Gorges Project：Efforts and challenges for the environment[J]. Progress in Physical Geography, 2010, (34)：741—754.

[27]Gleick P. H. Three Gorges Dam Project, Yangtze River, China[J]. The World's water, 2009：139—150.

[28]Stone R. Three Gorges Dam：into the unknown[J]. Science, 2008, 321：628—632.

[29]Zhang Q. , Xu C. , Chen Y. D. , Yu Z. Multifractal detrended fluctuation analysis of streamflow series of the Yangtze river basin China[J]. Hydrological Processes, 2008, 22(26)：4997—5003.

[30]Wu J. , Huang J. , Han X. , Gao X. , He F. , Jiang M. , Jiang Z. , Primack R. B. , Shen Z. The Three Gorges Dam：an ecological perspective[J]. Frontiers in Ecology and the Environment, 2004,(2)：241—248.

第2章　三峡水库消落区概况

长江三峡工程是举世瞩目的特大型水利工程,经过漫长的酝酿和多番论证后终于在 1994 年 12 月 14 日正式开工。2003 年 6 月 1 日开始二期蓄水,6 月 10 日水位达到 135m 高程,11 月 5 日水位达到 139 m 高程。2006年 10 月底,三峡工程完成三期蓄水,水位达到 156 m 高程;2009 年,三峡水库已全部建成,蓄水后水位最终抬升至 175 m 高程。蓄水至 175 m 后,整个三峡水库长约 670 km,而平均宽度只有 1,500 m,是一个狭长型水库,有利于"蓄清排浑"的运行方式。峡谷型水库的库周两岸含支流库岸线长达5,578 km,水域面积达 1,084 km²。蓄水后,三峡水库平均水深 80 m,最大水深 170 m,蓄水库容达 221.5 亿 m³,总库容达 393 亿 m³,平均水面宽1,500 m,最宽水面 2,600 m,年平径流量达 4,510 亿 m³。

河流生态系统是人类利用最多、开发较早的生态系统,全球 79 条大江及其河漫滩生态系统大多被人类活动所改变,致使世界上的大江极少能保留它们原有功能的完整性。人类活动中首当其冲的是水电开发和水利设施建设,这类活动造成了大量的生态问题。全球估计约有水坝 84 万座,其中高度在 15 m 以上的大坝有 4 万座。建坝对河流生态产生了普遍影响,特别是湿地的损失及其带来的物种灭亡。据统计,到 1997 年,美国原生湿地减少了 50%,而美国 46% 的国家级濒危物种依赖于湿地资源;世界 20% 以上的河岸植被已不复存在,剩余部分也在以极迅速的速度在消失。退化的河岸生态系统往往造成植被破坏,生物多样性下降,小气候恶化,河床及河岸遭受侵蚀,洪涝灾害频繁,严重威胁着人民的生命财产安全。因此,与湿地恢复密切相关的退化消落区生态系统恢复与重建已成为当今恢复生态学研究的重要内容之一。

三峡水库属特大型年调节水库,由于防洪、清淤及航运等需求,三峡水库实行"蓄清排浑"的运行方式,三峡库区冬季(枯水期)蓄水位为海拔175 m,夏季(丰水期)正常蓄水位降至海拔 145 m。因而,在海拔高程 145～175 m 的库区两岸,形成与天然河流涨落季节相反、涨落幅度高达 30 m 的水库消落区(Water Level Fluctuation Zone, WLFZ)。消落区属于陆地生态系统和水生生态系统的生态过渡带(Ecotone)。生态过渡带是两个或者多个群落之间或生态系统之间的过渡区域,又称为生态过渡区、生态交错带、生态交错区或群落交错区。水库消落区对水陆生态系统间的物流、能流、信息流和生物流等发挥着廊道(Corridor)、过滤器(Filter)和屏障(Barrier)等作用功能。三峡水库消落区就是因为三峡水库采取冬季高水位和夏季低水位运行方式形成的季节性水位涨落,而使水库周边被淹土地周期性出露于水面的一段特殊区域。三峡工程运行后,根据现行调度方案,坝前水位在145 m至175 m之间变化,形成221.5亿 m³ 防洪库容的同时,水库周边形成面积达 348.93 km² 的消落区,是我国面积最大的水库消落区。三峡水库消落区地处库区陆域和水域的过渡带,因水库水位涨落幅度大、逆自然洪枯变化,具有季节性淹水湿地生态系统特征。

湿地是自然界生物多样性和生态功能最高的生态系统。关于湿地的定义目前有 50 种以上,国际上没有统一的湿地概念。《湿地公约》对湿地的定义为:"不论其为天然或人工、长久或暂时性的沼泽地,泥炭地或水域地带,静止或流动的淡水、半咸水、咸水水体,包括低潮时水深不超过 6m 的水域;同时还包括连接湿地的河湖沿岸、沿海区域以及位于湿地范围内的岛屿或低潮时水深不超过 6 m 的海水水体"。《国际生物学计划》定义的湿地为:"陆地和水域之间的过渡区域或生态交错带,由于土壤浸泡在水中,所以湿地特征得以生长"。比较这两个定义可以看出,前者定义的范围较宽,后者定义的范围较窄,强调的是生长着挺水植物的区域。而前者的定义的湿地范围要广得多,它包括滩涂、河口、河流、湖泊、水库、沼泽、沼泽森林、盐沼及盐湖、海岸地带的珊瑚滩等区域。因此,根据《湿地公约》对湿地的定义,三峡水库消落区为人工湿地,同时也属于淡水湿地,它伴随着水库的形成而产生。但是,因其特殊的地理位置和周期性变化的水位线,这部分区域同时受到水生、陆地生态系统的交替控制和影响,使得液、固相物质相互交接,其生态功能不稳定、再加上人类开发利用、生态环境破坏问题十分突出。同时,由于大幅度的水位变化,也使得消落区内的生境结构及其组成呈现不稳定性,属于生态环境敏感区和脆弱带,生物多样性不高。这与传统的人工湿地属于生物多样性和生态功能最高的生态系统有所不同。

消落区内的植被是库区沿岸景观中的核心组成部分,为许多动物提供栖息地,同时也为动植物提供迁徙的廊道,对水土流失、养分循环和非点源污染物有着缓冲和过滤作用,并在保障水库安全等方面具有重要作用。相对而言,我国消落区植物的研究起步较晚。1990 年以前,消落区植物的研究作为湿地植被研究内容的一部分,主要涉及一些大江大河中下游河漫滩植被方面的研究,其研究成果集中体现在《中国湿地植被》中。研究内容涉及湿地植物的生活型、植被分类、形成和演替、典型湿地生态系统的结构与功能、湿地资源的利用和保护等方面。近几年,从消落区的角度研究资源利用、植被特征及植被与生境关系的工作逐渐开展起来,研究工作主要涉及消落区土地利用格局、消落区植被格局、物种多样性与生境之间的关系等方面。在我国一些已建成的大型水库中,开展了一些消落区研究工作,如丹江口水库消落区变动特点及其渔业利用探讨、新安江水库消落区种植挺水树木林研究初报、河南小浪底水库消落区土地利用研究、广东新丰江水库消落区岸坡侵蚀研究、水库消落区土地利用优化方法研究、三峡水库消落区植被恢复与示范、海南松涛水库消落区植被恢复适宜物种筛选及适宜植物耐水淹机制研究等。

　　三峡库区山高坡陡,地形复杂,而库区消落区地域狭长,人为活动频繁,植被破坏较严重。另外,由于受到反季节、高强度的水淹影响,原来的多数陆生植被难以适应消落区的这种水文环境,进而逐步死亡,造成消落区内植被稀疏,水位降落后库周两岸经常出现"黄色"裸露地带,极大影响三峡库区的生态观景、库岸稳定和水库寿命。由于我国消落区研究工作开展较晚,对三峡库区消落区的研究更晚,而且缺乏一些基础数据和资料。近年来,各高校和中国科学院部分研究所开始将三峡水库消落区单独作为一个整体,对长江三峡水库消落区的生态系统的演变与调控、土壤资源利用、可持续发展与科技开发、面源污染防控、植被恢复、湿地多样性保护等进行了系统研究,并提出了一系列利用措施。但我们不得不承认,三峡库区沿江分布众多的城镇乡村,人口密集,人地矛盾突出。因而消落区的土地利用和生态环境将不可避免地受到人类活动频繁的影响。退化生态系统的恢复与重建最重要的理论基础是生态演替理论,生态演替是生物群落与环境相互作用导致环境变化的结果。消落区生态系统的退化实质上是一个系统在超负荷干扰下逆向演替的过程,根据生态学的"中度干扰假说"理论,这也是极不利于消落区生物多样性的可持续发展。

2.1　三峡库区区域概况

2.1.1　三峡库区区域范围

　　三峡库区作为一个现代地理概念,系指三峡大坝按照 175 m 蓄水方案,因水位升高而受淹没影响的有关行政区域。三峡库区地处东经106°20′～111°50′(E),北纬 29°16′～31°25′(N),东起湖北宜昌,西至重庆,沿长江两岸分水岭约 670 km 的范围。库区淹没地段涉及湖北省和重庆市的 19 个县市,包括湖北省的巴东县、秭归县、兴山县、宜昌县和重庆市的渝北区、巴南区、长寿县、涪陵县、武隆县、丰都县、忠县、石柱县、万县、开县、云阳县、奉节县、巫溪县、巫山县等区县(图 2-1),幅员面积达 5,527.55 km²,其中城镇面积 536.73 km²,农村面积 4,990.82 km²。库区地处亚热带季风气候区,气候温和湿润,空气湿度大,降雨充沛且时空分布不均,具有时、空、强的相对集中性。

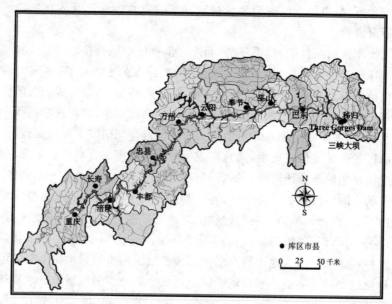

图 2-1　库区淹没地段的省、市,县

2.1.2　三峡库区区域自然概况

1.地质地貌特征

三峡库区跨越川鄂中低山峡谷及川东平行岭谷低山丘陵区,北屏大巴山脉,南依川鄂高原。三峡库区内地形复杂,奉节以东属山地,奉节以西则属低山丘陵区,山高谷深,岭谷相间。库区内河谷平坝约占总面积的4.3%,丘陵占21.7%,山地占74%。库区海拔1,200 m 以下的丘陵表层多为侏罗纪、白垩纪紫色砂岩、页岩和泥岩,红色砂页岩约占52%,其他多为花岗岩和石灰岩,是易受风化侵蚀的类型。受三峡工程的影响人为干扰活动频繁,这种侵蚀速度在加剧。三峡库区出露地层较齐全,奉节以西区域主要由中生代侏罗系红色碎屑岩类组成,奉节以东区域主要有古生代和中生代碳酸岩及碎屑岩类。

三峡库区地貌的形成与发展和库区地质构造关系极为密切,库区的多数山地都是褶皱抬升形成的背斜山地。库区地貌主要分为五个基本类型:①山原:其顶部有大面积起伏和缓的山地,主要分布在奉节南部;②山地:相对高度在 200 m 以上的起伏地面;③丘陵,相对高度在 200 m 以下的起伏地面,大多分布在库区西南部;④台地,周边被沟谷切割,边缘多呈现陡崖状或台阶状,顶部多为起伏和缓的高地;⑤平原,相对高度在 20 m 以下较平坦的地面,主要为淤泥堆积作用形成,是水稻的主产区。

三峡水库消落区的构造格局可分为两大体系,以巫山与奉节间的齐岳山断裂为界,其东为新华夏构造体系第三隆起带之川鄂湘黔隆起带,主要构造有 NEE(北东东)轴向的官渡——碚石向斜、横石溪背斜、巫山向斜和齐岳山背斜等;齐岳山基底断裂以西为新华夏构造体系第三沉降带之川东褶皱带,是典型的隔挡式构造。

三峡水库消落区地处我国地势第二级阶梯四川盆地东部地区,区内地貌受地层岩性、地质构造和新构造运动的控制。以奉节为界,分为东西两大地貌单元:①东段(奉节以东)位于新华夏构造体系第三隆起带之川鄂湘黔隆起带与大巴山弧形褶皱带等两大构造单元的交汇处,为三峡侵蚀溶蚀低中山峡谷段,区内地貌以大巴山、巫山山脉为骨架,形成以震旦系至三叠系碳酸盐岩组成的川鄂褶皱山地,属于以侵蚀为主兼有溶蚀作用的中山峡谷间夹低山丘陵宽谷地貌。②西段(奉节以西)位于新华夏构造体系第三沉降带之川东褶皱带,由数十条平行排列的阻挡式构造组成,形成著名的独特的平行岭谷景观。背斜山地的消落区在核部发育三叠系嘉陵江组和须家河组灰岩,在两翼发育巴东组、须家河组、砂溪庙组等紫色沙泥岩,消落区比较狭窄,多属陡坡荒地;在向斜丘陵、谷盆地河段,消落区发育侏罗系沙溪庙组紫色沙岩、泥岩及第四系冲积洪积物,消落区开阔,地貌形态主要是河漫滩、一级阶地和部分二级阶地以及部分低山缓丘;在长江干流万州至涪陵段,消落区相对开阔;在支流,消落区地貌以开县的小江等河段为代表。

2. 气候特征

三峡库区地处我国中亚热带湿润地区的北缘,属湿润亚热带季风气候,温暖湿润、四季分明、雨量适中。同时具有湿度大和云雾多等特征。由于地形复杂,相对高差大,气候垂直变化显著。库区年均温 17.9℃,冬季时间短,只有 60～70 天,霜雪极少,无霜期为 300～340 天;夏季炎热且时间较长,为 140～150 天。库区地处长江河谷,库区湿度较大,相对湿度在 70%～80%,云雾多而日照少,奉节以西年雾日达 30～40 天,重庆年雾日甚至达

70 天左右，素有"雾都"之称。日照时间在 1,500 时以下，日照百分率为 30％。库区年降雨量为 1,000～1,250 mm，沿江河谷地区少雨，外围山地逐渐增多。年内降雨量分配不均，4～10 月降雨量占全年的 80％以上，5～9 月常有暴雨出现，占暴雨总数的 94％。这也是三峡库区在修建三峡大坝之前容易出现特大洪水的主要原因。

3. 土壤特征

由于库区地貌类型组合多样，引起水热条件的重新组合，形成多种土壤类型。库区土壤可分为 7 个大类 16 个亚类，主要有紫色土、潮土、水稻土、石灰土、黄壤、黄棕壤、棕壤。紫色土是紫色或紫红色砂泥岩风化的产物，是一种始成土壤类型，其成土过程受母岩的影响，仍保留母岩的一些特性，是一种岩性土。母岩松脆，易于分解，富含磷、钾等元素，适宜种植多种作物，为库区主要柑橘产地。主要分布在海拔 1,000 m 以下的低山丘陵区，其面积占土壤总面积的 47.8％。水稻土是在各种土壤或母质上于种植稻谷的水温条件下形成的一种非地带性土壤，主要分布在海拔 1,200 m 以下的山地丘陵谷底和河谷平坝。按母质类型和水分状况等，其又可分为淹育型、潜育型、潴育型、渗育型。潮土的成土母质具有石灰反应，土壤的熟化程度高，有机质含量在 2.5％左右，是库区内的主要农业用地。潮土富含碳酸钙，pH 值为 7.2～8.0。石灰土由石灰岩母质发育而成的非地带岩性土，富含碳酸钙，对富铝化过程有延缓作用，其盐基代换率较高，其中黄色石灰土呈微碱性，碳酸钙含量较高，质地黏重，有机质含量变化范围较大，约 1.5％～3％；黑色石灰土，pH 值较高，层次发育不明显，土层较薄，约为 60 cm。黄壤具有明显的层次性和黄化特征，自然肥力高，多分布在海拔 1,200 m 以下的河谷盆地和丘陵地带，是库区的基本水平地带性土壤。黄壤表层有机质含量约为 2.4％～3.2％，pH 值 6.0 以下，呈酸性反应。棕壤的成土母岩多为花岗岩、页岩、灰岩夹页岩等，岩石的风化程度较弱，多分布在海拔 1500～2200 m 之间的中山地带。棕壤的土层较薄，有机质含量为 9.4％～12.5％，土壤呈中性至微酸性反应。黄棕壤是黄壤与棕壤之间的过渡类型，一般无石灰反应，多分布在海拔 1,200 m～1,700 m 之间。黄棕壤 pH 值为 5.8～6.6，呈微酸性至酸性。

4. 植被特征

三峡库区地处我国东部中亚热带北缘，物种资源丰富，其中维管束植物有 6,000 多种，分属 208 科 1,428 属。国家重点保护的珍稀植物达 47 种，具有物种多样性、生态群落多样性和生态系统多样性的优势。主要植被有常绿阔叶林、常绿针叶林、落叶针叶林、竹林、经济林及山地灌草丛等。在地形、气候、土壤和人为活动的作用下,库区内发育着以亚热带常绿阔叶林为基带的山地植被,以壳斗科的栲属(*Castanopsis*)、青冈属(*Cyclobalanopsis*)和栎属(*Quercus*),或樟科的楠木属(*Phoebe*)、桢楠属(*Machilus*)为建群种,组成各类常绿阔叶林。但由于人类活动的强烈干扰,沿江两侧难以找到典型的地带性植被,大片分布的是马尾松疏林、柏木疏林及各类灌丛和草丛,农业植被亦占有很重要的地位。

水库运行初期,消落区生态环境较形成前的陆域生态环境发生巨大变化,消落区湿地生态系统处于发育期,蓄水后,消落区内原有乔灌草群落多数因淹没而死亡,但有些草本植物在水位消落后仍能生长繁殖。据 2009 年 7~9 月调查结果,2008 年试验性蓄水后消落区维管植物种类较消落区形成前明显减少,共发现有 63 科 169 属 231 种,以草本植物居多,其中一年生草本 105 种,多年生草本 75 种。与 2001 年三峡水库蓄水前的自然消落区相比(83 科 240 属 405 种),科减少了 26.51%,属减少了 29.58%,种减少了 42.96%。从物种分布上来看,川江段和峡江段差异明显。主要种类有苍耳(*Xanthium sibiricum*)、鬼针草(*Bidens pilosa*)、狗尾草(*Setaria viridis*)、商陆(*Phytolacca acinosa*)、青葙(*Celosia argentea*)、葎草(*Humulus scandens*)、青蒿(*Artemisia carvifolia*)、稗(*Echinochloa crusgalli*)、毛蓼(*Polygonum barbatum*)、牛鞭草(*Hemarthriacompress*)、野胡萝卜(*Daucus carota*)、狗牙根(*Cynodon dactylon*)、牛筋草(*Eleusine indica*)、双穗雀稗(*Paspalum paspaloides*)、白茅(*Imperata cylindrica*)、问荆(*Equisetum arvense*)、节节草(*Hippochaete ramosissima*)、鸭跖草(*Commelina communis*)、车前草(*Plantago asiatica*)、喜旱莲子草,又名水花生(*Alternanthera philoxeroides*)等草本植物。高海拔的消落区生长有稀疏的灌木和乔木,常见种类为刺槐(*Robinia pseudoacacia*)、桑(*Morus alba*)、水杉(*Metasequoia glyptostroboides*)、柳树(*Salix matsudana*)、栾树(*Koelreuteria paniculata*)、马桑(*Coriaria nepalensis*)、杨树(*Populus spp.*)、枫杨(*Pterocaryastenoptera*)、秋华柳(*Salix variegata*)、中华蚊母(*Distylium chinense*)、枸杞(*Lycium chinense*)等。消落区内野生动物较少,在大面积缓坡消落区仅见白鹭、野鸭等分布,但随着时间进程的变化,消落区可能成为鸟类的重要栖息地。目前有关消落区微生物的调查缺乏,其种类和数量目前尚不清楚。

2.2 三峡水库消落区概况

2.2.1 三峡水库消落区形成及出露特点

三峡水库消落区指的是三峡水库坝前水位(吴淞高程)从175 m逐步消退到防洪限制水位145 m之间,在三峡水库库周两岸形成的特殊区域以及该区域范围内的孤岛、新增淤积地,属于水生生态系统和陆地生态系统的过渡带,同时也属于湿地的范畴。三峡水库消落区的形成及出露特点主要由三峡水库的调度运行所控制。因三峡水库运行调度,蓄水后的消落区由陆域迅速转变为季节性水陆交替的湿地。消落区土地每年冬季被淹没,春至夏季渐次出露成陆,消落区145~175 m范围的成陆时间约为110~300天。平缓消落区由于水流变缓将逐渐为淤积泥沙覆盖,干支流回水变动区将逐渐形成大量边滩、沼泽地;较陡和陡峭消落区,因水库水浪和成陆期降雨径流的反复冲刷,将逐渐变为裸露基岩区。同时由于水库水位逆自然洪枯变化形成后,通过长期自然选择、适应、进化而形成的现有自然消落区植被会因不适应消落区水节律的反季节变化而消失,形成"裸秃"地带。

三峡枢纽工程的调度运行方案为"蓄清排浊",即在保证发电、航运的条件下,在长江高输沙量的汛期低水位运行,在输沙量和径流量小的枯水期蓄水,以尽量减少泥沙在库内的淤积。根据该调度运行方案,水库水位变化,消落区形成与出露特点变化过程可将一年分为5个时期:

①6~9月为低水位运行期。为了夏季防洪,水位保持在最低水位145 m运行,消落区出露面积最大。尽管汛期高程145~160 m间的消落区常被洪水较迅速地短期淹没,但仍有约110~120天的出露时间。

②10~11月为水位迅速上升期。每年10月初水库开始蓄水,水位迅速上升。约30~60天内,水库水位由145 m迅速上升到175 m,消落区迅速被淹没。

③12月前后为高水位运行期。水库水位稳定保持在175 m,是水库水位最高时期。此期,消落区将全部被淹没,处于水域环境。

④1~4月为水位缓慢下降期。每年1~4月是枯水季节,在入库径流锐减和发电用水的大量消耗下,水库水位缓慢下降。至2月中旬,水库水位下降至165 m,但因电网调峰和航运需要尽量维持较高水位,4月底前水库

水位不低于 155 m,此期间坝前高程 155 m 回水以上的消落区将逐渐出露。

⑤4 月末~5 月末为水位进一步下降期。为了腾空防洪库容,水库水位由 155 m 进一步降至 145 m。此期末消落区将全部出露,处于陆域环境。

图 2-2 为 2006—2012 年期间坝前水位变化,每隔 2 天取一次水位数据作图。

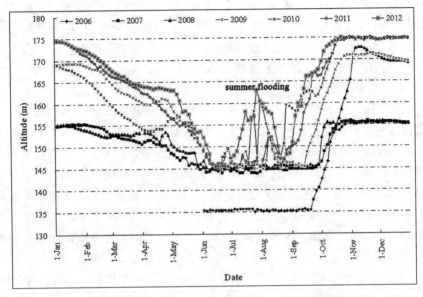

图 2-2　2006—2012 年三峡水库坝前水位变化图

2.2.2　消落区面积、岸线长度及其分布特点

三峡水库蓄水后,水库面积达 1,084 km²,其中淹没陆地 632 km²。在重庆区域内,淹没的陆地面积 471 km²。耕地受淹最多的区县是开县 2,723.4 hm²,占重庆市总淹没耕地的 17.45%,其次依次是忠县,2,325.2 hm²,占耕地面积的 14.90%;云阳 2,207.4 hm²,占耕地面积的 14.14%;万州 1,703.7 km²,占耕地面积的 10.92%;涪陵 1,546.3 km²,占耕地面积的 9.91%;奉节 1,430.9 km²,占耕地面积的 9.17%。重庆市实际淹没陆域面积最多的是云阳县 7,500 km²,占整个重庆淹没面积的 15.89%,其次依次是忠县 5,400 km²,占总面积的 11.44%;涪陵 5,100 km²,占总面积的 10.80%;万州和巫山均为 4,900 km²,占总面积的 10.38%;开县 4,600 km²,占总面积的 9.75%。在受淹耕地中比较成片的平坝地有秭归县的茅坪河、郭家坝、水田坝、巫山县的大昌镇,奉节县的梅溪河,浣花溪畔,云阳县的高

阳镇,开县的普里河和江里河两岸,万州的新田镇,忠县的塘涂坝,涪陵的平西坝等。其中以开县的平南区(普里河、江里河畔)较大,约 2,660 km²,其他一般仅 130～200 km²。

三峡库区是一个典型的河道型水库,三峡库区消落区(145～175 m)总面积 348.93 km²,分布在重庆 22 个区县和湖北 4 个区县,其中重庆段消落区面积 306.28 km²,占库区消落区总面积的 87.78%;湖北段消落区面积为 42.65 km²,占总面积的 12.22%。从流域看消落区分布,长江和嘉陵江干流消落区面积占全区消落区面积的 47.96%,其他支流消落区占 53.04%。三峡库区涪陵以下的区县消落区面积较大,消落区面积占全市消落区面积的 84.3%,其中消落区面积居前 3 位的开县(42.78 km²)、涪陵(38.83 km²)和云阳(37 km²)3 县消落区合计面积占了库区消落区面积的 34.04%。但是,消落区的面积在各区县的分布并没有准确的说法,比如据西南农业大学和中国科学院成都山地研究所分别采用 1∶1 万地形图量算和 1∶25 万数字地形图以 GIS 系统生成测算,水库(5 月底至 9 月底)消落区出露面积达 437～446 km²,即使在汛期发生较大洪水时,水库(5 月底至 9 月底)可季节性利用的土地面积为 300～400 km²。谢德体等(2011)描述的开县消落区面积为 44.992 km²,涪陵消落区面积为 40.95 km²,云阳和忠县消落区面积分别为 34.74 km² 和 31.98 km²。清华大学的晁俊姣等(2007)根据数字以 1∶5000 库区数字地形图、1∶25 万的全国数字地形图及 1∶10 万的全国土地利用图为基础,经过数据预处理、坐标转换、空间分析等,推算出三峡水库消落区 145～180m 高程的面积为 637.6 km²,其中 145～175 m 高程的消落区面积就达到了 512.6 km²。范小华在她的博士论文中描述重庆库区消落区的土地资源面积最大的是开县,占消落区总面积的 14%,最小的是江津市,仅有 0.0676km²,不到 1%。重庆库区在 145～175 m 高程区间的消落区面积分布:其中 145～160 m 高程区间占 40%;160～175 m 高程区间共占 60%。160～165 m 高程区间占 17%;165～170m 高程区间占 20%;170～175 m高程区间占 23%。消落区在库区各流域分布以小江流域消落区面积最大,占库区支流消落区面积总和的 33%。

根据"三峡后续工作总体规划分项规划二:三峡库区生态环境建设与保护分项规划——专题规划 4 之三峡水库消落区生态环境保护专题规划"的资料记载:以三峡库区 1∶2,000 数字地形为主要信息源,以汛期多年日平均流量的 80%流量(参考"三峡初步设计阶段干流各断面土地征用线和分期移民迁移线水位表")在坝前 145 m 高程时回水线为下限,坝前 175 m 高程土地征用线为上限,测算消落区总面积为 302.0 km²(与公认的 348.93 km² 有较大出入)。其中,按行政区域分,重庆库区消落区面积为 268.5 km²

（88.9％），湖北库区消落区面积为 33.5 km²（11.1％）；按区县划分，开县、云阳、涪陵、忠县和万州的消落区面积较大，分别为 36.7 km²（12.16％）、35.4 km²（11.7％）、34.7 km²（11.5％）、32.1 km²（10.6％）和 29.4 km²（9.7％）；按城集镇、农村划分，城集镇消落区总面积为 87.2 km²（28.9％），农村消落区总面积为 214.8 km²（71.1％）。其中，开县和万州的城集镇消落区面积较大，云阳、涪陵、忠县和开县的农村消落区面积较大；按坡度划分，缓坡区（小于 15°）、中缓坡区（15°～25°）和陡坡区（大于 25°）的消落区面积分别为 161.0 km²（53.3％）、65.6 km²（21.7％）和 75.4 m²（25.0％）；按干支流划分，干流、支流消落区面积分别为 145.0 km²（48.0％）和 157.0 km²（52.0％）。支流中小江消落区面积最大，达 48.0 km²，占消落区总面积的 15.9％。

采用坝前 175 m 高程土地征用线测算消落区岸线总周长为 5,711.0 km，其中重庆库区岸线长度为 4,811.7 km（84.3％），湖北库区岸线长度为 899.3 km（15.7％）；城集镇消落区岸线总长度为 1,529.6 km（26.8％），农村消落区岸线总长度为 4,181.4 km（73.2％）；干流、支流消落区岸线长度分别为 2,758.1 km（48.3％）和 2,952.9 km（51.7％）。

三峡水库各区县消落区面积、岸线长度及其分布详见表 2-1，三峡水库干支流消落区面积、岸线长度及其分布详见表 2-2。

2.2.3 消落区岸线利用情况

消落区岸线利用以城集镇消落区为主，利用方式以港口码头建设为主，涉及公路、桥梁、排污口、取水口及过江管道建设等。据不完全统计，目前三峡水库消落区港口码头共有 768 个，岸线利用长度达 211.3 km；桥梁、公路、涵闸、泵站、过江管道等公用设施共有 438 个，岸线利用长度达 343.6 km；排污口共有 524 个，取水口共有 196 个。三峡库区各区县消落区岸线利用情况详见表 2-3。

表 2-1　库区各区县消落区面积、岸线长度及其分布

序号	区县	消落区面积及分布（km²）									消落区岸线长度分布（km）		
		城集镇				农村							
		小计	缓坡	中缓坡	陡坡	小计	缓坡	中缓坡	陡坡	合计	城集镇	农村	合计
合计		87.19	54.74	17.42	15.03	214.83	106.4	48.13	60.3	302.02	1,529.59	4,181.41	5,711.00
1	夷陵	1.38	1.25	0.13	0.00	2.93	1.35	1.12	0.46	4.31	20.96	68.50	89.46
2	秭归	3.49	1.71	1.38	0.40	13.71	5.98	4.60	3.13	17.2	65.34	363.76	429.10
3	兴山	1.47	1.47	0.00	0.00	2.66	2.61	0.05	0.00	4.13	28.17	68.01	96.18
4	巴东	1.59	0.47	0.73	0.39	6.25	2.84	1.27	2.14	7.84	43.49	241.09	284.59
	湖北省小计	7.93	4.9	2.24	0.79	25.55	12.78	7.04	5.73	33.48	157.96	741.36	899.32
5	巫山	2.43	0.97	0.53	0.93	18.93	6.78	3.29	8.86	21.36	42.31	467.56	509.86
6	巫溪	0.28	0.25	0.02	0.01	0.4	0.27	0.06	0.07	0.68	4.65	11.07	15.72
7	奉节	5.19	2.71	1.06	1.42	12.79	5.10	2.56	5.13	17.98	82.64	272.63	355.26
8	云阳	7.54	3.14	1.98	2.42	27.89	8.98	6.46	12.45	35.43	135.92	621.76	757.68
9	万州	12.6	7.43	2.81	2.36	16.76	7.59	4.71	4.46	29.36	137.00	237.24	374.24
10	开县	14.1	13.56	0.33	0.21	22.63	18.85	2.12	1.66	36.73	79.67	190.38	270.06
11	忠县	7.02	3.29	2.08	1.65	25.09	10.35	7.16	7.58	32.11	120.10	347.45	467.56
12	石柱	0.82	0.49	0.19	0.14	5.21	3.10	1.02	1.09	6.03	10.08	65.34	75.42

续表

序号	区县	消落区面积及分布（km²）													消落区岸线长度分布（km）		
		城集镇					农村					合计	城集镇	农村	合计
		小计	缓坡	中缓坡	陡坡	小计	缓坡	中缓坡	陡坡	合计					
13	丰都	4.7	2.84	1.04	0.82	13.33	6.27	3.52	3.54	18.03		57.53	203.83	261.36
14	涪陵	7.36	3.8	1.85	1.71	27.33	14.78	6.68	5.87	34.69		126.33	432.96	559.29
15	武隆	0.18	0.15	0.01	0.02	0.54	0.27	0.06	0.21	0.72		5.83	33.41	39.24
16	长寿	3.14	1.66	0.78	0.70	1.91	0.83	0.51	0.57	5.05		73.94	49.72	123.66
17	渝北	1.40	1.14	0.15	0.11	5.00	3.56	0.82	0.62	6.40		32.82	193.35	226.17
18	巴南	2.58	1.87	0.38	0.33	6.15	3.71	0.96	1.48	8.73		85.01	118.42	203.43
19	重庆主城区	9.14	5.86	1.91	1.37	5.10	3.03	1.11	0.96	14.24		354.27	174.07	528.35
20	江津	0.78	0.68	0.06	0.04	0.22	0.15	0.05	0.02	1.00		23.53	20.86	44.38
	重庆市小计	79.26	49.84	15.18	14.24	189.28	93.62	41.09	54.57	268.54		1,371.63	3,440.05	4,811.68

表 2-2　长江干支流消落区面积、岸线长度及其分布

河流名称	岸线长度 （km）	回水长度 （km）	消落区面积 （km²）	消落区平均宽度 （km）
合计	5,711.0	—	302.02	
长江干流	2,758.1	662.9	145.00	0.109
沿渡河	115.1	26.6	3.17	0.060
香溪河	147.6	39.0	6.23	0.080
大宁河	256.9	53.6	12.33	0.115
小江	499.5	86.2	48.02	0.279
梅溪河	87.5	29.2	2.81	0.048
汤溪河	101.1	35.7	3.84	0.054
磨刀溪	111.1	33.1	4.07	0.061
渠溪河	55.9	19.0	2.86	0.075
龙河	33.0	11.4	1.30	0.057
乌江	152.0	44.8	5.06	0.056
嘉陵江	187.6	62.7	4.30	0.034
御临河	186.4	49.2	3.87	0.039
其他支流	1,019.2	—	59.16	—

表 2-3　三峡库区各区县消落区岸线利用情况统计表

序号	区县	岸线长度(km)		数量(个)			
		港口码头	公用设施	港口码头	公用设施	排污口	取水口
	合计	211.33	343.63	768	438	524	196
1	秭归	25.80	20.00	42	50	7	3
2	夷陵	1.40	—	5	3	0	0
3	巴东	8.70	7.50	35	23	4	0
4	兴山	0.90	3.60	4	10	2	1
	湖北省小计	36.80	31.10	86	86	13	4
5	巫山	12.03	20.90	69	40	3	3
6	巫溪	0.40	0.05	2	1	4	3

续表

序号	区县	岸线长度(km)		数量(个)			
		港口码头	公用设施	港口码头	公用设施	排污口	取水口
	湖北省小计	36.80	31.10	86	86	13	4
7	奉节	6.07	5.28	23	28	2	2
8	云阳	16.80	22.50	56	45	18	19
9	开县	0.76	54.72	30	60	80	31
10	万州	10.00	20.70	98	26	44	8
11	忠县	7.06	12.80	46	25	3	7
12	石柱	1.09	—	6	0	9	1
13	丰都	8.95	10.10	38	20	26	3
14	涪陵	14.76	0.08	137	8	4	4
15	武隆	42.00	112.50	21	15	25	2
16	长寿	6.15	1.10	28	1	27	9
17	渝北	4.79	—	11	3	24	1
18	巴南	1.44	6.30	19	45	122	12
19	主城七区 渝中	2.8	2.20	32	1	1	0
	北碚	11.30	0.37	12	11	18	26
	南岸	4.83	18.00	9	1	5	15
	大渡口	4.00	0.04	1	1	1	7
	沙坪坝	1.20	0.09	18	3	9	5
	九龙坡	6.90	1.60	3	7	21	11
	江北	8.70	23.00	20	5	57	9
20	江津	2.50	0.20	3	5	8	14
	重庆市小计	174.53	312.53	682	352	511	192

注:公用设施包括桥梁、公路、涵闸、泵站、过江管道等。

采用比较通用的数据,三峡水库消落区岸线长 5,578 km,面积达 348.93 km²,在长江干流消落面积占 45.9%,大小支流消落区占 54.1%;高程 145～160 m、160～170 m 和 170～175 m 的消落区面积分别占 43.5%、37.9%和 18.6%;坡度小于 15 度缓平消落区面积占 66.8%,大于 25 度陡峭消落区占 11.93%。从三斗坪到江津县,水库消落区在长江干流上全长达 670 km,受长江水文节律和水库运行的影响,水库形成后库尾、库中和库首消落区的环境条件各不相同。涪陵以上的库尾江段,水位变化既受水库调度控制,又受入库来水变化的影响,泥沙沉积,河床淤积,库岸和河道形态调整剧烈。从涪陵至奉节之间的库中地区,其消落区坡度较小,水库水位变化主要受水库调度的控制,但区域内人口密集,农业活动强度大,库岸滑坡灾害和污染严重。奉节以下到坝址的河段消落区主要为石灰岩地层,岩溶发育强烈,两岸坡度陡峻,岩石抗侵蚀和稳定性高,水位基本上由水库调度所决定。此外,水库支流生态环境也由于自然条件的差异、人为活动不同程度的影响和水库运行状况的影响而各不相同。因此,应加强消落区的保护和管理。

2.2.4　已采取的保护对策与措施

三峡库区消落区背靠城镇,人口稠密,产业集中,是库区社会经济活动的活跃地带。水库蓄水前三峡消落区大都是优质农田林地,或者是城镇、码头等人口稠密区,水库淹没线以下的城镇、工矿企业、公交用地 12 余 km²、农林用地 252 km²、农村建筑用地 4.8 km²、裸岩和滩地 38.07 km²。由于库区人口密度大,人地矛盾在三峡工程建设前就十分突出,水库建设的移民安置和基础设施建设等更进一步加剧了库区的人地矛盾。在夏季退水后,三峡库区消落区将会有大面积的平缓库岸土地裸露,沿岸居民会在消落区内开展短季节农作物种植和水产养殖等经济利用活动,这种状况在短时间内还不可避免,如没有有效的管理措施,有可能形成水库新的污染源。在三峡工程建设期间,随着消落区的逐步形成,国家有关部门及地方政府高度重视消落区的生态环境问题,在水库库容和消落区土地资源管理、科学研究及工程治理等方面开展了一系列工作。

(1)消落区管理。三峡工程建设期,为加强水库库容和消落区土地利用管理,国家相继颁布了《长江三峡工程建设移民条例》(2001 年 2 月 21 日,国务院令第 299 号)、《关于加强三峡工程建设期三峡水库管理的通知》(国办发〔2004〕32 号)、《关于加强三峡工程初期蓄水期水库消落区管理的通知》(国三峡委发办字〔2007〕6 号)等政策文件,但未涉及运行期消落区的管理。另外,根据《长江三峡工程建设移民条例》(国务院令第 299 号)、《三峡后续工作总体规划》、《国务院三峡工程建设委员会〈关于加强三峡后续工作阶段水库消落区管理的通知〉》(国三峡委发办字〔2011〕10 号)、《国务院三峡工程建设委员会办公室〈关于进一步严格三峡水库库容管理的通知〉》(国三峡办发库字〔2011〕23 号)等有关文件精神,各区、县、市再结合自身实际情况,目前都分别制定了《三峡水库消落区管理暂行办法》,在消落区的管理坚持保护为先、治理为重、科学规划利用和服从三峡水库调度的原则。

②消落区科学研究。三峡工程建设期,国务院三峡办、科技部、水利部、环保部等先后启动了"三峡库区消落区植被重建示范工程"、"三峡水库重庆消落区生态与环境问题及对策研究"、"三峡水库消落区生态与环境调查及保护对策研究"、"三峡库区消落区生态修复与综合整治技术与示范"和"三峡水库消落区生态保护与水环境治理关键技术研究与示范"等研究项目,主要涉及消落区现状调查、问题辨识及保护对策与措施,以及消落区生态恢复技术研究。

③消落区工程治理。三峡工程分期蓄水前,对形成消落区陆域内的建(构)筑物、林木、卫生垃圾、固废、易漂浮物等进行了全面清理;因大面积的消落区刚形成,未针对消落区生态环境问题采取工程治理措施,但结合地灾防治、防洪及城集镇景观建设,在消落区范围内实施的护坡护岸工程总长约376.4 km(据各区县上报资料统计,详见表2-4)。此外,还实施了消落区植被恢复、湿地建设等试点示范项目。

表2-4 三峡水库消落区范围内实施的护坡护岸工程情况统计表

序号	区县	主要工程项目	治理长度 (km)
		合计	376.4
1	夷陵	刘家河祠堂包至苏家坳护坡、太平溪港口护坡、靖江溪码头护坡等	2.5
2	秭归	香溪至贾家店库岸工程、凤凰山至果品批发市场库岸防护工程、屈原镇龙咀至上孝仁段库岸治理,张家湾滑坡、庙岭包滑坡等	30.5
3	兴山	高阳镇库岸地灾治理、耿家河库岸地灾治理、平邑口货运码头护坡、兴发码头护坡等	4.2
4	巴东	榨坊坪滑坡治理、五里堆滑坡治理、龙船河库岸治理、沿渡河中学库岸治理等	26.2
		湖北省小计	63.4
5	巫山	长江龙潭沟段库岸、长江头道沟至二道沟段库岸、长江南陵乡库岸、大宁河龙水移民新村库岸段整治等	9.6
6	巫溪	祝家河库岸、王家河库岸库岸治理工程等	1.1

续表

序号	区县	主要工程项目	治理长度（km）
湖北省小计			63.4
7	奉节	朱衣河胡家坝整治工程、永乐镇南岸库岸整治、白帝城坍岸整治等	48.0
8	云阳	新县城（长江段）库岸防护工程，双江镇、巴阳镇等10个镇库岸防护工程等	27.8
9	开县	井泉滑坡、康家咀滑坡治理，镇东移民小区库岸、丰乐集镇库岸整治、小江调节坝工程等	1.0
10	万州	北滨路库岸综合治理工程、苎溪河库岸综合整治工程、龙宝河库岸治理工程等	49.0
11	忠县	玉溪河老虎嘴至长江口库段护岸、十字街至白桥溪库段护岸、滨江路州屏段堤防等	10.3
12	石柱	江家槽、范家坡地灾治理等	2.0
13	丰都	北岸斜南溪—龙河口堤防、南岸—洞桥至龙洞湾堤防等	6.2
14	涪陵	涪陵城区移民迁建防护工程、蔺市场镇库岸工程，大竹林崩滑体、清溪场滑坡等33处地质灾害治理工程	34.1
15	武隆	武隆县城区乌江北岸沿江环境综合整治工程	4.1
16	长寿	扇沱村库岸坡整治工程、长寿区长江滨江路库岸防洪护岸二期工程等	10.4
17	渝北	洛碛复建码头、御临集镇复建码头护坡工程，洛碛库岸治理工程	2.6
18	巴南	鱼洞长江防洪护岸工程、黄溪河库岸整治工程等	22.7
19	重庆主城区	渝中区菜园坝珊瑚公园至朝天门码头护岸、江北区石马河至江北嘴滨江路库岸防护、南岸区沿江综合整治一期工程、九龙坡长江堤防护岸等	72.8
20	江津	长江綦江河段防洪整治工程、支坪街道仁沱老街滑坡治理工程、西湖场镇库岸治理工程等	11.3
重庆市小计			313.0

三峡水库蓄水前的消落区为典型的亚热带湿润河谷自然环境,雨热同季而丰沛,伏旱较为严重。地形主要为河谷坡岸及冲积平坝、阶地、河滩,局部区段为峡谷、崩塌与滑坡堆积体;基岩以泥灰岩、紫色砂(泥)岩、石灰岩为主;土壤以黄壤、紫色土为主,河谷阶地、平坝、漫滩为水稻土和潮土;植被为常绿阔叶林、被垦殖砍伐严重破坏形成的原生与次生草丛、灌丛和少量人工林;以马尾松林、柏木林、竹林、柑橘林等为主的经济林在库区也有大面积的分布。此外,蓄水前消落区内具有频繁而强烈的人类社会经济活动,其中包括厂矿企业、农业生产和城镇建设等。三峡水库消落区位于库区水域和陆地生态系统的过渡地带,其小气候特征、土壤特性、生物物种组成和生物地球化学循环过程与陆地和水域生态系统皆有差别,但同时又受库区陆域和水域生态过程的影响。此外,水库消落区在生物多样性富集、水陆生态系统物质交换和能量流动、污染物吸收与分解、库岸稳定等方面,都发挥着至关重要的作用。消落区内植被是消落区生态功能的主要体现者和实现载体,但因三峡水库水位逆自然洪枯变化,消落区现有植物因不适应这种水文节律的反季节变化而消失,从而导致消落区内生态系统功能受到了极大的影响。

参考文献

[1]包维楷,陈庆恒. 退化山地生态系统恢复和重建问题的探讨[J]. 山地学报,1999,17(1):22—27.

[2]晁俊姣,黄国鲜,周建军. 基于数字地面模型的三峡库区消落带分布规律研究[C]. 全国水动力学研讨会,2007.

[3]邓聪. 三峡库区消落带景观格局特征及时空演变研究[D]. 西南大学,2010.

[4]范小华. 三峡库区河岸带复合生态系统研究[D]. 西南大学,2006.

[5]刘发国. 对三峡水库消落区管理与利用的思考[J]. 重庆三峡学院学报,2004,20(5):22—25.

[6]龙良碧,秦志英. 三峡库区消落带土地开发利用探讨[J]. 重庆第二师范学院学报,2005,18(6):42—45.

[7]彭少麟. 中国南亚热带退化生态系统的恢复及其生态效应[J]. 应用与环境生物学报,1995(4):403—414.

[8]苏维词,赵纯勇,杨华. 三峡库区消落区自然条件及其开发利用评价——着重以重庆库区为例[J]. 中国地理学会百年庆典学术论文摘要集,

2009：268—272.

[9]陶冶，张桂林. 三峡库区治理消落区难题[J]. 中国名牌，2015(2)：92—92.

[10]王顺克. 三峡库区实地保护与可持续利用对策[J]. 重庆环境科学，2003，25(12)：111—114.

[11]谢德体，范小华等. 三峡库区消落带生态系统演变与调控[M]. 科学出版社，2010.

[12]袁辉. 三峡库区消落带对水环境影响分析及利用模式研究[D]. 重庆大学，2006.

[13]张虹. 三峡库区消落带土地资源特征分析[J]. 水土保持通报，2008，28(1)：46—49.

[14]钟章成等. 三峡库区消落带生物多样性与图谱[M]. 西南师范大学出版社，2009.

[15]周娟. 基于 RS 和 GIS 技术的三峡库区消落带动态监测[D]. 西南交通大学，2010.

[16]周永娟等. 三峡库区消落带生态脆弱性与生态保护模式[M]. 北京：中国环境科学出版社，2010.

[17]Chen C. D., Meurk C., Chen J. L., Lv M. Q, Wen Z. F., Jiang Y., Wu S. J. Restoration design for Three Gorges Reservoir shorelands, combining Chinese traditional agro-ecological knowledge with landscape ecological analysis[J]. Ecological Engineering, 2014, (71)：584—597.

[18]Li B., Xiao H. Y., Yuan X. Z., Willison J. H. M., Liu H., Chen Z. L., Zhang Y. W., Deng W., Yue J. S. Analysis of ecological and commercial benefits of a dike-pond project in the drawdown zone of the Three Gorges Reservoir[J]. Ecological Engineering, 2013, 6：11—11.

[19]Su X. L., Zeng B., Huang W. J., Xu S. J., Lei S. T. Effects of the Three Gorges Dam on preupland and preriparian drawdown zones vegetation in the upper watershed of the Yangtze River, P. R. China[J]. Ecological Engineering, 2012, 44：123—127.

[20]Yang F., Liu W.—W., Wang J., Liao L., Wang Y. Riparian vegetation's responses to the new hydrological regimes from the Three Gorges Project：Clues to revegetation in reservoir water—level—fluctuation zone[J]. Acta Ecologica Sinica, 2012, 32(2)：89—98.

[21]Yang F., Wang Y., Chan Z. Review of environmental conditions in the water level fluctuation zone：Perspectives on riparian vegeta-

tion engineering in the Three Gorges Reservoir[J]. Aquatic Ecosystem Health & Management，2015，18(2)：240－249.

[22]Yang F. , Wang Y. , Chan Z. Perspectives on screening winter－flood－tolerant woody species in the riparian protection forests of the Three Gorges Reservoir[J]. PLoS ONE，2014，9(9)：108725.

[23]Zhang Q. F. , Lou Z. P. The environmental changes and mitigation actions in the Three Gorges Reservoir region，China[J]. Environmental Science & Policy，2011，14(8)：1132－1138.

第3章 三峡库区及水库消落区生态环境现状浅析

　　三峡库区的生态环境关系到三峡工程的长期安全运行,同时也是影响和制约库区乃至长江流域实现可持续发展的重要因素。能否处理好三峡工程建设和其影响区生态与环境保护之间的矛盾,是三峡库区乃至全国能否有效实施可持续发展战略的重大课题之一。库区移民迁建人口约 110.56 万人,全迁或部分搬迁的县(市)级城镇 13 座,乡镇级集镇 116 个。库区移民安置区面积约为 15,000 km²。大规模的移民迁建活动将对库区的生态环境和地质灾害产生巨大影响。移民搬迁安置和城镇、企业的迁建以及专业设施的复建占用大量土地,对库区本已脆弱的生态环境施加更大的压力,加剧库区的水土流失和生态恶化;巨大的移民迁建工程需要毁坏大量植被,开挖大量土石方,加之移民工程在设计中对地质灾害发育特点估计不足,施工质量较差,极易诱发人为地质灾害;同时,移民安置可能加重库区的大气和水质污染等。

　　水库蓄水将对库区生态环境产生深远的影响,如水库蓄水使水体流速减慢且流态单调,改变了原有的水文情势,势必对水域生态系统产生深刻影响;水库淹没大面积良田进一步加剧了库区的人地矛盾,由于人类的过度开发,库区生态环境更加恶化,自然资源更加匮乏;水库调度使周年水位呈现反季节涨落的特征,水库两岸形成特殊的水库消落区;水位变动将对沿岸滑坡施加的静、动水压力,是水库沿岸滑坡活动所受的一种特有荷载,容易导致水库诱发型滑坡。三峡水库正常运行后,在库周两岸 145～175 m 高程范围内形成两条垂直落差达 30 m、面积达约 350 km² 左右的水库消落区。水库消落区的开发保护和生态健康将是三峡水库正常蓄水后的一个非常复杂的生态环境问题。三峡库区消落区保护、管理不当将可能导致一系列的生态环境问题,具体表现在:①加重环境污染。消落区作为水域与陆地环境的过渡地带,受到来自水陆两个界面的交叉污染,水域中的一些污染物由于风浪和库中水体的运动,将向两岸消落区移动,水中的部分垃圾将进入消落区;同时,水中的一些营养物质也进入消落区的下部土壤中富营养化。②加大土壤侵蚀和水土流失。在降水、过往船只涌动、水库水位周期性涨落作用下,消落区坡面上的植被和土壤结构将被破坏,水土流失量将加大。③破坏植物多样性及生态系统完整性。三峡水库蓄水后,消落区由原来的陆生生态系统演变为季节性湿地生态系统,一方面会出现一些新的物种或发生生物种变异;另一方面使原来适应陆生环境生长的物种,尤其是木本植物将逐步消亡,而适应水生环境生长的物种又因消落区的季节性出露水面使成活率降低。因此,整个消落区的植物种类将较以前的陆生环境大为减少,造成生态系统稳定性降低,脆弱性增强。④诱发地质灾害。在整个三峡水库消落区中,大部分区域地形陡峻,河岸地层稳定性差,加上库区沿岸人多地少,人类活动频繁,是我国环境地质灾害的多发区。三峡水库蓄水后,由于库岸两侧岩石周期性地浸泡在水中,库岸山体吃水比重加大,使两岸坡地稳定性减弱,从而诱发滑坡、崩塌和泥石流,严重威胁库岸人民的生命财产和库区的安全。⑤爆发流行性疾病和疫情。消落区受水陆交叉污染,易滋生各种相关的病原体、致病菌,特别是在夏季高温高湿环境条件下,污染严重的消落区将成为相关病菌和寄生虫的滋生源,并成为异味和恶臭的散发地,且很可能导致大规模疫情的发生和流行。

　　三峡水库消落区虽然存在一系列的生态环境隐患,但其又是中国最大的人工湿地,其独特的生态环境特征具有重大的保护和开发价值。如消落区的土地资源特殊而宝贵,特别是在人多地少、耕地匮乏、农业经济占主导地位的三峡库区则显得尤为重要。但库区消落区土地资源的开发利用既有重要的经济价值,也有很大的环境风险,我们应在生态第一和科学开发利用的前提下,开发利用库区的土地资源,从而使库区人地关系协调发展,库区环境、经济、社会达到可持续发展的目的。本节旨在对三峡库区及其周边地区的生态环境问题尤其是水库消落区的生态环境问题进行探讨,并提出治理和防治对策,以期为水库的长期运行和国家宏观政策调控提供参考。

3.1　三峡库区生态环境问题分析

3.1.1　库区的水环境问题

1. 库区主要污染源排污情况

　　三峡库区主要污染来源包括:库区工业废水及城镇生活污水造成的点源污染;农地大量施用化肥和合成农药等导致的农业非点源污染;船舶流动带来的船舶污水和垃圾污染;以及沿江堆积的工业废物和生活垃圾污染。

①沿江工业、生活污水排污口的点源污染是造成长江干流和支流近岸污染带的根本原因。2005年环境统计结果显示,三峡库区工业废水排放量为5.74亿t,其中重庆库区5.49亿t,湖北库区0.25亿t,分别占95.6%和4.4%。在排放的工业废水中化学需氧量和氨氮的排放量分别为7.71万t和0.58万t。库区城镇生活污水排放量为4.09亿t,其中重庆库区3.95亿t,湖北库区0.14亿t,分别占96.6%和3.4%。在排放的城镇生活污水中,化学需氧量和氨氮的排放量分别为9.26万t和0.94万t。

②农田地表径流、土壤渗透等造成的非点源污染已成为库区的主要污染源,占总污染源的比例为1/3,且有加剧的趋势。库区农业非点源污染的现状是:化肥施用量过大,施肥结构不合理,施肥方法不当,化肥利用率低;农药使用量大,用药次数多,施药技术落后;农村生活污染源大。此外规模养殖场也是农业面源污染的一个重要来源。目前,非点源污染的氮、磷总量已占长江上游水体氮、磷总量的近50%,仅三峡库区每年入江泥沙所带的氮、磷总量近$4.8×10^6$ t,造成水库水质的富营养化隐患。

2005年,库区156个乡镇化肥施用总量按纯量折算为8.84万t,其中氮肥5.85万t,磷肥1.96万t,钾肥1.03万t。每公顷化肥施用量为548.6 kg,仍以氮肥为主。氮肥、磷肥和钾肥的施用比例为1∶0.33∶0.18,较上年有所改善,这表明库区的施肥比例继续向合理化方向发展。农药折纯使用量为541.05 t,其中有机磷257.64 t,有机氮136.45 t,菊酯类48.55 t,除草剂38.24 t,其他农药60.17 t。每公顷农药折纯使用量为3.11 kg,比上年减少4.6%。农业施用化肥、农药等对长江水体造成的影响主要是两个方面:一是氮肥的过量施用,使大量的氮以硝态氮的形态流失,进入长江水体,使水体中硝酸盐含量超标,影响到长江水体质量安全;二是农田中大量的氮、磷、有机质进入水体后,会造成水库水体的富营养化,或在水库水体的富营养化中占一定的比重。而随着规模化、集约化大中型畜禽养殖场的兴起,畜禽粪便的污染问题也将变得越来越严重。

③随着三峡工程的建成,库区江面变宽,将促进长江航运的快速发展,同时,船舶的数量将迅速增加,排污程度也将加大,因此船舶排污正成为长江新的重要污染源。目前库区船舶防污存在的主要问题是:部分船员和群众的防污意识不强;船舶防污设备配备不完善,使用情况欠佳;船舶污染应急处理体系有待完善;船舶污染物接收体系不健全以及内河船舶污染法制建设滞后。

2005年,库区船舶油污水产生量为49.69万t,比上年减少6.2%。其中,油污水处理量为45.41万t,处理率91.4%,达标40.01万t,达标排放率88.1%。油污水中石油类排放量为40.46 t,比上年减少8.0%。在各类船舶中,货船依然是污染库区水域的主要船舶类型。据估算,2005 年库区船舶生活污水产生量约为 206.8 万 t,比上年增加 9.0%,其中仅 3.6 万 t 得到处理,处理率为 1.7%,绝大部分直排入库,其中生化需氧量和化学需氧量是主要污染物。另外,近几年由于化学品和石油产品的运输迅猛增长,装卸操作失误或海损经常造成污染事故,每年海损事故的燃、货油泄漏在 150 t 左右。万州曾发生 1,000 t 航空油泄漏事件。

④固体废物主要通过雨水浸淋和冲刷作用将有毒有害物质带入水体,污染水质,同时汛期江水浸溶也是使固体废物中的有毒有害物质进入水体的重要途径。目前三峡库区固体废弃物综合利用率低,弃置量大,弃置的固体废弃物对库区环境有巨大的潜在威胁。三峡工程的最终蓄水完成后,对沿江堆放垃圾进行治理尤为重要,在治理的同时,可考虑固体废弃物的综合利用。

2. 蓄水后的水质状况

2003 年 6 月,三峡蓄水达 135 m 水位,对蓄水期间的水质监测结果表明,库区水质无明显变化,总体水质以 Ⅲ 类为主。挥发酚、石油类和铅的监测值符合 Ⅰ 类水要求,溶解氧、高锰酸盐指数和氨氮的监测值符合 Ⅱ 类水质要求;总磷基本符合 Ⅲ 类水质要求;若考虑大肠菌群指标,总体水质以 Ⅳ 类和劣 Ⅴ 类为主。2004 年库区干流水质无明显变化,仍以 Ⅲ 类水质为主,Ⅱ 类水质断面比例下降了 13.7 个百分点。对支流的评价结果表明,2004 年三峡库区支流断面水质良好,Ⅱ、Ⅲ、Ⅳ 类水质断面分别占一般断面总数的 14.3%、71.4%、14.3%。2005 年水质监测结果表明,库区干流水质较好,以 Ⅲ 类水质为主,但支流水质较差,无 Ⅰ 类和 Ⅱ 类水质断面,以 Ⅲ 类和 Ⅳ 类水质为主,其中,北碚、武隆和临江门断面水质均为 Ⅲ 类,御临河口、澎溪河口、大宁河口、香溪河口断面因总磷超标,水质均为 Ⅳ 类。2006 年 9 月 22 日 156 m 蓄水结束后,三峡水库坝前水质良好,基本保持在 Ⅱ 类~Ⅲ 类,入库断面水质较差,多为 Ⅳ 类~劣 Ⅴ 类,高锰酸盐指数、总磷、石油类、铅等物质出现一定程度的超标,但水质总体上与蓄水前相比无明显变化,但在三峡库区支流、库湾等地水体中氮、磷等营养物质较为丰富,在水流、气温等条件适宜的情况下,可诱发水华。

总体来说,蓄水后三峡库区水质无明显变化,仍以 Ⅲ 类水质为主,但由于重点库段断面流速大幅度减缓,平均水深为先前的数倍以上,污染物扩散系数大大降低,长期下去将会影响到污染物的降解与扩散,使水库周围近岸水域及库湾纳污能力下降,因而要特别注意受回水影响的支流河段将存在富营养化的潜在危险。

3. 水体富营养化及"水华"暴发的风险

三峡水库建成后按正常蓄水位 175 m 运行时,干流库面宽一般为 700～1,700 m,支流河口库面宽一般为 300～600 m。与天然洪水水位比较,坝址处抬高约 100 m,万州约 40 m,涪陵约 10 m,长寿约 3 m。过水断面增大,滩险消除,比降减少,在流量不变情况下,流速自库尾至坝前逐渐减缓。丰水期,坝前 10 km 范围内的深水区,145 m 蓄水位下的断面平均流速只有 0.54 m/s,而天然河道的流速为 2.66 m/s。枯水期,175 m 正常蓄水位下平均过水面积比天然河道增加 9 倍,断面平均流速仅为 0.17 m/s 左右,坝前深水区断面平均流速只有 0.04 m/s 左右。支流河口的流速减小更大。根据数学模型预测,在三峡水库按 175 m 正常蓄水位运行时,乌江河口水位上涨约 40 m,平均过水面积由 350 m² 变为 8,000 m²,平均流速将由 1.10 m/s 下降到 0.05 m/s。小江开县段枯水期最小月平均流量为 2.45 m³/s,在三峡水库 175 m 正常蓄水位下,平均流速将仅有 0.006 m/s,近乎于死水。可见,水库蓄水使水文情势发生巨大变化,水流流速大幅度减缓,水库纳污能力下降,特别是回水区的许多库湾由于水文情势的变化和上游水体的氮、磷输入和沉降,库湾逐渐富营养化并长期积累,在遇到适宜光照、温度、风速等的情况下,将会促使藻类暴发而出现水华现象。多年来的监测结果表明,按一般总磷与总氮的浓度含量水平来划分湖库水体营养类型的标准衡量,长江三峡库区干支流水体中,氮、磷均已达到或超过富营养级高限,这表明水体已充分具备了发生富营养化的营养条件。

2004 年 2 月 28 日前后、3 月 12 日前后及 6 月 5 日前后,香溪河峡口镇至河口约 20 km 江段发生了"水华";2004 年 3 月 27 日前后,大宁河巴雾峡至凝翠湖约 25 km 江段发生了"水华",随后 6 月 28 日前后,大宁河的马渡河至河口约 25 km 江段再次发生"水华"。库区的其他小型支流及库湾的局部区域也曾多次出现"水华",而蓄水前这些支流均未发生过"水华"现象。

2005 年,重庆市环境监测中心和长江流域水环境监测中心的监测结果显示,库区回水区"水华"现象出现时间集中在 3～7 月。3 月上旬,巫山县抱龙河、大溪河出现"水华",水体均处于中度富营养状态;3 月中旬,巫山县抱龙河、大溪河、大宁河,秭归县童庄河、叱溪河、坝前木鱼岛均出现"水华",其中抱龙河、大宁河、大溪河水体呈中度富营养、轻度富营养、中至重度富营养状态;3 月下旬,巫山县抱龙河、神女溪,云阳县磨刀溪、汤溪河、澎溪河、长滩河、长江捌角处出现"水华",水体呈中度至重度富营养状态。4 月,梅溪河出现甲藻"水华",水体呈酱油色,优势种为拟多甲藻,藻类密度高达 3.0×10⁷ 个/升。4 月下旬和 5 月上旬,万州区瀼渡河出现"水华",水体呈中度富营养状态。5月上旬,奉节县梅溪河、朱衣河、草堂河出现"水华",水体呈轻度到中度富营养状态。5月下旬,梅溪河水体再次呈中度富营养状态。7月,香溪河出现蓝藻"水华",水体呈蓝绿色并伴有浓烈的腥臭味,优势种为颤藻,藻类细胞密度高达 1.1×10^8 个/升。

结合三峡库区江段及其支流的营养状况,以及目前诸多支流水域已经发生的藻类水华现象,如果水体营养负荷不能得到有效控制,在水库建成并按 175 m 正常蓄水位运行后,将很容易在局部水域出现水体富营养化的恶化表征。

3.1.2　农业生态环境问题

三峡库区因农村面积广、农业人口多及农村移民任务重的特点,而决定了农业和农村在库区社会经济发展中的特殊战略地位。由于库区地质地貌条件复杂,生态环境脆弱,再加上长期以来人口的盲目增长以及不合理的经济行为,这将导致其生态环境严重退化,干旱、暴雨、洪涝、水土流失、土壤环境污染等现象日益加剧,农业生态环境十分恶劣。目前,农业生态环境已经成为制约库区农业可持续发展和资源环境与社会经济协调发展的关键性问题。

1.水土流失严重

库区地形起伏大,坡度陡,平均坡度大于 25°,降雨多,强度大,具备发生水土流失的潜在条件。到 2005 年末,三峡库区总人口 2,016.15 万人,农业人口 1,393.27 万人,而库区耕地面积仅为 192,110 hm²,人口严重超载。严重不足的耕地状况导致长期以来的过度垦殖问题,库区森林破坏严重,植被覆盖减少,草场退化,目前库区及周围地区植被破坏及陡坡开垦现象尚未得到制止,地表径流侵蚀还在加剧。而数量巨大的移民搬迁和移民建镇活动进一步加剧了库区的水土流失。20 世纪 80 年代中期,三峡库区水土流失面积达 3.88 万 km²,1990 年三峡库区水土流失面积为 3.46 万 km²。自实施长江上中游水土保持重点防治工程以来,水土流失面积以年均 1% 的速度递减,到 2000 年,水土流失面积为 2.96 万 km²,减幅达 15.97%。但由于水土流失基数大,水土流失问题仍然是该区最严重的生态环境问题之一。据 2003 年调查资料,重庆市三峡库区共有水土流失面积 25,786.53 km²,占幅员面积的 56.0%。其中,轻度流失为 6,806.36 km²,中度流失为 11,851.47 km²,强度流失为 5,294.89 km²,极强度流失为 1,711.13 km²,剧烈流失为 121.68 km²,分别占水土流失面积的 26.4%,46.0%,20.5%,

6.6％和0.5％，全区平均土壤侵蚀模数为3,765.71 t/ km² · a，直接进入江河的泥沙约5,340.75万t，占土壤侵蚀总量的55％。

水土流失严重影响了库区的农业生产力，导致坡耕地土壤流失，质地粗化，肥力下降，使本来就很有限的耕地土壤资源质量不断退化，水土流失造成的面源污染还是库区水体营养物质的主要来源；同时，严重的水土流失导致库区生态环境恶化，抗御水旱灾害的能力减弱；水土流失诱发的泥石流，加重了库区的地质灾害，威胁库区安全。

2. 农业环境污染日趋严重

由于库区工业"三废"污染物的大量排放以及农药、化肥等的广泛施用，使农田大气、农田水体和农业耕地的环境污染日趋严重。大量有毒、有害物质进入土壤，造成土地生态环境污染，土地质量下降，有毒物质还将通过食物链进入人体，危害人类健康。

农业的可持续发展并不排斥农药、化肥等的使用，但由于库区化肥和农药的不正确使用而存在严重问题。在使用的肥料中化学肥料占绝对比重，而有机肥料较少，化肥易造成土壤酸化板结、耕层变浅，肥力下降，从而形成了农业增产依赖化肥，其产量又不随化肥用量比例增加的状况。为防治农作物病虫害，库区农地大量使用化学合成型农药，这一方面使农业生态平衡失调，另一方面高毒残留农药在土壤、粮食中残留严重，危害人类健康。同时，农业大气、水体污染严重。库区重工产业每年排放大量的二氧化硫和烟尘，造成严重的大气污染和酸雨危害，而库区众多的点源、非点源、流动源以及固体废物污染造成了农业水体污染。

水库完全建成后，淹没库区良田2.38×10^4 km²，使库区本已十分突出的人地矛盾更加尖锐；再加上百万三峡移民大部分就地向高处后靠安置，为弥补粮食缺口以及建房、能源等的需要，农村移民势必新垦耕地，并增加耕地的化肥投入。这将加重水土流失及化肥农药的污染，进一步恶化库区农业生态环境。而水库淹没使得农业生物多样性受到较大损害，受损害的主要是珍稀农作物、野生品种资源、农业有益天敌资源和特有的农业生态区。

3. 气象气候灾害频繁发生

三峡库区，尤其是重庆市地域辽阔，地貌类型复杂，气象气候灾害频繁，主要的气象气候灾害包括高温热害、伏旱、暴雨洪涝、浓雾等。重庆是我国酷暑时间最长的地区，每年都有热害天气出现，热灾频率达到100％，同时重庆也是我国著名的伏旱区，伏旱频率高达80％～90％。2006年，川渝干旱造成了巨大的经济损失和1,800多万人的饮水困难，农作物受旱面积

320 多万 km²，绝收面积 72.7 万 m²，粮食减产 500 万 t 左右。

同时，重庆也是暴雨集中区，暴雨洪涝灾害严重，每年造成的损失全市都在数千万元，特别是山区，由暴雨产生的次生灾害泥石流、崩塌、滑坡等现象频繁发生。重庆的洪涝灾害季节性突出，多发生在每年的 4 月到 10 月上旬，且有突发生特点，导致预防困难，常带来巨大灾害，给农业生产带来重大损失。

3.1.3　库区生物多样性问题

1. 三峡工程对水域生态系统生物多样性的影响

水库的淹没、调度和蓄水，使河流水文情势、生态过程和河流形态发生巨大改变，这些改变对水域生态系统产生深刻的影响，且影响范围大，因此三峡工程对水生生物多样性的影响，尤其是对鱼类的影响备受国家和社会的关注。

水库蓄水致使原本适应于流水环境的土著水生生物类群面临生存威胁，水库水位的反季节涨落致使大部分土著种类的种群生长节律被打乱，库区的水生生物群落将发生显著的种类演替。水库蓄水之前，库区江段的主要经济鱼类如南方鲶、长吻鮠、圆口铜鱼、鲤、草鱼、铜鱼和长鳍吻鮈等，都是在流水环境中生活的种类，随着三峡水库的建成蓄水，其种群数量大量减少，代之而起将是适应能力较强且适应缓流及静水水体的鱼类，它们将成为未来三峡水库的主要渔业对象。2003 年 6 月，三峡工程一期蓄水至 135 m，回水达到丰都高镇江段，丰都以下江段水流逐渐变缓，上游江段仍为流水水体；2006 年 9 月，三峡水库蓄水至 156 m 水位，回水达重庆江北区铜锣峡，使部分江段的流水水体进一步转变为静水水体。此时，水环境的变化已经影响到库区中鱼类的生存和繁衍。监测结果显示，作为流水性鱼类代表的铜鱼和圆口铜鱼在上游江段渔获物中的比例明显比下游江段高，这表明水体性质的改变对该类鱼的分布产生了较大的影响；适应缓流或静水水体的鲢在下游江段中所占比例显著高于上游江段；底栖鱼类南方鲶在不同江段渔获物重量中所占的比例差异不大，可见蓄水对南方鲶分布的影响较小。对万州江段和葛洲坝下宜昌江段的鱼类优势种调查显示，鱼类优势种已发生了巨大变化，适合静水和缓流水的物种正成为优势种。如在葛洲坝江段，原来的优势种为草鱼、长吻鮠、鲢、瓦氏黄颡鱼、圆口铜鱼等，但蓄水后它们的优势度大幅下降，相反，铜鱼、鳊、圆筒吻鮈的优势度大幅增加。

由于葛洲坝水利枢纽修建在前，三峡水利枢纽对中华鲟和白鲟等河海和河流洄游鱼类的阻隔可以不予考虑。被葛洲坝水利枢纽阻隔在长江上游江段的白鲟和达氏鲟等大型河流洄游鱼类，如果仍然能够在金沙江下游的产卵场进行繁殖，三峡水库库尾水域将为幼鱼提供比目前长江上游更好的环境。此外，三峡水库建成后，由于水体生产力的提高，鱼类的丰度也随之增加，白鲟成鱼和幼鱼的食物保障程度得以较大改善，因而其种群数量有望在现有基础上有所回升。因此，结合葛洲坝水利枢纽的影响进行评价，三峡工程的修建对长江上游白鲟群体是有利的。类似地，达氏鲟和长江上游的胭脂鱼群体也将从三峡工程修建中受益。河海洄游鱼类中中华鲟被阻隔在葛洲坝水利枢纽下游，已经不在三峡库区的范围，由于其产卵场局限于葛洲坝水利枢纽下很小的范围，距离三峡大坝较近，产卵场的水文条件直接受到三峡水库调节的影响。水库每年10月份开始蓄水以备冬季发电，而中华鲟的繁殖季节正好处于10月下旬至11月上旬这样一个很窄的时间区段内，因此很可能对中华鲟的自然繁殖进一步产生的不利影响。

根据调查显示，生活在三峡库区江段的长江上游特有鱼类有44种，其中绝大部分种类都是适应流水环境的。三峡水库建成后形成河谷型水库，水深增大，流速减缓，泥沙沉积，饵料生物组成改变，水域生态环境发生显著变化，不再适合上述部分特有鱼类的生存。尽管上述很多鱼类在长江上游除三峡库区的水域也有分布，但综合分析它们在其他水域的分布情况后发现，三峡水库的淹没将使上述大多数特有鱼类的栖息生境面积缩小 1/5～1/4，有些种类栖息生境的缩小可达 3/5，种群数量的减少将是不可避免的。

2. 三峡工程对陆生生态系统生物多样性的影响

三峡工程对陆生生物多样性的影响，主要是由水库淹没和移民搬迁引起的，主要的影响区域为淹没区（占库区总面积的 1.1%）和移民安置区，仅占库区面积的很小部分。

三峡库区共有植物 6,088 种，分属 208 科 1,428 属。其中，蕨类植物41 科 100 属，400 种；裸子植物 9 科 30 属，88 种；被子植物 170 科 1,298 属，5,600 种。三峡库区发育着大量特有植物，其中，含中国特有科有银杏科、水青树科、钟萼木科和杜仲科。库区植被类型在 70 个以上，其中乔木类型25 个以上，分布海拔为 180～1,810 m；灌木类型 16 个以上，分布海拔为110～1,900 m；草本共 22 个类型。长江沿岸 200 m 以下森林很少，主要为灌丛和草本群落。库区受淹的植被类型为 27 个，其中疏花水柏枝灌丛、巫溪叶底珠灌丛、荷叶铁线蕨草丛、丰都车前草丛和巫山类芦草丛是受淹没影响的库区特有的群落类型。

三峡库区陆生脊椎动物共 500 种（实际调查发现 411 种，文献记录 89

种),其中兽类 101 种,鸟类 319 种,爬行类 35 种,两栖类 32 种。其中,国家
一类保护动物中,兽类 4 种,鸟类 3 种;国家二类保护动物中,兽类 16 种,鸟
类 35 种,两栖类 1 种。调查结果表明,库区的陆生生物多样性指数高值出
现在海拔较高、林相复杂的森林生态系统,而低海拔地区如淹没线附近
(175 m)的农田、灌丛、河滩、湿地等生态系统的多样性指数较低。因此,三
峡工程对库区陆生生态系统的生物多样性影响较小,对三峡库区野生动植
物特别是珍稀物种威胁最大的是人类活动,其威胁程度远远大于三峡工程
对自身的影响。

3.三峡库区的生物入侵问题

三峡水库建成后,由于对土著鱼类的驯化养殖没有足够的积累,渔业养
殖的发展将主要靠外来品种的输入,其中大部分为国外引种。这些种类逃
逸进入天然水体后,会产生如下的生态效应:①改变库区原有物种的种群遗
传或群落结构;②与本地物种形成激烈竞争,最后取代原有种;③由于缺乏
天敌或有力的竞争者,而造成入侵种种群的暴发,引起水体生态系统的灾
变。如在长江流域沿江都有鲟鱼养殖业分布,养殖规模也逐年扩大。养殖
种类主要有中华鲟、史氏鲟、俄罗斯鲟、小体鲟、西伯利亚鲟、闪光鲟、达氏
鳇、欧洲鳇和匙吻鲟,以及它们当中一些种类的杂交种。其中除中华鲟为长
江水系的土著种外,其余的种类主要从国外和国内其他水系引进。由于管
理不善,1997 年以来,在长江干流的不同江段的监测调查均发现了匙吻鲟、
史氏鲟和一些鲟鱼杂交种,这说明养殖鲟鱼逃逸进入长江的情况已经比较
普遍。如果不及时采取有效的控制措施,这些养殖种类将对长江的土著鲟
鱼种群造成不可估量的破坏。

在植物资源方面,三峡库区目前正遭受以紫茎泽兰、苍耳、狼把草、美洲
商陆、空心连子草、菟丝子等为代表的外来有害生物入侵,这些生物的共同
特点是生态适应能力强,繁殖能力强,传播能力强,在威胁库区本土生物发
展的同时,对库区的生物种群结构、水土流失控制、土壤营养循环和生物多
样性都造成了严重影响。

3.1.4　三峡工程的泥沙问题

三峡工程的泥沙问题不仅关系到工程的长期效益和长江流域的可持续
发展,还涉及到水库寿命、库区淹没、库尾段航道和港区的演变、坝区船闸和
电站的正常运用,以及枢纽下游河床冲刷、水位降低、河道演变对防洪和航
运的影响等一系列重要而复杂的技术问题。其中,水库淤积和水库的长期

使用、变动回水区航道港区的泥沙淤积问题及坝下游的河床冲刷是3个主要的方面。

1. 水库的淤积

为保证三峡工程对下游具有较大的防洪作用，维护长江上游航道和重庆等库区城市的防洪安全，三峡工程采用"蓄清排浑"的运行方式，这是水库减少泥沙淤积的重要措施。2003年6月，三峡首次蓄水后，运行水位在135～139 m，据有关部门监测，135 m蓄水以来3年多的时间里，水库的排沙量由原设计的33%提高到实际的40%，年均输沙量仅2亿t，实际留在库中的约1.3亿t。156 m蓄水后，泥沙实测结果也发现，泥沙淤积情况比预想要好。水库淤积的较好情况与上游泥沙的大幅度减少和水库的调度运行方式有关。而上游河流的梯级开发和长江上游及三峡库区的水土保持措施的有效实施是来沙量减少的重要原因。2013年后，向家坝、溪洛渡工程相继投入运用，三峡水库上游来沙逐步减少，而且这个趋势将持续几十年。根据测算，当金沙江上修建大型水库后，三峡库区的最大累计淤积量将减少30～40亿m³。这对于三峡水库的淤积过程将有巨大的改善，但应该指出的是，上游水库拦沙作用并不是长远的，实施水土保持工程和优化水库调度方式是保证水库长期效益的有效途径。

2. 重庆河段的泥沙淤积

在三峡工程修建前，重庆主城区河段的泥沙冲淤是年内平衡的，在汛期的泥沙一般可以在非汛期冲掉，因此重庆地区的港口和航道在年内不受泥沙淤积的影响。水库建成运行后，河道冲刷的时间将缩短，汛期的泥沙淤积物不能在汛后完全被冲刷掉，当第二年水库消落时，岸边淤积物将出露成为边滩，影响船舶靠岸和码头的正常装卸作用。在三峡工程可行性论证阶段，确定了"分期蓄水"的建设方针，156 m蓄水正是出于对重庆港的泥沙淤积问题及移民安置工作稳步推进的考虑。这一蓄水位的水库回水不会对重庆港产生影响，有利于进一步观测三峡水库泥沙的有关数据，进而确定重庆港泥沙淤积的相应处理方案。三峡工程泥沙专家组的研究成果发现，考虑20世纪90年代以来三峡工程水库泥沙减少的影响后，重庆河段的泥沙淤积问题显著减轻，采用港口整治、机械疏浚和优化调度等措施后，可以较有把握地解决重庆主城区港口、航道的泥沙淤积问题。

3. 坝下游河道的冲刷问题

2003年6月，三峡工程蓄水水位至坝前135 m，水库初步形成，大坝下游河床冲刷随即发生,且远大于论证阶段的预测值。90 年代以来长江上游来沙的减少有利于减缓水库淤积,但对大坝下游却十分不利,加剧了河床的冲刷。河道冲刷会引起河势的变化,造成滩地后退,护岸坍塌,堤防出险,不利于防洪。坝下游河道的冲刷将是一个长期的动态过程,在蓄水以前有关泥沙问题的研究(包括实体模型试验和数学模型计算)均为预测性的,因此在蓄水过程中,应加强原型观测工作,对已有模型及研究手段进行改进,加强预测能力,从而制定河势的水库调度及其他治理方案,有效解决河道的冲刷及其他的泥沙问题。

　　总之,三峡水库的泥沙淤积是一个漫长的动态过程,今后的水库泥沙淤积问题研究应该加强对于上游、水库和坝下游的原型观测和研究,用原型监测的结果修正和完善已有的泥沙研究模型,进一步改进研究手段,从而制定出合理的水库调度运行方案和泥沙淤积及河道冲刷等问题的治理措施,保证水库的长期有效运行。其中,优化水库调度是解决泥沙问题的重要途径之一,而且水库调度方案的制定和优化应结合泥沙淤积、水污染防治和库区生态环境保护等综合考虑。

3.1.5　地质灾害

　　三峡库区地质地貌条件复杂,且处于暴雨频繁的亚热带气候区,自古以来一直是地质灾害的多发地区。库区地质灾害类型包括崩塌、滑坡、泥石流、地裂缝、地面沉陷、岩溶塌陷、浸没和地震等,有各种类型、大小地质灾害点 2 万余处。其中,滑坡、崩塌和泥石流是地质灾害的主要类型,也是三峡库区的主要外动力地质现象。2002 年 1 月 25 日国务院批复的《三峡库区地质灾害防治总体规划》中明确的库区两岸崩、滑体为 2,490 处,大小泥石流沟为 90 余条。

　　1.库区主要地质灾害基本情况

　　①滑坡与崩塌灾害。在库区宜昌—江津间长江干流各县(市、区)移民区,规模较大的滑坡、崩塌以云阳、万州区、巫山、奉节、巴东等县(区)的次数最多,危害程度也最大。随着水库蓄水产生的水位大幅度变动对岸坡的强烈再造作用,以及移民工程带来的大规模城镇建设,将加剧古滑坡和崩塌的复活,还将产生新的滑坡、崩塌危险区。

　　②弃渣与泥石流灾害。三峡工程库区共发现大小泥石流沟 90 条,90条中有 32 条产生过不同程度的泥石流灾害。由于库区移民迁建用地紧张,将行洪区和堆积区作为迁建用地,不仅天然泥石流灾害较为突出,而且许多

地段由于人工弃渣、排水措施紊乱等原因，人为泥石流灾害亦增多，并对移民工程造成了损毁。

③岸坡的稳定性。水库 175 m 蓄水后，在近坝地段长江干、支流水位抬高 100m 有余，库水位周年波动 30 m(175～145 m)，大范围引发库岸边坡重新塑造，同时历时 4 个月的满库水位将使库水足以深入崩滑体中，岸坡的稳定性受到巨大影响。初步调查表明：不稳定库岸约 500 km。塌岸的严重后果，首先是使大批(数千处)已有滑坡复活，同时还会诱发新的崩塌和滑坡，这些都可能造成严重灾害。

2. 三峡库区地质灾害的发展趋势

2003 年 6 月 10 日水库蓄水至 135 m 水位，2006 年 9 月 22 日水库蓄水至 156 m 水位，到 2009 年蓄水后，坝前水位抬升至 175 m。水库蓄水，库区水位普遍提高了几十米甚至百米，库水位每年涨落达 30 m，原有的滑坡、崩塌以及岸坡的稳定性受到重大影响，地质灾害发生频率有可能增加；同时，本已十分突出库区人地矛盾，再加上移民大量迁建安置对地质环境的影响，人为诱发的地质灾害将更加明显增加。

①人为诱发地质灾害增加。三峡库区人多地少，生态环境脆弱，地质环境容量不足。不合理人类活动是造成崩塌滑坡地质灾害的各种内在和外在的因素中，最为活跃、最为强烈的因素。如著名的 2001 年武隆江北滑坡，土石面积仅 1.6 万 m²，就是由人工高切坡而引起的毁房伤人，致死 79 人。三峡工程百万移民的大迁建，兴建县(市)城 13 座、乡镇 114 座以及上万个农村居民点和厂矿企业，移民迁建对原有的植被的破坏造成的泥石裸露，以及坡地建设形成大量的弃土弃渣，往往为高强度降雨条件下泥石流的发生提供了大量的物质条件，并造成大批的工程滑坡，给移民工程带来危害。如巴东县新城区的黄土坡滑坡，白岩沟滑坡，巫山县新城区的北门坡滑坡等。目前三峡库区共有各类崩塌、滑坡体 4,719 处，其中 627 处受水库影响，863 处在移民迁建区。

②水库蓄水将使跨线(175m 水位线)崩滑体失稳成灾并产生新的滑坡。跨线崩滑体是指前缘高程低于 175 m，后缘高程高于 175 m 的老崩塌滑坡体。在三峡水库蓄水之前，这类崩滑体一般均分布在长江洪水位以上，大多处于稳定或基本稳定状态。库水位抬升淹没其前缘坡脚，导致大部分跨线老滑坡体稳定状况恶化并影响其上的居民或移民工程。同时，库水位抬升也会在 175 m 高程一带产生新的崩滑体(首次滑坡)并造成危害。调查表明，目前发现的跨线崩滑体约 800 个。

③水库蓄水后将产生大范围的库岸再造。预测不稳定库段长度达 500

km。由于大部分沿江公路、城区沿江大道以及沿江分布的居民点高程大多在 180～200 m，多处于塌岸范围之内，因此库区不稳定库段的塌岸将对分布在其范围之内的沿江公路和居民点产生破坏。如巴东县新城的沿江大道及其对岸的 209 国道，云阳县故陵镇新址刘家院子等。

④库区地质灾害与其他自然灾害相伴发生，形成破坏严重的灾害群或灾害链。在水库淹没和高强度移民等的诱发下，长期高强度的降雨是三峡库区内诱发滑坡、泥石流最主要的直接因素。一些欠稳定的滑坡在特定的条件下，如长时间的雨水渗透，降低了滑动面的抗滑力，容易造成灾害发生。

⑤水库诱发地震问题。将三峡水库的规模、岩性、人类活动等与已发生水库诱发地震的大坝对比分析，三峡水库有诱发地震的可能性，但震级不大，可能诱发 6 级以下的中小地震，波及范围也较小。2003 年三峡水库二期蓄水以来，库区微震活动频度明显增加，主要集中在巫山—秭归—长阳一带，只有频度明显增加，其强度仍然维持在较低水平，未突破正常状态。微震群活动大部分与水库蓄水有关。随着三峡最终 175 m 蓄后，库区地震活动进一步增加。虽然水库蓄水不会诱发破坏性地震，但由于地震是诱发滑坡、崩塌和泥石流的潜在动力因素，因此应该对库区地震活动予以重视和预防，谨防在特定条件下由地震引起巨大的地质灾害。2001 年 6 月～2003 年 6 月，我国投入了 40 亿元用于防治三峡库区地质灾害，对影响 135 m 水位的 197 处滑坡、81 处塌岸防护工程以及奉节、巫山、巴东 3 个县城的高边坡、超深基础进行防治和处理。消除了大量危及移民迁（复）建工程、城镇、港口码头、公路等的地质灾害。

3.1.6　消落区的主要生态环境问题

三峡水库消落区面积大、范围广，涉及到湖北省和重庆市的 19 个区县及重庆主城区；消落区受水库水位涨落幅度大（坝前高达 30m）、反季节涨落的影响；出露时段为炎热潮湿的夏季；库周城集镇众多、人口密集，社会经济发展水平低，人类活动与消落区的相互影响频繁、复杂。与国内其他大型水库消落区相比，具有其特殊性。消落区的生态环境问题包括两个层面，一是消落区自身的结构和功能问题，受水库水位大幅度反季节涨落和库区人类活动的影响，消落区内植物种类少、群落结构简单，难以发挥固土护岸、环境净化、提供生境等生态功能；二是由消落区生态功能受限所导致的水库水环境安全、库区人居环境及景观、人群健康及库岸稳定性等服务功能问题。总之，三峡工程是目前世界上最大的水利工程之一，三峡水库消落区生态环境问题复杂多样且突出，认识和梳理过程仍需要相当一段时间，目前已认识到的消落区诸多生态环境问题的解决,仍没有可供参考和借鉴的资料;同时,由于不同类型和不同地点消落区的生态环境和社会需求有所差异,水库运行后对不同地区的影响程度和方式也不尽相同,其综合治理措施和策略也必须有一定的针对性。因此,如何采取有效的措施,开展库区生态环境建设与保护,从而保障三峡工程的生态安全运行和库区社会经济的可持续发展,都有赖于在水库运行的条件下,对库区包括消落区在内的不同生态系统类型的生态环境开展长期系统的监测与评估。该部分内容为本章重点内容,需详细阐述,见本章第3.3、3.4部分。

3.2 针对库区生态环境问题的对策与建议

3.2.1 加强库区的水污染防治和水资源管理

为保护三峡水库的水质安全,国务院组织制定并批准了《三峡库区及其上游水污染防治规划》,并投巨资对三峡库区及其上游流域水污染进行治理和防治。针对三峡库区目前的水环境问题,建议库区水污染防治工作主要按照以下几个方面进行:①农业面源污染是三峡库区的主要污染源,占到总体污染的 $60\% \sim 70\%$,因此,控制农业面源污染是三峡库区水污染防治工作的重中之重。调整库区农业生产结构,发展高效生态农业,实现传统自然农业向现代生态农业的转变;开展农业面源污染控制关键技术研究;建立沿江生物隔离带;同时应从源头控制农业面源污染。②建立和完善城市污水处理系统,并以法律手段规范库区工业污染物的排放,限期治理重大污染源,以确保三峡水库水质的长久安全。③建立农村生活污水、生活垃圾和畜禽粪便的集中处理设施。④加强库区水质的监测和监测资料管理,加强水污染监测资料的集成共享,及时发现问题,从而为水库的水质管理提供依据。⑤研究富营养化和藻类水华的暴发机制,特别是水体动力学条件与藻类水华的发生关系,从而调整水库调度方式,改善水华高风险区的水力学条件。⑥健全管理体制,并制定相应的管理法规,形成按水资源的客观属性及水资源保护工作的实际需要的"统一管理为前提,流域管理和区域管理相结合"的水资源保护体制,并制定和完善三峡水库水资源管理法规。

3.2.2　改善库区农业生态环境

库区农业生态环境的恶化与先天脆弱的生态环境有关,但更直接的原因是人类长期、大规模、无序的经济活动的影响。首先,实施"生物工程"、"天然林保护"和"退耕还林还草"三结合的措施,建立以林为主的生态治理措施,是改善生态环境,防止水土流失的根本措施;同时,应优化库区农业产业结构和空间布局,发展生态农业,这也是解决库区农村贫困问题的重要途径;而法制化建设是遏制经济活动无序化,促进生态环境保护与建设的重要保障。此外还需建立并加强气候灾害的监测机制,为三峡库区农牧业生产保驾护航,监测的内容包括干旱、洪涝、暴雨、雷暴、寒潮、低温、高温、连阴雨等。

另外,有许多因兴修水库造成血吸虫中间宿主螺类沿灌溉水系扩散,从而加重血吸虫病流行的报道。如埃及阿斯旺高坝建成后,血吸虫感染率由 2%～11%上升至 45%～75%;苏丹、肯尼亚、加纳、马达加斯加、埃塞俄比亚水利工程建设也有类似情况;国内的四川丹陵水库、湖南黄石水库均引起了血吸虫病的流行。三峡建坝后,库区生态环境发生变化,水流变缓,温度和湿度等将向有利于钉螺向孳生的方向转化,库区也存在钉螺和传染源的可能性,这表明三峡库区存在血吸虫病潜在流行的危险。为此,应结合三峡库区农田水利建设规划,在可能孳生钉螺的库区移民点消除钉螺孳生条件,对可能孳生钉螺的洲滩提出综合治理方案。采用 GIS 和定位观测方法,定期监测泥沙淤积趋势与钉螺孳生的关系,定期纵向监测钉螺,建立检疫制度,防止钉螺输入;建立血吸虫监测点,开展三峡库区流动人口血吸虫病监测,及时发现和治疗传染源;对养殖场进行卫生与评价,及时发现动物宿主,进行粪便无害化处理;在库区群众中开展健康教育,增强群众自我健康保护意识。

3.2.3　采取措施保护库区生物多样性

需采取以下措施保护库区生物多样性:

①严格控制生物入侵。为确保三峡库区的生态安全,保护其生物多样性,必须根据外来生物的特征特性,从检疫、生物、物理、化学四大方向寻求最有效的方法开展防治,同时,还应从政策、法律、法规、宣传等方面着手建立一套完善的防控体系。

②开展濒危物种的就地和异地保护及相关研究。同时,应进一步加强对受三峡工程影响的特有鱼类的生物学和人工繁殖技术的研究,并采取有针对性的保护措施。

③合理制定移民安置规划,扩大移民环境容量,减轻移民安置对生物多样性的影响。一是加强与移民安置规划部门的协调,避免对古大树种和珍稀植物群落的影响;二是调整库区产业结构,发展生态农业,减轻库区人地矛盾,缓解生态压力。

④加强管理和宣传,提高当地居民的保护意识;加强立法,强化执法。制定和完善库区生态环境相关的法规体系,同时加大执法力度,严厉打击各种破坏生态环境的违法犯罪活动,使保护管理工作真正走上法制轨道,做到有法可依、有章可循。

⑤建立和完善生物多样性保护和监测网络。

3.2.4 优化水库的调度管理

在发挥三峡水库防洪、发电、航运等基础效益的基础上,研究和建立水污染控制和三峡库区生态与环境保护等多目标综合管理的优化调度方式。根据上游污染物入库的时间分布规律和主要污染物的空间分布特征,制定相应的泄水方案,利用坝下流量稀释自净,控制库区的水体污染;研究水体动力学条件与藻类水华的发生关系,从而调整水库调度方式,改善水华高风险区的水力学条件,降低藻类水华暴发风险;模拟自然水情下的泄水量,营造"人造洪峰",改善下游鱼类的生活环境,保护库区的水生生物多样性;根据对水库泥沙观测原型资料的分析和研究,掌握水库泥沙淤积、变动回水区航道泥沙淤积及大坝下游河床冲刷规律,从而进一步优化水库泥沙调度方案等等。

3.2.5 探讨库区社会经济可持续发展模式

三峡库区是我国长江流域中一个典型的经济低谷区,长期以来经济发展缓慢,经济发展水平低。目前库区产业结构存在的主要问题是:产业结构层次低;农业生产结构单一,没有发挥农业资源的优势;工业结构不合理,不利于库区经济的可持续发展;第三产业以传统产业为主,新兴产业发展滞后。

调整库区产业结构,构建可持续发展的产业体系是库区可持续发展和生态环境保护的重要途径。

①进行产业重构,利用库区移民搬迁、城市重建的机遇,对过去小而低水平重复的产业体系进行改造重组,培育名牌产业、名牌企业和名牌产品,重点培植交通运输、旅游、建筑、天然药物、特色纺织和绿色食品等产业;同时发挥重庆市主城区和三峡工程对库区经济的拉动作用。

②促进库区传统农业向现代农业转变,加快农业产业化发展。发展优质、高效、特色农业,将资源优势转变为产业发展优势,增强库区农业的竞争优势,实现农村经济的可持续发展。

③发展库区生态旅游,利用独特的旅游资源,建立以生态旅游为核心,相关产业配套发展的产业集群,增加就业机会,促进库区社会经济协调发展。

④发展环保产业,注重经济与资源、环境的协调发展,不断改善和优化库区生态环境。

3.2.6 三峡库区地质灾害防治及减灾工作对策

三峡库区地质灾害防治及减灾工作如下:

①不稳定斜坡转变为新滑坡的机制和预测。一是水库型滑坡、降雨型滑坡与水库调度方式、滑体与滑带的透水性、降雨和库水位变化等之间的响应机制和相应的预测和评价方法;二是易滑岩层巴东组构成的斜坡变形破坏的演化机制研究。

②水库塌岸的防治和治理。水库塌岸是影响三峡水库移民工程安全的重大地质灾害问题,防治工作的必要性主要应根据地质灾害危险性和危害性加以确定。防治工程设计中,首先应确定工程的重要性等级和相应的防治安全标准;其次,应尽量寻找有利位置,在水边线附近采取综合支护工程以避免或减少水下大面积岸坡破坏,同时辅以监测预警工作。

③妥善处理库区移民迁建工程地质灾害问题。当前三峡库区人类活动是造成崩滑地质灾害的最为活跃和强烈的因素。几座迁建县市新址地质条件复杂,地质灾害严重,应紧密结合城建工程和正在实施的地质灾害防治工程,继续加以治理。

④基于现代空间技术的地质灾害数字监测、预报、预警系统理论和技术研究;并加强地质灾害防治和治理技术研究,进一步加强三峡库区地质灾害治理与土地开发利用一体化研究。

⑤借鉴发达国家的防灾减灾经验,建立灾情评估体系,完善灾害救济、保险和救灾社会服务体系。三峡库区地质灾害点多面广,但不是所有的滑坡、崩塌和泥石流等地质灾害都必须立即进行治理,必须建立起一套科学的

评估体系,根据地质灾害的时空特性,对其危害性进行分类,评估体系包含地质灾害发生的可能性评估和地质灾害发生后的灾情评估。三峡库区的大规模移民迁建工作是在短期内完成的,工程建设参照各自现有的行业标准,缺少统一的规范标准,因此,应总结库区一、二期地质灾害的经验和教训,制定统一的具有可操作性的分类标准,同时应建立起系统、科学的灾情评估体系。

3.2.7 保护库区消落区并合理开发利用

目前对三峡库区消落区的研究基本处于初步阶段,对消落区可能产生的一系列生态环境问题及其对库区及长江流域可持续发展的影响不容忽视,因此,库区消落区生态环境保护和防治意义重大。首先,应对消落区进行合理规划管理,按照不同地域消落区的自然地理特征、生态环境问题和三峡水利工程安全运行的需求,制定消落区生态环境保护和利用规划,划分不同的功能区,并以此作为三峡库区消落区土地资源利用、生态环境保护和治理的指导依据;调整库区两岸的农村产业结构,通过加强小城镇建设,以生态旅游、生态农业和加工业等取代传统的耕种业,以减少滞留在消落区或经过消落区入库的污染物;大力建设植被生态工程,选择一些适宜本地区气候及环境特征的植物,通过多层搭配,植树种草,保护水库消落区的生态环境;同时应在消落区建立生态环境监测、预警和综合管理系统。

为解决三峡库区消落区绿化问题,国家林业部已将中华蚊母、疏花水柏作为被选树种。重庆市万州区在消落区的治理方面进行了一些积极的探索和试验:一是三峡研究院和重庆三峡学院通过试验筛选适合消落区生长的植物,试图通过植物根系固定土壤,截留地表径流中的污染物;二是大力实施库周绿化工程,建立库岸绿化林区,在高程 175 m 以上库岸流域种植耐水林木及草本植物;三是建设退耕还林水土保持工程;四是进行工程治理。

3.2.8 针对库区生态环境问题加强相关科学研究

目前库区生态环境演变尚未达到平衡,因此需要对生态环境问题作长期的监测和研究。建议组织一支综合的学术队伍,成立三峡库区生态环境研究重点实验室,对库区生态环境基础应用问题及新出现的问题进行集中研究,主要包括:三峡库区的水污染防治;三峡成库后固体废弃物的处置与利用;三峡大坝形成的生境破碎化及生物多样性变化对策;三峡库区生态安全问题与对策研究;三峡库区生态环境退化及其恢复与重建;三峡库区消落区生态环境保护利用与对策研究;基于原型观测的三峡工程泥沙问题研究;三峡水库蓄水前后下泄水温变化及其影响研究;基于防洪、发电和生态环境保护的水库综合调度方案研究;三峡库区农业结构调整;三峡库区耕作制度及其调整;三峡库区和谐发展研究;三峡建坝后传染病流行趋势及血吸虫病传播危险因素研究;三峡局地气候监测系统研究;三峡库区地质灾害数字监测、预报、预警系统理论与技术研究;三峡库区地质灾害治理研究等等。

3.3　三峡水库消落区生态环境问题分析

　　三峡库区位居我国内陆腹心,是区域社会经济发展的枢纽,也是国家水资源安全保障的重点地区。三峡工程的水库坝高 185 m,工程建成运行后,水库在每年 10 月汛末开始蓄水,到 12 月水库水位由高程(吴淞)145 m 上升至 175 m;此后至次年 5 月,水位逐渐由高程 175 m 降低至 145 m;在每年 5 月至 9 月的汛期内,三峡水库水位一般保持在高程 145 m 运行。随着每年水位在高程 145 m 至 175 m 之间的变化,三峡水库两岸海拔 145～175 m 高差达 30 m 的消落区将成为季节性湿地,并在冬季将处于高水位 175 m 淹没状态,而在夏季处于低水位 145 m 的出露状态。与三峡工程建设前长江河道的自然水文节律相比较(水位一般在 60 m 左右),三峡水库消落区的水文节律呈现出反季节性变化的特征;此外,在水库正常蓄水运行的情况下,消落区淹没可达 8 个月,远长于长江自然消落区在夏季洪水的淹没时间(图 3-1)。

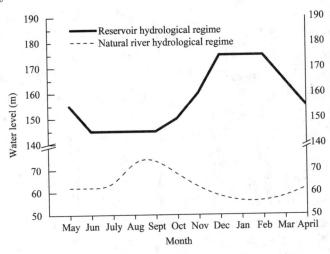

图 3-1　自然消落区和水库消落区的水文变化比较

三峡水库实行 145 m～175 m"冬季蓄水、夏季泄洪"的人工调节水位后，其水位涨落节律逆反自然枯洪规律。同时，水库消落区具有水淹时间长（可达 8 个月）、面积大（约 350 km²）、消落幅度大（30 m）、生境类型多样等显著特点。三峡水库消落区面积大、范围广，涉及到湖北省和重庆市的 19 个区县及重庆主城区；消落区受水库水位涨落幅度大、反季节涨落的影响；出露时段为炎热潮湿的夏季；库周城集镇众多、人口密集，社会经济发展水平低，人类活动与消落区的相互影响频繁、复杂。与国内其他大型水库消落区相比，具有特殊性。消落区的生态环境问题包括两个层面，一是消落区自身的结构和功能问题，受水库水位大幅度反季节涨落和库区人类活动的影响，消落区内植物种类少、群落结构简单，难以发挥固土护岸、环境净化、提供生境等生态功能；二是由消落区生态功能受限所导致的水库水环境安全、库区人居环境及景观、人群健康及库岸稳定性等服务功能问题。因此，如何采取有效的措施，监测和了解消落区的生态环境现状，开展消落区生态环境修复，保障三峡工程的生态安全运行、改善水体质量，促进库区社会经济的可持续发展，是库区生态环境建设与保护的中心环节。

消落区按形成原因，三峡消落区分为两类：一是在三峡水库蓄水前，由于降水、源头融雪等自然因素而导致水位季节性涨落而在沿江两岸形成的消落区，称之为三峡自然消落区；二是三峡工程竣工后，随着水库水位涨落节律的人工调节，库区两岸海拔 145～175 m 地段形成的三峡水库消落区。由于形成原因的不同，三峡水库消落区与三峡自然消落区存在诸多差异。比较而言，三峡水库消落区的水淹时间长于三峡自然消落区，面积也超过后者的一倍以上。更重要的是，由于三峡自然消落区和三峡水库消落的水淹时段刚好相反，水流动力学也存在差异，二者的植被状况将截然不同。由于水库水位在一年中反季节周期性涨落，消落区受到水生生态系统和陆生生态系统的交替控制，使得液相物质和固相物质相互交接，出现了一个既不同于水体，也不同于土体的特殊过渡带，其受力方式、受力强度以及频繁的侵蚀与堆积等，使得这一交界带生态系统的在稳定、抗外界干扰能力、生态环境变化的敏感性及生态环境改变速率上，均表现出明显的脆弱特性。

长江三峡工程是开发和治理长江的关键性骨干工程，具有巨大的防洪、发电、航运等综合经济和社会效益。水库防洪库容 221.5 亿 m³，通过水库调度，可有效削减长江上游洪峰，极大地提高长江中下游防洪调度能力；电站总装机容量 2,240 万 kW，年平均发电量 862 亿 kW·h，为我国社会经济持续发展提供清洁能源；三峡水库将显著改善长江从宜昌至重庆 660 公里的航道，工程建成后万吨级船队可直达重庆港，同时，经水库运行调节，使长江中下游枯水季航运条件也能得到较大改善。总之，三峡工程对我国社会经济的发展具有十分重要的作用。

尽管三峡工程带来了显著的社会经济效应,但同时对社会、生态环境也引起了一些不可逆的负面影响。消落区是流域内水陆生态系统的自然交错带,是相邻陆生和水生生态系统物质、能量和信息交流的纽带,是流域生态系统组成的敏感部分,其特殊生境为物种的演化、发育和保存提供了有利的条件,具有重要的社会、经济、生态价值。三峡水库生态环境的变化,尤其是消落区的生态问题,已成为流域生态修复和研究的中心环节。受水库水位逆反洪枯规律的人工调节的影响,三峡水库消落区逐渐演变成一种新生湿地生态系统,其生态环境问题与自然消落区或一般湿地生态系统所面临的生态环境问题存在较大差异。三峡工程上马后,水位从以前的 62 m 逐渐上升到目前的蓄水水位(145～175 m),造成生境严重破碎化,Wu et al.(2004)通过数字高程模型(digital elevation model,DEM)结合地理信息系统(Geographic Information System,GIS)估算出水位上升到 175 m 后,将形成 47～102 个新的岛屿。水位的反季节变化及生境破碎化造成原来的河岸植被难以生存,植物多样性急剧下降。水库蓄水后,水流速度变慢,水体自净能力下降,造成营养元素及重金属沉积;水库蓄水后,消落区岩土含水量变为饱和,在暴雨径流冲刷、库区水位变动侵润、来往船只航行涌波等各种动力的作用下,消落区内水土流失严重,加剧水库泥沙沉积。水库蓄水后,河面变宽,从而通过蒸腾、净辐射等途径的改变影响三峡库区的微气候。水位退落后形成的沼泽及水淹后的植物组织将增加甲烷及其他温室气体的排放。水位降落后,库区居民利用夏季出露的消落区土地开展短季节农作物的种植、发展淡水养殖或开展其他的多种经济活动。肥料、药物、饵料残余、作物残留物、畜禽粪便形成新的非点源污染。消落区受水陆交叉污染,易滋生各种相关的病原体、致病菌,特别是在夏季高温高湿环境条件下,污染严重的消落区将成为相病菌、寄生虫的滋生源,有可能导致大规模疫情的发生和流行,危害库区居民身心健康。三峡水库消落区生态环境问题复杂多样而突出,认识和梳理过程仍需要相当长一段时间。消落区的生物治理,首先要掌握消落区的生态环境现状,其次要注重消落区的生态效益,另外,还要发挥消落区的经济价值。

3.3.1   三峡水库消落区所面临的生态环境问题

三峡水库消落区形成后,由于库水淹没、水位每年季节性大幅度消涨并与自然雨旱洪枯季节规律相逆反,水流速度大为减慢;消落区陡坡地段泥沙被反复冲刷基岩裸露、缓平地段泥沙淤积、浅水漫滩面积增加;年平均气温和湿度升高、消落区出露成陆期气候最为炎热潮湿和大雨暴雨频繁,陆岸库区污染物在消落区阻滞积累转化并再溶入水库,使蓄水前后消落区内生态环境条件、生态过程、地理景观及格局发生剧变,一系列生态环境问题由此而生。主要表现在:消落区生物多样性大幅度降低和消落区内珍稀、库区特有生物的濒危与消亡,景观似"荒漠化";水库水质污染及支流河口区水体富营养化;地质灾害加剧和库岸失稳再造;库岸带城乡居民与移民生存环境和景区旅游环境恶化;易产生和引发自然疫源性、虫媒传染性、介水传染性、地方性疾病的流行与暴发等。

1. 生态系统退化,生物多样性降低

植物多样性是生物多样性最基础和最重要的组成部分。在长期适应长江自然水位节律性变化的过程中,三峡自然消落区形成了其独特的植被类型及其生长节律,这些植被由于其不同组分的繁殖系统和繁殖体传播动力以及适应消落区特殊环境能力的差异呈现明显的分层结构。由于水库消落区水位消涨逆反自然枯洪季节规律、淹没时间远长于自然洪水,陆生动植物千百万年进化的生态习性更难以适应,因而其生物多样性水平低于自然消落区;长江流域同纬度地带大型水库消落区,形成稳定十至数十年,生物多样性水平相当低下即是实证。因为水淹条件的巨大变化,自然消落区现有植物将由于水位上升被永久性淹没,原来 145~175 m 以下非自然消落区的陆生植物由于没有经历水淹适应进化过程,短期内也很难在水库消落区内生存,因此水库消落区在水位退落后的库周两岸形成没有植物覆盖的大面积"裸露"地带。三峡水库蓄水后,消落区由原来的陆生生态系统演变为季节性湿地生态系统,一方面会出现一些新的物种或发生生物种变异;另一方面使原来适应陆生环境生长的物种,尤其是植物物种将逐步消亡,而适应水生环境生长的物种又因消落区的季节性出露水面使成活率降低。因此,整个消落区的植物种类将较以前的陆生环境大为减少,造成生态系统稳定性降低,脆弱性增强。

(1)物种丰富度降低

植被是生态功能的载体,因植物种类减少及其群落结构的简单化,消落区难以发挥固土护岸、环境净化、提供生境等生态功能。三峡水库消落区形成后,由于其生态环境不稳定,植被生长困难,其生态功能被显著削弱或丧失。三峡库区原消落区是在长期自然演替过程中形成的生态系统,具有固坡护岸、净化地表径流、提供生境和构成景观等多种生态功能,三峡水库蓄水淹没使原消落区成为永久水域,生态功能改变。形成消落区的原陆域,因水库水位反复周期性的大幅度涨落,且与自然洪枯变化节律相反,原复杂多

样的陆生生境将转变为水陆交替生境,植物生长基质变为物质组成与结构基本类同的淤积土层或裸露基岩,消落区的植物种类较以前的陆生环境大为减少,且群落结构简单。2009 年 7 月的调研结果表明,除分布于高程 172 m(2008 年蓄水 172.8 m)左右的极少数森林群落和部分耐冬水淹没与夏秋干旱的灌丛及多年生禾本科草丛群落外,消落区植被以一年生草本植物为主。

　　175 m 蓄水及消落区陆地生境演变为冬水夏陆交替生境,绝大多数种类植物难以适应而死亡。其中受到物种消亡严重威胁的有兰科、无患子科、怪柳科的一些物种,生存受到很大影响的有菊科、蔷薇科、禾本科、大戟科的植物。库区主要资源植物中,柑桔(*Citrus reticulata Banco*)、龙眼(*Dimocarpus longgana*)、荔枝(*Litchi chinensis*)、油桐(*Vernicia fordii*)、龙须草(*Juncus effusus*)受淹严重。此外零星散布的梨(*Pyrus* spp.)、李(*Prunus domestica*)、樱桃(*Cerasus pseudocerasus*)、枣(*Ziziphus jujuba*)、石榴(*Punica granatum*)、枇杷(*Eriobotrya japonica*)和桑(*Morus alba*)、白蜡树(*Fraxinus chinensis*)、棕榈(*Trachycarpus fortunei*)、蓖麻(*Ricinus communis*)等在蓄水后被淹没。适宜流水尤其是急流生境的藻类亦将从库区水体中逐渐消失。王勇等(2001)对自然消落区进行植被本底调查,开展了有关植物区系、植物群落结构等方面的研究;研究指出,三峡水库自然消落区具维管植物 83 科 240 属 405 种,其中蕨类植物 9 科 10 属 15 种,裸子植物 1 科 1 属 1 种,被子植物 73 科 229 属 389 种。从生活型上看,多年生草本和以多年生草本为主的科、属最为丰富,均超过了本带各分类群的三分之一,一年生草本位居第二,灌木也较为丰富,而乔木、竹类和藤本所占比例较小,且生长低矮,呈灌木状,草丛和灌丛构成了本带植被的总体外貌;其区系成分复杂,地理联系广泛,温带占优势的亚热带性质表现明显,属种各有14 个分布区类型和 13 个分布区亚型,表明该带与世界植物区系普遍的地理联系;水淹环境对本带维管植物的起源和分布起着重要的作用,世界广布科和广布属比例较高,且多为湿生或水生植物,中国特有属有川明参属(*Chuanminshen*)、虾须草属(*Sheareria*)、裸芸香属(*Psilopeganum*)和盾果草属(*Thyrocarpus*)等 4 属,地方特有种仅疏花水柏枝一种;水淹环境对植物空间分布格局的影响则表现为,干流消落区上部的物种丰富度高于中部、中部高于下部;消落区下部为以一年生草本植物为主的喜湿草丛,中部生长着以多年生植物为主的耐水淹的草丛、疏灌草丛和落叶阔叶灌丛,消落区上部则分布着较耐干旱的草丛、疏灌草丛和常绿阔叶灌丛类群;通过对消落区维管植物优势类型和表征类型的分析,可以确定主要生长于消落区中下部且在群落中发挥重要作用的多年生植物为耐水淹植物,这也为后来植物筛选的方向打下了一定基础。

王勇等(2002)对三峡库区自然消落区植物区系的研究表明,消落区分布有维管植物83科、240属、405种。但刘维暐等(2010)对蓄水后水库消落区植物区系的调查表明,维管植物只有61科169属231种,其中科、属、种分别减少了26.51％、29.58％、42.96％。据调查消落区范围内哺乳动物有8目、20科、76种,大多难以在新生境条件下生存而迁徙;有害啮齿目、食虫目动物被迫随移民而上迁;昆虫65科、222属、291种,因数十万亩农林园地淹没而大量减少;植物大量死亡,食物短缺加剧消落区动物种类减少速度。大量动、植物种类减少,消落区生物多样性大幅度降低。

(2)特有物种濒临灭绝

三峡库区由于特殊的地理区位和气候条件,植物资源十分丰富,曾是古老、珍稀濒危植物避难所;地处我国特有植物的川东－鄂西分布中心地区,特有植物种类众多。三峡水库蓄水运行后,分布生境较狭窄或数量很少的珍稀和特有植物,因原产地生境破坏,面临灭绝危险。主要珍稀濒危和特有植物有:荷叶铁线蕨(*Adiantum reniforme var. sinense*)、疏花水柏枝(*Myricaria laxiflora*)、中华蚊母、川明参(*Chuanminshen violaceum*)、巫溪叶底珠(*securinega wuxiensis*)、巫山类芦(*Neyraudia wushanica*)、狭叶瓶尔小草(*Ophioglossum thermale*)、宜昌黄杨(*Buxus ichangensis*)、鄂西鼠李(*Rhamnus tzekweiensis*)、丰都车前(*Plantago fengdouensis*)等。其中鄂西鼠李目前仅武汉植物园保育有1株,通过扦插繁殖获得2株无性系。

(3)生态系统结构单一化

蓄水前消落区是三峡地区生态环境质量最好的陆地区域。海拔200 m以下长江河谷地带,坡度<8o的区域占97.89％,微度和轻度侵蚀面积占77.2％,水热条件优越,植被(含农田植被)覆盖度较高,是库区最宜人居和经济社会发展最好地区(《基于遥感和地理信息系统－三峡库区生态环境质量综合评价研究》,国家环保局信息中心、中国环境监测总站,2003)。175 m蓄水后,原复杂多样的陆地生态环境迅速变为结构及主要特征较单一的干湿交替生境,库周各地消落区基质均为新淤积土或裸露基岩,水位消涨季节逆自然枯洪规律且幅度加强,以致于土壤侵蚀加剧,植被覆盖度大幅下降,生态环境条件恶化。

(4)原有植物群落消亡

生物群落是生态系统核心,植物群落是生物群落的基础。王勇等(2002)对三峡自然消落区植物群落的研究结果显示,其植被可以分为4个群丛、19个灌草植物群落。其中疏花水柏枝群落和疏花水柏枝与秋华柳(*Salix variegata*)群落为消落区特有植物群落,体现出该地区的水淹环境对特有成分选择的严格性。部分生境分布于消落区的森林、灌丛、草丛群落,除极个别分布在 175 m 左右的森林群落可继续生存外,大多数森林被淹没已逐渐死亡;除部份耐季节性冬水淹没和夏季干旱的一些灌丛及多年生禾本科草丛群落外,其余群落亦将淹没死亡从消落区消失。

2.景观生态体系及旅游生态环境恶化

景观是区域地理综合体或多种类型生态系统"镶嵌"组成,具有明显视觉特征以及经济、生态和美学价值的地理实体。三峡库区是我国及长江流域重要的景观带,消落区是其中非常重要的组成部分,它直接影响库区的生态环境质量,影响着库区人们的生产、生活和经济社会发展,影响着三峡旅游资源的美学价值。

消落区植被稀疏及退水后形成的淤泥、滞留的污染物等现象与三峡著名风景区和城集镇的环境不协调,影响库区的整体环境和景观。受水库水位反复大幅度的涨落和风浪冲刷的影响,位于城集镇及景区的陡坡岩质型消落区的基岩将逐渐裸露,陡坡土质型消落区的土壤逐渐流失,基质多年后将演变成砾石和砂石,难有植被覆盖,巫山、奉节、秭归等区县的消落区多属于此类;位于城集镇及景区的缓坡、中缓坡消落区虽有植物生长所需的土壤,但受长期水淹的影响,草本植物的种子难以保留和存活,覆盖率将逐渐降低,呈草木稀疏的视觉效果,水库水位下降后,部分区域易形成淤泥、滞留污染物,与陆域和水域环境形成鲜明反差,开县、云阳等区县的消落区多属于此类。

（1）消落区景观生态体系结构和功能受损

三峡库区景观由陆地、水库、消落区 3 个基本景观单元有机构成,消落区位于水陆两大景观单元的交错过渡带,属湿地景观类型,具有衔接协调陆水景观的重要作用。其现有植被绝大多数为适应陆生环境的植物物种,三峡水库建成后,消落区的季节性水淹环境使原有植被大量消亡,整个库区消落区成为无植被覆盖或少量植被覆盖的裸露带。如果不加治理,最大落差约 30 m 的黄褐色消落区就会呈现于世人面前,库底污泥、水面漂浮物及动植物残体都可能在消落区堆积,大范围的消落区裸露对库区景观将产生严重的影响,极大地降低三峡水库的景观质量。

（2）旅游生态环境恶化

长江三峡是全中国、全世界著名的风景名胜区,是我国旅游 40 佳和国际黄金旅游线路之首。旅游业是库区支柱产业之一,年海内外游客达 3,000～4,000 万人,对缓解库区产业"空虚化"和促进库区移民就业具有重要意义。库区风景名胜区大多位于库岸带附近,景区周围及可视区域和大小岛屿消落区总面积近 30 km²。175 m 蓄水后,消落区冬水夏陆,成陆期植被稀少、零星散布,基岩大量裸露,局部则为淤泥、沼泽。消落区成陆期为夏季,正值长江三峡风景区旅游旺季。冬季的游客见到的是高峡、碧水、平湖的美丽风光,而夏季的游客见到的消落区则是似"荒漠化"的景观,漂浮物在消落区大量淤落,这必然会使三峡高峡、碧水、平湖的风景效果大打折扣。同时,漂浮物和污染物在消落区大量淤落,不仅造成游人视觉污染,而且在成陆期炎热潮湿气候条件下,将成为细菌、病毒、寄生虫和蚊蝇的衍生源及异味恶臭散发地,给国内外游人健康造成一定威胁;消落区水位消落反复浸泡影响,易造成岛屿或半岛景区的边坡不稳,也存在一定安全隐患。所以,保护三峡消落区景观生态体系具有十分重要的意义。

3. 库区水土流失严重

三峡水库蓄水后,在暴雨径流冲刷、库区水位变动侵润和水压周期性变化、来往船只航行涌波等各种动力作用下,消落区库岸稳定性会降低。水库建成后消落区现有陆生植被消亡和地表裸露会使库岸稳定性降低更为明显。同时,库区消落区多为坡地,地面土壤结构松散,在降水和库水位周期性涨落作用下,消落区坡面上的植被和土壤结构将被破坏,水土流失量将加大。库区大范围消落区的水土流失将使大量泥沙流入水库,加剧库区(特别是支流)的淤积。水土流失已成为三峡库区乃至长江上游地区最大的生态环境问题。

最近 40 年来长江上游平均土壤流失率 4.5×10^6 kg/(km² · a),水土流失面积达 4.963×10^5 km²,占长江上游土地总面积的 49.36%,年土壤侵蚀量达 2.179×10^{12} kg。其中三峡库区水土流失面积 8.28×10^4 km²,占其幅员面积的 56%,为长江上游水土流失面积比例最高的地区。三峡库区海拔 300 m 以下的耕地面积为 1.10×10^5 km²,占库区总耕地面积的 2.2%,其中约 6,000 km² 土地在水库消落区,仅占库区耕地面积的 1.2%。土壤侵蚀率与地面坡度和地表干扰程度强烈相关,坡耕地是最易于流失的土地。在水库消落区开展生产活动,反复耕作和人为干扰必然改变消落区的土壤结构,土壤更加疏松,在降雨和库水的冲刷下,高强度的土壤流失在所难免。

4. 水环境质量存在严重恶化风险

消落区是三峡水库与库区陆地的交错过渡与衔接地带,消落区水土环境受水库上游长江流域污染物和库区陆域污染物的影响。库区陆域污染物除部分经支流水体进入水库外,相当部分污染物是通过水土流失和地表径流进入消落区,经滞留积累和转化再进入水库。三峡水库蓄水至 175 m

后,干流水流速度降到每秒 0.5 m 以下,库区水体流动不畅,对污染物的自然净化能力降低,近岸带污染物积累,垃圾滞留,水环境质量下降。在夏季(6～9 月)防洪低水位运行期,库岸地面裸露,原有的水面漂浮物停滞在地面,库底有机沉积物在阳光暴晒下会加速腐化分解,产生严重的腐败恶臭气味,腐败有机物还会进一步污染水体。库区支流受主河道顶托的影响,水流速度降低,甚至成为死水区。消落区裸露的夏季正是库区光热雨资源相对集中时节,消落区经过库水半年浸泡后又全部露出水面,一些低洼区域因集雨而长期排污不畅,形成大片沼泽化泥滩和星罗棋布的低洼死水,污染物积聚腐化不仅造成强烈的视觉污染,还严重污染人居环境。

消落区污染物主要包括堆放的固体废物及落淤污染物、土壤浸出污染物(区域内源性氮磷、有害有机物和重金属)等,这些污染物在地表径流或水库水位上涨时进入水域,对水库水质产生较大的影响。库区消落区现有500 多个排污口,随水库水位的涨落,岸边水域水质的污染影响范围发生变动,影响城集镇饮用水源安全;支流回水范围内的消落区营养物质易于富集,引起局部水域的富营养化,甚至发生水华,如小江、大宁河、香溪河等库区主要支流自水库初期蓄水以来水华就频繁发生。缓坡、中缓坡消落区是三峡水库消落区的主体类型,形成前大多为农田,其土层厚,有机质丰富,目前部分已被季节性农业利用,残留的化肥、农药和农作物残体进入水库水体,影响水环境安全。

三峡库区陆域污染物主要通过水土流失及地表径流进入水库消落区,经滞留积累转化再进入水库。水库蓄水至 175 m 后,干流水流速度大幅下降,水库水体扩散能力和复氧系数下降,自净能力降低。缓平消落区将发生库水中泥沙累积性沉积,将形成边滩、淤滩,有机质、氮、磷、重金属有毒污染物和部分农药随泥沙淤积进入消落区新积土层,近岸带污染物积累,垃圾滞留;被淹没的库岸植物还将腐烂变质,加上库底和城镇迁移后原有污染物,形成严重的内源污染;且在支流(如香溪河、小江等)的内湖(如巫山、开县等处的平坝地)水流变缓且停留时间增长,污染物滞留,将会加剧水库水体的富营养化。夏季防洪低水位运行期,消落区地面裸露,原有的水面漂浮物停滞在消落区内,地表有机沉积物在阳光暴晒下会加速腐化分解,将会对水库水体产生严重污染。

对排污现状、监测和未来预测结果比较分析,影响消落区和三峡水库水质的主要污染源有农村面源、城镇生活污水、城镇垃圾淋溶、工业废水、城镇地表降雨径流和船舶废污水等;175 m 蓄水后,淹没土地和遗留物浸泡也将释放一定污染物,主要污染物为有机物、营养盐、化学需氧量、氨氮、总磷、粪大肠菌群等。

（1）农村面源污染为现阶段主要污染源

在 2004 年进入库区长江干支流的主要污染源及污染物（化学需氧量、氨氮、总磷）中，农村面源污染物排放量均居首位，合计占污染物总量 51.58%；其次为城镇生活污染源（污水及垃圾淋溶）和工业废水，共占 37.88%；城镇地表径流进入江河水体的污染物占 9.97%（《三峡水库对重庆库段生态环境影响及整治对策研究》，重庆市环境科学研究院，2004）。化肥、农药流失循环监测分析表明，氮、磷肥平均地面径流率 9.45% 和 5.25%，地下水淋溶率 0.54% 和 0.75%；多年均氮、磷流失量 8,009.1 t/a 和 1252.8 t/a，农药中有机磷、有机氮流失 31.7 和 16.0 t/a，呈逐年上升趋势；各年仅施肥进入水体中的氮、磷量分别占库区排入长江干支流水体氮、磷总量的 44%～70% 和 52%～77%，亦呈逐年上升态势（《长江三峡生态环境监测系统》，农药化肥污染面源监测重点站）。而水土流失是农业面源污染主要途径。大量氮、磷随农田径流进入消落区，大量泥沙在消落区沉积，将使消落区水土受到一定程度污染。175 m 蓄水淹没耕园地 2 万 km²，为缓解粮食供应压力和移民安稳，化肥、农药施用量将较大增加；库区移民绝大部份后靠安置，建房、新垦土地造成新的水土流失，新耕地保水保肥能力差，施用的化肥农药易流失；为增加农民和移民收入，畜禽养殖量亦有较大增长，因发展滞后和资金匮乏，畜禽粪便大部份难以进行综合利用与环保处理，流失量将增大。所以，农村面源对消落区水土和近岸水域水质的污染影响将越来越凸显。

水库消落区在陆水污染物迁移转化中具有"库"、"源"、"转换传送站"和"调节器"的重要作用。一方面，库水中的污染物、营养元素、重金属等通过土壤机械吸收、阻留、胶体的理化吸附、沉淀、生物吸收等过程不断地在土壤中富集，造成土壤污染。喻菲等（2006）对三峡水库消落区重庆段 5 个区县的土壤样品进行分析，结果表明：Cd、Cu、Pb、Zn、Hg、As 均达到国家土壤环境质量 2 级标准，且沿长江水流方向土壤 Cu、Pb、As、Hg 含量有降低趋势。土壤环境质量综合评价结果表明三峡水库消落区土壤处于警戒状态，其中丰都和忠县已受到轻度的 Cd 和 Cu 重金属污染。据重庆环科院估算，沿岸农田地表径流入库污染负荷总量达 2,494 万 t，其中 SS 为 2,410 万 t，COD 为 62.4 万 t，BOD 为 7.8 万 t，TN 为 12.7 万 t，TP 为 6,605 t。万县市淹没城区的污染表层土壤中 Cd、Cu、Ni、Pb、TN、TP 与溶解磷均比淹没区农田土壤中的含量高 2～255 倍。另一方面，水库蓄水后，被淹没的土壤中有毒有害物质被水溶出，可能引起水库的水质下降，水体富营养化。张金洋等（2004）对三峡水库消落区淹水后土壤性质变化的模拟研究发现，淹水后土壤中的 Zn、Cu、Pb、Cd、Cr、Hg、As 的含量都有不同程度的降低，表明土壤中的重金属有不同程度地被水溶出,对水质影响较大。

(2)城市岸边污染带扩展,支流回水与河口区富营养化严重

175 m 蓄水后,水库水面宽度和水深大幅度增加,水面比降减小,流速大降,长江干支流成为相对静水区。水动力学条件改变,导致污染物平均输送能力减弱,污染物在库区停留时间延长;横向扩散能力降低,库边污染带将变宽,污染物浓度升高;弥散系数减小,使水体复氧能力降低;60%左右泥沙将在库区沉积,泥沙累积性淤积将逐渐在库边和变动回水区形成边滩、淤滩,部份污染物随泥沙沉积,使沉积物中重金属和有机农药等污染物含量增高;库水含沙量降低,水体透明度增加,利于浮游藻类光合作用而大量繁殖。若不进行水污染综合治理,库区水污染将恶化,城市江段岸边污染带可能进一步扩展,支流回水河段与河口、库湾库汊富营养化趋势可能加重。

(3)漂浮物与泥沙淤积使消落区污染物含量升高

长江干支流上流产生的大量漂浮物因汛期暴雨洪水,汇流入三峡水库。漂浮物在支流河口及回水区段、干流回流库湾等处聚集滞留,将随每年度水位消落而大量淤落停积于消落区;库区 175 m 淹没线以上近库岸带,散布有大量城乡生活垃圾和工矿业固体废弃物的历史性残留堆积,汛期暴雨洪流以及因之产生的泥石流崩塌等,将不断把堆积废弃物带进成陆期的消落区,堆积体中有害物质亦将不断溶出流入消落区。从而导致消落区水土严重污染,成为细菌、病毒、微生物、寄生虫及蚊蝇的衍生源。同时,消落区将发生库水中泥沙累积性淤积,在最高蓄水位和洪水淹没线以下低缓消落区,尤其是支流入汇口和变动回水区,将形成边滩、淤滩。有机质、总磷、重金属有毒污染物和部份农药随泥沙淤积进入消落区新积土层,导致污染物含量升高。污染物进入消落区后逐渐积累并发生转化,部分污染物将溶出进入水库,部分污染物将通过水位下降时的"消落冲刷"和成陆期间植被稀疏条件下暴雨冲刷,而随泥沙进入水库,从而使近岸水域污染物浓度升高,水质变差。

5.消落区卫生环境恶化存在疫情流行风险

三峡库区是我国自然疫源性疾病、虫媒传染病和介水传染病的流行区,这些疾病曾多次暴发流行,危害严重。三峡水库蓄水运行后,消落区可能变为病媒生物孳生地及疫源地,增加了暴发流行性疾病的风险,影响库区人群健康。国内外大型水库工程建成运行后暴发疫情的例子较多,如美国亚拉巴马州水库(1924 年)、巴西的伊泰普大坝(1989 年),以及国内的丹江口水库(1986 年)、山东省安丘县牟山水库(1950 年)、广东省新丰江水库(1959年)等建成运行后,给蚊虫孳生提供了适宜环境,库区疟疾发病率显著提高,

部分地区甚至成为疟疾流行区；埃及阿斯旺坝（1930 年）、湖南省黄石水库及管灌工程（1960 年）、安徽省泾县陈村水库及灌溉工程（1981 年）等建成运行后，库区人群血吸虫病感染显著上升。相关流行性传染病的发生与工程运行后消落区的形成、区域气候变化等紧密相关。

消落区作为水域与陆地环境的过渡地带，受到来自水陆两个界面的交叉污染，易滋生各种相关的病原体、致病菌，特别是在夏季高温高湿环境条件下，污染严重的消落区将成为相关病菌、寄生虫的滋生源，以及异味和恶臭的散发地，并很可能导致大规模疫情的发生和流行。另外，水域中的一些污染物由于风浪和库中水体的运动，将向两岸消落区移动，水中的部分垃圾将进入消落区，同时，水中的一些营养物质也进入消落区的下部土壤中富营养化。消落区自身不产污，但因其植被稀疏，环境净化功能低，不能有效屏障陆域径流污染，且落淤污染物、堆放的垃圾等也可能进入水体污染水质，影响水环境安全；消落区还可能变为病媒生物孳生地及疫源地，如不注意预防，可能导致流行性传染病发生，影响库区人群健康。

三峡库区的较大支流大多流经县城，消落区裸露的夏季正是库区光热雨资源相对集中时节，城镇周边经过库水半年浸泡后又全部露出水面，因集雨长期排污不畅，将会形成大片沼泽化泥滩和星罗棋布的低洼死水凼，造成强烈的视觉污染。同时，消落区成陆期（水库 145 m 运行）时正是夏秋高温季节，炎热潮湿等，沉淀在消落区内的污染物，在烈日的烘烤曝晒下，将会蚊蝇孳生，给传染源扩散、细菌微生物、病媒生物孳生、疫源地迁移扩大创造了适宜的环境和条件。库区周边川、云、贵、桂等省区是鼠疫的自然疫源地或流行区，染疫动物和鼠疫隐性感染者等传染源极有可能传入库区。库岸区城乡居民和移民多以库水为饮用水源，容易发生大规模介水传染病和食物中毒的暴发或流行。消落区和库岸带鼠、蚊等病媒生物种类多、数量众、环境适应能力强、繁殖力旺盛。消落区水位每年季节性大幅涨落，与库区陆域和水体的物质、能量交换转化频繁且强烈，形成复杂的地球化学循环，将导致区域的某些元素、化合物含量及其分布发生变迁，还可能导致新的地球化学地方病。库区位于长江上、中游川鄂两省血吸虫病流行区之间，消落区特别是回水变动区将形成大量滩地、沼泽地，成陆期长，气温、湿度、土壤等环境适宜，这种湿地生境可能是川钉螺的孳生地。

6.地质灾害发生频率上升

地貌是地层岩性与地质构造的综合反映，受新构造运动作用的控制十分明显。由于消落区库岸所处地理地质环境的差异，因而不同库岸的变形破坏强度也不同。随着山体高度增大，斜坡有重力应力增强、卸荷裂隙更加发育的特点。从地貌上看,中山、中低山岸坡变形破坏较强烈,是地质灾害多发区;低山和低山丘陵河谷岸坡变形破坏较弱,地质灾害分布相对较少。三峡库区及其消落区地质条件复杂。三峡库区山高坡陡,地下断层和滑坡发育,地面土壤结构松散,容易发生坡面侵蚀。消落区为水陆交错地带,处于库岸崩塌、滑坡体的前缘,危及库岸人民的生命财产安全,影响农田和临水基础设施。库区陡坡岩质型消落区受水库蓄水及运行的影响较小,稳定性相对较好;而陡坡土质型消落区受水库蓄水及运行的影响较大,易发生坍塌、滑坡。

在整个三峡水库消落区中,大部分区域地形陡峻,河岸地层稳定性差,加上库区沿岸人多地少,人类活动频繁,是我国环境地质灾害的多发区。三峡水库蓄水后,由于库岸两侧岩石周期性地浸泡在水中,库岸山体吃水比重加大,使两岸坡地稳定性减弱,从而诱发滑坡、崩塌和泥石流,严重威胁库岸人民的生命财产和库区的安全。据国土资源部《三峡库区三期地质灾害防治规划》统计,初步查明全库区地质灾害 4,706 处,其中在消落区及其影响区地质灾害就达 1,627 处,主要包括滑坡、危岩、泥石流、地面塌陷等地质灾害类型。2008 年试验性蓄水诱发或加剧大小不等库岸坍塌共计 250 处、崩滑体变形共计 224 处,主要发生区域为城集镇和农村陡坡型消落区。水库蓄水后,库岸带地下水位显著抬升,消落区岩土体含水量变为饱和,在暴雨径流冲刷、库区水位变动侵润、来往船只航行涌波等各种动力的作用下,高水位长期浸泡和年复一年的水位大幅度消涨,岩土体物理化学性质及内应力将发生显著变化,岩土体凝聚及抗剪力大幅度下降,将加剧老滑坡及崩塌危险区的复活,还可能产生新的滑坡、崩塌、泥石流、岩溶塌陷,抗冲刷侵蚀能力较弱的土质库岸将会在一个不太长的时期内明显下降,在地质灾害加剧作用下,库岸将发生再造,库区消落区滑坡灾害将进一步加剧。

蓄水前消落区范围内地质灾害和不稳定岸坡数量多、分布广,受水库蓄水和人类活动的影响,在客观上为消落区地质灾害的发生创造了条件,不可避免地将产生新的地质灾害,使灾情加剧。三峡水库蓄水至 175 m 后,库岸地下水位显著抬高,使沿江碳酸盐岩体、风化岩体及坡积层土含水量由不饱和变为饱和;175m 高水位长期浸泡,将使岩土内部应力及物理、化学性能发生显著变化,岩土体凝聚力及抗剪力大幅度下降。因此,三峡水库水位抬高和变动,除加剧老滑坡、老崩塌危险区的复活外,还会产生某些新的滑坡、崩塌。地貌形态不同,库水作用力的大小有较大差异,前缘临空面高陡的崩塌、滑坡体,平均坡度较大,受库水作用力强,容易使老崩塌堆积体、滑坡体失稳和可能产生新的地质灾害。三峡水库蓄水后,一些原本稳定的斜坡和冲沟,由于库岸变形失稳将发展成为新的泥石流沟。由于库水渗漏,库水与岩体物化作用可能导致碳酸盐岩分布区地质构造破碎地段发生埋藏型溶洞塌陷。

7. 消落区土地利用与环境保护的矛盾

三峡库区消落区背靠城镇、人口稠密、产业集中，是库区社会经济活动的活跃地带。水库蓄水前三峡消落区大都是优质农田林地，或者是城镇、码头等人口稠密区，水库淹没线以下的城镇、工矿企业、公交用地 12 余 km^2、农林用地 252 km^2、农村建筑用地 4.8 km^2、裸岩和滩地 38.07 km^2。由于库区人口密度大，人地矛盾在三峡工程建设前就十分突出，水库建设的移民安置和基础设施建设等更进一步加剧了库区的人地矛盾。在夏季退水后，三峡库区消落区将会有大面积的平缓库岸土地裸露，沿岸居民在消落区内开展短季节农作物种植和水产养殖等经济利用，在一段时期内还不可避免，如没有有效的管理措施，有可能形成水库新的污染源。

三峡库区消落区在夏季退水后，将会有大面积的平缓库岸土地出露。虽然消落区土地属三峡水库的一部分，地方政府和库区居民对其开发利用是受到一定限制的，库区在三峡工程建设前人地矛盾就十分突出，工程建设的移民安置、基础设施建设等又占用了大量的土地资源，进一步加剧了库区的人地矛盾。目前在库区部分地区(重庆开县、奉节等地)，正在实施工程措施来开发利用消落区土地资源。此外，沿岸农民从生计考虑，将会利用在夏季出露的消落区土地，开展短季节农作物的种植、发展淡水养殖或开展其他的多种经济活动。在水库消落区上发展种养殖业，如果对其缺乏管理或管理不当，肥料、药物、饵料残余、作物残留物、畜禽粪便就将成为水库新增加的有机污染物，消落区的污染危害将更为严重，并严重影响三峡水库水质。

虽然存在一系列的生态环境隐患，但三峡库区消落区又是中国最大的人工湿地，其独特的生态环境特征具有重大的保护和开发价值。如消落区的土地资源特殊而宝贵，特别是在人多地少、耕地匮乏、农业经济占主导地位的三峡库区显得尤为重要。但库区消落区土地资源的开发利用既有重要的经济价值，也有很大的环境风险，应在生态第一、科学开发利用的前提下，开发利用库区的土地资源，从而达到库区人地关系协调发展，库区环境、经济、社会可持续发展的目的。

3.3.2 消落区治理初探

1. 加强消落区生态环境保护规划

自国家提出修建三峡工程以来，已有不少关于三峡库区方面的研究报道,内容涉及到三峡库区生态、经济和社会发展等方面。一些专家学者已经开始关注三峡水库消落区问题,探讨了三峡水库消落区的治理、保护、开发和利用等,并结合三峡库区消落区淹水的季节性变化特征,提出合理开发利用消落区土地资源、营建生态防护林带、建立消落区生态环境信息管理系统以及颁布消落区土地利用管理条例等等。

三峡水库消落区是由三峡工程蓄水运行形成,并受三峡工程运行直接影响和库区社会经济活动间接影响的重要空间区域,其生态环境问题为国内外所关注。三峡工程建设期采取的相关保护对策与措施一定程度上减缓了因消落区形成而导致的部分不利影响。但随着三峡工程 2009 年底完工,消落区全面形成,其生态环境问题将逐渐显露,在水库的后期运行中还可能出现新的环境问题。因此,统筹多方面需求,针对消落区的生态环境问题,对消落区进行生态环境保护规划十分必要。其必要性具体体现在如下几个方面。

2. 规划必要性

以科学发展观为指导,落实环境保护的基本国策,以保护三峡水库防洪库容、明显改善消落区生态环境、构建水库生态屏障为目标,针对三峡水库消落区的生态特征和库区社会经济特点,根据生态学、工程学原理和系统保护的思想,分区分类规划,以保留保护、植被恢复、湿地多样性保护、卫生防疫、水库清漂、岸线环境综合整治、加强关键技术研究与示范为主要内容,与国家有关管理政策和专项规划相衔接,本着统筹规划、突出重点、分期实施的原则,着力解决和及时预防三峡水库消落区已出现和可能出现的生态环境问题,为区域社会经济可持续发展和三峡工程综合效益持续发挥提供保障。

(1)生态环境保护规划是维护库区生态完整性和可持续性的需要。消落区是"三峡库区国家生态功能保护区"的重要构成单元,具有衔接库区陆域和水域生态系统的重要作用。三峡水库消落区因水库水位涨落幅度大,且逆自然洪枯变化,生态环境不稳定,植被生长困难,其生态功能被显著削弱或丧失。因此,加强消落区保护管理和生态修复,促进消落区湿地生态系统的发育,改善其结构和生态功能,对维护库区生态的完整性和可持续性十分必要。

(2)生态环境保护规划是保护国家战略淡水资源库的需要。三峡水库是中国重要的淡水资源库。三峡水库消落区面积广、岸线长,沿岸分布有 100 余座城集镇,2,000 多万人口,入库污染负荷大。消落区是缓冲陆域人类活动对水库污染与干扰的最后一道生态屏障。加强消落区的生态修复、卫生防疫和水库清漂等,发挥消落区滞留、降解地表径流污染物的作用,对保护三峡水库水质十分必要。

(3)生态环境保护规划是保障库周人居安全、改善人居环境的需要。三峡水库水位反复大幅度涨落及风浪侵蚀影响库岸稳定性,对库周人居安全构成威胁。同时,消落区落淤污染物、退水后形成的沼泽环境及淤泥等,影响库周人居环境,并可能变为病媒生物孳生地及疫源地,影响库周人群健康。因此,加强消落区卫生防疫和水库清漂,实施岸线环境综合整治工程,对保障库周人居安全、改善人居环境和人群健康十分必要。

(4)生态环境保护规划是保障三峡工程防洪、发电效益持续发挥的需要。消落区是保障三峡工程防洪、发电等效益发挥的重要区域,但目前已有部分工程占用了一定数量的库容。结合岸线利用与控制规划,加强消落区保护管理,对岸线环境综合整治工程进行合理规划,有效地遏制违规侵占三峡库容和无序开发消落区资源的行为,对保障三峡工程防洪、发电效益持续发挥十分必要。

(5)生态环境保护规划是促进库周城镇社会经济发展的需要。由于库区地形、地质条件的限制,加之大部分移民的后靠安置,三峡库区人地矛盾相对突出,一定程度上制约了移民区县经济社会的发展。在保障三峡工程防洪、发电效益的前提下,实施消落区岸线环境综合整治工程,适度合理利用消落区资源,有利于促进库周城镇社会经济的发展。

3.规划原则

消落区生态环境保护规划原则如下:

①统筹规划、突出重点。根据水库岸线保护与利用控制规划,将水库消落区作为整体规划,突出生态调节、环境改善、污染物吸收和降解等主导功能。

②因地制宜、体现特色。根据消落区地形条件、生态环境特征、区位,以保留保护为主,因地制宜进行生态修复、综合整治等,以保护和恢复消落区生境条件为特色。

③注重协调、远近结合。注重消落区与陆域和水域、消落区的保护与治理、人与环境及生物之间的协调;先行试点,有计划、分阶段实施各项措施。

4.规划的主要内容

消落区生态环境保护规划的主要内容如下:

①对大部分农村消落区和部分城集镇消落区,采取保留保护管理措施,减少和避免人类活动的干扰,以保留自然状态的方式保护其结构与功能。

禁止在消落区保留保护地段从事农耕、放牧、采砂、采石、弃置垃圾、设置堆场等活动。明确标识,落实管理职责,提升管理能力,完善制度,加强宣传教育和管理。规划各区县保留保护面积共计 217.72 km²,占消落区总面积的72.09%。

②对农村缓坡、中缓坡消落区实施生态修复。根据高程 145～170 m、170～175 m 两个区域的环境和水文特征,针对性地开展适应性植物群落恢复试点;试点区域分布在库区长江干流及太平溪、兰陵溪、童庄河、神农溪、沿渡河、洋溪河、大宁河、小江(澎溪河)、梨香溪、乌江、龙河、御临河、嘉陵江等支流沿岸一些面积较小的农村缓坡和中缓坡消落区;在试点基础上,完成植被恢复面积 26.98 km²。选择面积大、地貌类型多样、条件适宜的区段开展湿地多样性保护工作,采用必要的工程与保护管理维持消落区湿地环境类型的多样性,减缓消落区生境均质化的不利影响;规划在秭归、巴东、巫山、云阳、万州、开县、忠县、丰都等 8 区县开展湿地多样性保护工作,在巴东沿神农溪溪丘湾乡平阳坝村段先行试点,逐步推广,相关区县湿地多样性保护面积共计 31.14 km²。

③完善消落区周边城集镇卫生防疫能力建设,对库区 19 区县及重庆主城区的城集镇消落区开展卫生防疫工作,通过提高卫生防疫能力,及时清理污染等措施,控制病媒生物和疫源的生长。规划消落区卫生防疫项目 20项,重点卫生防疫控制面积 87.19 km²。

④在三峡水库重要功能区、支流库湾等建设清漂码头,配备趸船、机械化清漂船、中转船、垃圾收集箱、轮胎吊、缆车系统、传送带、垃圾车、地磅等设施,促进建立三峡库区清漂作业长效保障机制。规划建设水库清漂设施19处。

⑤对毗邻城市、集镇或农村人口居住密集的重要岸段实施岸线环境综合整治。遵循水库岸线保护与利用控制规划,以改善生态环境、景观为主的城集镇岸坡尽量采用生态工程措施;对有安全防护需求的城集镇在移民迁移线以下 5 m 范围内主要采取生态工程措施,超过 5 m 可采用工程措施。规划岸线环境综合工程整治项目共 104 项,整治面积共计 26.16 km²。依据工程实施的需要,工程量以整治岸线长度表示,经计算,整治岸线长度234.2 km。

⑥开展消落区演变观测和支撑相关问题解决的技术措施研究与试点示范。重点开展三峡水库消落区湿地生态系统发育研究观测研究,包括消落区环境结构、土壤性状、生物组成及生物量的长期研究观测;三峡水库消落区生态功能恢复技术研究与示范,包括生境修复,植物选育及配置技术、种子库生态恢复利用技术等;三峡水库消落区利用对库区生态环境影响研究;

典型消落区湿地多样性保护试点研究等。

3.3.3　建立生物治理示范基地并开展应用研究

　　如前所述,消落区植被能有效地保持库岸稳定、控制水土流失、提高消落区的生态环境质量和景观效果。消落区植被恢复,不仅要注重生态效益,还应发挥经济效益,从而激发当地政府及居民的积极性。

　　由于消落区特殊生境及生态环境问题,消落区生态修复及生物治理应秉承"勤研究,多示范、慎推广"的原则,因此应积极开展典型消落区生物治理试点示范与应用研究。受三峡工程淹没影响,一些库区特有植物的自然栖息地完全或部分消失,如疏花水柏枝、丰都车前、宜昌黄杨及荷叶铁线蕨。中国科学院武汉植物园对以上物种进行了迁地保护,有效地保存了物种资源。王永吉等(2010)还对宜昌黄杨进行了扦插繁殖研究,取得良好进展。由于三峡水库消落区是一种新生的湿地生态型,其内的植被恢复与重建工作需要时间和经验积累。中国科学院武汉植物园于 2003 年～2007 年在武汉植物园、秭归库区和万州库区水淹试验基地进行了三峡水库消落区植被重建适宜物种的筛选研究,通过水淹时间(3、5、8 三个月)和水淹深度(1、2、5、15、25m)的交互实验,筛选出适宜重建的耐水淹植物 7 种、种子散播植物 8 种、带外攀爬植物 12 种。为深入开展三峡水库消落区植被重建工作提供了种源基础。同时还开展人工植被组建、结构优化配置研究和示范,结果表明:在 145～156 m 高程,植被恢复以耐水淹的草本植物为主,如狗牙根、双穗雀稗、头花蓼(*Polygonum capitatum*)等;156～175 m 高程,可采取灌草、乔灌草相结合的方式,乔灌木主要定植在 170 m 以上。同时,构建狗牙根与双穗雀稗,狗牙根与秋花柳,加杨(*Populus canadensis*)、中华纹母、暗绿蒿(*Artemisia atrovirens*),狗牙根等植物群落。目前植被恢复效果良好,为三峡水库消落区植被重建提供理论指导、技术基础和优化植被模式。

　　在示范建设方面,应在原有工作基础上,继续开展三峡水库消落区植被重建适宜物种的筛选研究,尤其是一些具有生态、经济价值的典型植物,如枸杞、桑树、杨树等。研究不同植物的耐水淹极限值(水淹时间、水淹深度),从而确定在消落区的种植范围;开展水库消落区人工植被组建和群落结构优化配置的研究,探讨适合三峡水库消落区生境特点的人工植被优化模式,建立消落区植被重建技术体系;开展种子库萌发实验研究,研究消落区土壤种子库萌发数量特征及动态变化,掌握消落区植物种子的扩散方式,从而掌握消落区物种演替规律,为消落区植被群落构建奠定基础。

　　由于不同种或同一物种的不同生态型、不同性别的植株对环境胁迫的持续时间、胁迫程度的反应不同，因此，在应用方面建议进行开展不同品系或不同生态型对水淹胁迫（水淹时间与水淹深度）的交互实验，开展其对消落区环境（冬季水淹加夏季干旱）的适应机理研究；开展不同适宜植物对土壤理化性质的影响，研究不同植物对土壤营养元素及重金属的影响；开展不同适宜植物（特别是食用植物、如枸杞）组织内的重金属含量，确定是否还能食用；开展不同适宜植物对病原生物的控制效果研究。筛选出"既耐水淹，又耐干旱，还能有效改良土壤环境并能创造最大经济价值"的适宜物种，为消落区的生态环境修复、经济发展做出最大贡献。

3.3.4　建立生态环境监察站

三峡工程是目前世界上最大的水利工程之一，三峡水库消落区生态环境问题复杂多样而突出；同时，由于不同类型和不同地点消落区的生态环境和社会需求的差异，水库运行后对不同地区的影响程度和方式也不尽相同，其综合治理措施和策略也必须有一定的针对性。因此，如何采取有效的措施，开展库区生态环境建设与保护，从而保障三峡工程的生态安全运行和库区社会经济的可持续发展，都有赖于在水库运行的条件下，对库区包括消落区在内的不同生态系统类型的生态环境开展长期系统的监测与评估。

保障三峡工程的生态安全运行和库区经济的可持续发展，都有赖于在水库运行的条件下，对库区包括消落区在内的不同生态系统类型的生态环境开展长期系统的监测与评估。建议建立三峡水库消落区生态环境监测站，为全面系统地反映消落区的生态环境变化和实施综合治理措施提供科学数据和理论指导。监测内容的设置，必须充分考虑消落区所面临的重大和重点生态环境问题。主要监测内容包括消落区内的主要植物物种种类、数量和分布状况，生物媒介（鼠类、蚊类、蝇类、钉螺）密度及病原感染情况，土壤微生物的数量（好氧和厌氧细菌、放线菌、真菌）和生物量碳、氮、磷含量，土壤理化特征，地表滞留水体水环境。消落区监测站将对以上内容全面系统地进行全过程的跟踪监测，并围绕三峡工程的运行，对消落区的生态环境开展综合集成分析，预警和预报消落区土壤和水环境、植物群落和人口健康等相关的生态环境问题，为消落区的生态环境保护与综合整治、为水库管理部门的决策和三峡工程的环境影响评价提供科学依据。

受三峡水库水位反季节大幅度涨落的影响，三峡水库消落区生态环境问题复杂多样且突出，认识和梳理过程仍需要相当长的一段时间，因此应建立生态环境监测站，充分掌握消落区生态环境现状，为三峡水库消落区的生态环境补偿提供第一手资料，预警和预报消落区植物群落、土壤和水环境、及病原生物等生态环境问题,为消落区的生态环境保护与综合整治及三峡工程的环境影响评价提供科学依据。鉴于消落区植被对维护库岸稳定、控制水土流失及改善水体质量等方面的重要性,开展消落区生物治理试点示范及应用研究,为保障三峡工程的生态安全运行和库区社会经济的可持续发展提供理论依据与科学指导。

3.4 建立消落区生态环境监测重点站的可行性分析

3.4.1 必要性分析

1.三峡工程生态环境影响评价的需要

三峡工程是我国和世界上最大的水利枢纽工程,水库正常蓄水位 175 m,总库容 393 亿 m^3;水库全长 600 km,水库面积 1,084 km^2,消落区的面积达 350 km^2,库区的面积达 58,000 km^2。自上世纪五十年代以来,相关部门就对工程可能引起的一些生态环境问题开展了调查研究,并完成了水库正常蓄水位 150 m 方案对土壤、水质、森林植被、人群健康等的影响报告。上世纪八十年代,由中国科学院主持的三峡工程对生态与环境的影响及对策研究,又进一步开展了工程对陆地生态系统、水生生物、长江中下游湖泊、河口、库区环境污染、库区环境移民容量影响的综合评价。因此,工程前期的论证阶段,就对工程对生态环境的影响开展了较为系统、全面和完整的评价工作。

然而,由于三峡库区生态环境的复杂性,工程建设前的环境评价工作往往是在很多的假设条件下作出的预测。三峡工程上马以来,工程主管部门和建设部门组建了跨地区、跨部门的"长江三峡工程生态与环境监测系统",对三峡建库前后的库区及长江上游到河口地区的生态与环境进行全面的跟踪监测,积累相关数据和资料,从而能系统地分析和评价三峡工程对生态环境的影响,但在目前的监测系统中还没有设置消落区的生态环境监测内容。消落区是库区陆域与水域生态系统的交错带,也是库区生态系统的敏感区和脆弱区,其地质、地貌、土壤、气候和生物群落复杂多变,在保障水库水资源安全等方面起着极为重要的作用。随着三峡水库消落区的逐步形成,对其生态环境变化开展综合系统的监测,必将进一步完善现有的"长江三峡工程生态与环境监测系统",为"长江三峡工程生态与环境监测公报"和评价三峡工程的生态环境影响提供重要的科学数据。

2. 消落区生态环境综合整治的需要

消落区是流域生态系统重要的组成部分,具有显著的生态、社会、经济和旅游价值,特别在生物多样性富集、水陆生态系统物质能量和信息交流、农药等污染物吸收与分解、库岸稳定等方面发挥着重要作用,是流域内生物多样性保护和研究环境变化对相邻区域景观因子间相互作用的关键生态区域。地表植被是消落区生态功能的主要体现者和实现载体,在稳定水库坡岸、维持水体水质和构建流域景观等方面发挥着不可替代的作用。三峡水库运行后,由于水文节律的巨大变化,消落区现有植物将不适应水库消落区环境而消亡,两岸将形成没有植物覆盖的"裸秃"地带,极大地影响库区的生态环境和社会经济的可持续发展。

目前由国务院三峡办、科技部等国家和地方政府及三峡总公司的资助,在库区正在开展消落区植被重建技术的探讨,主要是采用生物措施恢复消落区的生态服务功能,并在库区支流部分平缓地区(奉节、开县等地)开展工程措施与生物措施相结合的综合治理工程。此外,国家在水专项和其他科技计划中还会相继开展库区水污染防治与控制技术、土壤环境修复技术、消落区固岸护堤生态工程技术的研究与示范,从而探索消落区的生态环境综合整治技术,减轻水库对流域生态环境的不利影响。对消落区包括各种措施的综合治理区开展长期而系统的跟踪监测,评价和比较不同治理措施的生态环境效应,必将为综合治理技术在库区的推广利用和库区消落区生态环境建设与保护提供重要的科学依据。

3. 三峡工程生态安全运行的需要

三峡工程地位特殊、效益巨大、举世瞩目。为保证三峡工程枢纽的安全运行、水库水质优良、库区经济发展、人民安居乐业,把三峡工程建设成名副其实的生态工程,就需要对整个库区的生态环境和社会经济发展进行全面而系统的了解和认识。但由于三峡库区涉及面广,情况复杂,不确定因素多,尤其在 350 km^2 消落区的生态环境建设与保护方面,还缺乏足够的科技支撑。消落区位于水库的水陆交错地带,上部及其附近的陆生植被成为阻止库区泥沙进入长江的最后一道防线,在防止库区水土流失和水体的富营养化等方面发挥着重要作用。

水库蓄水后,由于生态功能的降低,消落区这最后一道脆弱的防线将不复存在,目前对消落区开展了各种综合治理措施的探索,包括消落区植被并结合其邻近陆地(175 m 以上)库周植被带的建设,重新构筑一道防护线,对于防止水土流失、巩固岸基、延长水库使用寿命将发挥重要作用。为保证三峡工程的顺利建设、安全运行和充分发挥综合效益,妥善解决包括消落区土地管理与利用等在内的库区可持续发展问题,开展三峡水库消落区生态环境监测,将在保障工程的经济和社会效益的基础上,指导包括生态调度在内的相关措施来保障工程的生态安全具有重要的意义。

4.库区社会经济可持续发展的需要

党的十六大提出要坚持以人为本和全面、协调、可持续的科学发展观,我国国民经济和社会发展第十一个五年规划纲要全面贯彻落实科学发展观,提出了建设社会主义新农村、推进产业结构优化升级、促进区域协调发展、建设资源节约型、环境友好型社会、推进建设社会主义和谐社会建设等发展任务。三峡工程为世界最伟大的水利枢纽工程之一,但三峡库区生态环境脆弱,属于我国环境资源承载能力较弱,人口、经济大规模集聚条件较差的区域,是我国生态环境重点保护区和限制开发区,同时三峡库区又是我国的一个贫困地区和重要旅游景区。

三峡水库蓄水后,两岸宽 30 m 的消落区因其位于水陆交错区的特殊位置,将对库区的生态环境和社会经济的可持续发展产生重大的影响。由于库区人地矛盾突出,库区居民对消落区土地资源的一定程度的利用,在今后相当长的一段时期内是不可避免的;此外,消落区景观优化也是保障三峡地区的旅游,促进库区社会经济发展的重要保障。对消落区开展生态环境的综合监测,对于制定三峡水库消落区的综合保护与利用规划和策略,从而促进库区社会经济的可持续发展具有重要的意义。

5.国家相关部分决策服务的需要

按照新时期我国建设生态文明的总体要求,在三峡库区经济建设和社会发展过程中,应优先考虑生态环境的保护,并加大生态环境建设的力度。三峡水库不同于一般的大型水库,其运行期的综合管理不仅涉及国家多个相关部门、两省市(湖北和重庆)和多个相关的法规,而且必须针对库区不同地区的社会经济和生态环境特点,还有因水库运行而具有不同水文节律的土地资源等多个方面。为加强三峡工程建设期三峡水库管理,国务院发布了《国务院办公厅关于加强三峡工程建设期三峡水库管理的通知》。

三峡水库消落区是库区的重要组成部分,对其进行生态环境保护和综合利用将极大地影响库区社会经济的发展。但三峡水库消落区面积达 350 km^2,生态环境复杂,其生态环境建设与保护及综合管理等方面目前还缺乏足够的基础数据的支撑。三峡水库正常运行后,对消落区的生态环境实行系统的跟踪监测,积累系统的生态环境资料,建立实时数据库,及时发现问题并通过综合分析提出减轻不利影响的措施,预测不良趋势并及时发布预警,将为水库管理及国家决策部门提供科学依据。

3.4.2 三峡水库消落区生态环境监测重点站监测内容

三峡工程建成并正常运行后,三峡水库在每年10月的汛末开始蓄水至175 m;此后至次年5月,水位逐渐由高程175 m降低至145 m;在5月至9月汛期内,水库水位一般保持在高程145 m运行。随着每年水位在高程145 m至175 m之间的变化,在水库库区两岸形成水位涨落高差达30 m且与水位自然涨落节律相反的消落区,其总面积达350 km²,消落区生态环境的监测必须在其出露地面的时段开展。因此,三峡水库消落区生态环境监测重点站的建设,尤其是年度监测计划的安排,必须充分考虑三峡水库的运行特点。

根据三峡水库消落区的相关特点,消落区也可划为陡坡消落区(坡度大于25°)和缓坡消落区(坡度小于15°)、干流和支流库湾消落区、沿江城镇和非城镇消落区等。西南大学在前期开展的"三峡水库重庆消落区生态环境问题及对策研究"中表明,在重庆300余km²的消落区中,城镇、农村(主要是支流)和其他(旅游地、岛屿、峡谷等)等不同类型的消落区面积分别为141.9 km²、137.58 km²和26.8 km²。因此,三峡水库消落区生态环境监测重点站的建设,尤其是监测样地(点)的布置,必须充分考虑水库消落区的生态环境类型的多样性与复杂性。

三峡水库消落区形成后,水位每年季节性大幅度消涨并与自然雨旱洪枯季节规律相反,且其出露时间正值库区高温高湿季节,大雨暴雨频繁,陆岸库区污染物在消落区阻滞积累转化和再溶入水库,与蓄水前比,消落区内生态环境条件、生态过程、地理景观及格局发生剧变,并可能导致一系列的生态环境问题,包括生物多样性降低、水库水质污染及支流河口区水体富营养化、地质灾害加剧和库岸失稳再造、库岸带居民生存环境和景观旅游环境恶化、消落区卫生环境恶化导致疫病流行风险等方面。因此,三峡水库消落区生态环境监测重点站的建设,尤其是监测内容的设置,必须充分考虑消落区所面临的重大和重点生态环境问题。

根据库区消落区的自然环境条件,目前在库区各地相继开展了多种形式的消落区综合治理工程。工程主要是针对由于水库水文条件的逆自然节律的变化,消落区生物多样性降低、景观恶化、当地社会经济发展的需求等特点,通过植被重建等生态环境综合治理措施来构建三峡水库消落区景观和增加当地土地资源。目前,科技部、国务院三峡办等部门和三峡总公司在库区的秭归、万州、忠县等地资助了植被重建示范研究,在开县、奉节等地消落区的生物措施与工程措施相结合的综合整治工程正在实施,但其生态环境效应有待有效的监测与评估。因此,三峡水库消落区生态环境监测重点站的建设,需要充分考虑库区各地社会经济发展状况和潜在的多种综合治理措施,为全面系统地反映消落区的生态环境变化和实施综合治理措施提供科学数据和理论指导。

1. 监测内容

主要监测内容包括:

①消落区内的主要植物物种种类、数量和分布状况,群落演替规律。

②生物媒介(鼠类、蚊类、蝇类、钉螺)密度及病原感染情况,土壤主要微生物(好氧和厌氧细菌、放线菌、真菌)的数量等。

③土壤微生物监测,包括微生物的数量(细菌、放线菌、真菌),微生物生物量碳、氮、磷含量。

④土壤理化特征,包括土壤的颗粒组成,土壤含水率,土壤容重,pH 土壤的有机质含量,土壤全氮,土壤铵态氮,土壤硝态氮,土壤全磷和速效磷,土壤全钾和速效钾,土壤重金属(Fe、Cu、Zn、Mn、Pb、Cr、Cd、Hg、As)含量等。

⑤地表滞留水体水环境,内容包括水温,pH,溶解氧,COD,电导,矿化度,氨氮,硝氮,重金属元素(Fe、Cu、Zn、Mn、Pb、Cr、Cd、Hg、As),大肠杆菌数,细菌总数等内容。

2. 监测点及监测范围

根据三峡库区消落区的自然环境条件与分布特点,结合库区社会经济发展,三峡水库消落区监测系统的监测点(图 3-2)既要统筹整个库区消落区的多样性特点和各地消落区生态环境保护和利用的需求,在库区内总体布局消落区生态环境综合监测点;同时,选择的监测点必须对库区整个消落区有代表性和典型性;监测结果要充分考虑后期开展消落区生态环境及其变化的集成分析,如生物工程及其与工程措施相结合的综合整治措施的生态环境效益的综合评价,三峡库区老城镇区淹没后内源污染释放及其对水库水质影响的综合评估等,从而指导消落区的综合治理措施在库区的推广和应用。

①支流(农村)监测点:分别设置在秭归兰陵溪、兴山香溪河、奉节朱依河、开县小江的农村地区。

②岛屿监测点：分别设置在涪陵河岸和重庆城区。

③生物媒介监测点：分别设置在坝区、开县、忠县和重庆市区。

④生物治理措施监测点：分别设置在秭归兰陵溪、万州和忠县。

⑤生物与工程治理措施监测点：分别设置在奉节朱依河和开县小江。

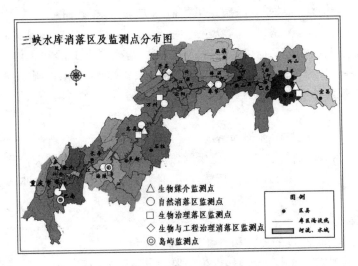

图3-2 三峡水库消落区生态环境监测点分布图

3. 监测指标和方法

监测样地设置：在各监测点内设立固定监测样地3个，分别位于消落区内海拔145～155 m、155～165 m、165～175 m三个区间。各监测样地的面积为0.1 km²，确定样地边界并做好永久标记。用GPS和海拔仪测定各样地准确的地理坐标和海拔高度，同时用罗盘仪测量各样地的坡度和坡向，并记录其他的环境特征。

生物指标监测包括植物群落、生物媒介、土壤微生物、土壤环境、水环境等方面。

(1)植物群落

①监测指标：主要植物物种种类、数量和分布状况。

②监测方法：采用样方法在各监测样地内调查所有乔木(如存在)，每个样方内另设置4个灌木层(5 m×5 m)和4个草本层(1 m×1 m)小样方，样方大小和设置性状可依照所在地的坡度进行适度调整。记录样方内的物种种类，记录样方内各物种的多度、盖度、密度、频度和高度等指标，乔木和灌木计数统计，草本物种采用盖度分级。

（2）生物媒介

1）鼠类

①监测指标：鼠的种类多度和密度，流行性出血热和钩端螺旋体感染情况。

②监测方法：根据"全国病媒生物监测方案"，采用夹夜法，选用中型钢板夹，以生花生米为诱饵，晚放晨收。每 5 m 布夹 1 只。捕获鼠类后，进行鼠种鉴定，并同时记录捕鼠地点、性别、体重（精确到 0.1 g）和头体长，并利用捕鼠器来统计鼠密度。收集鼠形动物的肺、肾标本，分别检测流行性出血热、钩端螺旋体感染情况。

2）蚊类

①监测指标：蚊的种类和密度。

②监测方法：根据"全国病媒生物监测方案"，采用诱蚊灯法。监测时间从当地日落 20 min 后开始，诱集 6 小时。第二天，将集蚊盒取出，鉴定计数。

3）蝇类

①监测指标：蝇的种类和密度。

②监测方法：根据"全国病媒生物监测方案"，采用笼诱法。诱蝇笼放置时间为每次放置 6 小时，上午 9～10 点之间布放，下午 3～4 点间收回。收笼后，用乙醚或氯仿杀死后分类，统计各蝇种的数量，计算成蝇密度。

4）钉螺

①监测指标：钉螺密度，钉螺血吸虫感染情况。

②监测方法：钉螺数量采用螺框计数法，在各 10×10 m 样方内用大小为 0.1 m^2 的螺框调查 10 框，用镊子捡尽螺框内的钉螺，并用压碎法检查钉螺的死活以及血吸虫感染情况，统计各螺框内的活螺数、死螺数以及钉螺密度。

（3）土壤微生物

①监测指标：微生物的数量（细菌、放线菌、真菌），微生物生物量碳、氮、磷含量。

②监测方法：在监测点内于四角及中心点用取土钻采集 5 点的土样混合均匀，采样深度分 0～10、10～20、20～30 cm 三层，土样装入无菌袋中带回实验室后通过 2mm 孔径土壤筛。土壤微生物的数量测定采用平板培养计数法，其中细菌（病原菌）采用 10^4 土壤悬液，培养基用营养琼脂；放线菌采用 10^3 土壤悬液，培养基用改良高氏；真菌采用 10^2 土壤悬液，培养基用马丁氏。微生物生物量碳、氮的测定采用氯仿熏蒸-K_2SO_4 提取法，微生物生物量磷测定采用氯仿熏蒸-$NaHCO_3$ 提取法。

（4）土壤理化特征监测

①监测指标：土壤的颗粒组成，土壤含水率，土壤容重，pH，土壤的有机质含量，土壤全氮，土壤铵态氮，土壤硝态氮，土壤全磷和速效磷，土壤全钾和速效钾，土壤 Fe、Cu、Zn、Mn、Pb、Cr、Cd、Hg、As 等重金属含量。

②监测方法：土壤的颗粒组成分为 4 级：石砾（直径＞2 mm）、沙粒（直径＞0.02 mm）、粉粒（直径＞0.002 mm）、黏粒（直径＜0.02 mm），采用过筛法和吸管法测定各组分的含量。取新鲜土壤约 10 g 于小铝盒中，置于实验室烘箱中于 105℃烘干 24 小时测定土壤含水率。在样方内用环刀（直径 5.6 cm，高 4 cm）取具代表性的原状土壤，称重并计算单位容积的烘干土重量，即为土壤容重。

土壤 pH 采用蒸馏水（土水比为 1∶2.5）浸提并用便携式 pH 计来测定。取过 0.25 mm 土壤筛的风干土样用重铬酸钾容量法测定土壤的有机质含量。土壤全氮用半微量开氏法测定，土壤铵态氮和硝态氮分别用氯化钾浸提-靛酚蓝比色法和硫酸钙浸提-酚二磺酸比色法测定。土壤全磷和速效磷含量测定分别采用碱熔-钼锑抗比色法和盐酸-硫酸浸提-钼锑抗比色法。土壤全钾和速效钾含量测定分别采用氢氧化钠碱熔-火焰光度法和乙酸铵浸提-火焰光度法。土壤 Fe、Cu、Zn、Mn、Pb、Cr、Cd、Hg、As 等重金属含量采用原子吸收分光光度法测定。

（5）地表滞留水体水环境监测

①监测指标：水温，pH，溶解氧，COD，COD_5，电导，矿化度，氨氮，硝氮，重金属元素（Fe、Cu、Zn、Mn、Pb、Cr、Cd、Hg、As），大肠杆菌数，细菌总数。

②监测方法：对滞留在消落区的水环境，利用 YSI 多参数水质监测仪现场测试水温、pH、溶解氧、氧化还原电极电位、电导、矿化度、氨氮、硝氮及浊度等易变参数；现场完成水样的预处理（用于微量元素的测试的样品加超纯 HNO_3 至 pH＜2，用于氮、磷、有机质等指标测试的水样按要求加保存剂）并滴定 H_2CO_3。生化需氧量采用接种稀释法、化学需氧量采用酸性高锰酸钾盐指数法；总磷及溶解性磷采用钼锑抗分光光度法、总氮采用过硫酸钾氧化紫外分光光度法；有机碳、有机氮采用 C、N 分析仪完成；叶绿素用分光光度法测定；重金属元素采用电感耦合等离子体-发射光谱法（ICP-AES）测定。

4. 监测时间和频次及预期成果

每年监测 2 次，在水库退水后和水库蓄水前各 1 次。每个监测点分 145～155 m、155～165 m、165～175 m 三个梯度，针对由于水库运行后其出露时间的不同，开展水库消落区生态环境的立体监测。

三峡水库消落区生态环境监测重点站将建成为"长江三峡工程生态与环境监测系统"的一个重要的组成部分。在监测系统的总体布局下,消落区监测重点站将全面系统地对三峡水库消落区植物群落、土壤环境、水环境、和病媒生物等进行全过程的跟踪监测,并围绕三峡工程的运行,对消落区的生态环境开展综合集成分析,及时提交监测报告,预警和预报消落区土壤和水环境、植物群落和人口健康等相关的生态环境问题,为消落区的生态环境保护与综合整治提、为水库管理部门的决策和三峡工程的环境影响评价提供科学依据,并服务于"长江三峡工程生态与环境监测公报"的发布。同时,消落区生态环境监测将结合库区消落区治理,包括生物措施、工程措施和生物与工程相结合措施等多种等工程的实施,对消落区综合整治的生态环境效益进行分析和评估,为指导消落区的多种治理措施在库区的推广和应用提供科学依据。

参考文献

[1]白宝伟,王海洋,李先源等.三峡库区淹没区与自然消落区现存植被的比较[J].西南农业大学学报,2005,27(5):684—687.

[2]蔡其华.加强三峡水库管理促进区域经济社会可持续发展[J].中国水利,2010,(14):7—9.

[3]蔡庆华,孙志禹.三峡水库水环境与水生态研究的进展与展望[J].湖泊科学,2012,24(2):169—177.

[4]陈桂芳,蔡孔瑜,李在军等.淹水对中华蚊母树生长及生理的影响[J].西南林学院学报,2008,28(5):42—44.

[5]陈小兵,潘仲刚,邱占富.开县三峡库区传染病传播的影响因素分析[J].中国医学创新,2010,7(1):14—15.

[6]戴凌全.大型水库水温结构特征数值模拟及下泄水生态影响研究—以三峡水库为例[D].三峡大学,2011.

[7]段跃芳,孙海兵,袁宏川等.三峡水库巫山县消落区生态环境综合治理初步研究[C].2008年中国土地资源可持续利用与新农村建设学术研讨会论文集,2008:520—526.

[8]范小华,谢德体,魏朝富.三峡水库消落区生态环境保护与调控对策研究[J].长江流域资源与环境,2006,15(4):495—501.

[9]冯义龙,先旭东,王海洋.重庆市区消落带植物群落分布特点及淹水后演替特点预测[J].西南师范大学学报(自然科学版),2007,32(5):

112—117.

　　[10]宫平,杨文俊. 三峡水库建成后对长江中下游江湖水沙关系变化趋势初探:大型河网水沙数模的建立与验证[J]. 水力发电学报,2009,28(6):112—119,125.

　　[11]郭辉东,邓润平. 三峡水库运用后对洞庭湖区城市公共安全的影响[C]. 第十三届世界湖泊大会论文集,2009:2419—2421.

　　[12]郭文献,夏自强,韩帅等. 三峡水库生态调度目标研究[C]. 第八届全国环境与生态水力学学术研讨会论文集,2008:516—523.

　　[13]郭文献,夏自强,王远坤等. 三峡水库生态调度目标研究[J]. 水科学进展,2009,20(4):554—559.

　　[14]贺秀斌,谢宗强,南宏伟等. 三峡库区消落带植被修复与蚕桑生态经济发展模式[J]. 科技导报,2007,25(23):59—63.

　　[15]江明喜,邓红兵,蔡庆华. 三峡地区河岸带植物群落的特征及其分类与排序研究[J]. 林业研究(英文版),2002,13:111—114.

　　[16]柯学莎,谈昌莉,徐成剑等. 三峡水库消落区生态环境综合治理技术措施研究[J]. 水利水电快报,2013,34(10):12—14.

　　[17]类淑桐,曾波,徐少君等. 水淹对三峡库区秋华柳抗性生理的影响[J]. 重庆师范大学学报(自然科学版),2009,26(3):30—33.

　　[18]梁福庆. 基于三峡水库综合管理的环境保护创新研究[C]. 中国自然资源学会 2011 年学术年会论文集,2011:192—195.

　　[19]廖晓勇. 三峡水库重庆消落区主要生态环境问题识别与健康评价[D]. 四川农业大学,2009.

　　[20]刘维暐,王杰,王勇,杨帆. 三峡水库消落区不同海拔高度的植物群落多样性差异[J]. 生态学报,2012,32(17):5454—5466.

　　[21]刘维暐,杨帆,王杰等. 三峡水库干流和库湾消落区植被物种动态分布研究[J]. 植物科学学报,2011,29(3):296—306.

　　[22]罗芳丽,王玲,曾波等. 三峡库区岸生植物野古草(*Arundinella anomala* Steud)光合作用对水淹的响应[J]. 生态学报,2006,26(11):3602—3609.

　　[23]马泽忠. 三峡库区忠县区域生态环境质量对土地利用/覆被变化的响应[C]. 2008 年中国土地资源可持续利用与新农村建设学术研讨会论文集,2008:417—423.

　　[24]毛华平,杨兰蓉,许人骥等. 三峡水库水生态环境保护与增殖渔业发展对策研究[J]. 环境污染与防治,2014,36(8):92—96.

　　[25]母红霞. 长江三峡水库库尾江段及三峡坝下鱼类早期资源生态学

研究[D].中国科学院大学，2014.

[26]秦明海，高大水，操家顺等.三峡库区开县消落区水环境治理水位调节坝设计[J].人民长江，2012，43(23)：75－77，100.

[27]苏维词，张军以.河道型消落带生态环境问题及其防治对策——以三峡库区重庆段为例[J].中国岩溶，2010，29(4)：445－450.

[28]孙启祥，张建锋，吴立勋.滩地杨树人工林抑螺效果与碳汇效应[J].中国生态农业学报，2008，16(3)：701－706.

[29]谭淑端，王勇，张全发等.三峡水库消落带生态环境问题及综合防治[J].长江流域资源与环境，2008，17(1)：101－105.

[30]谭淑端，张守君，张克荣等.长期深淹对三峡库区三种草本植物的恢复生长及光合特性的影响[J].武汉植物学研究，2009，27(4)：391－396.

[31]田宗伟.杨国录.建议三峡水库群实行"联动和协"生态环境调度[J].中国三峡(科技版)，2014，(1)：95－97.

[32]王勇，吴金清，黄宏文等.三峡库区消涨带植物群落的数量分析[J].武汉植物学研究，2004，22(4)：307－314.

[33]王勇，吴金清，陶勇等.三峡库区消涨带特有植物疏花水柏枝(*Myricaria laxiflora*)的自然分布及迁地保护研究[J].武汉植物学研究，2003，21(5)：415－422.

[34]王迪友，邓文强，杨帆等.三峡水库消落区生态环境现状及生物治理技术[J].湖北农业科学，2012，51(5)：865－869.

[35]王海锋，曾波，乔普等.长期水淹条件下香根草(*Vetiveria zizanioides*)、菖蒲(*Acorus calamus*)和空心莲子草(*Alternanthera philoxeroides*)的存活及生长响应[J].生态学报，2008，28(6)：2571－2580.

[36]王强，刘红，袁兴中等.三峡水库蓄水后澎溪河消落带植物群落格局及多样性[J].重庆师范大学学报(自然科学版)，2009，26(4)：48－54.

[37]王永吉，徐有明，王杰等.濒危植物宜昌黄杨的扦插繁殖研究[J].北方园艺，2010，2：123－125.

[38]王勇，厉恩华，吴金清.三峡库区消涨带维管植物区系的初步研究[J].武汉植物学研究，2002，20(4)：265－274.

[39]王勇，刘松柏，刘义飞等.三峡库区消涨带特有珍稀植物丰都车前的地理分布与迁地保护[J].武汉植物学研究，2006，24(6)：574－578.

[40]吴立勋，汤玉喜，吴敏等.洞庭湖滩地杨树抑螺防病林研究[J].湿地科学与管理，2006，2(4)：14－19.

[41]吴立勋，汤玉喜，吴敏等.滩地钉螺种群消长与杨树人工林关系的研究[J].湖南林业科技，2004，31(6)：5－9.

[42]吴娅，王雨春，胡明明等．三峡库区典型支流浮游细菌的生态分布及其影响因素[J]．生态学杂志，2015，34(4)：1060－1065.

[43]吴娅．三峡水库典型支流浮游细菌群落结构及其影响因子研究[D]．三峡大学，2015.

[44]线薇微．三峡水库蓄水后长江口生态与环境特征[C]．中国海洋湖沼学会、中国动物学会鱼类学分会 2012 年学术研讨会论文集，2012：93－94.

[45]向先文．优化调度三峡水库运行水位,改善库区消落带生态环境[J]．地理教育，2012，(12)：18－19.

[46]肖邦忠，廖文芳，季恒清等．三峡库区钉螺生长繁殖模拟试验[J]．中国血吸虫病防治杂志，2004，16(1)：65－66.

[47]谢文萍．三峡水库调蓄下长江河口水盐动态与土壤盐渍化演变特征研究[D]．中国科学院大学，2013.

[48]熊倩．三峡水库浮游植物初级生产力的研究[D]．中国科学院大学，2015.

[49]徐静波．水位变动下消落带湿地公园的生态规划研究——以三峡水库汉丰湖国家湿地公园为例[D]．重庆大学，2011.

[50]许继军，陈进．三峡水库运行对鄱阳湖影响及对策研究[J]．水利学报，2013，(7)：757－763.

[51]薛艳红，陈芳清，樊大勇等．宜昌黄杨对夏季淹水的生理生态学响应[J]．生物多样性，2007,15 (5)：542－547.

[52]杨朝东，张霞，向家云．三峡库区消落带植物群落及分布特点的调查[J]．安徽农业科学，2008，36(31)：13795－13796.

[53]杨帆，刘维暐，邓文强等．杨树用于三峡水库消落区生态防护林建设的可行性分析[J]．长江流域资源与环境，2010，19：141－146.

[54]杨帆，刘维暐，邓文强等．杨树用于三峡水库消落区生态防护林建设的可行性分析[J]．长江流域资源与环境，2010，19(Z2)：127－132.

[55]余文公，夏自强，蔡玉鹏等．三峡水库蓄水前后下泄水温变化及其影响研究[J]．人民长江，2007，38(1)：20－22.

[56]余文公．三峡水库生态径流调度措施与方案研究[D]．河海大学，2007.

[57]喻菲，张成，张晟等．三峡水库消落区土壤重金属含量及分布特征[J]．西南农业大学学报(自然科学版)，2008，26(1)：165－168.

[58]喻悦，马恩．三峡库区生态工业园建设与污染防治措施探讨[J]．人民长江，2011，42(z2)：125－129.

[59]袁兴中，熊森，刘红等．水位变动下的消落带湿地生态工程——

以三峡水库白夹溪为例[C]. 三峡水库湿地保护与生态友好型利用国际研讨会论文集，2011：24—26.

[60]张金洋，王定勇，石孝洪. 三峡水库消落区淹水后土壤性质变化的模拟研究[J]. 水土保持学报，2004，18(6)：120—123.

[61]郑飞翔. 三峡水库上段（忠县以上）温室气体排放研究[D]. 中国科学院大学，2012.

[62]钟远平，齐代华. 三峡水库消落区生态安全 PSR 模型分析与研究[C]. 第九届全国科技评价学术研讨会论文集，2009：536—541.

[63]周建军. 优化调度改善三峡水库生态环境[J]. 科技导报，2008，26(7)：64—71.

[64]周谐，杨敏，雷波等. 基于 PSR 模型的三峡水库消落带生态环境综合评价[J]. 水生态学杂志，2012，33(5)：13—19.

[65]Bao Y., Gao P., He X. The water-level fluctuation zone of Three Gorges Reservoir-A unique geomorphological unit[J]. Earth-Science Reviews，2015，150：14—24.

[66]Bi H. P., Si H. Dynamic risk assessment of oil spill scenario for Three Gorges Reservoir in China based on numerical simulation[J]. Safety Science，2012，50(4)：1112—1118.

[67]Cai W. J., Zhang L. L., Zhu X. P., Zhang A. J., Yin J. X., Wang H. Optimized reservoir operation to balance human and environmental requirements：A case study for the Three Gorges and Gezhouba Dams，Yangtze River basin，China[J]. Ecological Informatics，2013，18：40—48.

[68]Chen C. D., Meurk C., Chen J. L., Lv M. Q., Wen Z. F., Jiang Y., Wu S. J. Restoration design for Three Gorges Reservoir shorelands，combining Chinese traditional agro-ecological knowledge with landscape ecological analysis[J]. Ecological Engineering，2014，71：584—597.

[69]Chen F., Xie Z. Survival and growth responses of *Myricaria laxiflora* seedlings to summer flooding[J]. Aquatic Botany，2009，90(4)：333—338.

[70]Chen H., Wu Y., Yuan X. Methane emissions from newly created marshes in the drawdown area of the Three Gorges Reservoir[J]. Journal of Geophysical Research-Atmospheres，2009，114：D18301.

[71]Chen Z. L., Schaffer A. The fate of the herbicide propanil in plants of the littoral zone of the Three Gorges Reservoir（TGR），China

[J]. Journal of Environmental Sciences，2016.

[72]Fang N. F.，Shi Z. H.，Li L.，Jiang C. Rainfall，runoff，and suspended sediment delivery relationships in a small agricultural watershed of the Three Gorges area，China[J]. Geomorphology，2011，135(1—2)：158—166.

[73]Fearnside P. M. China's Three Gorges Dam："Fatal" project or step toward modernization[J]. World Development，1988，16(5)：615—630.

[74]Feng L.，Hu C. M.，Chen X. L.，Song Q. J. Influence of the Three Gorges Dam on total suspended matters in the Yangtze Estuary and its adjacent coastal waters：Observations from MODIS[J]. Remote Sensing of Environment，2014，140：779—788.

[75]Fortier J.，Gagnon D.，Truax B. Nutrient accumulation and carbon sequestration in 6-year old hybrid poplars in multiclonal agricultural riparian buffer strips[J]. Agriculture，Ecosystems & Environment，2010，137(3—4)：276—287.

[76]Guo W. X.，Wang H. X.，Xu J. X.，Xia Z. Q. Ecological operation for Three Gorges Reservoir[J]. Water Science and Engineering，2011，4(2)：143—156.

[77]He S. W.，Pan P.，Dai L.，Wang H. J.，Liu J. P. Application of kernel-based Fisher discriminant analysis to map landslide susceptibility in the Qinggan River delta，Three Gorges，China[J]. Geomorphology，2012，171—172：30—41.

[78]Higgitt D. L.，Lu X. X. Sediment delivery to the three gorges：1. Catchment controls. Geomorphology，2001，41(2—3)：143—156.

[79]Hu M.，Huang G. H.，Sun W.，Li Y. P.，Ding X. W.，An C. J.，Zhang X. F.，Li T. Multi-objective ecological reservoir operation based on water quality response models and improved genetic algorithm：A case study in Three Gorges Reservoir，China[J]. Engineering Applications of Artificial Intelligence，2014，36：332—346.

[80]Huang Y. L.，Huang G. H.，Liu D. F.，Zhu H.，Sun W. Simulation-based inexact chance-constrained nonlinear programming for eutrophication management in the Xiangxi Bay of Three Gorges Reservoir[J]. Journal of the Environmental Management，2012，108：54—65.

[81]Iqbal J.，Hu R. G.，Feng M. L.，Lin S.，Malghani S.，Ali I. M. Microbial biomass，and dissolved organic carbon and nitrogen strongly affect soil respiration in different land uses：A case study at Three Gorges

Reservoir Area, South China[J]. Agriculture, Ecosystems & Environment, 2010, 137(3−4): 294−307.

[82]IshikawaT., Ueno Y. o, Komiya T., Sawaki Y., Han J., Shu D. G., Li Y., Maruyama S., Yoshida N. Carbon isotope chemostratigraphy of a Precambrian/Cambrian boundary section in the Three Gorge area, South China: Prominent global-scale isotope excursions just before the Cambrian Explosion [J]. Gondwana Research, 2008, 14(1−2): 193−208.

[83]J. X. Zhang, Liu Z. J., Sun X. X. Changing landscape in the Three Gorges Reservoir Area of Yangtze River from 1977 to 2005: Land use/land cover, vegetation cover changes estimated using multi-source satellite data[J]. International Journal of Applied Earth Observation and Geoinformation, 2009, 11(6): 403−412.

[84]Jiang H. C., Qiang M. S., Lin P. Assessment of online public opinions on large infrastructure projects: A case study of the Three Gorges Project in China[J]. Environmental Impact Assessment Review, 2016, 61: 38−51.

[85]Jiang H. C., Qiang M. S., Lin P. Finding academic concerns of the Three Gorges Project based on a topic modeling approach[J]. Ecological Indicators, 2016, 60: 693−701.

[86]Jiang L. −G., Liang B., Xue Q., Yin C. W. Characterization of phosphorus leaching from phosphate waste rock in the Xiangxi River watershed, Three Gorges Reservoir, China[J]. Chemosphere, 2016, 150: 130−138.

[87]Johnson W. C. Riparian vegetation diversity along regulated rivers: contribution of novel and relict habitats[J]. Freshwater Biology, 2002, 47(4): 749−759.

[88]Kikumoto R., Tahata M., Nishizawa M., Sawaki Y., Maruyama S., Shu D., Han J., Komiya T., Takai K., Ueno Y. Nitrogen isotope chemostratigraphy of the Ediacaran and Early Cambrian platform sequence at Three Gorges, South China[J]. Gondwana Research, 2014, 25 (3): 1057−1069.

[89]Labounty J. F. Assessment of the environmental effects of constructing the Three Gorge Project on the Yangtze River[J]. Energy, Resources and Environment, 1982, 583−590.

[90]Lam P. K. S. Environmental threats to the Three Gorges Reser-

voir Region: Are mutagenic and genotoxic substances important? [J]. Journal of the Environmental Sciences, 2015, 38: 172−174.

[91]Li B., Yuan X. Z., Xiao H. Y., Chen Z. L. Design of the dike-pond system in the littoral zone of a tributary in the Three Gorges Reservoir, China[J]. Ecological Engineering, 2011, 37(11): 1718−1725.

[92]Li F. Q., Cai Q. H., Fu X. C., Liu J. K. Construction of habitat suitability models (HSMs) for benthic macroinvertebrate and their applications to instream environmental flows: A case study in Xiangxi River of Three Gorges Reservior region, China[J]. Progress in Natural Science, 2009, 19(3): 359−367.

[93]Li L., Qin C. L., Peng Q. D., Yan Z. F., Gao Q. H. Numerical Simulation of Dissolved Oxygen Supersaturation Flow over the Three Gorges Dam Spillway[J]. Tsinghua Science & Technology, 2010, 15(5): 574−579.

[94]Liu J., Feng X. T., Ding X. L., Dai C. F. Modeling the Thermo-Mechanical Processes of a Typical Three-Gorges Dam Section During and After Construction[J]. Ove Stephanson, Editor(s), Elsevier Geo-Engineering Book Series, Elsevier, 2004, 2: 791−796.

[95]Madejon P., Maranon T., Murillo J. White poplar (*Populus alba*) as a biomonitor of trace elements in contaminated riparian forests[J]. Environmental Pollution, 2004, 132(1): 145−155.

[96]Miao L., Xiao F., Wang X., Yang F. Reconstruction of wetland zones: physiological and biochemical responses of *Salix variegata* to winter submergence: a case study from water level fluctuation zone of the Three Gorges Reservoir[J]. Polish Journal of Ecology, 2016, 64: 45−52.

[97]Morgan T. K. K. B., Sardelic D. N., Waretini A. F. The Three Gorges Project: How sustainable? [J]. Journal of Hydrology, 2012, 460−461: 1−12.

[98]New T., Xie Z. Impacts of large dams on riparian vegetation: applying global experience to the case of China's Three Gorges Dam[J]. Biodiversity and Conservation, 2008, 17(13): 3149−3163.

[99] Nilsson C., Berggren K. Alterations of riparian ecosystems caused by river regulation[J]. BioScience, 2000, 50(9): 783−792.

[100]Okada Y., Sawaki Y., Komiya T., Hirata T., Takahata N., Sano Y., Han J., Maruyama S. New chronological constraints for Cryogenian to Cambrian rocks in the Three Gorges, Weng'an and Chengjiang

areas, South China[J]. Gondwana Research, 2014, 25(3): 1027—1044.

[101]Peng L., Niu R. Q., Huang B., Wu X. L., Zhao Y. N., Ye R. Q. Landslide susceptibility mapping based on rough set theory and support vector machines: A case of the Three Gorges area, China[J]. Geomorphology, 2014, 204: 287—301.

[102]Qiao D., Qian J. S., Wang Q. Z., Dang Y. D., Zhang H., Zeng D. Q. Utilization of sulfate-rich solid wastes in rural road construction in the Three Gorges Reservoir[J]. Resources, Conservation and Recycling, 2010, 54(12): 1368—1376.

[103]Sato H., Tahata M., Sawaki Y., Maruyama S., Yoshida N., Shu D., Han J., Li Y., Komiya T. A high-resolution chemostratigraphy of post-Marinoan Cap Carbonate using drill core samples in the Three Gorges area, South China[J]. Geoscience Frontiers, 2016, 7(4): 663 —671.

[104]Sawaki Y., Ohno T., Fukushi Y., Komiya T., Ishikawa T., Hirata T., Maruyama S. Sr isotope excursion across the Precambrian - Cambrian boundary in the Three Gorges area, South China[J]. Gondwana Research, 2008, 14(1—2): 134—147.

[105]Sawaki Y., Ohno T., Tahata M., Komiya T., Hirata T., Maruyama S., Windley B. F., Han J., Shu D., Li Y. The Ediacaran radiogenic Sr isotope excursion in the Doushantuo Formation in the Three Gorges area, South China[J]. Precambrian Research, 2010, 176(1—4): 46—64.

[106]Sawaki Y., Tahata M., Ohno T., Komiya T., Hirata T., Maruyama S., Han J., Shu D. The anomalous Ca cycle in the Ediacaran ocean: Evidence from Ca isotopes preserved in carbonates in the Three Gorges area, South China[J]. Gondwana Research, 2014, 25(3): 1070—1089.

[107]Sch? nbrodt-Stitt S., Behrens T., Schmidt K., Shi X. Z., Scholten T. Degradation of cultivated bench terraces in the Three Gorges Area: Field mapping and data mining[J]. Ecological Indicators, 2013, 34: 478—493.

[108]Scot M. L., Lines G. C., Auble G. T. Channel incision and patterns of cottonwood stress and mortality Channel incision and patterns of cottonwood stress and mortality along the Mojave River, California[J]. Journal of Arid Environments, 2000, 44(4): 399—414.

[109]Sha Y. , Wei Y. , Li W. , Fan J. , Cheng G. Artificial tide generation and its effects on the water environment in the backwater of Three Gorges Reservoir[J]. Journal of Hydrology, 2015, 528: 230—237.

[110]Shan N. , Ruan X. -H. , Xu J. , Pan Z. Estimating the optimal width of buffer strip for nonpoint source pollution control in the Three Gorges Reservoir Area, China[J]. Ecological Modelling, 2014, 276: 51—63.

[111]Shen G. , Xie Z. Three Gorges Project: chance and challenge [J]. Science, 2004, 304(5671): 681—681.

[112]Shi R. J. Ecological Environment Problems of the Three Gorges Reservoir Area and countermeasures[J]. Procedia Environmental Sciences, 2011, 10: 1431—1434.

[113]Shi Z. H. , Cai C. F. , Ding S. W. , Wang T. W. , Chow T. L. Soil conservation planning at the small watershed level using Rusle with gis: a case study in the Three Gorge Area of China[J]. Catena, 2004, 55 (1): 33—48.

[114]Stone R. China's environmental challenges: Three Gorges Dam: into the unknown[J]. Science, 2008, 321:628—632.

[115]Sun K. , Li K. , Sun Z. , The environmental assessment of the sediment after preliminary impounding of Three Gorges Reservoir[J]. Energy Procedia, 2011, 5: 377—381.

[116]Tan S. , Zhu M. , Zhan Q. Physiological responses of bermudagrass (Cynodon dactylon) to submergence[J]. Acta Physiologiae Plantarum, 2010, 32(1): 133—140.

[117]Tang Q. , Bao Y. H. , He X. B. , Zhou H. D. , Cao Z. J. , Gao P. , Zhong R. H. , Hu Y. H. , Zhang X. B. Sedimentation and associated trace metal enrichment in the riparian zone of the Three Gorges Reservoir, China[J]. Science of The Total Environment, 2014, 479—480, 258—266.

[118]Temoka C. , Wang J. X. , Bi Y. H. , Deyerling D. , Pfister G. , Henkelmann B. , Schramm K. W. Concentrations and mass fluxes estimation of organochlorine pesticides in Three Gorges Reservoir with virtual organisms using in situ PRC-based sampling rate[J]. Chemosphere, 2016, 144: 1521—1529.

[119]Tian Y. , Huang Z. , Xiao W. Reductions in non-point source pollution through different management practices for an agricultural wa-

tershed in the Three Gorges Reservoir Area[J]. Journal of Environmental Sciences, 2010, 22(2): 184-191.

[120]Tiegs S. D., óleary J. F., Pohl M. M. Flood disturbance and riparian species diversity on the Colorado River Delta[J]. Biodiversity and Conservation, 2005, 14(5): 1175-1194.

[121]Tullos D. Assessing the influence of environmental impact assessments on science and policy: An analysis of the Three Gorges Project [J]. Journal of Environmental Management, 2009, 90(3): s208-s223.

[122]Vandersande M. W., Glenn E. P., Walworth J. L. Tolerance of five riparian plants from the lower Colorado River to salinity drought and inundation [J]. Journal of Arid Environments, 2001, 49(1): 147-159.

[123]Wang L., Chen Q. W., Han R., Wang B. D., Tang X. W. Characteristics of Jellyfish Community and their Relationships to Environmental Factors in the Yangtze Estuary and the Adjacent Areas after the Third Stage Impoundment of the Three Gorges Dam[J]. Procedia Engineering, 2016, 154: 679-686.

[124]Wang L., Tang L. L., Wang X., Chen F. Effects of alley crop planting on soil and nutrient losses in the citrus orchards of the Three Gorges Region[J]. Soil and Tillage Research, 2010, 110(2): 243-250.

[125]Wang L. A., Pei T. Q., Huang C., Yuan H. Management of municipal solid waste in the Three Gorges region[J]. Waste Management, 2009, 29(7): 2203-2208.

[126]Wang S., Dong R. M., Dong C. Z., Huang L. Q., Jiang H. C., Wei Y. L., Feng L., Liu D., Yang G. F., Zhang C. L., Dong H. L. Diversity of microbial plankton across the Three Gorges Dam of the Yangtze River, China[J]. Geoscience Frontiers, 2012, 3(3): 335-349.

[127]Wu J., Huang J., Han X., Xie Z., Gao X. Ecology: Three Gorges Dam-experiment in habitat fragmentation [J]. Science, 2003, 300 (5623): 1239-1240.

[128]Wu J., Huang J., Han X., Gao X., He F., Jiang M. The Three Gorges Dam: an ecological perspective. Frontiers in Ecology and the Environment, 2004, 2(5): 241-248.

[129]Xiao S. B., Wang Y. C., Liu D. F., Yang Z. J., Lei D., Zhang C. Diel and seasonal variation of methane and carbon dioxide fluxes at Site Guojiaba, the Three Gorges Reservoir[J]. Journal of Environmental Sci-

ences, 2013, 25(10): 2065—2071.

[130]Xiao X, Yang F, Zhang S, Korpelainen H., Li, C. Physiological and proteomic responses of two contrasting Populus cathayana populations to drought stress[J]. Physiologia Plantarum, 2009, 136(2): 150—168.

[131]Xu X., Yang F., Xiao X., Zhang S., Korpelainen H., Li, C. Sex—specific responses of *Populus cathayana* to drought and elevated temperatures[J]. Plant, Cell and Environment, 2008, 31 (6): 850—860.

[132]Xu X. B., Tan Y., Yang G. S. Environmental impact assessments of the Three Gorges Project in China: Issues and interventions[J]. Earth—Science Reviews, 2013, 124: 115—125.

[133]Xu X. H., Xu X. F., Lei S., Fu S., Wu G. Soil Erosion Environmental Analysis of the Three Gorges Reservoir AreaBased on the "3S" Technology [J]. Procedia Environmental Sciences, 2011, 10: 2218 —2225.

[134]Yamada K., Ueno Y., Yamada K., Komiya T., Han J., Shu D. G., Yoshida N., Maruyama S. Molecular fossils extracted from the Early Cambrian section in the Three Gorges area, South China[J]. Gondwana Research, 2014, 25(3): 1108—1119.

[135]Yan Q. Y., Yu Y. H., Feng W. S., Yu Z. G., Chen H. T. Plankton community composition in the Three Gorges Reservoir Region revealed by PCR-DGGE and its relationships with environmental factors [J]. Journal of Environmental Sciences, 2008, 20(6): 732—738.

[136]Yang F., Liu W., Wang J., Liao L., Wang Y. Riparian vegetation's responses to the new hydrological regimes from the Three Gorges Project: Clues to revegetation in reservoir water level? uctuation zone[J]. Acta Ecologica Sinica, 2012, 32(2): 89—98.

[137]Yang F., Wang Y., Chan Z. Perspectives on screening winter-flood-tolerant woody species in the riparian protection forests of the Three Gorges Reservoir[J]. PLoS ONE, 2014, 9(9): e108725.

[138]Yang F., Wang Yong., Chan Z., 2015. Review of environmental conditions in the water level fluctuation zone: Perspectives on riparian vegetation engineering in the Three Gorges Reservoir[J]. Aquatic Ecosystem Health & Management, 18(2): 240—249.

[139]Yang J. EMergy accounting for the Three Gorges Dam project: three scenarios for the estimation of non-renewable sediment cost[J].

Journal of Cleaner Production, 2016, 112: 3000—3006.

[140]Zhang J. L. , Zheng B. H. , Liu L. S. , Wang L. P. , Huang M. S. , Wu G. Y. Seasonal variation of phytoplankton in the DaNing River and its relationships with environmental factors after impounding of the Three Gorges Reservoir: A four-year study[J]. Procedia Environmental Sciences, 2010, 2: 1479—1490.

[141]Zhang Q. F. , Lou Z. P. The environmental changes and mitigation actions in the Three Gorges Reservoir region, China[J]. Environmental Science & Policy, 2011, 14(8): 1132—1138.

[142]Zhao X. M. , Tong J. N. , Yao H. Z. , Niu Z. J. , Luo M. , Huang Y. F. , Song H. J. Early Triassic trace fossils from the Three Gorges area of South China: Implications for the recovery of benthic ecosystems following the Permian-Triassic extinction [J]. Palaeogeography, Palaeoclimatology, Palaeoecology, 2015, 429(1): 100—116.

[143]Zheng J. , Gu X. G. , Xu Y. L. , Ge J. H. , Yang X. X. , He C. H. , Tang C. , Cai K. P. , Jiang Q. W. , Liang Y. S. , Wang T. P. , Xu X. J. , Zhong J. H. , Yuan H. C. , Zhou X. N. Relationship between the transmission of Schistosomiasis japonica and the construction of the Three Gorge Reservoir[J]. Acta Tropica, 2002, 82(2): 147—156.

[144]Zhou Q. G. , Lv Z. Q. , Ma Z. Z. , Zhang Y. , Wang H. Y. Barrier Belt Division Based on RS and GIS in the Three Gorges Reservoir Area A Case of Wanzhou District[J]. Procedia Environmental Sciences, 2011, 10: 1257—1263.

[145]Zhu K. , Bi Y. H. , Hu Z. Y. Responses of phytoplankton functional groups to the hydrologic regime in the Daning River, a tributary of Three Gorges Reservoir, China[J]. Science of The Total Environment, 2013, 450—451: 169—177.

第4章　三峡水库消落区植被研究现状与趋势

三峡水库蓄水前的消落区为典型的亚热带湿润河谷自然环境,雨热同季而丰沛,伏旱较为严重。地形主要为河谷坡岸及冲积平坝、阶地、河滩,局部区段为峡谷、崩塌与滑坡堆积体;基岩以泥灰岩、紫色砂(泥)岩、石灰岩为主;土壤以黄壤、紫色土为主,河谷阶地、平坝、漫滩为水稻土和潮土;植被为常绿阔叶林、被垦殖砍伐严重破坏后形成的原生与次生草丛、灌丛和少量人工林;以马尾松林、柏木林、竹林、柑橘林等为主的经济林在库区也有大面积的分布。此外,蓄水前消落区内人类社会经济活动频繁而强烈,其中包括厂矿企业、农业生产和城镇建设等。

因三峡水库运行调度,蓄水后的消落区由陆域迅速转变为季节性水陆交替的湿地。消落区土地每年冬季被淹没,春至夏季渐次出露成陆,消落区145～175 m范围的成陆时间约为110～300天。平缓消落区由于水流变缓将逐渐为淤积泥沙覆盖,干支流回水变动区将逐渐形成大量边滩、沼泽地;较陡和陡峭消落区,因水库水浪和成陆期降雨径流的反复冲刷,将逐渐变为裸露基岩区。同时由于水库水位逆自然洪枯变化形成后,通过长期自然选择、适应、进化而形成的现有自然消落区植被会因不适应消落区水节律的反季节变化而消失,形成"裸秃"地带。

生物群落是在一定区域内与其所处生境密切相关的各种生物的总和时空过程。植物群落的结构格局是环境中各种物理、化学和生物因素综合影响以及组成物种对上述因素综合反映的结果。环境因子通过改变生物可利用资源的有效性以限制植物的生长与存活,这些制约因子将最终决定一个特定的物种库形成一个什么样的植物群落,包括物种组成以及各个种类所占的地位及比例。生物多样性是生态系统生产力的核心,也是一个生态系统结构和功能复杂性的度量。由于生物多样性本身在时间和空间尺度上的变化易受到多种因素的影响,从而使生物多样性的时空动态表现异常复杂。研究生物多样性的时空动态格局是认识生态系统结构与功能、对生态系统管理和生物多样性保护等的有效途径。三峡水库消落区位于库区水域和陆地生态系统的过渡地带,其小气候特征、土壤特性、生物物种组成和生物地球化学循环过程与陆地和水域生态系统皆有差别,但同时又受库区陆域和水域生态过程的影响。此外,水库消落区在生物多样性富集、水陆生态系统物质交换和能量流动、污染物吸收与分解、库岸稳定等方面,都发挥着至关重要的作用。三峡库区消落区的水位周期性涨落,土地周期性出露,人地矛盾尖锐,库区周边人民对库区消落区土地进行周期性的不合理利用,如在土地出露期种植各种粮食作物和经济作物等。消落区人类活动的增加,各种面源污染的增加,耕作制度的不同等,都会造成植被物种多样性的改变。消落区内植被是消落区生态功能的主要体现者和实现载体,但因三峡水库水位逆自然洪枯变化,消落区现有植物因不适应这种水文节律的反季节变化而消失,从而导致消落区内生态系统功能受到了极大的影响。

4.1 消落区研究的历史与背景

河流消落区的研究开始于 20 世纪 60 年代,到 70 年代在国际人与生物圈(MAB)研究计划的带动下,消落区植被及其相关生态学研究得到了发展,已成为流域生态学各专业之间相互影响的焦点。20 世纪 80 年代中期,河流消落区已成为流域生态学研究中的重要内容之一。20 世纪 90 年代以来,一些国际环境组织开展了一系列关于生态交错带的全球性研究,其中河流生态系统对人为影响的响应、消落区植被管理和退化生态系统恢复是研究的主要内容。人们对其开展研究以来,国际上关于水陆交错带的研究十分活跃,而人类活动对河流生态系统的影响、河岸植被的管理和退化湿地生态系统的恢复与重建始终是研究的重点。目前,消落区湿地已成为欧美国家自然经营和管理中不可缺少的部分,成为生态系统保护中优先考虑的内容,在某些经营方案中,甚至是问题的中心环节。而湿地恢复与重建是科学研究和社会发展的一个热点研究领域。

河流消落区植被因河流所处的气候带和地理环境的不同,其植被特征、物种构成和生物多样性有很大差异。河流水位的变化及其季节性对河流消落区植被的物种构成、生长、繁殖、物候和生活史有很大影响。在已开展的针对河流消落区的研究中,主要的研究集中在:河流水淹发生的时间、持续时间长短和水淹发生的频率对消落区植物生长的影响;河流水位变动对水生植被的影响及水生植被的相关响应;河流消落区植被恢复与重建及物种的生态学影响和生态后果;消落区的土地利用模式、开发利用和景观规划。在国外开展的针对消落区的研究中,主要是就河流的自然消落区进行的研究,针对大型水库消落区的植被恢复和生态重建的工作很少。我国的消落区研究开展较晚,在 1990 年以前,没有系统的就消落区进行研究,针对消落区植物的研究仅仅是作为湿地植被研究内容的一部分,主要涉及的是一些江河的河漫滩植被方面的研究,研究成果集中体现在《中国湿地植被》(1999)中。从消落区的角度研究资源利用与管理、植被与生境关系,研究工作主要涉及消落区土地利用、消落区植被动态与环境响应等方面。

近年来,大型水库修建形成的水库消落区严重影响到河流生态系统的健康和安全,水库消落区的生态恢复与治理正在成为国内外关注的热点。但对于水库消落区生态恢复及治理研究,在国内外尚未开展全面性研究工作,没有系统的基础资料和可借鉴的实践经验。目前仅有少量消落区生态退化与演替的报告(主要是北美、欧洲和澳大利亚),认为利用乡土植物进行适宜物种的筛选是库区消落区植被恢复计划的基础和重要内容。我国目前有近 86,000 座大中型水库,除了少数水库如密云水库、新安江水库、丹江口水库,从林业、渔业等方面进行过考虑和探索外,各水库消落区均未进行专门的保护和整治,绝大多数水库的消落区处于非管理或粗放管理状态。如何对大型水库的消落区进行有效管理,如何保护消落区的生态环境,需要进一步进行系统研究。近十多年来,从消落区的角度研究资源利用与管理、植被与生境关系的工作已经开始,初期研究工作主要涉及消落区土地利用、消落区植被格局、消落区管理等方面。

4.2   消落区植被及适宜植物的研究现状

4.2.1   消落区植被的功能

国外对河流消落区植被的功能研究较多,研究历史也较长。研究结果表明,消落区植被具有多种重要的生态学功能。目前,许多研究课题都集中在河岸消落区植被的某些重要生态功能上,而且受到人为干扰后河岸消落区植被功能的破坏与恢复是目前的研究热点。

消落区植被具有过滤泥沙和营养物质,截留污染物,维持河流的良好水质的功能。良好的水质是人和生物利用河流的前提。水质包括水的物理性质(如温度、流速等)、化学性质(包括不溶性的营养元素和非营养元素等)和生物性质(包括多样性、丰富度、健康水平和生物量等)。以前比较重视河流的化学性质和流速及含沙量等物理性质的研究,但水温也是河流的一项重要的物理性质,水温较高可以使河水含氧量减少、抑制有机物的分解,导致水中生物减少,高温也能加快河流聚集和沉积养分的释放。水温稍有升高就会导致沉积磷释放量的持续增加。由于消落区植物群落年复一年的自然变化,消落区植被可在长时间内有效地过滤泥沙,过滤的效率随消落区宽度的增加、坡度的降低、植被密度的增加和颗粒尺度和浓度的增大而增加,研究表明:消落区内一条300 m宽的狗牙根草带可以截圈99%的泥沙。消落区植被和土壤可以过滤99%的磷和10%～60%的氮。同时,消落区植被还能够起到截留污染物的作用,但当植物截留的污染物浓度较高时,消落区植物本身会被损害。消落区植被,特别是树木和灌木,也可以从浅层地下水中吸收营养元素。地下水中的氮是河流氮素的一个重要要来源,所以控制河流氮素的一个重要措施就是保持消落区植被。应当注意的是如果植物的生长期与污染物和养分流量的高峰期不在一个时期时,消落区植被在某些季节是无效的。所以应通过设计和管理方法来解决这类问题。

消落区植被能维持河流良好的水文状况、稳定河岸系统。河流的水文动态是由气候、植被和土壤等因素共同决定的。消落区植披与河水的水文联系密切,消落区的植被盖度、丰富度与河流的径流量呈正相关,消落区植被对维持河流良好的水文性质十分重要。消落区植被能保持水土,减轻水土流失,稳定河岸系统。消落区植被具有较强的固沙和保持水土功能,对于缓冲河水对河岸的冲击和侵蚀,稳定河岸系统具有重要作用。河岸的坡度和表面粗糙度对河岸的侵蚀有较大影响,而河岸的侵蚀直接受径流速率的影响。消落区植物可以降低径流速率,根和地下茎可以稳定土壤。许多实例证明自然消落区植被的根系对加固河岸、防止河流的侵蚀具有重要作用。河岸植被一旦遭到破坏,河岸的水土流失和侵蚀程度将加剧。也有研究表明,草本群落覆盖的河岸比森林覆盖的河岸具有更强的固土作用。

消落区能为多种动物和植物提供栖息地和运动廊道。消落区作为景观中的廊道,是物种移动迁徙的通道,联系着不同的生态系统。尤其是具有一定植被覆盖的消落区,是某些动物运动和躲避天敌不可多得的条件。科罗拉多野牛动物专家大卫·韦伯(David Webe)估计,在占科罗拉多面积2%的消落区上生存着60%的野生生物。消落区作为水陆生态系统的过渡带,里面水分充沛,太阳辐射能较高,微地形复杂多样,河岸植被生态系统中蕴藏着丰富的动植物种类,被认为是温带地区物种最丰富和生物量最高的湿地生态系统。尼尔森(Nilsson)等(1991)发现瑞典境内的一条河流两岸竟拥有全国13%(>260种)的高等植物。特冈(Decamps)(1992)在研究法国西南部的阿杜尔(Adour)河的消落区时发现消落区植物种类比周围的山坡高47%,整个河岸廊道生长着1,396种植物,占整个法国植物区系的五分之一。容克(Junk)(1989)报道,在亚马逊流域生长着4,000～5,000种乔木,其中约有20%生长在的洪泛林中。在美国俄勒冈州(Oregon)州西部的消落区,面积大约只占整个自然景观的 10.15%,其植物种类却占整个景观所有种的 70.80%。由于三峡消落区常遭受洪水、泥石流、风蚀,病虫害、人类活动等干扰,其生物多样性堪忧。

　　消落区植被具有较好的美学功能和社会经济功能。消落区作为一种自然景观,其景色给人们以美的享受。对消落区景观组分的美学价值的研究已经得出一系列公认的结论。其中生机勃勃的植被(特别是树)和清洁的水体最吸引人。观赏树木和各种形式的自然水体对人有精神上或心理上的影响,可以有助于心理健康和减少压力。因此,具有优美植被覆盖和良好河流水质的消落区,是人们休憩娱乐的好去处。特别是在拥挤的城市空间,作为河流和陆地间的交错带,消落区是人类接近自然的理想场所。一条较清洁的河流对人类的吸引半径大约为 1,000m 左右。在消落区修建的娱乐设施正是利用消落区的这一功能来吸引游客。同时,消落区地区土壤水分含量高,土地肥沃,是发展农、林、牧、副、渔业的理想基地,所以也经常很早就被人类开垦耕作。河流创造了一种特殊的生境,水分充足和大气湿度较高是它的突出特点,它使消落区植被成为一种特殊的类型。由于对养分的截持和拦阻,这里土壤养分也较高,甚至成为生产力最高的林地,这里还具有较高的生物多样性水平,这就意味着消落区具有较高的经济效益。

　　影响消落区植被结构与功能的因素有很多,其中主要有以下三个方面。第一,河流及其水文状况对消落区植被的影响。河流水文状况对消落区植被产生很大影响。一方面,河流为岸上植被提供生长发育所需的水分;另一方面,河水流量和流速影响沿岸植被,河床的不稳定性也常常带来消落区生物群落的不稳定性。山地河流的流量经常受到当地大气降水和上游水文状况的影响,水流速度除与上述两者密切相关外,还与河床的状况有关,河床的变动常造成河岸植被水淹死亡。第二,岸上动物对消落区植被的影响。有积极作用和消极作用两个方面。积极作用表现在:土壤动物(如蚯蚓)及部分大型动物(尤其是穴居动物)能提高土壤养分,有些动物能传播种子,昆虫传播花粉等,它们能在一定露度主控制整个植物种群的数量,分布格局及其动态变化等;消极作用是大型动物的放牧能对植被和消落区土地造成严重破坏。第三,人类活动对消落区植被的影响。近年来,由于社会生产力的迅速发展,人类改造自然的欲望越来越强烈,人类在自然中任意开展的一些农业种植活动,包括滥用化肥和农药,而造成消落区植被破坏及消落区污染严重。

4.2.2　三峡水库消落区植被研究现状

　　三峡库区位居我国内陆腹心,是我国西部地区和长江中下游平原的重要联系;是长江流域最重要的生态屏障和国家水安全的重点;是区域社会经济的枢纽;是重庆市在建设成为西部地区、长江上游地区的经济中心和城乡统筹发展的直辖市所需要关注的重点区域。消落区是三峡库区的重要组成部分,其生态系统的健康是库岸稳定和水库安全运行的重要保障,还直接关系到库区社会经济的持续稳定发展。三峡水库 2006 年汛后提高蓄水位到 156 m 而进入中水位运行,自 2009 年起进行 175 m 的正常蓄水位运行,三峡水库全面形成大面积的消落区,其生态问题日益显现。在三峡水库消落区面临的一系列生态环境问题中,其中如何保持水库消落区库岸稳定、控制消落区的水土流失、提高消落区的生态环境质量和景观质量是重要的问题。要达到这一目的,植被恢复与重建对三峡水库消落区具有重要意义。国际上采用营造植被的生物措施来稳定河流湖泊库岸和控制水土流失已有较多的研究和实践,效果明显。但是到目前为止,关于前期获得的三峡水库消落区生态治理的研究成果和方法还没有很好的系统性总结和试验,不同类型、不同环境条件消落区的治理尚未有完整的方案和办法。三峡水库消落区水淹深度大、水淹时间长的极端环境条件在世界上都很罕见,因而如何有效地构建三峡水库库岸消落区植被并使消落区生态功能得以修复是迄今为止仍亟待解决的一项重要课题。为此,对三峡水库消落区全流域进行系统的植物群落调查及分布研究,对消落区脆弱生态系统恢复以及三峡水库生态屏障建设具有极为重要的现实意义。

　　消落区是河流生态系统不可缺少的组成部分,是陆域高地集水区与河流水体之间的生态界面。消落区植被是河岸生态系统的重要组成部分,决定着河流生态系统的许多重要生态过程。对消落区植被的研究,不仅有助于进一步深化河流生态学理论,而且对河流生态系统及生物多样性保护具有重要的现实意义和应用价值。植物群落是三峡水库消落带生态系统最重要的组成部分,其组成和结构极大的影响着消落带生态系统的健康和稳定。因此,对三峡水库消落带植物群落的年际及全生长季连续监测研究,可为解决三峡水库消落区的植被恢复重建提供重要依据,对全国为数众多的大中型水库消落区的保护和治理也有一定的指导意义。储立民(2009)对重庆忠县石宝寨水库消落区淹没区进行了 4 个不同水位、连续 6 个月的固定样方监测,开展三峡水库蓄水对消落区植物群落的影响研究,掌握了消落区一年生植物群落在生长季的动态变化。利用 2007 年 9 月以前以及 2008 年出露后的两期 146～175 m 固定样带的监测数据,研究三峡水库蓄水对库岸植物群落的影响。结果表明:物种丰富度受淹水时间长度的影响,二者总体上呈负相关的趋势。淹没区受水淹影响最显著,群落结构和物种组成简单,物种多样性低,随着海拔升高,物种多样性逐渐增大,155 m 物种多样性整体要高于 152 m 和 149 m。在海拔 146～155 m 消落区植物群落呈现一定的规律性,不同高程样带上的优势种并不相同,总体上群落类型以一年生草本为主,稗种群和苍耳种群在三个高程带上均有分布,黄花蒿种群、猪殃殃种群则只出现在 155 m 样带内。消落区尚未淹没地段植物群落目前大多处于弃耕地演替系列的早期阶段,以草本群落为主,群落组成较简单,物种多样性较低,群落变化剧烈,物种在不同斑块(样方)之间迁入迁出频繁。邻近消落区 5 m 海拔内的非淹没区是受消落区影响最大的库岸带,目前以弃耕地上发育的先锋草本群落为主,水库蓄水到 175 m 以后,由于水分条件的改善,乔、灌、草都能良好生长,如果没有人为干扰,随着时间的推移,预计将演替为库岸范围内物种多样性较高的群落类型。消落区上段(156 m 以上)植物群落将在较短的时间内演替到比较稳定的状态,由目前刚蓄水时的多年生草本和一年生草本共存的群落演替到以耐淹的、具有强大克隆繁殖力的多年生禾本科植物如狗牙根、牛鞭草等为优势的多年生草本群落。消落区下段(156 m 以下)由于淹水强度大,淹水时间长,多年生植物难于生存,会以一年生植物为主,形成稗群落、苍耳群落、狗尾草群落、苋草、狗尾草与苋草群落、马唐群落、黄花蒿群落。

消落区具有明显的环境因子、生态过程和植物群落梯度,是控制周边陆地和水域生态系统的关键区域。由于消落区生态系统具较高的敏感性和脆弱性,在三峡水库运行后,保护和恢复消落区植被,充分发挥其在固堤防灾、水土保持、营造优美景观等方面的生态功能,维持生态系统的良性循环,对三峡水库的正常运行有着十分重要的意义。消落区植被恢复的关键在于根据生境特点选择适生物种,建立稳定、多样的植物群落,对库区消落区现有植物、优势种群及其生境开展实地调查研究,掌握消落区生境特点及变化规律,分析现有物种和优势种群的区系沿革、生活习性和分布特征,是科学制定消落区植被恢复策略的前提和基础。孙荣(2010)以三峡水库的支流澎溪河流域为研究对象,在对河流等级体系及空间尺度划分的基础上,探讨了不同等级河溪河岸植物群落特征、河岸植被的空间格局、及其与环境因子的关系;还特别关注了山地河流水电开发对河岸植被的影响、以及水位变动下河岸植物群落物种丰富度格局的变化。在该研究中以"3S"技术、生态水文学、植被生态学、生态空间理论的知识体系为背景,对不同等级空间尺度下河岸植物群落特征、河岸植被与水位变动、河岸植被与水电开发、以及河岸植物群落对环境干扰的响应进行研究。

以澎溪河流域 1：10000 地形图为底图,在 ArcGIS 9.0 下提取流域河网,对河流等级体系与海拔、坡度以及区域植被覆盖情况进行了分析,并结合现场调查划分澎溪河流域的河溪体系。结果可将澎溪河流域划分为 7 级河溪系统。随河溪等级的增加,坡度范围和平均坡度呈下降趋势,河溪分布的海拔范围和平均海拔都也呈下降趋势;随河溪等级的增加,河岸植被受到外界干扰的增加,植被生长力逐渐下降,体现在河岸缓冲区内 NDVI 指数逐渐降低;1 级河溪的数量和长度均超过总量的 50%,是流域河网主要的构成成分;综合分析河溪与海拔、坡度及 NDVI 指数的关系后,结合现场调查的结果,定义澎溪河流域 1～3 级为溪,4～7 级为河。河溪空间分布格局的研究,能够为河流开发、保护与管理提供帮助。

采用植物群落学调查方法,对澎溪河河岸植物群落特征进行了研究。结果表明:河岸植物中共有维管植物 151 科、470 属、859 种,其中蕨类植物 23 科、31 属、59 种,裸子植物 7 科、11 属、14 种,被子植物 121 科、428 属、786 种,植物种类较为丰富;三峡水库蓄水影响的澎溪河下游河段共有维管植物 79 科、188 属、227 种,蕨类植物 19 科、22 属、25 种,被子植物 60 科、166 属、202 种;单种科、少种科、单型属、单种属和少种属在植物区系组成中占比例较大,体现了消落区生境条件恶劣,植物群落组成的独特性。植物生活型构成以草本植物为主,共 540 种,占总种数的 62.87%;其次,灌木 224 种,占总种数的 26.08%,乔木 95 种。受三峡水库蓄水影响的澎溪河下游河段河岸植物生活型组成充分体现了三峡水库蓄水后消落区由陆生生态系统向湿地生态系统演替的趋势,227 种植物中,水生草本 107 种,陆生草本 97 种,乔木 6 种,灌木 17 种。区系地理成分复杂多样,科的分布区类型中,世界分布、泛热带分布和北温带构成植物区系的主体,分别占总科数的 34.38%、25.78%、12.50%;属的分布区类型中,温带成分 200 属,占总属数的 45.55%,热带成分 178 属占 40.55%,反映出植物群落的过渡性。澎溪河河岸植物群落组成充分体现了澎溪河中亚热带向北亚热带过渡地区的特点,植物混杂现象较为突出,植物群落组成中珍稀、古老、孑遗、特有植物较多,体现出消落区生境条件复杂,维持了较高的生物多样性。

以澎溪河上游白里河、小圆河、满月河上三个小型引水式电站为研究对象,分析山地河流水电开发对河岸植被的影响,从而为水电开发影响下的河岸植被管理提供帮助。结果表明:水坝上下游共发现维管植物 125 种,乔木 14 种,灌木 30 种,草本 71 种,其中湿生植物 27 种。植物群落特征(物种丰富度和植物群落盖度)在河流之间和水坝上下游河段之间都存在显著的差异;不同溪流之间植物群落的差异性大于同一溪流的水坝上下游的植物群落。表明水坝建设已经导致河岸植物群落发生变化,但水坝导致的变化小于河流之间自然属性差异导致的变化。从植物群落组成成分看,水坝下游出现了一些典型的旱生和属于周边高地植被的植物种类,如柏木(*Cupres-sus funebr*)等,水坝上游河段出现了耐水淹、抗冲刷的植物种类,如满江红(*Azolla imbircata*)、尼泊尔蓼(*Polygonum nepalens*e)等。

以澎溪河一级支流白夹溪为例,通过样地调查和室内分析,研究了河岸植被与土壤理化因子的关系。结果表明:聚类分析将河岸划分为 5 个不同的高程带,代表了 5 个不同的微生境。高程 155～160 m 的物种丰富度和 Shannon-Wiener 指数明显高于其他高程带,高程小于 150 m 的区域物种丰富度和 Shannon-Wiener 指数都是最低的。单因素方差分析表明,在不同的生境条件下,土壤理化因子差异显著。相关分析表明土壤类型、土壤异质性、土壤湿度和土壤速效钾含量都显著影响河岸植物物种丰富度和 Shannon-Wiener 多样性;Shannon-Wiener 多样性还与土壤 pH 显著相关。

为研究河溪等级体系对河岸植被的影响,对澎溪河干流上游东河流域 1～6 级河溪河岸植被进行研究,对相关环境因子和河岸植物多样性进行分析。结果表明:各环境因子随河溪等级的变化而变化。总的物种丰富度、灌木层、草本层和草本样方的物种丰富度沿河溪等级增加先升高后降低的趋势,乔木层物种丰富度和灌木样方物种丰富度随河流级别增加逐渐下降。植物群落多样性、优势度和均匀度随河溪等级的变化而变化。进一步分析表明,河溪等级变化对河岸生境、河岸植物群落多样性以及外界干扰都产生影响,因此,在进行河岸植被管理时应按照河岸植被的空间分布规律,也就是河岸植被在不同河溪等级上的分布情况,对不同的河溪级别实施针对性的河岸植被管理战略,即河岸植被分级管理策略。

采用双向指示种分析法(TWINSPAN)和去趋势典范对应分析法(DCA),以澎溪河干流上游东河为研究对象,从植物种、植物群落与环境因子之间的相互关系,对河岸植物群落的生态梯度进行研究。结果表明:TWINSPAN 分类将 42 个样地划分为 15 个群丛,其中森林类型 4 个,灌丛和灌草丛 11 个,植物群落具有明显的次生性,表明消落区受到人类活动的干扰。DCA 排序较好的揭示了河岸植物群落分布格局与海拔、河岸坡度、坡向、河岸宽度、底质类型、底质异质性、河流宽度、河流级别等自然环境因子和人为干扰的关系。进一步分析表明,海拔和人为干扰是影响河岸植物群落结构及分布格局的主导因子,河流宽度、河岸宽度、底质异质性和河流级别对河岸植物群落特有也有一定的影响。结合环境因子的相关关系和 DCA 排序结果,海拔对河岸植物分布起决定作用,其次是人为干扰、河岸宽度、河流宽度、河溪级别。研究表明,河岸植物群落在具有明显的沿海拔梯度变化的垂直梯度格局;沿河流纵向和侧向梯度变化,河岸植物群落具有典型的"片段化"分布格局;从植物群落物种组成和群落类型看,河岸植物群落是典型的次生植物群落。

三峡水库蓄水淹没是澎溪河干流河段面临的主要干扰因素,三峡水库"蓄清排浑"的运行方式在三峡水库库周两侧形成垂直落差30 m,"冬水夏陆"的水位变动带,植物群落的组成、群落特征及空间格局都受到影响而发生变化。为了解三峡水库173 m蓄水后消落区植物群落的空间分布格局,探讨消落区生物多样性维持的生态学机制,在澎溪河消落区,沿河流纵向梯度和侧向梯度调查分析了植物群落物种丰富度以及物种丰富度与淹水时间、底质类型等环境因子的关系。结果表明:在河流纵向梯度上,消落区植物物种丰富度、灌木层物种丰富度和草本层物种丰富度沿河流纵向梯度均表现出相似的格局特征,利用抛物线方程拟合,物种丰富度与到达河口的空间距离呈显著相关。沿河流侧向梯度,总物种丰富度和草本层物种丰富度随高程增加先升高后降低;乔木层物种丰富度和灌木层物种丰富度随高程升高而增加。相关分析表明,在河流纵向梯度上,物种丰富度随底质类型增加而增加。在河流侧向梯度上,物种丰富度与土壤水分、底质异质性相关性明显。研究还表明,在河流纵向梯度上,距河口的空间距离对消落区植物物种丰富度具有重要控制作用;河流侧向梯度上,淹水时间、土壤水分和底质异质性对植物群落的分布格局有重要影响。研究表明在三峡水库173 m蓄水以后,消落区植物群落物种丰富度格局与天然河流河岸植被仍有类似的变化规律,但由于水位的季节性变动,已经开始形成自己独特的变化格局。

卢志军等(2010)为了研究水库蓄水对175 m以下消落区原有植被的潜在影响,2008年8月在三峡大坝上游长江干流从巴南到秭归12个监测点,设立68个5 m×5 m永久监测样方,比较被水淹过的156 m以下与当时尚未水淹的156~175 m地段植被物种组分、物种多样性和草本层生物量的差异。结果表明:被水淹过与尚未水淹的植被物种组分存在显著差异,DCA可以将二者明显分开,156 m以上尚未水淹的植被以灌丛为主;156 m以下被水淹过的植被以草丛为主,优势种包括多年生草本狗牙根、牛鞭草和硬秆子草(*Capillipedium assimile*),一年生草本狗尾草(*Setaria viridis*)、毛马唐(*Digitaria ciliaris*)和千金子(*Leptochloa chinensis*),木本植物基本死亡,只有枫杨、牡荆(*Vitex negundo*)和地瓜(*Ficus tikoua*)存活。此外,被水淹过的植被中灌木物种数比例显著降低,而一年生草本物种数比例显著增加。被水淹过和尚未水淹植被的物种多样性也存在显著差异,被水淹过植被物种总数、灌木和多年生草本物种数显著低于尚未被水淹过的植被,但一年生草本物种数没有显著差异。被水淹过的植被草本层生物量与尚未水淹的植被没有显著差异。可见,水淹显著改变了消落区原有植被物种组分和物种多样性,但一年生草本物种数和草本层生物量没有显著差异。未来 175 m 以下的植被中,草本尤其是一年生草本将占据优势。在消落区植被恢复选择适应水淹生境物种过程中,应分别从植物的生活史、生理学和形态学等角度进行筛选,尤其应重视生活史适应策略植物的应用。被水淹过的 156 m 以下现有优势草本和存活的灌木可以作为三峡库区未来消落区植被恢复的备选物种。

　　王欣(2010)通过对 2008 年至 2009 年消落区植被情况的变化来探讨水淹干扰对消落区植被的影响及本地植物对消落区环境变化的适应性,试图找出可供消落区植被修复的备选物种。将三峡消落区分为 3 个海拔段:145～156 m 为消落区下部、156～165 m 为消落区中部、165～175 m 为消落区上部。采用样方法,分别在 2008 年 9 月和 2009 年 9 月对出露后的消落区进行了植被调查。结果发现:水淹干扰使消落区中上部一些耐旱物种消失,一些一年生草本植物增加。由于强度较小,水淹干扰对消落区中上部植被的影响并不剧烈。以后在消落区中上部可能会形成以一年生草本植物为主、耐淹的多年生草本植物分散其中的群落类型。消落区下部受水淹干扰的影响较为严重,物种数量和群落类型较少。在三峡消落区完全形成后,这段区域分布的植被可能会逐渐演变为以耐水淹的多年生草本植物(如狗牙根、双穗雀稗和湿地植物为主,并在其中散布一些植株耐水淹的一年生草本植物如稗、青葙等的群落类型。水体的波动扩大了种子的散布范围,并使物种的分布变得更加均匀。此外,适度的水淹干扰会促进苍耳(*Xanthium sibiricum*)、千金子、青葙、马唐、荩草(*Arthraxon hispidus*)、狗尾草等一年生植物种子的萌发,并扩大其分布范围。水淹干扰降低了马兰(*Kalimeris indica*)、野艾蒿(*Artemisialavandulaefolia*)、丝茅(*Imperata koenigii*)、矛叶荩草(*Arthraxon prionodes*)等多年生草本的适生性;香附子(*Cyperus rotundus*)、狗牙根、双穗雀稗、喜旱莲子草等多年生草本则可以耐受较长时间的水淹,在消落区内分布较广。

　　夏智勇(2011)对重庆三峡水库消落区植物分布特征与群落物种多样性进行了研究。2009 年至 2010 年,在三峡库区长江消落区,在巫山、奉节、丰都、云阳、开县、忠县、石柱、涪陵、江津等地,设置水平和垂直样带,对植物开展野外实地调查;根据水淹影响程度,在巫山、奉节、云阳、开县、忠县、丰都等地,以优势植物群落为研究对象,调查记录植物的株数、高度、盖度数据及小生境情况。运用统计学和相关软件进行数据统计分析,系统研究三峡水库消落区植物的区系组成特征、种群空间分布格局、优势群落分类和排序、

群落物种多样性特点;分析消落区生境特点、环境影响因子及变化趋势,从而得出以下几点结论:

第一,根据野外调查统计,重庆三峡水库消落区共有种子植物466种,分属于78科、253属,其中裸子植物1科、2属、2种,被子植物中有双子叶植物60科、169属、297种,单子叶植物17科、82属、167种。消落区植物中草本植物占有绝对优势,单子叶植物占有相对优势,菊科、禾本科和莎草科种类最多,大型属较少,单种科、单种属较多。消落区植物区系在地理成分组成及其分布上都表现得相当复杂,既有热带、温带成分,又有东亚、地中海型等成分。间断分布在分布区类型所占比例较大。应用TWINSPAN分类方法将50个样方划分成15个群丛、3种类型,从群丛所处的环境特征和分布位置来看,不同类型之间物种分布呈明显的环境湿度梯度变化。物种较少、地方特有成分缺乏、群落组成简单、以草丛植被为主的格局构成消落区植被的总体外貌和基本特征。消落区植物群落的DCA排序结果表明:植物群落类型的分布与生态环境的变化趋势相一致,第一排序轴反映出消落区水淹胁迫对植物的影响,从左到右水淹干扰的影响逐渐显著;第二排序轴则与土壤含水量以及建群种水生植物生活型关系密切,从上到下土壤环境依次为水淹潮湿土壤环境向干燥、多砾石环境过渡。消落区植物物种DCA排序结果显示,主要优势种在图上的位置基本与群落排序位置一致,说明水生植物群落在消落区的分布主要与优势种的空间分布特征密切相关。第一、二排序轴的特征值分别为0.884和0.718。

第二,根据野外调查数据,选取了扩散系数(ID)、Green指数(GI)、聚集度大小指数(ICS)、聚集频度指数(ICF)、聚块度指数(IP)、平均拥挤度指数(1MC)、莫里西塔指数(IM)等7项指数,分析研究了重庆三峡水库消落区四个海拔区段的优势植物种群空间分布格局。结果表明:优势种群的聚集强度有差异,优势种群的优势度随水淹胁迫的降低而降低;种群空间分布格局在很大程度上受水淹胁迫的影响,但是水淹胁迫不是唯一的决定因素;在不同区段中,同一种群的聚集强度不同主要与环境条件有关;在同一区段中,各个种群的聚集强度不同与物种的生活习性关系密切;狗牙根种群在各海拔区段均为突出优势种群,与其耐水淹胁迫、耐旱、耐贫瘠的习性及根系发达、匍匐茎营养生殖方式有关。其他物种分布规律不明显。消落区植物群落内 α 物种多样性研究表明,随海拔降低,水淹时间延长,水淹深度增大,水淹胁迫加强,相应的物种多样呈现明显的下降趋势,物种均匀度变化相对较小。以个体数目和以物种重要值为基础的物种多样性指数整体保持一致,采用物种重要值为基础的数据较稳定。物种丰富度测定上,Simpson多样性指数和Shannon-Wiener信息指数基本保持一致,Shannon-Wiener信息指数测度物种多样性更加灵敏,Simpson 多样性指数相对稳定,以个体数目为基础的数据更敏感。物种均匀度测定上,Pielou 指数和 Alatalo 指数基本保持一致,在物种总数较低的样地中,使用 Pielou 指数要强于 Alatalo 指数。消落区植物群落间 β 多样性研究结果表明,随着海拔梯度的升高,水淹胁迫强度减弱及其他生境的变化,植物群落的物种数和总株数整体上呈增加趋势;植物群落的差异性增大,相似性减小,物种更替明显。消落区水淹胁迫因子对植物物种分布影响巨大,随着水淹胁迫加剧,植物分布种类减少。周期性的水位变化、土壤及营养流失、库区环境污染、大型工程建设、外来物种入侵等都会对库区生态环境造成强烈的冲击,威胁消落区的植物多样性和生态安全。为了科学有效地恢复重建三峡水库消落区植被、维持好植物多样性,确保库区生态安全,需要持续开展水体淹没对生态环境的改变和对植物生存影响的相关科学研究;切实加强对消落区植物资源,尤其是珍稀、特有和重要野生植物的调查和科学研究,采取有效措施加以保护。

陈忠礼(2011)以开县澎溪河白夹溪为例,在对三峡水库水文变化规律做系统分析的基础上,以水位变动为主线,通过优势植物竞争强度、竞争结果等效应进行研究,预测植物演变规律;通过对消落区植物群落进行系统采样调查,分析消落区植物区系、群落类型、多样性以及生物量分布格局。结果表明受竞争影响植物在生长季节初末期数量变化显著。竞争强度随距离的增大而减小(P<0.01),0～10 cm 竞争最为激烈,0～30 cm 范围是受竞争影响的主要区域,种间竞争强度大于种内竞争。优势种个体数量和高度随距离的增大而增加,生物量、结实量、分枝数量先减小后增加。在消落区植物整个生活周期中,高繁殖力和高生长率的物种可以在短时间内最大限度的捕获环境资源,能够在竞争中胜出,继续在消落区中存在。分析了白夹溪消落区植物区系组成。调查发现维管植物 85 种,隶属 34 科 70 属,单种科单种属植物比例较大。植物以草本为主,物种数量较 156 m 蓄水前相比有所减少。将 30 科种子植物分为 4 个分布型和 1 个变型,66 属分为 9 个分布型和 4 个变型。科、属分布型均以世界广布型和泛热带分布型为主,反映出消落区植物受外界干扰强烈,生态适应幅度大、竞争能力强的物种才能生存下来。研究了水位变动与植物群落相互关系。TWINSPAN 分类法将消落区植物群落划分为 18 个类型。狗牙根群落等 5 种群落为白夹溪消落区代表性植物群落。香农指数、均匀度指数和丰富度指数随水位梯度呈"∧"型变化趋势,辛普森指数呈"V"型变化趋势。消落区植物群落生物量呈"倒 V"型分布,与 156 m 蓄水前相比,植物群落类型、多样性发生改变。

王强等(2012)在三峡水库蓄水后,在重庆开县白夹溪河岸设置典型消落区植被观测样地,开展三峡水库蓄水后典型消落区植物群落时空动态研究。2008～2010 年,对样地内的植物进行了 3 次调查。结果表明,样地中群落组成、生物多样性和生物量时空变化较大。总物种数量由 2008 年的 52 种降低至 2009 年的 41 种和 2010 年的 35 种。2008 年,156 m 水淹线以下植物以苍耳和双穗雀稗为主。2009 年,狗牙根替代双穗雀稗成为优势物种,苍耳向样地上部扩散;由于 2009 年冬季三峡蓄水提前,2010 年样地下部的苍耳大大减少;2009 年和 2010 年植物群落多样性指数总体上表现出随着海拔升高而增加,与水淹干扰强度在空间上的变化一致。研究结果揭示,各高程区的地表生物量在 3 次调查中表现出较大的波动。1 年生植物根据萌发结实特性可分为春萌秋实、冬萌夏实型植物和广适性植物 3 类。

袁慎鸿等(2014)研究了水位节律差异对三峡水库消落区不同物候类型 1 年生植物物种构成的影响。在不同消落区选取 5 个样地划分样带设置固定样方,涨水前和退水后调查发现:各消落区均存在 3 种 1 年生植物,但 3 种类型物种的比例和和优势度存在显著差异。只受夏季洪汛影响的自然消落区共发现 1 年生植物 73 种,冬萌夏实型植物以 45 种占优;而水位节律与之相反的完全水库消落区,1 年生植物物种数为 85 种,其中春萌秋实型植物以 45 种以及较大的优势度成为该区域的优势 1 年生物种;双重影响消落区,1 年生植物物种总数未明显下降,但是在蓄水和洪汛的双重影响下其种群大小相对较低。水位节律的巨大变化会引起 1 年生植物优势类型的显著改变,适合生长的 1 年生植物主要是因为其生长周期与淹没期不完全重叠而成为优势物种类型。

刘维暐(2011)以三峡水库消落区为研究区域,通过对三峡水库干流和库湾消落区的植物分布、群落结构及稳定性进行调查分析。结果显示,目前三峡水库消落区维管植物共有 61 科 169 属 231 种,以草本植物居多,其中一年生草本 105 种,多年生草本 75 种,蕨类植物 3 科 3 属 3 种。与 2001 年三峡水库蓄水前的自然消落区相比(83 科 240 属 405 种),科减少了 26.51%,属减少了 29.58%,种减少了 42.96%。从物种分布上来看,川江段和峡江段差异明显,人类活动对消落区植被分布有较大影响,微地形的复杂程度增加和实验基地的设立能够对本土植被保护起到一定作用。在不同强度的水淹环境下,三峡水库消落区不同海拔间植物多样性和群落结构有较大差异。从 α 多样性上来看,上部和中部消落区物种丰富度和均匀度差异不显著,下部消落区丰富度指数明显低于中部和上部。下部消落区物种间相遇几率较大,物种间相互依存性较强。从 β 多样性上来看,由上部到中部再到下部,随着水淹时间的延长,水库消落区物种的替代性减少是均质的;不同地区间 β 多样性没有显著性差异,但不同海拔间差异显著,下部消落区受到水淹的影响最大,其生境相似性明显高于上部和中部。从群落结构上来看,目前水库消落区群落结构稳定性中部<上部<下部,上部消落区水淹胁迫较小,出露及光照时间最长,植物定居压力较低,多为竞争种,竞争力较强的杂草偏向形成优势群落;下部消落区水淹胁迫较强,出露及光照时间最短,植物定居压力较高,多为耐胁迫种,能忍受高强度水淹环境的物种形成了植物群落;中部消落区出露及光照时间适中,处于物种定居和水淹胁迫的双重压力下,竞争种和耐胁迫种间竞争明显,更偏向于形成共优群落,其群落稳定性较差。在目前情况下,消落区下部的植物群落组成比较单一,但是随着水库蓄水高程稳定在 175 m,估计消落区上中部群落组成也会逐渐趋于单一化。结果表明植物群落结构特征与其生境具有重要关系,三峡水库消落区独特的水文状况和不同地区地理条件的差异导致其不同区域不同水位高程的植被群落结构的差异。

穆建平(2012)分别在 2011 年 04 月、2011 年 07 月与 2011 年 09 月三个时间段,通过对三峡库区重庆段内典型消落区进行植被调查及样品采集,统计分析落干期间三峡库区消落区的主要植被类型及其多样性特征,分析植被生物量、氮磷元素的变化特征,植物的物候特征及其适应策略等方面开展三峡库区消落区植被的生态学研究。主要结论有:用 TWINSPAN 数量分类方法对三峡库区消落区三个时期调查的植物群落进行分析,落干初期、中期与末期消落区的植被类型分别为 6 个、5 个和 8 个,经过长期水淹后,落干初期的植物群落类型较少,落干末期,群落类型增多。落干初期,以匍匐型物种为优势种的群落类型占优势,随恢复时间的延长,这种优势群落不明显。落干初期,高程间的群落类型差异明显,而经过长时间恢复后,在落干中期与末期,这种差异减小。三峡库区消落区经受长时间水淹后,落干初期的植物生长型以匍匐型为主,落干期间,随恢复时间的延长,匍匐型物种所占优势度逐渐减少,植物的生长型类型逐渐增多。经过长时间水淹后,三峡库区消落区植物群落的物种丰富度指数、Shannon-Wiener 和均匀度指数均小于对照高程的各指标,且随高程的降低而减小。经过一段时间的恢复后,在落干中期与末期,各指数都显著增加,且各高程的各指标在这两个时期间并没有显著差异。库区消落区植被在经受长期水淹后,落干期间能够得到较好的恢复,且生长可趋于稳定。在落干初期,消落区植被地上生物量与地下生物量都明显低于对照高程,且两者之间存在显著差异(P<0.05)。落干期间,植被得到较好地补偿生长,在落干中期与末期,植被地上生物量和地下生物量都明显增加,且消落区区域(165~175 m 与 155~165 m 高程)与对照高程之间并没有显著差异(P>0.05)。库区消落区植被的氮磷含量在落干初期均大于落干中期与末期。在落干中期与末期,消落区植被的氮磷含量与对照高程之间并无显著差异(P>0.05)。消落区植被的氮磷积累量均取决于植被生物量的现存量,而非植物的氮磷含量。三峡库区消落区植物在其生长阶段更多的受到氮元素的限制(N∶P<7)。对照高程未受水淹影响,N∶P较为稳定;而消落区区域,由于受水淹的影响,使得落干中期和末期的 N∶P 与落干初期的呈极显著差异(P<0.01),同时落干期间 N∶P 的不稳定变化,反映了消落区植物对库区消落区这种特殊生境的适应。消落区常见优势物种的物候研究结果显示生长于消落区的一年生植物,如藜、水蓼、一年蓬等,其物候期均有所提前,生活史较实际情况缩短;而多年生并具有匍匐茎或根状茎的植物,如水花生、艾蒿、葎草等,其物候期与实际情况基本吻合,没有明显差异。消落区常见优势植物均能够较好地适应水淹干扰,但它们的适应策略有一定差异。综合考虑库区消落区的生态功能、经济价值及景观美化,针对消落区 155~175 m 高程地段提出植被管理方案,即对植被覆盖率较高地区的植被进行周期性收割,以减少氮磷元素对库区水体富营养化的贡献率,同时维持消落区生态系统的生物多样性。

齐代华等(2014)以三峡库区典型区域的消落区植物群落为研究对象,通过对区域内 5 个不同海拔段的植物群落进行样方调查,采用 α 多样性指数及 β 多样性指数进行测度,探讨该区消落区水淹梯度上的物种组成、多样性变化规律,对三峡水库消落区植物物种组成及群落物种多样性研究。结果表明:共有 298 种维管植物,隶属于 82 科 175 属,种类较少;优势种组成变化明显,Shannon-Wiener 指数、Simpson 指数和物种丰富度指数总体均表现为随海拔升高而升高,均匀度指数则表现为先降低后升高的趋势;βT 随海拔升高呈基本相反的变化趋势。雷波等(2014)调查分析了位于三峡水库腹地的消落区上、中、下部 3 个不同间距高程(145~155、155~170、170~175 m)的草本植物群落物种组成、生物多样性和结构特征。结果表明:共发现 49 种草本植物,上、中、下部分 3 个高程物种数分别为 4、18、45 种,随高程的增加物种数呈较为显著的增加。综合分析表明,三峡水库腹地小范围流域消落区草本植物物种组成和结构趋于简单化,由于受水淹胁迫影响及不同高程微生境的差异,不同高程消落区植物多样性有所差异,呈现出的群落特征也有所不同,因此应充分考虑不同水位高程物种组成和结构的差异性特征,分类(区)配置物种搭配、优化种间关系可促进消落区草本植物多样性以及群落结构的改善。

三峡水库每年退水后,消落区大片裸地呈现,高程越低裸地呈现越明显,而随着时间的延长,在蓄水前会形成以一年生植物占优势的植被群落,一年生植被作为消落区生态系统的重要组成部分,其幼苗库组成、幼苗发生多少、快慢及植被的季节动态都在一定程度上影响着消落区群落的稳定。李丑(2014)以三峡水库消落区的一年生植被为研究对象,选取巫山、云阳、

万州、丰都 4 个样地,采取划分样带设置固定样方的方法,分别于 2013 年 4
月、5 月、6 月、7 月、8 月对消落区一年生植物的幼苗库组成、幼苗发生及植
被的季节动态进行研究。通过对消落区不同高程幼苗库的丰富度、多样性、
物种组成的研究发现:随着水淹强度的增加,幼苗库的丰富度、多样性、幼苗
密度等都有降低的趋势,且由于每年 160 m 以上高程由于水淹较晚且退水
较快,水淹时间较短,而 160 m 以下高程由于在水淹较早且退水较慢,水淹
的时间长等原因,造成土壤中的种子由于不能耐受长时间的水淹而死亡,因
此 160 m 以上幼苗库的物种丰富度、密度、多样性等都显著的高于 160 m
以下高程,其中,夏季洪汛的频繁干扰会进一步降低一年生植物幼苗库的丰
富度、多样性及密度。而幼苗库的组成在不同的高程带也不完全相同,其
中,172 m 以小蓬草(*Conyza canadensis*)、鼠麴草(*Gnaphalium affine*)、
狗尾草、酢浆草(*Oxalis corniculata*)、附地菜(*rigonotis peduncularis*)、马
唐等优势度较为明显,168 m 以狗尾草、马唐、苍耳、狼杷草(*Bidens tripar-
tita*)、酢浆草、龙葵(*Solanum nigrum*)等优势度明显,164 m 以马唐、狗尾
草、酸模叶蓼(*Polygonum lapathifolium*)、鼠麴草、稗、狼杷草等优势度明
显,160 m 以马唐、狗尾草、鳢肠(*Eclipta prostrata*)、狼杷草、稗等占优势,
156 m 则以狗尾草、马唐、狼杷草、鳢肠、稗占优势,152 m 以狗尾草、马唐、
鳢肠、狼杷草、黄鹌菜(*Youngia japonica*)等占优势。总的来说,每个高程
占优势的物种多为每年水淹前能够完成生活史、能产生较多的成熟种子、且
种子对水淹具有一定程度的耐受性的物种。

通过对消落区内不同高程的一年生植物的幼苗发生规律进行调查发
现:消落区内所有高程(除 164 m 高程物种数及幼苗发生比例随时间呈先
上升后下降趋势外)的一年生植物的物种数及幼苗发生比例随着时间的延
长呈下降趋势。尽管由于本底差异造成幼苗组成在不同的样地有一定的差
异,但是各样地常见物种(除有少量种不同外)相似,其中,狗尾草、稗、马唐、
小蓬草、狼杷草、苍耳、酸模叶蓼、野黍等为四个样地中的常见种,它们主要
表现出两种发生策略:快速发生策略和持续发生策略。其中快速发生策略
是大部分一年生植物的主要发生策略,这是植物与环境相互作用的结果,消
落区反季节的大深度水淹大大缩短了一年生植物生长所需要的时间,而尽
早发生在无形中增加了幼苗的适合度,所以这种对策使得幼苗个体尽早获
得有限的资源、占据空间并因此增加其生存的几率,对之后的生长、繁殖等
生活史的一系列过程产生积极影响,从其生存率来看,大量的幼苗集中萌发
为环境筛选提供了足够数量的个体,使得最终还有一部分幼苗存活下来,这
将对种群的更新和繁殖提供足够的物质基础。因此快速发生策略是一年生
植物对特定的消落区环境的适应性选择。

通过对消落区不同高程一年生植被的季节动态进行研究发现,不同高程物种数随时间的变化呈现出的规律不完全相同,其中172 m和168 m高程的物种数总体上随时间的增加呈下降的趋势,164 m、160 m高程的物种数随时间的增加呈先上升后下降的趋势,156 m、152 m高程由于受夏季洪汛的影响,物种数急剧下降,但是每个高程的物种数在不同的时间之间没有显著差异。虽然不同样地植被组成不完全相同,但植被动态表现相似,即不同高程一年生植被的物种组成及每个物种的优势度随季节的变化不同:较高高程(172 m、168 m)植被动态季相明显,有一定的植被替代现象,在4、5月冬萌型和春萌型植物优势度相当,而6、7、8月春萌型的植物占优势,且随着时间的推移优势物种的优势度越来越明显,且优势物种越来越稳定;中间高程(164 m、160 m高程)植被较为稳定,优势物种也较为固定,分别以酸模叶蓼—稗—狗尾草—狼杷草—马唐和稗—酸模叶蓼—马唐—狼杷草—藿香蓟占优势;然而,在较低高程(156 m、152 m)由于受夏季洪汛的影响,植被处于不稳定状态,一年生植物在此高程存在衰退的迹象。总的来讲,消落区较高高程(172 m、168 m),物种数相对较多,一年生植被的季节动态明显;中间高程(164 m、160 m)一年生植被较稳定;较低高程(156 m、152 m),由于受干扰较为频繁,物种数越少,一年生植被的季节动态不稳定。因此,此研究对深刻理解并预测消落区的物种组成及植被动态具有重要意义。水淹强度作为三峡水库消落区中最重要的影响因素,对植物的适应性有选择性,但植物在面对环境的影响时也不是完全被动的,而是通过改变自身的特性提高在群落中的竞争能力来适应这样的环境而生存下去。总的来说,在消落区中表现出竞争优势的物种大多是幼苗发生量多、发生快且生长速度较快的物种,如狗尾草、稗、马唐、小蓬草、狼杷草、苍耳、酸模叶蓼、野黍等,它们在出露初期快速发生产生大量幼苗,而后快速的生长,占据空间进行光合作用,形成大片自己的种群,提高竞争力而排斥其它物种。

三峡水库建成后,在三峡水库现行的水位调度模式下,位于库尾上游的长江江津段的水文特征在夏半年汛期有所变化,使得消落区受汛期水淹的时间和深度有所加大,从而引起自然消落区的植物空间分布和种类组成发生改变。刘明智等(2014)探讨长江江津段消落区维管植物空间分布及其稳定性影响因素。2012年汛期5月及汛后11月采用样带样方法对长江江津段中游的石栏子(上游)、上渡口(中游)、芦蒿坝(下游)3个样地的194～197 m、197～200 m消落区及200 m以上非消落区维管植物进行调查。结果发现,消落区有维管植物61种,其中194～197 m高程带37种,197～200 m高程带57种,多为草本植物;200 m以上非消落区高程乔木、灌木、草本植物56种;消落区的植物的稳定性受水淹、航运、淘沙金、挖河沙等因素共同影响。

4.2.3 消落区土壤种子库萌发研究现状

土壤种子库(Soil Seed Bank)是指存在于土壤凋落物以及土壤基质中有活力的种子的总和。土壤种子库作为繁殖体的储备库,在植被演替更新、生物多样性维持以及受损生态系统植被恢复中起着十分重要的作用。消落区土壤中蕴藏着大量随水流、风传播的种子。种子库形成和种子萌发立苗是消落区植被自然恢复的关键。但是,在对消落区植被调查时,土壤种子库中的种子有的萌发后在调查时已经完成生活史,有的在调查时还没萌发,因此有些物种不容易被发现。了解土壤种子库的萌发情况,能够有效的反应植被生长及扩散、种子传播的一般规律,并从另一个侧面反映出植被群落结构中各物种之间的内在联系,从而进一步揭示水库消落区植被变化的潜在规律。对消落区土壤种子库的研究表明,种子库中主要以 1 年生草本和多年生草本为主,相对缺少乔、灌木,且生活型百分比例在不同海拔梯度、不同月份存在差异。水位变动会对种子库中物种丰富度、种子萌发密度和物种数目造成极显著的差异。对土壤种子库的研究有利于河岸植被恢复重建,一些多年生生活型的物种能被重新发现,这有利于进一步筛选到适合消落区植被恢复的适宜物种。

由于三峡水库消落区植被大都是依靠种子繁殖的一、二年生植物为主,因此,作为植被更新的基础,土壤种子库的大小及动态对预测消落区植被变化具有重要参考价值。王欣和高贤明(2010)根据三峡水库水位运行时间,模拟水淹对三峡库区常见一年生草本植物稗、金狗尾草(*Setaria pumila*)、马唐和荩草种子萌发的影响。根据三峡水库水位运行时间,设计了 30 天、75 天、115 天、155 天、195 天和 240 天共 6 个水淹时间梯度,采用模拟水淹的方法,研究了不同水淹时间对三峡消落区 4 种常见的一年生草本稗、金狗尾草、马唐和荩草的种子萌发的影响。结果发现:随着水淹处理时间的增长,这 4 种植物的萌发率基本上呈现先增高后降低的趋势。说明一定时间的水淹有利于打破种子休眠并提高种子萌发率。一定时间的水淹处理加快了这 4 种植物的萌发进程。和对照相比,一定时间的水淹处理显著提高了这 4 种植物的萌发指数,缩短了种子的萌发持续时间,并提早了种子萌发高峰时间和达到 50% 萌发率的时间。长时间的水淹对种子的萌发进程影响不大。总体来说,稗、金狗尾草、马唐和荩草在各个处理下的萌发率均较高(>40%),可以考虑作为三峡消落区植被恢复的备选物种。陈忠礼(2011)以开县澎溪河白夹溪为例,在对三峡水库水文变化规律做系统分析的基础上,以水位变动为主线,通过室内萌发试验和野外调查进行土壤种子库研究，发现水位变动对土壤种子库分布格局影响显著，随着水淹程度增加，地上植被物种丰富度、种子库物种丰富度和种子存量均呈减小趋势。研究优势植物种内、种间竞争关系，结果表明受竞争影响的植物在生长季节初末期数量变化显著。

根据三峡水库消落区水文条件的差异，可分为只受水库蓄水影响的完全水库消落区(PU-DZ)与受水库蓄水与夏季洪汛双重影响的双重影响消落区(PR-DZ)两种类型，其中 PU-DZ 是整个三峡水库消落区的主体。周文强(2014)对三峡水库消落区土壤种子库特征、动态及其对消落区植被形成的保障作用进行了研究。研究发现，三峡水库消落区的自然植被几乎都来自于 0～3 cm 土层(简称表层土)中种子的萌发。为探究消落区植被的维持潜力，针对 0～3 cm 土层的土壤种子库，首先研究了落干期末不同类型消落区土壤种子库的大小及其随水淹梯度的变化特征，然后研究了 PU-DZ 水淹前后土壤种子库的差异及其主要影响因素，最后，通过比较分析 PU-DZ 土壤种子库在落干期萌发的幼苗数与落干期地上的植株数，明确土壤种子库对其地上植被形成的保障作用。主要结果如下：

不同水淹梯度与不同类型消落区土壤种子库的特征尽管消落区土壤种子库的大小及物种丰富度显著小于非消落区，但在落干期末，消落区土壤种子库具有丰富的种子储量及物种数，各样带每平方米土样中的可萌发种子数量均达 1,000 粒以上，其对再次水淹结束后地上植被的形成具有巨大潜在贡献。PU-DZ 土壤种子库储量与物种丰富度均与水淹强度负相关，不同水淹梯度下的土壤种子库相似度较小，而在 PR-DZ，土壤种子库在各水淹梯度下的相似度较高。说明水淹梯度对消落区土壤种子库的大小、物种丰富度等特征具有重要影响，但并非影响消落区土壤种子库的决定性因子。不同类型消落区土壤种子库的密度、物种丰富度具有显著差异，PU-DZ 的土壤种子库大小及物种丰富度显著高于 PR-DZ。不同类型消落区的土壤种子库构成也具有差异，表现为具有相似本底植被类型的消落区也具有相似的土壤种子库，即使其所遭受的水淹强度有很大差异。表明本底植被特征可能对消落区土壤种子库构成具有重要影响。

蓄水水淹前后 PU-DZ 土壤种子库的差异及其主要影响因子蓄水结束后的 PU-DZ 土壤种子库密度与物种丰富度显著低于蓄水开始前。因种子水淹期间的死亡或休眠可显著降低各高程土壤种子库密度与物种丰富度，降低程度与该高程所遭受的水淹强度正相关，各高程土壤种子库密度降低幅度均达 69% 以上，物种丰富度降低幅度均达 49% 以上。

就整个 PU-DZ 海拔 162～175 m 区域的水平来看，因种子死亡或休眠是导致水淹后土壤种子库大小及物种丰富度降低的主要因子，水流对库岸的冲刷效应所造成的种子流失为次要因子。导致水淹前后土壤种子库的差异的主要原因在不同研究区域有所不同。在 170～175 m 区域,淤积样方少,因种子死亡或休眠是导致的土壤种子库的变化是主要原因。在 162～170 m 高程区间的淤积区域,水淹前后表层土土壤种子库的差异主要是由于淤泥的沉积掩盖了水淹前实际具有的表层土造成,因种子死亡或休眠以及淤泥的覆盖效应对水淹前后土壤种子库构成的变化具有重要贡献。而在其非淤积区域,因种子死亡或休眠而导致的土壤种子库的变化是造成水淹前后其土壤种子库出现差异的主要原因。淤泥的淤积对提高水淹后 162～166 m 区域表层土土壤种子库大小具有重要意义。

申建红等(2011)研究了三峡水库消落区 4 种一年生植物稗、苍耳、合萌(Aeschynomene indica)和水蓼(Polygonum hydropiper)的种子水淹耐受性及水淹对其种子萌发的影响。将消落区按照吴淞高程标准划分为 9 个高程梯度(145～150 m、150～155 m、155～160 m、160～163 m、163～166 m、166～169 m、169～172 m、172～175 m 和＞175 m),实地播种这 4 种植物的种子(或果实),并将种子萌发划分为"有泥沙淤积于种子表面"和"无泥沙淤积于种子表面"2 组,观察在消落区水位变化(蓄水到退水)一个周期内种子能否耐受水淹及水淹对不同高程种子萌发的影响。结果如下:稗、苍耳、合萌和水蓼的成熟种子(或果实)能够耐受三峡水库消落区的水淹环境并保持活力。这 4 种一年生植物种子的萌发起始时间和萌发持续时间都随着高程的降低而逐渐缩短(P<0.01),高程 169 m 以下,种子萌发的起始时间显著缩短(P<0.01),总体来看,在同一高程区域内,合萌种子的萌发起始时间略长一些,苍耳次之,水蓼最短。对稗、苍耳和水蓼的种子而言,萌发率随高程的降低总体上呈现先上升后下降的趋势。合萌的种子萌发率随高程的降低总体呈下降的趋势。水淹过程中产生的泥沙淤积对种子萌发影响较小,但是在一定程度上可以促进苍耳的种子萌发而抑制合萌的种子萌发。结果表明这 4 种一年生植物的种子(或果实)在三峡水库消落区变化环境中能够耐受水淹并成功地萌发,可应用于三峡水库消落区的植被恢复和生态重建过程。

土壤种子库对消落区植被形成的保障能力,土壤种子库在消落区落干期萌发的幼苗数显著大于地上植株数,且每个样地的土壤种子库在落干期萌发的地幼苗数大于地上植株数的物种所具有的植株数的总和均达地上植株总量的 88% 以上。无论是高高程还是低高程区域,土壤种子库与地上植被共同具有的物种在样带落干期萌发的幼苗数的总和显著高于其地上植株数的总和,且幼苗数大于植株数的物种在样带中的植株数量总和均达该样带地上植株总量的 75% 以上。随着水淹强度的增加,土壤种子库在落干期萌发的幼苗数逐渐降低,而地上植株密度与水淹强度无显著相关关系。此外,各地上植被中的优势物种的土壤种子库在消落区落干期萌发的幼苗数均多于其地上植株数。以上结果表明,就整个三峡水库消落区而言,目前其土壤种子库具备保障落干期地上植被形成的能力,尽管低高程的高强度水淹可降低落干期从土壤种子库萌发的幼苗数量,但其大多数地上植被尚可依靠土壤种子库形成,其地上植被的数量也并未因此而受到限制,消落区植被具备继续维持的潜力。但是编者认为一年生植物是不适合作为消落区植被恢复的优选物种,不仅是因为它们水淹后死亡,没有生态可持续性;而且因为大量的种子萌发,容易形成优势垄断群落,抑制其它多年生植物的生长存活。

4.2.4　消落区植被恢复适宜物种筛选研究

三峡水库建成后,由于水库水位周期性的涨落,新形成的水库消落区其环境最大的变化之一就是反季节的水淹时间延长。长时间的反季节水淹导致库岸消落区内很多原有的植物不能生存,从而造成库岸剥蚀和滑坡、消落区水土流失、库区景观质量下降等一系列生态环境问题。为解决这些问题,在消落区内采用人工构建植被是保护三峡库区消落区生态环境的重要措施之一。在消落区的植被构建中,注重选用能够耐受长时间水淹的植物物种十分重要,对水淹具有一定耐受能力、适应库岸消落区环境的植物物种无疑可以作为构建消落区植被的首选物种。植物在水淹后的存活和恢复生长状况是衡量其水淹耐受能力的重要指标。王海锋(2008)开展不同季节长期水淹对地瓜藤、荻(*Miscanthus sacchariflorus*)、牛鞭草、狗牙根和空心莲子草几种陆生植物以及几种在湿地生态修复中广泛应用的植物物种(香根草、菖蒲)的存活、生长和恢复生长的影响。模拟成库后消落区内长时间的夏季和冬季完全水淹,从存活率、水下生长和出水后的恢复生长,探讨这几种植物的水淹耐受能力和可能的耐受机制。2006 年 4 月从嘉陵江北碚段采集地瓜藤、荻、牛鞭草、狗牙根和空心莲子草当年生的、生长旺盛且大小均匀一致的幼苗,从苗圃园购置香根草、菖蒲的幼苗,移栽到花盆中,给予全日照,并进行浇水、除草等常规管理。分别于 2006 年 7 月和 2007 年 2 月进行实验,实验设置两个处理:对照及完全水淹(植株底部距水面 2.5 m),完全水淹处理包括 30 d、60 d、90 d、120 d、150 d 和 180 d 六个水淹时间水平。测定各植株的存活率、地上部分生长、各部分生物量和出水后的恢复生长速率。通过对香根草、菖蒲和空心莲子草在夏季水淹条件下的生长和存活率的研究发现:三种植物在经受长时间的完全水淹后有较高的存活率,180 d 全淹处理后,香根草、菖蒲和空心莲子草的存活率分别为 87.5%、100% 和 50%。

这三种植物有不同的水下生长能力。全淹条件下,香根草生长缓慢,几乎没有产生新的叶片,总叶长也没有显著变化;菖蒲能够持续产生较对照植株更为细长的叶片,空心莲子草只在水淹初期(30 d 内)能够快速伸长地上部分的枝条,并迅速产生新叶片,但随水淹时间的延长,总枝条长及总叶片数没有再显著增加。与对照植株相比,全淹处理抑制了三种植物总生物量的增加,但对三种植物的地上、地下部分生物量抑制程度不同。全淹条件下,香根草的地上部分和地下部分生物量与水淹 0 d 水平(水淹处理开始前一天,下同)相比无显著变化,根冠比高于对照植株;菖蒲的地上部分生物量随水淹时间延长而降低,但却高于对照植株,地下部分生物量始终低于水淹 0 d 水平,根冠比低于对照植株;空心莲子草的地上部分生物量与水淹 0 d 水平相比无显著差异,但地下部分生物量与水淹 0 d 水平相比大幅降低,根冠比低于对照植株。结果表明,这三种植物都有很强的水淹耐受能力,可应用于三峡库区消落区植被的构建。同时,我们也发现植物对长期完全水淹的耐受能力很大程度上与植株在水下的生长情况及植株的营养储备水平相关,剧烈的水下生长会消耗大量的营养储备,进而造成植株存活率降低。植株在全淹条件下有限的生长能力及丰富的营养储备可能是耐淹物种的重要特征。

通过对四种三峡库区岸生植物地瓜藤、荻、牛鞭草和狗牙根在夏季水淹条件下的存活率、生物量变化和恢复生长的研究发现:分布于距江面高程较高的河岸段的地瓜藤植株,在全淹 30 d 后就全部死亡;分布在中高程河岸段的荻在全淹 150 d 和 180 d 后全部死亡;可以分布于低高程河岸段的牛鞭草和狗牙根,淹没 180 d 后存活率分别为 90% 和 100%。全淹抑制了荻、牛鞭草和狗牙根的生长,总生物量增量显著低于对照植株。与水淹 0 d 相比,全淹处理植株的地上部分生物量显著降低,荻在全淹 60 d 和 120 d 后,地下部分生物量显著降低,但牛鞭草和狗牙根的地下部分生物量与水淹 0 d 水平相比无显著差异。水淹处理结束后,存活的荻、牛鞭草和狗牙根植株都能很好地进行恢复生长。在恢复生长过程中,全淹 30 d、60 d 和 90 d 后,荻、牛鞭草和狗牙根植株的总分枝长相对生长速率与对照植株无显著差异,全淹 120 d、150 d 和 180 d 后,牛鞭草和狗牙根植株的总分枝长相对生长速率显著高于对照植株。全淹处理的荻、牛鞭草和狗牙根植株的总叶片数相对生长速率始终显著高于对照植株,遭受长期完全水淹后,植株在有限的营养储备条件下,快速产生叶片以迅速积聚光合产物可能是植物更为优化的恢复生长方式。

冬季水淹条件下,通过对地瓜藤、荻、牛鞭草、狗牙根、菖蒲和空心莲子草的存活率、水下生长和恢复生长研究发现：地瓜藤在水淹 30d 后全部死亡，荻、牛鞭草、狗牙根、菖蒲和空心莲子草在全淹 6 个月后存活率为 62.5％、100％、100％、100％和 100％。全淹抑制了荻、牛鞭草和狗牙根的地上部分生长及各部分生物量的增加，菖蒲和空心莲子草的地上部分可以在水下快速生长，但地下部分生物量显著下降。荻、牛鞭草、狗牙根、菖蒲和空心莲子草在水淹处理后均能迅速开始恢复生长，且其相对生长速率不低于对照植株，荻和空心莲子草在水淹后叶片数量的相对生长速率显著高于对照植株。实验表明，在冬季较低气温的条件下，除了地瓜藤无法耐受长时间水淹，荻、牛鞭草、狗牙根、菖蒲和空心莲子草都能在长时间完全水淹处理后保持较高的存活率，且能很好地进行恢复生长，是应用于三峡库区消落区植被构建的良好备选物种。通过研究可以看出，除了地瓜藤以外，尽管各植物物种采取了不同的水淹耐受策略，我们所选择的几种植物都是有很强的水淹耐受能力的，且植株在冬季水淹条件下的耐受能力要优于夏季水淹，这些物种是有可能成为三峡库区消落区植被构建的备选物种的。

李娅（2008）从植株在水淹后的存活和恢复生长两方面探讨了秋华柳和野古草的存活和恢复生长的影响，探明其水淹耐受能力。所选用的材料为自然生长于长江及其支流江岸的秋华柳和野古草，2005 年 5～6 月从长江的重要支流嘉陵江江岸采集秋华柳当年生实生苗和野古草当年生分蘖苗，将实验苗统一移栽到实验盆中。于 2006 年 1 月开始水淹，2006 年 8 月水淹结束。分别测定了秋华柳和野古草植株在不同水淹处理后（六个水淹时间：20 d、40 d、60 d、90 d、120 d 和 180 d；三种水淹深度：对照，水淹根部和水淹 2 m；两种水淹方式：连续水淹和间歇水淹）的存活和恢复状况，实验结果如下：通过研究水淹对秋华柳植株存活和恢复生长的影响，研究结果发现：水淹对秋华柳植株存活率的影响较小。水淹根部处理的植株在水淹 180 d 后，存活率仍为 100％，水淹 2 m 处理的植株在水淹 120 d 后，存活率也为 100％，直到 180 d 后，存活率才下降为 0。水淹后，秋华柳植株仍然可以进行恢复生长，表现出很强的恢复生长能力，但因水淹处理的不同，其恢复生长存在差异。随着水淹时间的延长，秋华柳植株出水后到开始恢复生长之前所需的时间增加，但所有水淹处理后存活的植株在水淹结束后一周内都可以开始恢复生长。在相同水淹时间处理下，水淹处理的秋华柳植株在恢复生长期间的相对生长速率都高于对照植株，水淹 40 d、60 d、90 d 后，水淹 2 m 的秋华柳植株分别比对照植株高 57.8％，143.4％，130.4％。水淹结束时，秋华柳地上部分生物量随水淹深度的不同而不同，水淹根部处理的植株几乎与对照植株无显著差异，水淹 2 m 处理的植株都低于对照植株。水淹结束后，不同处理的秋华柳植株生长 2 个月后的地上部分生物量与其在水淹结束时不同处理植株地上部分生物量的变化趋势相似。本研究表明,秋华柳在长时间的水淹后具有很高的存活率,并可以进行很好的恢复生长,表现出较强的水淹耐受能力,可以考虑将其应用于三峡库区消落区的植被构建。通过研究水淹对野古草植株存活和恢复生长的影响,研究结果发现:在水淹 90 d 内,无论是连续水淹还是间歇水淹,对野古草植株的存活率影响都较小,存活率均为 100%。长时间的水淹后,其存活率下降,在水淹 180 d 后,存活率下降为 0。在水淹 90 d 内,野古草植株的恢复生长受水淹的影响也较小。在水淹后的恢复生长期,分蘖数变化量,叶数变化量以及恢复生长的相对生长速率几乎都显著高于对照。同时,在水淹 90 d 内,连续水淹与间歇水淹对野古草植株恢复生长的影响无明显差异。研究结果表明:较长时间的水淹会影响野古草植株的存活,但在水淹 90 d 内,水淹对野古草植株的存活和恢复生长的影响较小,具有一定的水淹耐受能力。通过研究野古草和秋华柳植株在水淹后的恢复生长动态,研究结果发现:短期水淹后,野古草在整个恢复生长期的分蘖数、叶数增加速率几乎保持不变。90 d 的长期水淹后,其分蘖数、叶片数在恢复生长初期迅速增加,并且分蘖数和叶数增加速率都高于对照植株,在恢复生长后期,增加速率有所降低,但仍高于对照植株。长时间的水淹会降低野古草植株地上部分生物量,但在恢复生长期,地上部分生物量会迅速增加。秋华柳在较短时间水淹后,一级分枝数在恢复生长初期明显增加,增加速率高于对照植株,在恢复生长后期,增加速率有所降低。长时间水淹后,水淹植株与对照植株相似,一级分枝数在整个恢复生长期几乎都不增加。叶数的变化与一级分枝数的变化恰好相反,短时间水淹后,秋华柳植株的叶数在恢复生长初期增加不明显,后期的增加速率高于对照植株,但长时间水淹后,叶数在恢复生长初期明显增加,增加速率高于对照植株,恢复生长后期又有所降低。与野古草类似,长时间的水淹也会抑制秋华柳植株地上部分生物量,但在恢复生长期,地上部分生物量也会迅速增加。结果表明,野古草和秋华柳植株在水淹后仍可以进行恢复生长,长时间的水淹后,其生长在恢复生长初期表现更为明显,说明这两个物种对水淹具有一定的耐受能力。根据本研究的结果可以看出,秋华柳和野古草植株在长时间的水淹后,仍然可以存活,能够耐受较长时间的水淹,并且在水淹后可以进行很好的恢复生长,表现出较强的水淹耐受能力,可以考虑应用于三峡库区消落区的植被构建。

　　由于三峡库区消落区水位的周期性变化,消落区土壤水分梯度呈现出从干旱到全水淹没等不同状态,消落区现有物种的生存状况,其生理、生态学特性将会发生相应的改变。针对三峡水库地区消落区的特殊情况,根据被研究植物在水湿胁迫下忍受低氧、水分胁迫条件的能力,筛选出适宜消落区的当地植物种,为构建三峡水库消落区的河岸植被缓冲带提供适应当地情况的可行植物种,可为三峡库区消落区的植被恢复与建设提供理论依据。刘旭(2008)开展了三峡库区消落区植物材料筛选研究。经过100天的实验研究发现,香附子对水分含量变化的适应性在五种植物中最强,表现出其对逆境较强的适应能力;空心莲子草对土壤水分含量变化的适应能力位于其次,在水淹两组逆境中,其长势良好,但耐旱性相对于其耐淹性来说较弱;火炭母在一定时期内对水分含量变化的适应性较强,皇竹草与芭茅短时间内可适应水分胁迫与水淹逆境,均不适宜长期种植于消落区。

王欣(2010)通过设置干旱、对照和水淹这3个水分梯度,来比较香附子、狗牙根、双穗雀稗和喜旱莲子草在不同水分条件下的存活率、生长表现及生物量积累状况。处理时间总共进行30天。实验结果发现:①这四种植物在水淹处理下的存活率均为100%。水淹处理显著降低了香附子和狗牙根植株的根长、叶片数等形态指标和各个部分的生物量,且植株各个部分的相对生长速率为负值。水淹处理促进了双穗雀稗和喜旱莲子草茎的生长,其植株的茎生物量、茎相对生长速率、总枝条长、平均节间长显著高于对照值。这说明这四种多年生草本对水淹胁迫均有较强的耐受能力,但采取的策略不同。②香附子和狗牙根的耐旱能力很强,干旱处理后存活率均为100%。双穗雀稗具有一定的耐旱能力,干旱处理后,存活率为94.4%,其叶片数、平均节间长、总枝条数和对照之间差异不显著,但植株各个部分的生物量、相对生长速率以及总枝条长显著降低。干旱胁迫造成了大部分喜旱莲子草的地上部分枯死,耐旱能力最差。③根据实验结果,可以考虑香附子、狗牙根、双穗雀稗作为三峡库区消落区植被修复的备选物种;但喜旱莲子草属外来入侵种,是否用于植被的人工修复,还需谨慎考虑。

构建消落区植被,选择合适的水淹耐受能力强的植物物种和明确其水淹耐受机理是该措施的关键。科研工作者为此进行了很多实验室模拟实验,而且得出了很多有价值的结论。由于模拟实验受诸多客观条件的限制,使得物种筛选时水淹深度和水淹时间等与消落区的实际情况相差甚远。因此,有必要对实验室内初步培育的备选物种进行野外的实际水淹实验,以探明备选耐淹物种的耐淹机制。褚会丽(2012)以"大叶蓼2号"、"长叶天南星2号"、"马筋草3号"、"马筋草5号"和"铁蚌草1号"为研究材料,以重庆市忠县三峡库区消落区生态治理与恢复实验基地为研究地点。2008年将培育的"马筋草3号"、"马筋草5号"和"铁蚌草1号"栽种在实验基地.2009年将"大叶蓼2号"、"长叶天南星2号"栽种在实验基地。实验分为两个部分:(1)2010年水淹结束后,对"大叶蓼2号"和"长叶天南星2号"展开其生长适应的研究;(2)2010年水淹结束后,对"马筋草3号"、"马筋草5

号"和"铁酐草 1 号"展开其对水淹适应生长的研究,2010 年冬季蓄水开始前和蓄水结束后以及 2011 年冬季蓄水前,再对"马筋草 3 号"、"马筋草 5 号"和"铁酐草 1 号"展开根和茎成熟节间质量密度的研究。

实验(1)发现:①水淹结束时."大叶蓼 2 号"和"长叶天南星 2 号"在各个高程的存活率均为 100%;②水淹结束后,两物种的植株形成的初始成熟叶片的面积均随高程的降低呈增大趋势,而其叶片厚度呈减小趋势,并且高程间都呈现出显著性差异;③恢复生长 2 个月后,两物种的叶片面积与叶片厚度在各个高程间均无显著性差异。

实验(2)发现:①水淹结束后,"马筋草 3 号"、"马筋草 5 号"和"铁酐草 1 号"的初始成熟叶片厚度呈减小趋势,并且高程间都呈现出显著性差异。除 166m、170m 高程的初始成熟叶片面积与对照高程相比无显著性差异外,其余所有高程的初始成熟叶片的面积随海拔高程的降低均呈增大趋势,并且高程间差异显著。②恢复生长 2 个月后,三种植株形成的成熟叶片的面积与厚度在各个海拔高程间均无显著性差异。③2010 年冬季水淹前,三者的根和成熟节间的生物量在各个海拔高程间无显著差异性。④水淹结束后,173m 高程的"马筋草 3 号"和"马筋草 5 号"的根和成熟节间的质量密度与相邻高程相比无显著性差异。随海拔高程的降低,"马筋草 3 号"、"马筋草 5 号"和"铁酐草 1 号"其余所有高程植株的根和茎成熟节间的质量密度均呈现显著下降趋势,并且高程间具有显著性差异。⑤目标物种在经过几个月的恢复生长后,根和成熟节间的质量密度在不同高程间无显著差异。

研究结合如下:①"大叶蓼 2 号"和"长叶天南星 2 号"经历了长时间的完全水淹后存活率均为 100%,说明它们对消落区水淹具有很强的耐受性;②水淹前"马筋草 3 号"、"马筋草 5 号"和"铁酐草 1 号"于根和茎中储备了相当的营养,为抵抗不同强度的水淹胁迫,高程不同的植株营养消耗不同;③水淹结束后,五个物种的植株在营养储备有限的情况下,均采取了改变叶片面积与叶片厚度的投资比例,以尽快集聚光合产物而恢复生长的适应生长策略;④植株在经过几个月的恢复生长后,又于根和茎中储存了相当的营养储备,以抵抗即将到来的水淹胁迫。基于上述结论,我们得知备选耐淹草本植物在形态学方面对消落区水淹都有各自的适应策略,都能够在消落区水淹环境中存活和生长。

秦洪文等(2012)模拟了水淹对三峡水库消落区 2 种木本植物秋华柳和地果生长的影响及出水后自然恢复生长试验。通过分析水淹期间及出水后试验植物盖度的变化,揭示不同深度的水淹对试验植物生长和恢复生长的影响,进而探讨试验植物在三峡水库消落区的适宜生存海拔范围。试验共设置 5 m、10 m、15 m、20 m 和 25 m 等 5 个深度水平,水淹时间 180 d,出水恢复时间50 d。结果表明：①水淹导致植株的盖度下降，甚至死亡，且随着水淹深度的增加，盖度下降越显著。②出水后，秋华柳仅在深度为5 m和10 m的处理组植株能够恢复生长，50 d后，盖度显著高于出水时的水平，表明秋华柳具备较强的耐水淹能力，而且耐水淹能力与水淹的深度密切相关。③地果在出水后10 d内盖度继续下降，深度为15 m、20 m和25 m的处理组植株盖度下降为0后无恢复生长，深度为5 m和10m的处理组植株在出水后50 d，盖度显著高于出水时的水平，表明地果具备一定的耐水淹能力，但耐水淹能力有限。秦洪文等（2012）模拟水淹对三峡水库消落区狗牙根、香附子、芦苇（*Phragmites australis*）和羊茅（*Festuca ovina*）4种草本植物的影响。水淹深度为5 m、10 m、15 m、20 m和25 m，水淹时间为180 d，出水恢复时间为50 d，观测其水淹期间以及出水后盖度的变化，揭示不同水淹条件对4种试验植物生长的影响，结果表明：水淹导致植株盖度下降，水淹深度越低盖度下降越显著；出水后，除香附子和芦苇在深度为25 m的处理组不能进行恢复生长外，其余皆能恢复生长，但随着水淹深度的加深，越难恢复至淹前水平，从而进一步探讨每种植物在三峡水库消落区植被修复过程中适宜种植的高程。进一步探讨每种植物在三峡水库消落区植被修复过程中适宜种植的范围：狗牙根和羊茅，150～175 m和155～175 m；芦苇，155～175 m和160～175 m；香附子，155～175 m和165～175 m。

三峡水库"冬蓄夏排"独特的运行方式，导致消落区生境周期性的发生着"冬水夏陆"干湿交替变化，因此，筛选即能耐水淹，又能耐干旱的植物材料，是三峡库区消落区植被建设迫切需要解决的问题。洪明（2011）以"十一五"期间在巫山县建立的消落区植被建设试验示范区为依托，按照不同海拔高度划分深水位区段、浅水位区段和对照区段，以试验示范区主栽植物香附子、狗牙根和香根草为对象，定位观测经历水陆生境变化后，不同海拔区段观测对象的植物种群密度、形态性状、生物量及其分配以及光合生理响应，以期为三峡库区消落区适生植物材料筛选提供科学依据。主要结论如下：经历水陆生境区段香附子的种群密度、根系长度、根系数量、块茎分蘖植株数量、总生物量、地上生物量、地下生物量、地下生物量与地上生物量的比值比对照区段均有显著增加。同未经历水陆生境变化变化区段相比较，经历水陆生境变化后，香附子、狗牙根、香根草3种草本植物均具有较高的种群密度和生物量，表明3种草本植物对三峡库区消落区水陆生境变化具有较强的适应性。加速根系生长与分蘖，增加地下生物量的分配，为水位下降后的快速生长提供营养及能量储备是3种草本植物对水陆生境变化的主要生态适应对策。

植物与土壤形成的根系——土壤系统具有良好的固土护坡效应，消落区先锋植物根系的结构特征及其抗拉力的时空变化,关系到植物对库区水位反季节消涨节律的适应能力,从而影响消落区的生态环境。狗牙根是三峡库区的乡土植物,毛俊华(2013)选取狗牙根作为实验材料,结合野外调查和室内控制实验,对狗牙根的根系结构、抗拉强度、抗冲刷、抗侵蚀和抗剪性能的时空变化进行了研究。结果表明,随着时间的变化,所测数据如株高、根长、根面积、地上和地下生物量均相应增加或者变大,其抗拉、抗剪等性能均增强,表明生长时间越长,固土护坡效果越好,可以很好地从时间尺度来阐释固土护坡机理。在空间上,植物根系空间结构对三峡库区反季节水位消涨节律及其所引起的消落区生态环境变化的生态响应效果明显。随着海拔的上升,根系——土壤复合体的抗拉、抗侵蚀、抗冲刷、抗剪等效应显著增强,在海拔为 175 m 是效果最显著,根系生物量与各项性能之间具有线性相关性,这与海拔的变化以及水淹的时间有关。因消落区不同海拔的植株水淹时间不同,其生长发育、出露时间和根系生物量出现差异,进而影响稳固堤岸边坡的能力,因此可以很清楚的从空间上阐明固土护坡机理。本文从时间和空间上剖析先锋植物狗牙根稳固和防护堤岸的作用机制,为在以后研究消落区其它先锋物种对比分析提供相应的数据支持,同样能为以后在研究人工构建植被与自然恢复的前提下充分探讨其固土护坡机理提供数据支持,为消落区植被生态恢复的物种筛选、群落的构建与调控提供科学依据,为科学制定三峡水库消落区保护与规划方案作出参考。

4.2.5　消落区植被恢复生态工程及生态效益风险评估研究进展

消落区生态系统是水生生态系统和陆地生态系统交替控制的不稳定的特殊湿地生态系统。在人工调度下,由于三峡水库的水位涨落速度、幅度和频率与天然河道明显的不同,而增加了消落区的不稳定性。该消落区出露时间较短,耐淹的草本植物是消落区最重要的植物类型。草本植物的淹没分解是水库生态系统物质循环和能量流动的重要环节,对水库底栖生物群落的营养结构产生显著影响。另一方面,植物体分解可能会造成水体的富营养化问题。植物释放营养盐的速率和对上覆水体水质的影响受到研究区域的水体条件和植物种类的影响较大。肖翔溢(2012)通过测定不同五种耐淹植物(碻芦芒、地芒 1 号、马筋草 5 号、马筋草 3 号、铁蹄草 1 号)在不同水淹条件下分解率的变化,研究这 5 个耐淹物种的分解是否会造成水体的二次污染提供先期的数据与理论依据。研究内容包含三个方面:第一,三峡库区中段忠县境内的汝溪河流域内,5 种耐淹植物物种在不同水淹高程中其离体部分植物体和非离体部分植物体分解率差异,以及不同水淹高程中植物体分解率的差异。第二,模拟三峡库区水淹的情况,研究水淹 6 个月内,不同水淹深度对实验物种分解率的影响,以及植物体茎段完整与否对实验物种分解率的影响。第三,模拟三峡库区水体流动造成的水体更换,研究水体更换与否对实验物种分解率的影响。

针对以上三个方面的研究,结果分别表明:第一,不同水淹深度对五个物种的分解率没有显著影响;同一高程离体样品的分解率显著高于非离体样品,因此植物体在水淹条件下死亡与存活的情况是影响消落区内植物体分解速率的重要因素。第二,五个物种的各个样品在第一个月中的每月分解率均大于其它 5 个月。因此在水淹植物的第一个月中应对库区水质进行严密监控,以避免二次污染的发生。水淹深度对植物的分解率的影响不大。植物体破碎对植物分解速率的影响因物种而异。其中,马筋草 3 号与马筋草 5 号断茎的分解率要显著高于其完整茎,但地芒 1 号和碏芦芒的断茎与完整茎、断叶与完整叶的分解率均没有明显差异。第三,定期换水与不换水对五种耐淹植物分解率的影响没有显著差异。

袁庆叶(2013)开展了三峡水库消落区适生草本植物水淹条件下养分释放及氮磷消减效应。袁庆叶等(2014)对三峡水库消落区 10 种常见的一年生和多年生草本植物进行模拟淹水试验。研究水淹条件下植物分解释放氮磷规律和分解速率与植物组织内营养元素及结构性碳水化合物含量之间的关系。结果表明:不同物种分解速率不同。水花生的分解速率最大,莠竹最小;但一年生草本和多年生草本的分解速率差异不显著。一年生草本与多年生草本氮磷含量差异不显著,其中,双穗雀稗和鬼针草对水体氮磷含量影响最大;水花生氮释放能力较强,但对水体磷含量影响最小;水体中总氮、总磷含量与植物分解速率、植物体分解初始 C 含量、C/N、木质素/N 呈显著负相关,与植物体 K、Ca、N 含量呈显著正相关。

杨予静等(2013)研究水淹-干旱交替胁迫对湿地松幼苗盆栽土壤营养元素含量的影响。模拟三峡水库水位变动规律,试验设对照(CK)、连续性水淹(CF)和周期性水淹-干旱(PF)3 种不同水分处理,每种水分处理均设置湿地松幼苗土壤与无植物对照土壤。测试的土壤指标包括有机质(OM)、碱解氮(AN)、有效磷(AP)、速效钾(AK)、全氮(TN)、全磷(TP)、全钾(TK)含量以及 pH 值。结果表明:与无植物对照土壤相比,湿地松幼苗实生土壤在 PF 组的土壤营养元素含量均有显著增加(pH 与 AK 除外),湿地松实生土壤在 CK 组的 AK 含量显著低于无植物空白对照组。除 pH 外,水分对湿地松土壤营养元素含量均有显著影响,湿地松土壤 PF 组的 OM、AN、AP、TK 含量显著高于 CF 与 CK 组;无植物组的土壤磷、钾含量均不受水分含量的显著影响。相关性分析可知:OM 与 AN、TN、TP 呈极显著正相关,全量 N、P、K 含量之间为显著或极显著正相关。湿地松在正常的生长条件下需要较多钾元素,并能有效改变不同水分条件下土壤养分含量的变化;水淹条件能促进湿地松土壤 P、K 的释放,并提高 AP 含量;这与水淹—干旱交替性变化加速湿地松土壤有机质的积累形成鲜明对照。若将湿地松幼苗种植于三峡水库库岸带,有可能由于土壤 N、P 营养元素含量的增加而促进水体富营养化问题的产生。

杨予静(2014)采用室内模拟试验和野外原位试验相结合的方式,探究三峡库区消落区不同人工植被土壤化学性质(pH 值、碳氮比、养分含量(尤其是氮、磷含量)等)的时空变化规律,解析三峡库区消落区不同人工植被土壤化学性质动态变化。首先,模拟三峡库区消落区水位变化,设置正常供水(CK)、连续性水淹(CF)和周期性水淹-干旱(PF)三种水分处理,对无植物生长的土壤、湿地松(Pinus elliottii)幼苗盆栽土壤和枫杨幼苗盆栽土壤的化学性质进行研究,结果表明:①水分处理对无植物空白土壤的除 P、K 含量以外的化学性质均有显著影响,时间因素对处于长期水淹的无植物生长的土壤磷含量无显著影响,而水淹-干旱交替条件下的无植物土壤磷含量则呈现出波动的变化趋势。②对于有植物生长的土壤,除水分处理对湿地松幼苗盆栽土壤的 pH 值无显著影响外,水分处理、时间因素和两者的交互作用对湿地松幼苗土壤的化学性质均有显著影响。对枫杨盆栽土壤而言,水分处理仅对土壤全钾含量无显著影响,时间仅对有机质含量无显著影响,水分与时间的交互作用显著改变了枫杨土壤的 pH 值和营养元素含量。③与无植物空白对照土壤相比,湿地松、枫杨幼苗盆栽土壤全氮与全磷含量有显著增加。

杨予静对三峡库区消落区人工植被示范基地(分别位于城区消落区和乡村消落区)固定样地的土壤化学性质进行研究,分析三峡库区消落区不同水文条件、土壤类型、海拔高度、人工植被类型土壤的化学性质随时间的变化趋势。研究内容包括不同海拔高程的裸地和人工植被土壤的 pH 值、碳氮比和有机质、硝态氮、铵态氮、碱解氮、有效磷、速效钾、全氮、全磷、全钾含量。其中,城区消落区人工植被主要包括扁穗牛鞭草、狗牙根、小巴茅(Saccharum spontaneum),乡村消落区人工植被主要包括落羽杉、柳树、扁穗牛鞭草、狗牙根、柳树与扁穗牛鞭草、柳树与狗牙根。分别于 2012 年夏季、2013 年 3 月、2013 年 5 月、2013 年 7 月、2013 年 9 月进行野外调查取样。由于水文条件的不同,城区消落区的土壤取样在 172～175 m 海拔高程进行,乡村消落区的土壤取样则分 170～175 m、165～170 m、160～165 m 三个海拔高程进行。研究表明,库区消落区土壤具有一定的时空变异性。消落区水文变化和植物均可改变土壤的化学性质。受水文等因素的影响,消落区土壤养分含量并不随土壤深度的增加而降低。土壤 pH 值在水淹后有向中性发展的趋势。人工植被土壤的碳氮比低于裸地土壤。

此外,在对城区消落区土壤化学性质动态变化的研究中还发现:第一,除水文因素外,其他因素(如城市污水的排放、研究区域强烈的人为干扰、地表径流带来的点或面源污染等)也可能影响城市消落区土壤的化学性质。第二,裸地土壤的碱解氮含量在水位下降后较高;有效磷含量在 2012 年 6 月最大;土壤全磷、全钾含量在研究后期有所增加。因此,需要特别注意该城区消落区裸地土壤在水位变动下,土壤向下或水体中释放 P 元素的风险,加强对水体含磷量的监测。第三,尽管嘉陵江消落区和长江干流消落区均属于重庆主城区消落区,但两个消落区内裸地土壤营养元素含量存在一定差异。总体上,长江干流消落区土壤养分含量较高。第四,人工植被的构建有助于该区域大多数土壤养分的提高。几种人工植被类型中,狗牙根对土壤有机质含量的提升作用最为明显。尽管为同一个物种,也会因生境的不同而对土壤营养元素含量产生不同程度的影响。第五,含沙量较高的城区消落区土壤全氮含量极低,导致较高的土壤碳氮比。研究区域内,土壤全氮含量与有机质含量呈显著正相关,因此该消落区土壤氮形态可能主要以有机氮的形式存在。

同时,在乡村消落区土壤化学性质的动态变化研究中发现:①对于裸地土壤,pH 值随海拔的降低而升高。水淹-干旱交替频率更高的 165～170 m 土壤和水分含量较高的 160～165 m 段土壤有机质含量高于 170～175 m 海拔段土壤。土壤铵态氮、有效磷含量随海拔的增加而降低。②人工植被土壤的碳氮比在蓄水后略有下降,之后回升并逐渐趋于平稳。碱解氮含量在不同人工植被土壤中随时间的变化不如铵态氮、硝态氮敏感,为深入研究消落区土壤氮素的转化过程,有必要进行土壤硝态氮、铵态氮的研究。③几种不同的人工植被构建方式中,柳树纯种的构建方式对土壤有机质含量的增加最为明显。不同植物对土壤营养元素含量的改变不同,即便是同一种植物,也会对不同海拔的土壤营养元素含量产生不同的影响。第四,研究区域的土壤全氮除大部分的有机态外,还有其他含氮成分。需要特别注意的是,人工植被构建(尤其是落羽杉、柳树纯种的植被构建方式)后,植被生长良好时,因土壤氮、磷含量的增加(尤其是磷)而可能产生的水体富营养化风险。

消落区土壤是消落区生态服务功能得以有效发挥的基础和前提。为揭示三峡库区消落区水文变化、人工植被构建对土壤化学性质的影响,以及消落区土壤化学性质在水分、植物两者交互作用下的动态变化特征。研究人工植被构建后,三峡库区消落区土壤性质的时空变异特征有助于揭示植被重建对消落区土壤的影响,并为植被重建提供理论依据。叶琛(2012)针对三峡水库运行后消落区生态环境特点,通过野外调查和室内分析,系统地研究了三峡水库 175m 蓄水后消落区植被和土壤主要元素的动态变化,得出以下主要结论:①水库蓄水显著改变了消落区原有植被物种组成和结构,灌木和乔木物种数显著减少,库区总的物种数也显著减少。长期的水淹使消落区植被以草本为主,并且以一年生草本占优势。植被群落结构受到淹水时间、淹水深度、重金属污染和土壤养分等因素的影响,其中,植被物种丰富度和多样性与水淹的时间、土壤重金属含量、总磷、有效磷、有效钾和硝态氮的含量呈显著负相关,多种因素的共同作用能更好的解释植被群落结构与环境因子的关系。②消落区土壤重金属具有显著的时间变异性,总体上 Hg 和 Cd 含量有减少的趋势,但是 Cu、Pb 和 Zn 均有增加的趋势。水淹前(2008 年)后土壤重金属具有显著的空间变异性,上游和下游地区 As、Cd、Pb、Cu 和 Zn 含量较高,As 和 Cd 是主要污染物,主要来自生活污水和工业废水。水淹后(2009 年),Hg、Cd 和 Pb 为主要污染物,主要来自于交通污染和工业废水。水淹造成消落区土壤 Hg、Cd、Pb、Cu 和 Zn 的富集,这主要与蓄水时消落区频繁的物质交换以及水上航运有关。③人工和自然植被恢复区土壤重金属具有显著差异(例如 As、Cd、Pb、Zn 和 Mn)。人工植被恢复区土壤重金属含量较低,说明人工植被恢复对于控制消落区土壤重金属污染具有一定的作用。地质累积指数法和因子分析表明自然植被恢复区的中度污染物 Cd,以及人工和自然植被恢复区中轻微污染物 Hg,污染物的主要来源有工业和生活污水来源、自然风化来源、交通污染来源和地壳来源。然而,土壤微生物群落结构却没有监测出土壤重金属污染。因此,将地球化学评价法和土壤微生物数量评价法相结合能够更好的评价三峡库区消落区土壤重金属的污染状况。④三峡库区消落区土壤养分除有效钾外,均呈现显著的时间动态特征,其中有机质、总氮和铵态氮呈现减少的趋势,总磷、总钾和有效磷呈现增加的趋势,而硝态氮则先减少后增加。土壤养分具有显著的空间变异性,在库区中游和下游土壤养分含量较高,这是土壤颗粒组成、植被和人为活动共同作用的结果。淹水增加了土壤有效钾的含量,减少了总氮、铵态氮和硝态氮的含量,这主要是因为淹水改变了土壤性质,包括土壤 pH 值和土壤机械组成,以及植被状况的改变促进河流和消落区之间物质的交换。淹水时间和深度对土壤养分含量的影响不大。⑤消落区植被恢复区土壤氮存在显著的时间动态特征。短期的植被恢复和水淹使得土壤中无机氮(铵态氮和硝态氮)含量显著下降,这主要与地表径流、水淹、植被吸收和氮的转化过程及其相互作用有关。植被和水淹提高了土壤的矿化和硝化潜力,反硝化潜力在植被恢复初期增加,在退水后又显著降低,这主要是由于土壤中有机碳和 C/N 改变和土壤容重降低有关。植被类型对土壤中的无机氮、矿化潜力、硝化潜力和反硝化潜力的影响主要是通过改变土壤中有机碳、氮的可利用和C/N。本研究表明植被恢复和水淹可以降低土壤中无机氮的含量从而降低库区富营养化风险。然而，短期的水淹和植被恢复还不能充分的解释消落区土壤主要元素动态变化，需要长期的研究才能较好的分析植被和水淹对土壤元素循环的影响。

　　三峡库区除了长时间水淹造成的水土流失之外，其污染情况也进一步加重，特别是重金属镉的污染。所以在考虑耐水淹植物选择的同时，研究重金属镉对耐水淹植物生长情况的影响具有非常重要的意义。田晓锋(2008)以三峡库区污染土壤中的镉含量调查值为基础，研究在三峡库区消落区土壤镉不同含量水平下，重金属镉对植物生长和光合生理的影响，以期了解所选植物在库区消落区镉污染环境中，生长和光合生理是否受到较大影响。在研究中选择了金丝柳和香根草两个较耐水淹的优良护岸、水土保持植物为材料。处理浓度为 0,2,20,80 mg/kg(Cd^{2+}／土壤)，对不同浓度重金属镉胁迫下金丝柳和香根草的生长、叶绿素含量、净光合速率及叶绿素荧光进行动态测定。研究结果表明，金丝柳植株的株高随重金属镉浓度的升高和处理时间的延长而降低；其总生物量和地上部分生物量在处理时间内均未受到抑制，根生物量在 90 d,80 mg/kg 镉胁迫条件下显著降低。重金属镉对香根草分蘖的影响较小。重金属镉胁迫 90 d 时，香根草总生物量、地上部分生物量和根生物量均随重金属镉浓度的升高而降低。结果表明，金丝柳和香根草的生长随镉浓度的升高和胁迫时间的延长而降低，且镉对根的影响要强于对地上部分的影响。各浓度镉胁迫 40 d 时，对金丝柳各光合色素含量无显著的影响，80 mg/kg 处理提高叶绿素 a(b)值。90 d 时，各光合色素的含量与对照相比均有所上升，且随重金属镉浓度的升高呈先升后降的趋势。其中，镉对金丝柳叶绿素 b 的促进作用最为明显，在 80 mg/kg 时，对类胡萝卜素促进作用减弱最明显。重金属镉胁迫 40 d 时，镉对香根草各项光合色素的含量均无较大影响，胁迫 90 d,在 80 mg/kg 浓度条件下促进了光合色素含量的增加。结果表明，短时间重金属对金丝柳和香根草光合色素含量影响不大，长时间处理对色素含量起促进作用。从光合色素含量得变化来说，对重金属镉的耐性香根草要强于金丝柳。重金属镉胁迫 40 d 时，2 mg/kg 和 20 mg/kg 浓度镉对金丝柳净光合速率(Pn)有降低作用。镉胁迫 80 d 时，金丝柳的 Pn 随重金属镉浓度的升高逐渐降低。香根草的 Pn 随镉浓度的升高和胁迫时间的延长而下降。金丝柳 PSⅡ的最大光化学量子产量(Fv/Fm)和 PSⅡ光化学的有效量子产量(Fv'/Fm')，在浓度为 20 mg/kg 和 80 mg/kg、镉胁迫 80 d 时显著下降；PSⅡ光化学能量转换的有效量子产量(ΦPSⅡ)、电子传递速率(ETR)在浓度为 2 mg/kg,镉胁迫 40 d 时，有一定的下降,镉胁迫 80 d 变化不明显;光化学淬灭(qP)在镉浓度为 2 mg/kg,镉胁迫 40 d 时下降,80 d 时上升;20 mg/kg 和 80 mg/kg 镉胁迫对 qP 的影响不明显。镉对香根草 Fv/Fm 无明显影响;在浓度为 20 mg/kg、镉胁迫 40 d 时,对香根草的 ΦPSⅡ、Fv/Fm'、ETR 和 qP 有促进作用,随着时间的延长,这种促进作用减弱。在浓度为 80 mg/kg、镉胁迫 40 d 时对香根草 PSⅡ光化学能力也有促进作用,随着时间的延长这种促进作用也消失。根据光合和叶绿素荧光受到得影响来说,香根草对镉的耐性要强于金丝柳。研究结果表明,80 mg/kg 重金属镉长时间胁迫降低金丝柳的株高,抑制根生长,降低叶片光合色素的含量,对光合有一定的抑制作用,影响光通道的顺畅;对香根草的生物量积累也有一定的抑制作用,降低了光合色素的含量,对其光能的转化也起到一定的阻碍作用。各浓度镉胁迫在 90 天内对金丝柳和香根草的抑制作用表现不明显,植株依然能够较好地生存,而且在 2 mg/kg 处理条件下,对金丝柳的生长影响不大,对香根草的生长来说还表现出一定的促进作用,并且这个促进作用的浓度正是三峡库区镉污染常见的浓度范围。这两种物种对镉胁迫的生长和光合响应表明,金丝柳和香根草在三峡库区消落区镉污染地区有较强的应用潜力。

熊俊(2011)筛选出了几种适合消落区生长并能够对消落区土壤进行修复的物种,并将所筛选的物种进行合理搭配种植,模拟消落区陡坡生态环境对不同污染物进行减污截污实验,进行污染生态学研究得到了较好的对典型污染物消减效果。对香溪河消落区土壤基本理化性质及植被群落进行了调查与分析,调查区域从香溪河峡口镇至长江干流 12 km 范围,布点 10 个样地,分别对消落区(145～175 m)及以上(175～225 m)进行取样,分析了其中的总氮、总磷、有机质、pH、硝态氮和铵态氮等指标。植被群落调查也按照 175 m 上下进行取样分析,对消落区物种的总科、属、种数进行了统计,按照重要值的大小筛选出了香溪河消落区最关键的 3 个物种。采用原子吸收光谱法测定了香溪河消落区(145～175 m)及(175～225 m)土壤中 Pb、Cu、Cd、Cr 等重金属含量。结果表明,消落区上缘土壤各重金属含量明显高于消落区土壤重金属含量,单因子污染评价得出前者都处于重度污染状态,而消落区土壤基本上处于轻度污染,部分处于安全和警戒线状态,影响香溪河消落区及上缘环境的主要重金属污染因子为 Cd、Pb,生态风险评价得出,四种重金属的潜在生态风险大小顺序为 Cd>Pb>Cr>Cu,上缘土壤大部分处于重金属中等和可观级潜在生态风险,可能是由于季节性水淹的原因,消落区土壤都处于低等级潜在生态风险。依据香溪河土壤重金属的分析结果,室内消减试验以重金属 Pb 作为主要污染源加以控制,初步研究了不同浓度的 Pb 对香根草、麦冬生理生化特性的影响。以香根草、麦冬为材料,设置 0 mg/L、250 mg/L、500 mg/L、750 mg/L、1000 mg/L 5 个 Pb 浓度,研究了 Pb 污染对植物过氧化物酶(Peroxidase,POD)、超氧化物歧化酶(Superoxide Dismutase,SOD)、丙二醛(Malondialdehyde,MDA)和及叶绿素含量的影响。在相同的条件下完成了香根草与冬麦对 Pb 污染的抗性研究,得出了香根草具有更高的抗 Pb 能力,为香根草用作土壤 Pb 污染地植被恢复物种提供了理论依据。研究了桑树对重金属 Pb 的吸收及生理生态响应,用 20×30 cm 花盆装土 6 kg,每盆种 3 株幼苗期桑树,每浓度梯度设置 3 次重复,以醋酸铅为 Pb 源设置浓度 0 mg/kg(对照)、100 mg/kg、300 mg/kg、600 mg/kg、1,000 mg/kg,平时给以充分的水量、光照和温度,待加入 Pb 一个月后取样分析。试验结果表明:桑树对 Pb 有一定的富集能力,从其体内酶和光合参数的变化可以看出,桑树能够抵抗一定浓度的 Pb 毒害,适合用作 Pb 污染地修复植被。

对水土界面土壤磷释放的研究以往主要在实验室进行,而实验室模拟条件很难与实际情况相一致,因而并不能充分反应磷释放的实际情况。滕衍行(2006)对植物对磷释放影响的进行了初步探讨,研究发现种植植物的土壤在淹水后 pH 值明显小于土壤直接淹没时水平。种植植物的土壤在淹水后土壤有效磷含量大于土壤直接淹没时水平,狗牙根土壤和地瓜藤土壤分别较未种植物土壤释放量高出 21.5% 和 12.7%。种植植物的土壤在淹水后土壤活性铝水平小于土壤直接淹没时的水平,但土壤活性铁变化恰好相反,狗牙根土壤和地瓜藤土壤土壤活性铁含量均高于未种植物土壤。种植植物的土壤在淹水后土壤磷吸持饱和度略大于土壤直接淹没时水平,这反应了种植植物的土壤的释磷能力的增强。

三峡水库蓄水后形成的消落区湿地,其生态环境既是严峻考验,同时也是生态机遇。消落区冬季蓄水淹没期间,生长季节积累下来的有机物质在水下厌氧分解,成为二次污染源。大面积消落区植被在出露的生长季节所蓄积的碳及营养物质是非常宝贵的资源,如果能加以妥善利用,就可化害为利。针对三峡库区消落区湿地现状及存在的问题,必须着眼于消落区湿地的生态友好型利用,立足消落区湿地向增加碳汇、生物生产、环境净化等多功能生态经济效益转变的需求,探索消落区湿地资源生态友好型利用的多种模式,包括湿地基塘工程、林泽工程、植物浮床工程、消落区湿地农业产业功能耦合关键技术、消落区湿地生态保育和生态修复技术等。全球气候变化的背景下,水库被认为是温室气体排放源之一,在消落区实施的这些生态工程在温室气体减排、碳汇等方面具有重要的意义,但相关评价等研究工作较少。袁兴中等(2010)对三峡水库消落区湿地碳排放生态调控的进行了论述。他表示消落区是流域景观内生物地球化学过程最为活跃的区域,是碳排放研究和控制的热点区域。三峡水库消落区在夏季出露期间正是植物生长旺季,植物通过光合作用吸收 CO_2 发挥碳汇功能,同时湿地本身的生物地球化学过程要排放 CH_4;更重要的是,在冬季蓄水淹没期间,其生长季节积累下来的有机物质在水下厌氧分解,将排放 CH_4、CO_2 和 N_2O。消落区湿地碳动态的最明显特征就是随着水位的季节性变动,碳吸收和碳排放表现出明显的节律性变化,其碳排放具有明显的多源性。大面积消落区植被所蓄积的碳及营养物质是非常宝贵的资源,如果能加以妥善利用,就可化害为利。消落区湿地碳排放生态调控必须遵循控源、增汇和可持续综合利用原则,探索多尺度、多角度和多源定量分析碳源、碳汇的评价指标体系,碳排放的控源-减源-增汇关键技术集成模式及生态友好型利用综合模式,具有重要科学价值和应用前景。

李波(2012)从生态学角度出发,以湿地生态工程为手段,在消落区基塘工程、林泽工程、多功能浮床工程、鸟类生境再造工程和消落区综合护岸生态工程等 5 个方面开展了探索性研究,并取得了一系列对三峡水库消落区生态恢复具有指导意义和应用价值的研究成果。

作为水体与陆地之间的重要生态界面,三峡水库消落区夏季出露水面,其土质坡面库岸经历着炎热干旱的考验,而其地表生长的草本植物在冬季淹水条件下腐烂分解又将产生二次污染,并排放少量的 CH_4、N_2O 等温室气体。如何应对这种严酷的逆境条件,同时发挥其生态缓冲带的重要作用?李波借鉴中国传统农业技术文化遗产——桑基鱼塘理念,以长江一级支流澎溪河消落区为研究对象,实施消落区基塘工程。根据三峡水库水位变化规律,结合研究区域局部地形和水力条件,于 2009 年 3 月至 2012 年 9 月对其进行了基塘工程系统设计及实践,并以同一海拔高程范围内与基塘工程区域相邻的传统农业耕作区为对照,对消落区基塘工程所取得的生态效益和经济效益进行了评估。研究表明,通过生态系统设计和生态友好的"近自然管理",基塘工程不仅作为湿地系统发挥了环境净化、生物生产的功能,而且为湿地生物提供了生境。调查结果显示,基塘工程实验区水生昆虫、陆生昆虫和湿地鸟类的 Shannon-Wiener 多样性指数分别为 2.057、2.660 和 2.240,高于对照区的 1.856、1.943 和 1.765。经估算,研究区消落区基塘系统单位土地经济价值理论产出约 40,441.92 元/km²,而传统农业耕种模式下的单位土地经济价值仅 10,962.88 元/km²。

基于消落区库岸稳定、水土保持、景观优化、提供鸟类生境、面源污染治理等多目标需求,在综合考虑消落区水位变动、局部地形地貌条件以及植物耐淹性能等多方面因素的影响,李波对消落区林泽工程进行了设计。并以开县澎溪河一级支流白夹溪旁的后湾和板凳梁为研究区域,于 2009 年 3 月至 2012 年 9 月选择水松、池杉和落羽杉等林木种类为研究对象,以 168～175 m 高程为主要种植区,通过野外实地种植实验,考察了实验树种对消落区反季节淹水条件的响应。研究表明,落羽杉和池杉耐水淹性能良好,在植株被长时间淹没的情况下成活率分别为 92.68% 和 82.26%,而水松成活率相对较低,为 55.92%。通过多元线性回归方差分析方法,评估了海拔、树高、胸径、冠幅等指标对各树种在水淹影响后生长状况的影响。

同时李波提出采用多功能浮床工程缓解消落区面源污染,并为湿地动物提供更加多样化的生境。为更好地发挥多功能浮床的生态功能,以研究区域内基于 1 m×1 m 样方调查的狗牙根、香附子、合萌和西来稗等本土优势草本植物群落为模板,采用近自然手法,构建 1 m×1 m 大小的木质框架浮床,并配置狗牙根、香附子、合萌、西来稗等植物群落。开展了综合考虑污染净化、生物生境、景观美化等多功能浮床实验生态学研究。对多功能浮床的水质净化功能和生境改善作用进行了系统分析,并考察了挂养河蚌和悬挂弹性填料对实验结果的影响。研究表明,用消落区本土植物群落构建的多功能浮床对 NH_3-N、TP、TN 等指标均有较好的净化效果。挂养河蚌能够提高水体浊度净化能力,而悬挂弹性填料则通过影响藻类光合作用而对水体 pH 值和 DO 产生影响。实验末期,多功能浮床所在的实验水塘内水生昆虫 Shannon-Weiner 多样性指数最高为 1.55,而空白对照水塘仅为 0.21。通过对浮床植物生长状况的测定,确定了丁香蓼、鬼针草、西来稗、水蓼、和萤蔺等几个为较理想的消落区浮床工程适生物种,可以在水库消落区湿地工程中推广应用。

以澎溪河支流白夹溪河口地带为研究区域,根据消落区周期性水位变动规律,运用鸟类生态学原理和湿地生态系统理论,采取人工设计与生态系统自我设计相结合的方法,针对目标鸟类进行了消落区鸟类生境设计。充分利用自然力(季节性水位变动及夏季水位消落期间的间歇性洪水)和适度的人为干扰,通过作为鸟类庇护生境的湿地草丛和林地植物群落结构设计,以及微地貌改造等手段,重建了沼泽、水塘、河流-湿地复合体等生境单元,并形成消落区湿地生境斑块镶嵌组合。通过设计,优化了鸟类生境结构,研究区域水塘生境和沼泽生境面积比例由设计前的 0.25% 和 1.77% 分别提高到 1.97% 和 3.92%,为湿地鸟类提供了更多样化的栖息空间。根据 2011 年完成的初步调查,鸟类生境再造工程实施后,研究区域鹭鸟种群数量明显增多,同时良好的湿地生境还吸引了金眶鸻、白腰草鹬、彩鹬等湿地鸟类,使鸻鹬类水鸟种类和种群数量明显增加。

汉丰湖北岸老县城段因下游水位调节坝的修建,在三峡水库消落区出露的夏季仍然保持 172.8 m 高水位,冬季仍然为 175 m 水位。针对上述水位变化特点,根据汉丰湖北岸各岸段的具体地形、景观需求和生态功能要求,研究集成消落区基塘工程、林泽工程、浮床工程和鸟类生境再造工程,综合运用于汉丰湖北岸老县城段消落区护岸的生态结构设计中。初步调查表明,工程实施完成后汉丰湖北岸综合性护岸生态工程结构完整,植物生长情况良好,实现了其稳定库岸、防止水土流失、防止水体污染、提供湿地生境、美化湖岸景观等功能需要。

周上博(2015)通过温室气体排放的季节动态监测,采用生命周期评价的方法评价三峡库区基塘工程、林泽工程、天然消落区的碳汇效益,旨在通过优化生态工程设计,提高三峡库区生态工程碳汇效益,实现消落区土地资源的友好可持续利用。根据消落区植物群落特征,实验研究采样点可划分为:消落区传统农业淹没区、天然消落区、林泽工程区、基塘工程区四部分。根据消落区水位变化特征及其植物生长特性,分别在植物生长季节和水淹季节开展温室气体采样。针对研究区域自然环境状况,温室气体采样应用静态箱体法(陆地区域)和漂浮箱体法(水淹区域)两种方法,采用气相色谱法监测样品中 CH_4、CO_2 和 N_2O 含量。天然消落、生态工程等植物群落碳汇通过生物量测定的方法确定。

研究表明:消落区出露季节,植物生长旺盛,土壤微生物代谢活跃,天然消落区、基塘工程、林泽工程和传统农业等不同土地利用条件下的消落区温室气体排放通量大,明显高于冬季水淹季节,夏季温室气体排放通量贡献全年范围内总通量的 80% 以上,是温室气体主要的排放季节。夏季消落区水稻田、基塘中 CH_4 排放通量显著高于天然消落区、林泽工程排放通量。在水淹条件下,CH_4 的产生与水淹条件下厌氧环境有利于产甲烷菌的代谢活动密切相关。与消落区天然水塘相比,基塘工程水体中维管束植物的存在有利于 CH_4 等气体通过植物呼吸作用直接排放进入大气,避免在水体中被氧化。

水淹季节消落区 CH_4、CO_2、N_2O 等温室气体整体呈现弱排放,对年度范围内排放总量的贡献有限,消落区狗牙根等植物群落的排放通量占全年排放通量的比例不足 10%,而基塘工程植物群落冬季温室气体排放通量则比较高,在~23% 之间变化。温室气体的排放受植物群落、土壤温度、水体温度、水体溶解氧(DO)、氧化还原电位、pH 等的直接或者间接影响。研究表明低温条件限制微生物代谢活性是引起冬季排放通量减少的重要原因之一。

消落区不同类型土地利用状态下植物固碳能力不同。研究表明:消落区每种植 1ha 水稻温室气体净排放通量为 3.22 t CO_2/ha/year,表现为弱碳源。天然消落区每公顷狗牙根群落的净碳汇为 1.07 t CO_2/ha/year,相反狗尾草、水蓼和稗草等其它主要天然消落区植物群落则均表现为弱碳源。基塘工程中慈姑群落和水生美人蕉群落每单位公顷净碳汇效益分别为 19.74 t CO_2/ha/year 和 16.33 t CO_2/ha/year,碳汇能力明显强于天然消落区植物群落。林泽工程每公顷合萌群落和香附子群落的净碳汇分别为 1.90 t CO_2/ha/year 和 3.40 t CO_2/ha/year。在林泽工程实施的初期阶段,林泽工程固碳能力受林下植物群落影响明显,小白酒草群落和旋鳞莎草群落均表现为弱碳源,其单位公顷排放通量分别为 1.33 t CO_2/ha/year 和2.58 t CO_2/ha/year。但随着林木逐渐适应周期性水淹条件,地上木本植物群落竞争能力增强,森林郁闭度增加,林泽工程整体固碳能力也会逐渐增强。从经济效益考虑,消落区水稻种植每释放 1 kg CO_2 产生的直接经济价值约 0.23 元。基塘工程中太空飞天、水生美人蕉等每固定 1 kg CO_2 产生的直接经济价值分别为 0.26 元和 1.43 元。在近自然管理条件下,消落区林泽工程每固定 1 kg CO_2 产生的市场直接经济价值 0.30 元。

4.2.7　部分适宜植物耐水淹机制研究

三峡水库"冬蓄夏排"的反季节水位调度管理方式,在此过程中,消落区植物因水位上升出现长期水淹,又因接踵而来的放水调节至低水位暴露于夏季高温中而出现短时间干旱,由此形成水淹-干旱交替胁迫现象,这将很可能打乱库岸带植物的生理节律,其生理、生态学特性将会发生相应的改变。水淹会导致植株供氧不足,光合生产受阻,从而引起植株营养储备消耗加剧,总生物量降低,从而严重影响植株的存活、生长和恢复生长。而不同的植株会采取不同的耐受策略来应对水淹胁迫,植株可以通过生理、解剖和形态等水平的适应性变化以缓解水淹胁迫带来的危害。针对三峡水库地区消落区的特殊情况,根据被研究植物在水湿胁迫下忍受低氧、水分胁迫条件的能力,筛选出适宜消落区的当地植物种,为构建三峡水库消落区的河岸植被缓冲区提供适应当地情况的可行植物种,为三峡库区消落区的植被恢复与建设提供理论依据。

秋华柳具有很强的水淹耐受能力,在三峡库区有较为广泛的分布,是构建库区消落区植被的重要备选物种之一。秋华柳的水淹耐受能力与它在水淹条件下的能量供应状况密切相关,而植物体内非结构性碳水化合物储备直接决定了植物在水淹下的能量供应。张艳红(2006)依照溶解性质的差异把非结构性碳水化合物分为醇溶糖、水溶多糖和淀粉三类,研究在不同水淹条件下秋华柳不同器官单位干重中这三类非结构性碳水化合物的含量变化,同时分析了水淹下秋华柳株高、植株总叶数和分枝数的变化以及水淹结

束后秋华柳叶片和侧枝的萌发情况以具体了解秋华柳的水淹耐受性。实验
设计为连续淹和间歇两种水淹方式,水淹深度梯度分别为未淹对照(保持水
分供应与排水通畅)、水面在植株株高 1/2 处(半淹)、植株完全处于水面下
0.5 m(全淹 0.5 m)和植株完全处于水面下 2 m(全淹 2 m)四种,分别在水
淹 0 d、20 d、60 d、90 d 后进行取样分析。实验结果如下:①水淹后秋华柳
叶片脱落,全淹组植株高生长减弱而间歇半淹组高生长超过对照;水淹下秋
华柳根生物量积累停滞,叶生物量减少,茎生物量增加缓慢。②醇溶糖在秋
华柳根、茎、叶中含量差异不大,水溶多糖和淀粉含量分布都是根＜茎＜叶。
在根中醇溶糖和淀粉含量高于水溶多糖,茎中水溶多糖和淀粉含量高于醇
溶糖,叶中淀粉含量＞醇溶糖含量＞水溶多糖含量。③连续水淹条件下,水
淹引起各器官醇溶糖含量发生变化;半淹和全淹 0.5 m 90 d 后,茎中水溶
多糖含量低于对照;水淹 60 d 秋华柳叶片中淀粉含量低于对照。间歇水淹
不同水淹时间和深度下,非结构性碳水化合物含量变化不一,但都没有被耗
尽。④不同程度水淹后秋华柳的恢复力主要表现在新的侧枝发生数量的差
异上。相同的水淹时间下,水淹深度越大,出水后侧枝发生越少;水淹时间
越长,出水后侧枝发生越多,且不同水淹梯度间表现出差异的时间越滞后。
不同水淹时间和深度对秋华柳各分枝上顶芽生长的影响不大,表现在不同
处理组叶片数增加上没有显著差异,因此水淹没有抑制出水后顶芽的生长。
总之,从能量供应的角度来看,秋华柳碳水化合物储备充足,能够支撑其度
过长期水淹逆境;从水淹条件下秋华柳生长和水淹过后的恢复生长来看,秋
华柳具有很强的水淹耐受能力,能够耐受长期水淹并在水淹后迅速恢复
生长。

　　开花物候及繁殖分配是植物适应环境的重要因素。苏晓磊等(2010)为
了解长期冬季水淹对三峡库区耐淹物种秋华柳繁殖的影响,开展了长期冬
季水淹对秋华柳的开花物候及繁殖分配的影响研究。实验在 2006 年 11 月
份设置了如下处理:对照和完全水淹(植株置于水中,顶部距水面 2 m)30 d、
60 d、90 d、120 d 和 150 d。结果表明:对照及各水淹处理的秋华柳花期都
较长,在 7～11 月份持续开花,个体开花进程(开花振幅曲线)呈单峰曲线。
冬季水淹对秋华柳群体及个体的开花物候有显著影响,水淹时间越长,始花
期越晚,花期持续时间越短(P＜0.05)。长期冬季水淹下,秋华柳显著降低
了繁殖分配比例和全株生物量及单株花序数(P＜0.05)。开花物候指数与
繁殖分配的相关分析表明,始花时间越晚的个体,花期持续时间越短;花期
持续时间越短的个体花序数越少,致使繁殖分配越小。总的来说,冬季水淹
下,秋华柳通过推迟开花日期、缩短花期持续时间使繁殖分配比例降低,将
更多的资源分配到生存力上,是秋华柳对长期冬季水淹的一种适应;同时,

在长期冬季水淹后,秋华柳仍保持一定的开花繁殖能力,是其在应用于三峡水库消落区植被构建后产生后代延续种群的前提条件。

消落区植物由于暴露于夏季高温环境中而面临短时间的干旱胁迫,由此形成水淹-干旱交替胁迫现象。这将很可能打乱库岸带植物的生理节律,影响这些植物的生长与生理过程。李铭怡等(2014)利用盆栽法模拟其水淹条件,以 30、60、90 和 120 d 为周期进行水淹-干旱交替处理,研究了香根草当年实生幼苗在水淹与干旱交替胁迫下的光合特性及生理生态适应机制。结果表明,不同胁迫周期的水淹干旱交替胁迫均显著影响香根草幼苗的生长及其光合生理特性。各组幼苗的株高、净光合速率、气孔导度及叶绿素含量等生理生态学指标均随时间变化呈不同幅度的升降变化;而不同组间的各项指标值均随交替周期的增大而减小;但无论何种变化,各处理组最终又都能逐渐恢复或趋于稳定状态,保持较高的存活率。因此,香根草对水淹和干旱均具有良好的耐受力和适应性,可作为三峡库区消落区植被恢复建设的重要植物种类。

王朝英(2013)以中华蚊母为研究对象,模拟消落区土壤水分含量变化,设置了对照组 CK(常规供水)、持续性根部水淹组 CF(水淹至土壤表面 5cm)、周期性水淹-干旱组 PF 和全淹组 TF(没顶 1.8 m 水淹),研究了中华蚊母在不同土壤水分条件下的生长、光合以及生理生化响应机制,探究其对周期性水淹-干旱胁迫的适应性机理。与此同时,模拟三峡库区消落区植被构建体系,设置了 2 种常见的中华蚊母搭配模式,中华蚊母与狗牙根(ZG)、中华蚊母与牛鞭草(ZN),2 种常见的秋华柳搭配模式,秋华与狗牙根(QG)和秋华柳与牛鞭草(QN),进一步深入研究在 3 种不同的水分梯度(即对照组 CK、水淹至土壤表面 5cm 组 Tl 和全淹组 T2)条件下中华蚊母生长和生理响应机制,以及与秋华柳相比较的优势。得到的主要结果如下:①持续性根部水淹和周期性水淹-干旱条件下中华蚊母均会形成皮孔,使植株获得更多的 O_2,以抵抗缺氧。持续性根部水淹和全淹条件下中华蚊母根系由棕黄色变为黑色,并逐渐枯死腐烂。水分胁迫下中华蚊母的叶色逐渐由深变浅,其中周期性水淹-干旱胁迫下中华蚊母受到的影响较小。持续性根部水淹、周期性水淹-干旱和全淹处理均导致中华蚊母的株高、地径(CF组除外)和生物量较对照组显著降低。水分胁迫下中华蚊母的株高、地径(TF组除外)和生物量均随处理时间延长而逐渐增加,CF组皮孔数量也随处理时间的延长而逐渐增加,说明中华蚊母对持续性根部水淹和周期性水淹-干旱胁迫具有一定的适应性。②水分胁迫对中华蚊母的叶绿素含量产生了显著影响。中华蚊母 CF 组和 TF 组总叶绿素含量、叶绿素 a/叶绿素 b 比值和叶绿素/类胡萝卜素比值均显著低于对照组,且随处理时间的延长逐渐降低。PF 组的总叶绿素含量、类胡萝卜素含量和叶绿素 a/叶绿素 b 比值则与对照组无显著性差异。不同水分处理均显著影响中华蚊母的净光合速率、气孔导度、胞间 CO_2 浓度和水分利用效率。CF、PF 和 TF 组胞间 CO_2 浓度均显著高于对照组,与净光合速率显著低于对照组形成鲜明对比。在实验初期,中华蚊母各组净光合速率下降,之后逐渐趋于稳定。CF 和 PF 组的气孔导度也呈先降低后趋于平稳的变化趋势,但 TF 组的气孔导度则显著高于对照组。随着处理时间的延长,中华蚊母 CF 和 TF 组的胞间 CO_2 浓度逐渐升高,而 PF 组则先升高后降低。中华蚊母 CF 和 TF 组的水分利用效率随处理时间的延长逐渐降低,与之不同的是,PF 组的水分利用效率则逐渐增加。③持续性根部水淹和全淹条件下,中华蚊母的根系活力逐渐降低,而周期性水淹-干旱对中华蚊母的根系活力无显著影响。水分胁迫初期,中华蚊母各处理组的超氧化物歧化酶 SOD、过氧化物酶 POD、过氧化氢酶 CAT 及抗坏血酸过氧化物酶 APX 活性随胁迫程度的增加均呈现上升趋势,说明中华蚊母对各种水分胁迫做出积极响应。随着处理时间延长,保护酶的活性开始下降,但 PF 组的酶活性高于 CF 和 TF 组。水分胁迫处理下中华蚊母过氧化氢(H_2O_2)、超氧阴离子(O_2^-)、MDA、游离脯氨酸和可溶性糖含量显著增加,而可溶性蛋白含量则显著下降。④水分胁迫对不同搭配模式下中华蚊母生长及生理的影响以及与秋华柳的比较表明,不同搭配模式和水分处理显著影响 4 种植物的根生物量、茎生物量、叶生物量和总生物量,但未对其株高、地径产生显著影响。不同搭配模式对各物种保护酶活性、MDA 含量、O_2^- 含量及渗透调节物质含量未产生显著影响,但不同水淹胁迫对各物种的保护酶活性、MDA 含量、O_2^- 含量及渗透调节物质含量产生了显著影响。水分胁迫下不同搭配模式中植物的保护酶活性、MDA 含量、O_2^- 含量及渗透调节物质含量均有所改变,但不同的植物对水分胁迫的反应不同。秋华柳与狗牙根或牛鞭草搭配种植时,秋华柳的生长缓慢,说明狗牙根和牛鞭草对秋华柳的生长产生了不良影响。中华蚊母与狗牙根搭配时,狗牙根的生物量显著降低,说明中华蚊母影响狗牙根的生长。而当中华蚊母与牛鞭草搭配种植时,两种植物均能在水分胁迫环境中生长,迅速覆盖地表,且中华蚊母和牛鞭草根系发达,对土壤有良好的固持作用,因此,中华蚊母与牛鞭草搭配组合优于其他三种搭配组合。

刘旭(2008)设置轻度水分胁迫(干旱 T1)、常规水分条件(对照 CK)、土壤水分饱和(半淹 T2)与过饱和(全淹 T3)四个不同土壤水分梯度处理组,测定芭茅(*Miscanthus floridulu*)、皇竹草(*Pennisetum sinese* Roxb)、火炭母(*Polygonum chinense* Linn.)、空心莲子草和香附子五种当地草本植物种在不同处理方式下的光合参数、叶绿素指标、长势、光响应曲线及 CO_2

响应曲线等指标,研究五种草本植物在不同水分梯度下的适应性。经过100天的实验研究发现,香附子对水分含量变化的适应性在五种植物中最强,水分含量变化对香附子的高度、叶长、净光合速率 Pn、气孔导度 Gs、蒸腾速率 Tr 及水分利用效率 WUE、单位质量叶绿素含量等参数均无显著影响,而香附子的最大净光合速率 P_{max}、光饱和点 LSP、光补偿点 LCP 等光响应参数在水淹条件下均表现出一定的负向响应能力,说明香附子在实验期间土壤水分饱和与过饱和的情况下对弱光的利用效率较高,对光照的利用逐渐转移到弱光的部分,表现出其对逆境较强的适应能力;空心莲子草对土壤水分含量变化的适应能力位于其次,在水淹两组逆境中,其长势良好,净光合速率等光合参数也随水分含量增加表现出正向响应能力,但耐旱性相对于其耐淹性来说较弱,与常规水分条件下的净光合速率等参数相比,轻度水分胁迫条件下的各参数值下降幅度均在 20% 以上;火炭母在一定时期内对水分含量变化的适应性较强,皇竹草与芭茅短时间内可适应水分胁迫与水淹逆境,均不适宜长期种植于消落区。

水蓼是一种分布于三峡地区消落区的常见分布种之一。陈芳清等(2008)通过模拟 4～5 月的水淹节律,测定了水蓼对水淹的适应能力和形态学的响应机理研究。结果表明,在所有的水淹时间胁迫处理下,水蓼均能保持 100% 的存活率,并能正常开花结果。该植物主要是通过叶片形态的变化和不定根的形成来适应水环境的变化。水淹初期阶段植株叶片的长与宽及叶片的平均面积有显著下降,但随着植株不定根的不断形成与生长,植株叶片的形态可恢复到正常状态。水淹对植株的株高、分枝数、分枝长、节间距都没有显著影响,表明植株形态整体不会受到水淹的影响。而植物根、茎、叶的生物量虽在不同处理之间有所变化,但是都没有达到显著水平,不定根的生物量差异在各处理之间显著,说明水蓼在形态学上对水淹有着适应机制且具有较强耐水淹能力。结合三峡库区消落区未来水位变化的情况,认为水蓼将能适应三峡水库消落区生态环境变化而生存在消落区,并可用于三峡水库退化消落区的生态治理。

谭淑端等(2009)选取三峡库区自然消落区野生狗牙根(XC)和非消落区野生狗牙根(FC)为研究对象,开展三峡库区狗牙根对深淹胁迫的生理响应研究。采用三重复裂区设计试验,主区为两品种,副区为 6 个不同深度水淹处理(0 m、1 m、2 m、5 m、10 m 和 15 m),分析了各处理植株几种酶活性和碳水化合物含量的变化情况。结果显示,不同生境狗牙根受深淹胁迫后,丙二醛(MDA)都呈递增趋势,表明狗牙根在深淹胁迫下受到了不同程度的膜脂过氧化伤害,且随胁迫程度的增加受伤害增大;超氧化物歧化酶 SOD、过氧化物酶 POD、谷胱甘肽还原酶 GR 活性和醇脱氢酶 ADH 活性较对照都有所增加,XC 处理 POD 和 SOD 的最大值出现在 5 m 深水淹处理,而 FC 出现在 2 m 深处理,且 XC 5 m 深淹处理 GR 值较对照和其他处理明显大,各受淹处理地下茎可溶性糖含量和淀粉含量都保持在较高水平。从抗氧化酶活性和 ADH 活性的变化规律,以及淹水胁迫下植株的能量代谢情况,初步得出 XC 与 FC 都具有一定的耐淹性,且 XC 较 FC 具更耐深淹的能力,表明狗牙根作为禾本科植物遗传上具有一定的耐淹性,自然消落区狗牙根因长期生长于水淹胁迫环境,耐淹能力得到了进一步强化。从狗牙根对深淹胁迫的生理响应上,证明狗牙根是宜用于三峡水库消落区植被恢复的物种。李彦杰等(2014)以三峡库区自然消落区野生狗牙根(XC)和非消落区野生狗牙根(FC)为研究对象,采用野外采样和对比分析等手段研究了三峡库区自然消落区野生狗牙根(XC)在不同水淹深度的抗胁迫酶活性变化。结果显示:随着水淹深度增加,XC 组狗牙根根系 MDA 含量均呈递增趋势,表明狗牙根在深淹胁迫下胁迫程度逐渐加剧;XC 组狗牙根根系乙醇脱氢酶 ADH、谷胱甘肽还原酶 GR、过氧化物酶 POD、超氧化物歧化酶 SOD 的酶活性和游离脯氨酸含量较对照均有增加,ADH、POD 和 SOD 酶活性最高值出现在水淹深度为 8 m,而 GR 酶活性的最高值出现在水淹深度为 4 m;水淹期间,XC 组狗牙根根系淀粉含量基本和对照同水平,可溶性糖含量较对照有所降低,表明水淹期间狗牙根处于低代谢和高储能状态;从水淹胁迫下抗胁迫酶活性变化角度解释了筛选到的野生狗牙根是三峡水库消落区植被恢复的适生物种。

谭淑端等(2009)开展长期深淹对三峡库区三种草本植物硬秆子草、双穗雀稗和狗牙根的恢复生长及光合特性的影响研究。在经受与三峡水库水位运行节律基本一致的水淹时间和水淹持续时期,但淹水深度(0 m、5 m、15 m 和 25 m)不同的处理后,对其进行了恢复生长和光合特性研究。结果表明:3 种草本植物之间相比,狗牙根的存活率最高,所有处理植株存活率达到了 100%;硬秆子草和双穗雀稗随着水淹深度的增加,存活率呈降低趋势,5 m 深处理存活率达到了 100%,15 m 和 25 m 深处理存活率在 80% 以上。3 种草本植物恢复生长后的叶片净光合速率 Pn、蒸腾速率 Tr、气孔导度 Gs,水分利用效率 WUE 和表观 CO_2 利用效率与未淹对照相比没有显著差异,不同物种相同水淹处理之间比较,狗牙根的各光合指标显著高于硬秆子草和双穗雀稗。谭淑端(2010)从三峡水库消落区生态环境与植被恢复的生态学问题出发,研究了以上三种草本植物的耐淹胁迫及胁迫解除后的恢复生长能力。结果表明:狗牙根作为禾本科植物遗传上具有耐淹性,自然消落区狗牙根因长期生长于水淹胁迫生境,耐淹能力得到了进一步强化。结合三峡库区消落区植被恢复物种筛选的基本条件和本试验不同处理植株的恢复生长及其光合特性的研究,结果表明,硬秆子草、双穗雀稗和狗牙根是能够忍耐长期深淹胁迫的、适宜于三峡库区消落区植被恢复与重建的优良物种。三者之间的耐淹能力从大到小依次为:狗牙根＞硬秆子草＞双穗雀稗。

狗牙根和双穗雀稗具备经受不同深度和不同水淹持续时间的逆境胁迫后其恢复生长能力及形态生理方面的适应机制。达到这个目的的主要策略包括:①通气组织的形成;②水淹胁迫植株露出水面后高的生物量剩余量;③本试验淹水季节为冬季,他们在这个季节处于相对静止的状态,有利于能量的保持;④能够很好的平衡活性氧分子的形成和其毒害的清除等等。所有这些因素共同决定二者在被淹的逆境下保持低代谢,储藏较高的生物量,以供露出水面后快速的恢复和再生生长。

张志永等(2016)探讨淹没水深对多年生草本植物狗牙根和牛鞭草生长、根系总蛋白及酶活性的影响,为三峡水库消落区人工植被恢复重建提供理论依据。2014 年 11 月至次年 5 月,在重庆市开县渠口镇三峡水库消落区采用原位试验:塑料容器规格 20 cm ×30 cm ×30 cm,生长良好的牛鞭草和狗牙根采自三峡水库消落区,带根移栽,淹没水深 0、2 m、5 m、15 m,淹没时间 30 d、60 d、180 d,在植物取样当天测定水环境指标,比较其高度、盖度、萌芽数及根系总蛋白和丙二醛含量、超氧化物歧化酶、过氧化物酶等抗氧化酶活性,并分析根系总蛋白含量及抗氧化酶活性的相关性。与未淹没(0 m)植物相比,淹水处理导致牛鞭草和狗牙根植物高度、盖度、萌芽数、生物量、根系总蛋白和丙二醛含量、超氧化物歧化酶活性下降,过氧化酶活性显著上升;随着水淹深度的增加,除根系过氧化物酶活性显著增加外,牛鞭草和狗牙根的高度、盖度、萌芽数及根系总蛋白含量和超氧化物歧化酶活性呈下降趋势;相关分析表明,根系丙二醛含量与超氧化物歧化酶显著正相关。水淹处理改变了根系总蛋白和抗氧化酶之间的相关性,淹没水深 15 m组,根系超氧化物歧化酶与过氧化物酶、丙二醛含量与超氧化物歧化酶活性之间的相关系数最小。根系抗氧化酶活性的相关系数也有差异,狗牙根的相关系数较大。

三峡水库"冬蓄夏排"独特的运行方式,导致消落区生境周期性的发生着"冬水夏陆"干湿交替变化,因此,筛选即能耐水淹,又能耐干旱的植物材料,是三峡库区消落区植被建设迫切需要解决的问题。洪明(2011)按照不同海拔高度划分深水位区段、浅水位区段和对照区段,以试验示范区主栽植物香附子、狗牙根和香根草为对象,定位观测经历水陆生境变化后,不同海拔区段观测对象的植物种群密度、形态性状、生物量及其分配以及光合生理响应。得到以下主要结论:①经历水陆生境区段香附子的种群密度、根系长度、根系数量、块茎分蘖植株数量、总生物量、地上生物量、地下生物量、地下生物量与地上生物量的比值比对照区段均有显著增加。7 月份,浅水位区段比对照区段分别增加了 102.95%、24.19%、45.85%、86.96%、89.57%、49.73%、108.93%、39.76%;深水位区段比对照区段分别增加了 412.19%、55.63%、71.80%、175.36%、244.67%、162.10%、284.80%、46.84%。
②狗牙根的根径、根系长度和地下生物量与地上生物量的比值比对照区段显著增加。7 月份,浅水位区段分别增加了 141.37%、37.16% 和 13.19%,深水位区段分别增加了 160.72%、41.80% 和 48.49%。浅水位区段种群密度、一级、二级分枝节间长度显著增加,一级、二级分枝数量减少,深水位区段种群密度减少,一级、二级分枝数量显著增加。③香根草的平均叶片长度、最长叶片长度、地下生物量、地下生物量与地上生物量的比值比对照区段增加,总丛数、植株平均高度、植株最高高度、每丛叶片数量、总生物量、地上生物量比对照区段减少。7 月份,香根草的平均叶片长度、最长叶片长度、地下生物量、地下生物量与地上生物量的比值比对照区段分别增加 10.37%、5.34%、30.04% 和 151.71%;总丛数、植株平均高度、植株最高高度、每丛叶片数量、总生物量、地上生物量比对照分别减少 41.70%、15.61%、9.34%、0.36%、10.58% 和 48.46%。④香附子的净光合速率、气孔导度、蒸腾速率均比对照显著提高。7 月份,浅水位区段比对照区段分别提高了 23.52%、40.67% 和 40.67%,深水位区段分别提高了 72.74%、55.07% 和 31.54%。水分利用效率、表观 CO_2 利用效率、表观光能利用效率(5～6 月)、光饱和点提高;浅水位区段和深水位区段香附子的光补偿点变化趋势不同,浅水位区段的光补偿点显著降低,深水位区段光补偿点显著提高;最大净光合速率无显著变化,表观量子效率、暗呼吸速率均显著降低。
⑤狗牙根的净光合速率、气孔导度、蒸腾速率均比对照显著提高。7 月份浅水位区段分别提高了 106.80%、68.03% 和 228.75%,深水位区段分别提高了 81.63%、64.81% 和 200.80%。6 月份水分利用效率、表观光能利用效率显著高于对照区段,7 月份显著低于对照区段。表观 CO_2 利用效率、最大净光合速率、表观量子效率、暗呼吸速率比对照区段均有提高,而饱和点、光补偿点显著降低。⑥香根草的净光合速率比对照提高了 7.23%,而气孔导度降低了 9.19%,但均未达到显著差异程度;蒸腾速率降低了 20.75%。香根草的水分利用效率、表观 CO_2 利用效率、表观光能利用效率、光补偿点均有提高;最大净光合速率、表观量子效率、暗呼吸速率均无显著变化,光饱和点显著降低。⑦同未经历水陆生境变化变化区段相比较,经历水陆生境变化后,香附子、狗牙根、香根草 3 种草本植物均具有较高的种群密度和生物量,表明 3 种草本植物对三峡库区消落区水陆生境变化具有较强的适应性。加速根系生长与分蘖,增加地下生物量的分配,为水位下降后的快速生

长提供营养及能量储备是 3 种草本植物对水陆生境变化的主要生态适应对策。⑧香附子、狗牙根的净光合速率的提高是气孔因素和非气孔因素共同作用的结果。水陆生境变化导致气孔导度增加,气孔开放程度增大,外界 CO_2 进入叶肉细胞的量增加,而伴随着外界 CO_2 进入叶肉细胞的量增加,胞间 CO_2 浓度反而降低,表明非气孔因素,即光合机能的提高是其光合速率提高的主要因素。香根草的净光合速率有所提高,而气孔导度下降,胞间 CO_2 浓度降低,表明非气孔因素,即光合机能的提高是其光合速率提高的主要原因。⑨经历水陆生境变化后,香附子对强光的适应能力提高,狗牙根对弱光的利用能力增强,虽然,香根草可利用的光照范围有所缩短,但是,未对其维持较高净光合速率造成显著影响;香附子和香根草的生长潜力未因水陆生境变化而发生改变;相反,这种水陆生境的变化对狗牙根生长潜力的发挥起到了一定的促进作用。

李兆佳等(2013)研究了生长于三峡水库消落区的狗牙根和牛鞭草根系在冬季水淹结束后清除活性氧(ROS)的关键酶活力恢复动态。结果表明:与对照相比,经历水淹的植物恢复初期发生明显氧化胁迫,超氧化歧化酶 SOD、抗坏血酸过氧化物酶 APX 均维持了水淹诱导增加的活力水平。两个物种的过氧化氢酶 CAT 在水淹中活力均较低;出露之后后狗牙根 CAT 趋向于对照水平,牛鞭草 CAT 活力迅速上升但未到显著水平。水淹结束后 24 d 各个酶活力均回复到对照水平,表明氧化胁迫已基本消失,这可能是植株维持 ROS 代谢内稳态的表现。

秦洪文等(2013)模拟三峡水库运行周期,通过将枸杞植株全淹和半淹 60 d 后出水恢复 30 d,探索短期水淹对枸杞植株形态特征和根系非结构性碳水化合物含量恢复的影响。结果表明:经 60 d 全淹和半淹处理的枸杞植株,出水后都能恢复生长;全淹植株出水 30 d 后,枝长和每株叶片增量显著;株高增量和根体积无显著增加,根生物量呈不显著下降;半淹植株出水 30 d 后,枝长增量较 0 d 时有显著增加,株高和叶片增量以及根体积均无显著增加;出水 30 d 后,全淹植株根系可溶性糖含量较 0 d 时无显著变化,淀粉含量和非结构性碳水化合物总量较 0 d 时有显著增加,半淹植株出水后 30 d,根系可溶性糖、淀粉含量以及非结构性碳水化合物总量无显著变化。

钟彦等(2013)模拟三峡水库水位运行方案,在冬季对岸生植物柳树进行 60 d 全淹和半淹处理,然后出水恢复 30 d,分析水淹和恢复结束时柳树在形态特征、生物量和非结构性碳水合物含量变化,为进一步探讨柳树在消落区中的适应机理奠定基础。柳树在全淹条件下,没有叶片、新枝及不定根生长,出水后迅速生长,经 30 d 恢复,其形态特征和生物量与对照无显著差异,,但根系可溶性糖含量显著高于不作淹水处理的对照。半淹对柳树形态特征和生物量影响不显著,但叶片可溶性糖含量显著高于对照,出水 30 d 后,其形态特征、生物量和非结构性碳水化合物含量与对照均无显著差异。柳树在全淹条件下生长被限制,出水后迅速恢复生长;半淹对柳树生长及恢复生长均无明显抑制作用。

钟荣华等(2015)为了明确三峡水库消落区典型草本植物根系分布特征,为三峡消落区的植被恢复提供依据,开展了三峡水库消落区几种草本植物根系的垂直分布特征研究。在三峡腹地石宝镇消落区选取牛鞭草、扁穗牛鞭草、双穗雀稗三种人工恢复草本和自然恢复草本,利用根系分析系统研究其根系的土壤剖面分布特征。结果表明 4 种草本根系发达,对消落区水淹胁迫的适应性强。4 种草本类型的的根系主要分布在 0～10 cm 土层,根长密度、根直径(除自然杂草外)、根表面积密度、根体积密度和根尖密度均随土壤深度的增加而呈指数函数减小;除根径外,在整个土层剖面中(0～25 cm),3 种人工草本的根系指标都要显著高于自然恢复杂草。

姚洁等(2015)对三峡水库长期水淹条件下耐淹植物甜根子草的资源分配特征进行了研究,进而探讨该物种对水淹胁迫表现出的适应性进化特征。试验于 2008 年初选育相同种源的甜根子草同龄幼苗栽植于三峡水库消落区甜根子草种植试验示范区,并考察了 2012 年、2013 年不同海拔高程甜根子草植株的形态和生物量特征。试验共设置 3 个海拔高程,即水淹高程 168 m、172 m 和不受水淹对照高程 176 m。试验结果表明:较低高程的甜根子草植株较矮小细弱,168 m 高程的甜根子草植株主茎长和主茎基径显著低于对照176 m 高程(P<0.05);平均节间长度随高程的降低而缩短;与之相反,主茎长/主茎基径比率随高程的降低而增大。甜根子草的叶片厚度、叶片长/叶片宽、叶片长/叶鞘长比率均随海拔高程的降低而减小;与之相反,比叶面积随高程的降低而增大。水淹前,甜根子草近端成熟节间的质量密度随高程的降低而增大;水淹后,其地上存活茎段基部成熟节间的质量密度在各高程之间无显著差异(P>0.05)。以上研究结果表明,甜根子草历经三峡水库长期水淹的驯化后,生物量分配特征在不同海拔高程之间发生了改变,表现出了相应的驯化特征。相较于高高程的甜根子草植株而言,低高程的植株生长缓慢,采取低株高下的高向生物量投资策略;对叶的物质投资大部分分配到叶面积的增加、叶鞘的伸长生长和叶片的直立生长上,以加强植株的光合生产。

4.3　消落区植被及适宜植物现状发展趋势

对消落区的植被调查虽然从自然消落区、蓄水后的水库消落区进行了相对系统的研究,但对水库蓄水后消落区植被的变化缺乏持续的跟踪调查,目前研究也比较零散。三峡水库蓄水后的消落区植被目前这个阶段变数较多,植被不稳定,要全面掌握水库消落区的植被变化趋势与动态,需要持续的、全面的开展跟踪调查,尤其要开展种群增长模型及繁殖策略研究。在以后应鼓励开展消落区演变观测和支撑相关问题解决的技术措施研究与试点示范。重点开展三峡水库消落区湿地生态系统发育研究观测研究,包括植物选育及配置技术、种子库生态恢复利用技术、植被恢复对消落区生态环境影响评价研究等。

在适宜植物对消落区环境的适应机制研究方面,尤其是作者本人的研究只是着重考虑了水淹对植物的影响及植物对水淹胁迫的适应机制研究。但是,我们知道,在三峡水库的大部分消落区,由于土壤层较薄,而且较贫瘠,在夏季受干旱天气的影响较大,在消落区的植物往往要经受水淹-干旱的交替影响。虽然在研究进展部分有所涉及,但研究内容、深度和广度都有所不足,需要加强水淹-干旱交替胁迫对植物形态、生理生化、蛋白质组、转录组及代谢组学的联合研究。而且,如果再延伸一些,在河口、滨海滩涂地区,由于含盐量高及频遭水淹,而水淹-盐复合胁迫下植物幼苗表现出的耐盐性与耐淹性可能与单因素胁迫不一,因此,研究水淹-盐复合胁迫对植物的影响可能更具意义。另外,针对受三峡水库影响较大的荷叶铁线蕨、宜昌黄杨、鄂西鼠李、丰都车前等三峡河岸带特有珍稀植物的耐水淹能力及适应机制研究较少,应加强这方面的研究。

参考文献

[1]白宝伟,王海洋,李先源等.三峡库区淹没区与自然消落区现存植被的比较[J].西南农业大学学报,2005,27(5):684－687.

[2]蔡其华.加强三峡水库管理促进区域经济社会可持续发展[J].中国水利,2010,(14):7－9.

[3]蔡庆华,孙志禹.三峡水库水环境与水生态研究的进展与展望[J].湖泊科学,2012,24(2):169－177.

[4]陈桂芳,蔡孔瑜,李在军.淹水对中华蚊母树生长及生理的影响[J].西南林学院学报,2008,28(5):42－44.

[5]陈小兵,潘仲刚,邱占富.开县三峡库区传染病传播的影响因素分析[J].中国医学创新,2010,7(1):14－15.

[6]戴凌全.大型水库水温结构特征数值模拟及下泄水生态影响研究-

以三峡水库为例[D]. 三峡大学，2011.

[7]段跃芳，孙海兵，袁宏川等. 三峡水库巫山县消落区生态环境综合治理初步研究[C]. 2008 年中国土地资源可持续利用与新农村建设学术研讨会论文集，2008：520－526.

[8]范小华，谢德体，魏朝富. 三峡水库消落区生态环境保护与调控对策研究[J]. 长江流域资源与环境，2006，15(4)：495－501.

[9]冯义龙，先旭东，王海洋. 重庆市区消落带植物群落分布特点及淹水后演替特点预测[J]. 西南师范大学学报(自然科学版)，2007，32(5)：112－117.

[10]宫平，杨文俊. 三峡水库建成后对长江中下游江湖水沙关系变化趋势初探：大型河网水沙数模的建立与验证[J]. 水力发电学报，2009，28(6)：112－119，125.

[11]郭辉东，邓润平. 三峡水库运用后对洞庭湖区城市公共安全的影响[C]. 第十三届世界湖泊大会论文集，2009：2419－2421.

[12]郭文献，夏自强，韩帅等. 三峡水库生态调度目标研究[C]. 第八届全国环境与生态水力学学术研讨会论文集，2008：516－523.

[13]郭文献，夏自强，王远坤等. 三峡水库生态调度目标研究[J]. 水科学进展，2009，20(4)：554－559.

[14]贺秀斌，谢宗强，南宏伟等. 三峡库区消落带植被修复与蚕桑生态经济发展模式[J]. 科技导报，2007，25(23)：59－63.

[15]江明喜，邓红兵，蔡庆华. 三峡地区河岸带植物群落的特征及其分类与排序研究[J]. 林业研究(英文版)，2002，13：111－114.

[16]柯学莎，谈昌莉，徐成剑等. 三峡水库消落区生态环境综合治理技术措施研究[J]. 水利水电快报，2013，34(10)：12－14.

[17]类淑桐，曾波，徐少君等. 水淹对三峡库区秋华柳抗性生理的影响[J]. 重庆师范大学学报(自然科学版)，2009，26(3)：30－33.

[18]梁福庆. 基于三峡水库综合管理的环境保护创新研究[C]. 中国自然资源学会 2011 年学术年会论文集，2011：192－195.

[19]廖晓勇. 三峡水库重庆消落区主要生态环境问题识别与健康评价[D]. 四川农业大学，2009.

[20]刘维暐，王杰，王勇，杨帆. 三峡水库消落区不同海拔高度的植物群落多样性差异[J]. 生态学报，2012，32(17)：5454－5466.

[21]刘维暐，杨帆，王杰等. 三峡水库干流和库湾消落区植被物种动态分布研究[J]. 植物科学学报，2011，29(3)：296－306.

[22]罗芳丽，王玲，曾波等. 三峡库区岸生植物野古草(Arundinella

anomala Steud)光合作用对水淹的响应[J]. 生态学报，2006，26(11)：3602—3609.

[23]马泽忠. 三峡库区忠县区域生态环境质量对土地利用/覆被变化的响应[C]. 2008年中国土地资源可持续利用与新农村建设学术研讨会论文集，2008：417—423.

[24]毛华平，杨兰蓉，许人骧等. 三峡水库水生态环境保护与增殖渔业发展对策研究[J]. 环境污染与防治，2014，36(8)：92—96.

[25]母红霞. 长江三峡水库库尾江段及三峡坝下鱼类早期资源生态学研究[D]. 中国科学院大学，2014.

[26]秦明海，高大水，操家顺等. 三峡库区开县消落区水环境治理水位调节坝设计[J]. 人民长江，2012，43(23)：75—77，100.

[27]苏维词，张军以. 河道型消落带生态环境问题及其防治对策——以三峡库区重庆段为例[J]. 中国岩溶，2010，29(4)：445—450.

[28]孙启祥，张建锋，吴立勋. 滩地杨树人工林抑螺效果与碳汇效应[J]. 中国生态农业学报，2008，16(3)：701—706.

[29]谭淑端，王勇，张全发等. 三峡水库消落带生态环境问题及综合防治[J]. 长江流域资源与环境，2008，17(z1)：101—105.

[30]谭淑端，张守君，张克荣等. 长期深淹对三峡库区三种草本植物的恢复生长及光合特性的影响[J]. 武汉植物学研究，2009，27(4)：391—396.

[31]田宗伟. 杨国录：建议三峡水库群实行"联动和协"生态环境调度[J]. 中国三峡(科技版)，2014，(1)：95—97.

[32]王迪友，邓文强，杨帆等. 三峡水库消落区生态环境现状及生物治理技术[J]. 湖北农业科学，2012，51(5)：865—869.

[33]王海锋，曾波，乔普等. 长期水淹条件下香根草(Vetiveria zizanioides)、菖蒲(Acorus calamus)和空心莲子草(Alternanthera philoxeroides)的存活及生长响应[J]. 生态学报，2008，28(6)：2571—2580.

[34]王强，刘红，袁兴中等. 三峡水库蓄水后澎溪河消落带植物群落格局及多样性[J].重庆师范大学学报(自然科学版)，2009，26(4)：48—54.

[35]王勇，吴金清，黄宏文等. 三峡库区消涨带植物群落的数量分析[J]. 武汉植物学研究，2004，22(4)：307—314.

[36]王勇，刘松柏，刘义飞等. 三峡库区消涨带特有珍稀植物丰都车前的地理分布与迁地保护[J]. 武汉植物学研究，2006，24(6)：574—578.

[37]王永吉，徐有明，王杰等. 濒危植物宜昌黄杨的扦插繁殖研究[J]. 北方园艺，2010，2：123—125.

[38]王勇，吴金清，陶勇等. 三峡库区消涨带特有植物疏花水柏枝

(Myricaria laxiflora)的自然分布及迁地保护研究[J]. 武汉植物学研究，2003，21(5)：415－422.

　[39]王勇，厉恩华，吴金清. 三峡库区消涨带维管植物区系的初步研究[J]. 武汉植物学研究，2002，20(4)：265－274.

　[40]吴立勋，汤玉喜，吴敏等. 洞庭湖滩地杨树抑螺防病林研究[J]. 湿地科学与管理，2006，2(4)：14－19.

　[41]吴立勋，汤玉喜，吴敏等. 滩地钉螺种群消长与杨树人工林关系的研究[J]. 湖南林业科技，2004，31(6)：5－9.

　[42]吴娅，王雨春，胡明明等. 三峡库区典型支流浮游细菌的生态分布及其影响因素[J]. 生态学杂志，2015，34(4)：1060－1065.

　[43]吴娅. 三峡水库典型支流浮游细菌群落结构及其影响因子研究[D]. 三峡大学，2015.

　[44]线薇微. 三峡水库蓄水后长江口生态与环境特征[C]. 中国海洋湖沼学会、中国动物学会鱼[44]类学分会 2012 年学术研讨会论文集，2012：93－94.

　[45]向先文. 优化调度三峡水库运行水位，改善库区消落带生态环境[J]. 地理教育，2012，(12)：18－19.

　[46]肖邦忠，廖文芳，季恒清等. 三峡库区钉螺生长繁殖模拟试验[J]. 中国血吸虫病防治杂志，2004，16(1)：65－66.

　[47]谢文萍. 三峡水库调蓄下长江河口水盐动态与土壤盐渍化演变特征研究[D]. 中国科学院大学，2013.

　[48]熊倩. 三峡水库浮游植物初级生产力的研究[D]. 中国科学院大学，2015.

　[49]徐静波. 水位变动下消落带湿地公园的生态规划研究——以三峡水库汉丰湖国家湿地公园为例[D]. 重庆大学，2011.

　[50]许继军，陈进. 三峡水库运行对鄱阳湖影响及对策研究[J]. 水利学报，2013，(7)：757－763.

　[51]薛艳红，陈芳清，樊大勇等. 宜昌黄杨对夏季淹水的生理生态学响应[J]. 生物多样性，2007，15(5)：542－547.

　[52]杨朝东，张霞，向家云. 三峡库区消落带植物群落及分布特点的调查[J]. 安徽农业科学，2008，36(31)：13795－13796.

　[53]杨帆，刘维暐，邓文强等. 杨树用于三峡水库消落区生态防护林建设的可行性分析[J]. 长江流域资源与环境，2010，19：141－146.

　[54]余文公，夏自强，蔡玉鹏等. 三峡水库蓄水前后下泄水温变化及其影响研究[J]. 人民长江，2007，38(1)：20－22.

[55]余文公. 三峡水库生态径流调度措施与方案研究[D]. 河海大学，2007.

[56]喻菲，张成，张晟等. 三峡水库消落区土壤重金属含量及分布特征[J]. 西南农业大学学报（自然科学版），2008，26(1)：165－168.

[57]喻悦，马恩. 三峡库区生态工业园建设与污染防治措施探讨[J]. 人民长江，2011，42(z2)：125－129.

[58]袁兴中，熊森，刘红等. 水位变动下的消落带湿地生态工程——以三峡水库白夹溪为例[C].

[59]三峡水库湿地保护与生态友好型利用国际研讨会论文集，2011：24－26.

[60]张金洋，王定勇，石孝洪. 三峡水库消落区淹水后土壤性质变化的模拟研究[J]. 水土保持学报，2004，18(6)：120－123.

[61]郑飞翔. 三峡水库上段（忠县以上）温室气体排放研究[D]. 中国科学院大学，2012.

[62]钟远平，齐代华. 三峡水库消落区生态安全 PSR 模型分析与研究[C]. 第九届全国科技评价学术研讨会论文集，2009：536－541.

[63]周建军. 优化调度改善三峡水库生态环境[J]. 科技导报，2008，26(7)：64－71.

[64]周谐，杨敏，雷波等. 基于 PSR 模型的三峡水库消落带生态环境综合评价[J]. 水生态学杂志，2012，33(5)：13－19.

[65]Bao Y., Gao P., He X. The water-level fluctuation zone of Three Gorges Reservoir—A unique geomorphological unit[J]. Earth-Science Reviews, 2015, 150：14－24.

[66]Bi H. P., Si H. Dynamic risk assessment of oil spill scenario for Three Gorges Reservoir in China based on numerical simulation[J]. Safety Science, 2012, 50(4)：1112－1118.

[67]Cai W. J., Zhang L. L., Zhu X. P., Zhang A. J., Yin J. X., Wang H. Optimized reservoir operation to balance human and environmental requirements: A case study for the Three Gorges and Gezhouba Dams, Yangtze River basin, China[J]. Ecological Informatics, 2013, 18：40－48.

[68]Chen C. D., Meurk C., Chen J. L., Lv M. Q., Wen Z. F., Jiang Y., Wu S. J. Restoration design for Three Gorges Reservoir shorelands, combining Chinese traditional agro-ecological knowledge with landscape ecological analysis[J]. Ecological Engineering, 2014, 71：584－597.

[69]Chen F., Xie Z. Survival and growth responses of Myricaria

laxiflora seedlings to summer flooding[J]. Aquatic Botany, 2009, 90(4):333—338.

[70]Chen H., Wu Y., Yuan X. Methane emissions from newly created marshes in the drawdown area of the Three Gorges Reservoir[J]. Journal of Geophysical Research-Atmospheres, 2009, 114: D18301.

[71]Chen Z. L., Sch-ffer A. The fate of the herbicide propanil in plants of the littoral zone of the Three Gorges Reservoir (TGR), China [J]. Journal of Environmental Sciences, 2016.

[72]Fang N. F., Shi Z. H., Li L., Jiang C. Rainfall, runoff, and suspended sediment delivery relationships in a small agricultural watershed of the Three Gorges area, China[J]. Geomorphology, 2011, 135(1—2): 158—166.

[73]Fearnside P. M. China's Three Gorges Dam: "Fatal" project or step toward modernization[J]. World Development, 1988, 16(5): 615—630.

[74]Feng L., Hu C. M., Chen X. L., Song Q. J. Influence of the Three Gorges Dam on total suspended matters in the Yangtze Estuary and its adjacent coastal waters: Observations from MODIS[J]. Remote Sensing of Environment, 2014, 140: 779—788.

[75]Fortier J., Gagnon D., Truax B. Nutrient accumulation and carbon sequestration in 6—year old hybrid poplars in multiclonal agricultural riparian buffer strips[J]. Agriculture, Ecosystems & Environment, 2010, 137(3—4): 276—287.

[76]Guo W. X., Wang H. X., Xu J. X., Xia Z. Q. Ecological operation for Three Gorges Reservoir[J]. Water Science and Engineering, 2011, 4(2): 143—156.

[77]He S. W., Pan P., Dai L., Wang H. J., Liu J. P. Application of kernel-based Fisher discriminant analysis to map landslide susceptibility in the Qinggan River delta, Three Gorges, China[J]. Geomorphology, 2012, 171—172: 30—41.

[78]Higgitt D. L., Lu X. X. Sediment delivery to the three gorges: 1. Catchment controls[J]. Geomorphology, 2001, 41(2—3): 143—156.

[79]Hu M., Huang G. H., Sun W., Li Y. P., Ding X. W., An C. J., Zhang X. F., Li T. Multi-objective ecological reservoir operation based on water quality response models and improved genetic algorithm: A case study in Three Gorges Reservoir, China[J]. Engineering Applications of Artificial Intelligence, 2014, 36: 332—346.

[80]Huang Y. L. , Huang G. H. , Liu D. F. , Zhu H. , Sun W. Simulation-based inexact chance-constrained nonlinear programming for eutrophication management in the Xiangxi Bay of Three Gorges Reservoir [J]. Journal of the Environmental Management, 2012, 108: 54—65.

[81]Iqbal J. , Hu R. G. , Feng M. L. , Lin S. , Malghani S. , Ali I. M. Microbial biomass, and dissolved organic carbon and nitrogen strongly affect soil respiration in different land uses: A case study at Three Gorges Reservoir Area, South China[J]. Agriculture, Ecosystems & Environment, 2010, 137(3—4): 294—307.

[82]IshikawaT. , Ueno Y. o, Komiya T. , Sawaki Y. , Han J. , Shu D. G. , Li Y. , Maruyama S. , Yoshida N. Carbon isotope chemostratigraphy of a Precambrian/Cambrian boundary section in the Three Gorge area, South China: Prominent global-scale isotope excursions just before the Cambrian Explosion[J]. Gondwana Research, 2008, 14 (1—2): 193 —208.

[83]J. X. Zhang, Liu Z. J. , Sun X. X. Changing landscape in the Three Gorges Reservoir Area of Yangtze River from 1977 to 2005: Land use/land cover, vegetation cover changes estimated using multi-source satellite data[J]. International Journal of Applied Earth Observation and Geoinformation, 2009, 11(6): 403—412.

[84]Jiang H. C. , Qiang M. S. , Lin P. Assessment of online public opinions on large infrastructure projects: A case study of the Three Gorges Project in China[J]. Environmental Impact Assessment Review, 2016, 61: 38—51.

[85]Jiang H. C. , Qiang M. S. , Lin P. Finding academic concerns of the Three Gorges Project based on a topic modeling approach[J]. Ecological Indicators, 2016, 60: 693—701.

[86]Jiang L. G. , Liang B. , Xue Q. , Yin C. W. Characterization of phosphorus leaching from phosphate waste rock in the Xiangxi River watershed, Three Gorges Reservoir, China[J]. Chemosphere, 2016, 150: 130—138.

[87]Johnson W. C. Riparian vegetation diversity along regulated rivers: contribution of novel and relict habitats[J]. Freshwater Biology, 2002, 47(4): 749—759.

[88]Kikumoto R. , Tahata M. , Nishizawa M. , Sawaki Y. , Maruy-

ama S. , Shu D. , Han J. , Komiya T. , Takai K. , Ueno Y. Nitrogen iso-
tope chemostratigraphy of the Ediacaran and Early Cambrian platform se-
quence at Three Gorges, South China[J]. Gondwana Research, 2014, 25
(3): 1057－1069.

[89]Labounty J. F. Assessment of the environmental effects of con-
structing the Three Gorge Project on the Yangtze River[J]. Energy, Re-
sources and Environment, 1982, 583－590.

[90]Lam P. K. S. Environmental threats to the Three Gorges Reser-
voir Region: Are mutagenic and genotoxic substances important? [J].
Journal of the Environmental Sciences, 2015, 38: 172－174.

[91]Li B. , Yuan X. Z. , Xiao H. Y. , Chen Z. L. Design of the dike-
pond system in the littoral zone of a tributary in the Three Gorges Reser-
voir, China[J]. Ecological Engineering, 2011, 37(11): 1718－1725.

[92]Li F. Q. , Cai Q. H. , Fu X. C. , Liu J. K. Construction of habi-
tat suitability models (HSMs) for benthic macroinvertebrate and their ap-
plications to instream environmental flows: A case study in Xiangxi River
of Three Gorges Reservior region, China[J]. Progress in Natural Science,
2009, 19(3): 359－367.

[93]Li L. , Qin C. L. , Peng Q. D. , Yan Z. F. , Gao Q. H. Numerical
Simulation of Dissolved Oxygen Supersaturation Flow over the Three Gorges
Dam Spillway[J]. Tsinghua Science & Technology, 2010, 15(5): 574－579.

[94]Liu J. , Feng X. T. , Ding X. L. , Dai C. F. Modeling the Ther-
mo-Mechanical Processes of a Typical Three-Gorges Dam Section During
and After Construction[J]. Ove Stephanson, Editor(s), Elsevier Geo-En-
gineering Book Series, Elsevier, 2004, 2: 791－796.

[95]Madejon P. , Maranon T. , Murillo J. White poplar (Populus al-
ba) as a biomonitor of trace elements in contaminated riparian forests[J].
Environmental Pollution, 2004, 132(1): 145－155.

[96]Miao L. , Xiao F. , Wang X. , Yang F. Reconstruction of wetland
zones: physiological and biochemical responses of Salix variegata to winter sub-
mergence: a case study from water level fluctuation zone of the Three Gorges
Reservoir[J]. Polish Journal of Ecology, 2016, 64: 45－52.

[97]Morgan T. K. K. B. , Sardelic D. N. , Waretini A. F. The Three Gor-
ges Project: How sustainable [J]. Journal of Hydrology, 2012, 460－461:
1－12.

［98］New T. , Xie Z. Impacts of large dams on riparian vegetation: applying global experience to the case of China's Three Gorges Dam［J］. Biodiversity and Conservation, 2008, 17(13): 3149—3163.

［99］Nilsson C. , Berggren K. Alterations of riparian ecosystems caused by river regulation［J］. BioScience, 2000, 50(9): 783—792.

［100］Okada Y. , Sawaki Y. , Komiya T. , Hirata T. , Takahata N. , Sano Y. , Han J. , Maruyama S. New chronological constraints for Cryogenian to Cambrian rocks in the Three Gorges, Weng'an and Chengjiang areas, South China［J］. Gondwana Research, 2014, 25(3): 1027—1044.

［101］Peng L. , Niu R. Q. , Huang B. , Wu X. L. , Zhao Y. N. , Ye R. Q. Landslide susceptibility mapping based on rough set theory and support vector machines: A case of the Three Gorges area, China［J］. Geomorphology, 2014, 204: 287—301.

［102］Qiao D. , Qian J. S. , Wang Q. Z. , Dang Y. D. , Zhang H. , Zeng D. Q. Utilization of sulfate-rich solid wastes in rural road construction in the Three Gorges Reservoir［J］. Resources, Conservation and Recycling, 2010, 54(12): 1368—1376.

［103］Sato H. , Tahata M. , Sawaki Y. , Maruyama S. , Yoshida N. , Shu D. , Han J. , Li Y. , Komiya T. A high-resolution chemostratigraphy of post-Marinoan Cap Carbonate using drill core samples in the Three Gorges area, South China［J］. Geoscience Frontiers, 2016, 7(4): 663—671.

［104］Sawaki Y. , Ohno T. , Fukushi Y. , Komiya T. , Ishikawa T. , Hirata T. , Maruyama S. Sr isotope excursion across the Precambrian-Cambrian boundary in the Three Gorges area, South China［J］. Gondwana Research, 2008, 14(1—2): 134—147.

［105］Sawaki Y. , Ohno T. , Tahata M. , Komiya T. , Hirata T. , Maruyama S. , Windley B. F. , Han J. , Shu D. , Li Y. The Ediacaran radiogenic Sr isotope excursion in the Doushantuo Formation in the Three Gorges area, South China［J］. Precambrian Research, 2010, 176(1—4): 46—64.

［106］Sawaki Y. , Tahata M. , Ohno T. , Komiya T. , Hirata T. , Maruyama S. , Han J. , Shu D. The anomalous Ca cycle in the Ediacaran ocean: Evidence from Ca isotopes preserved in carbonates in the Three Gorges area, South China［J］. Gondwana Research, 2014, 25(3): 1070—1089.

[107] Schnbrodt-Stitt S., Behrens T., Schmidt K., Shi X. Z., Scholten T. Degradation of cultivated bench terraces in the Three Gorges Area: Field mapping and data mining[J]. Ecological Indicators, 2013, 34: 478—493.

[108]Scot M. L., Lines G. C., Auble G. T. Channel incision and patterns of cottonwood stress and mortality Channel incision and patterns of cottonwood stress and mortality along the Mojave River, California[J]. Journal of Arid Environments, 2000, 44(4): 399—414.

[109]Sha Y., Wei Y., Li W., Fan J., Cheng G. Artificial tide generation and its effects on the water environment in the backwater of Three Gorges Reservoir[J]. Journal of Hydrology, 2015, 528: 230—237.

[110]Shan N., Ruan X. H., Xu J., Pan Z. R. Estimating the optimal width of buffer strip for nonpoint source pollution control in the Three Gorges Reservoir Area, China[J]. Ecological Modelling, 2014, 276: 51—63.

[111]Shen G., Xie Z. Three Gorges Project: chance and challenge. Science, 2004, 304(5671): 681—681.

[112]Shi R. J. Ecological Environment Problems of the Three Gorges Reservoir Area and countermeasures[J]. Procedia Environmental Sciences, 2011, 10: 1431—1434.

[113]Shi Z. H., Cai C. F., Ding S. W., Wang T. W., Chow T. L. Soil conservation planning at the small watershed level using rusle with gis: a case study in the Three Gorge Area of China[J]. Catena, 2004, 55(1): 33—48.

[114]Stone R. China's environmental challenges: Three Gorges Dam: into the unknown. Science, 2008, 321:628—632.

[115]Sun K., Li K., Sun Z., The environmental assessment of the sediment after preliminary impounding of Three Gorges Reservoir[J]. Energy Procedia, 2011, 5: 377—381.

[116]Tan S., Zhu M., Zhan Q. Physiological responses of bermudagrass (Cynodon dactylon) to submergence[J]. Acta Physiologiae Plantarum, 2010, 32(1): 133—140.

[117]Tang Q., Bao Y. H., He X. B., Zhou H. D., Cao Z. J., Gao P., Zhong R. H., Hu Y. H., Zhang X. B. Sedimentation and associated trace metal enrichment in the riparian zone of the Three Gorges Reservoir, China[J]. Sci-

ence of The Total Environment, 2014, 479—480: 258—266.

[118]Temoka C. , Wang J. X. , Bi Y. H. , Deyerling D. , Pfister G. , Henkelmann B. , Schramm K. W. Concentrations and mass fluxes estimation of organochlorine pesticides in Three Gorges Reservoir with virtual organisms using in situ PRC-based sampling rate[J]. Chemosphere, 2016, 144: 1521—1529.

[119]Tian Y. , Huang Z. , Xiao W. Reductions in non-point source pollution through different management practices for an agricultural watershed in the Three Gorges Reservoir Area[J]. Journal of Environmental Sciences, 2010, 22(2): 184—191.

[120]Tiegs S. D. , óleary J. F. , Pohl M. M. Flood disturbance and riparian species diversity on the Colorado River Delta[J]. Biodiversity and Conservation, 2005, 14(5): 1175—1194.

Tullos D. Assessing the influence of environmental impact assessments on science and policy: An analysis of the Three Gorges Project[J]. Journal of Environmental Management, 2009, 90(3): s208—s223.

[121]Vandersande M. W. , Glenn E. P. , Walworth J. L. Tolerance of five riparian plants from the lower Colorado River to salinity drought and inundation [J]. Journal of Arid Environments, 2001, 49(1): 147—159.

[122]Wang L. , Chen Q. W. , Han R. , Wang B. D. , Tang X. W. Characteristics of Jellyfish Community and their Relationships to Environmental Factors in the Yangtze Estuary and the Adjacent Areas after the Third Stage Impoundment of the Three Gorges Dam[J]. Procedia Engineering, 2016, 154: 679—686.

[123]Wang L. , Tang L. L. , Wang X. , Chen F. Effects of alley crop planting on soil and nutrient losses in the citrus orchards of the Three Gorges Region[J]. Soil and Tillage Research, 2010, 110(2): 243—250.

[124]Wang L. A. , Pei T. Q. , Huang C. , Yuan H. Management of municipal solid waste in the Three Gorges region[J]. Waste Management, 2009, 29(7): 2203—2208.

[125]Wang S. , Dong R. M. , Dong C. Z. , Huang L. Q. , Jiang H. C. , Wei Y. L. , Feng L. , Liu D. , Yang G. F. , Zhang C. L. , Dong H. L. Diversity of microbial plankton across the Three Gorges Dam of the Yangtze River, China[J]. Geoscience Frontiers, 2012, 3(3): 335—349.

[126]Wu J. , Huang J. , Han X. , Xie Z. , Gao X. Ecology: Three

Gorges Dam-experiment in habitat fragmentation? [J]. Science, 2003, 300(5623): 1239—1240.

[127]Wu J., Huang J., Han X., Gao X., He F., Jiang M. The Three Gorges Dam: an ecological perspective[J]. Frontiers in Ecology and the Environment, 2004, 2(5): 241—248.

[128]Xiao S. B., Wang Y. C., Liu D. F., Yang Z. J., Lei D., Zhang C. Diel and seasonal variation of methane and carbon dioxide fluxes at Site Guojiaba, the Three Gorges Reservoir[J]. Journal of Environmental Sciences, 2013, 25(10): 2065—2071.

[129]Xiao X, Yang F, Zhang S, Korpelainen H., Li, C. Physiological and proteomic responses of two contrasting Populus cathayana populations to drought stress[J]. Physiologia Plantarum, 2009, 136(2): 150—168.

[130]Xu X., Yang F., Xiao X., Zhang S., Korpelainen H., Li, C. Sex-specific responses of Populus cathayana to drought and elevated temperatures[J]. Plant, Cell and Environment, 2008, 31 (6): 850—860.

[131]Xu X. B., Tan Y., Yang G. S. Environmental impact assessments of the Three Gorges Project in China: Issues and interventions[J]. Earth-Science Reviews, 2013, 124: 115—125.

[132]Xu X. H., Xu X. F., Lei S., Fu S., Wu G. Soil Erosion Environmental Analysis of the Three Gorges Reservoir AreaBased on the "3S" Technology [J]. Procedia Environmental Sciences, 2011, 10: 2218 —2225.

[133]Yamada K., Ueno Y., Yamada K., Komiya T., Han J., Shu D. G., Yoshida N., Maruyama S. Molecular fossils extracted from the Early Cambrian section in the Three Gorges area, South China[J]. Gondwana Research, 2014, 25(3): 1108—1119.

[134]Yan Q. Y., Yu Y. H., Feng W. S., Yu Z. G., Chen H. T. Plankton community composition in the Three Gorges Reservoir Region revealed by PCR-DGGE and its relationships with environmental factors [J]. Journal of Environmental Sciences, 2008, 20(6): 732—738.

[135]Yang F., Liu W., Wang J., Liao L., Wang Y. Riparian vegetation's responses to the new hydrological regimes from the Three Gorges Project: Clues to revegetation in reservoir water-level uctuation zone[J]. Acta Ecologica Sinica, 2012, 32(2): 89—98.

[136]Yang F., Wang Y., Chan Z. Perspectives on screening winter-

flood-tolerant woody species in the riparian protection forests of the Three Gorges Reservoir[J]. PLOS ONE, 2014, 9(9): e108725.

[137]Yang F. , Wang Yong. , Chan Z. , 2015. Review of environmental conditions in the water level fluctuation zone: Perspectives on riparian vegetation engineering in the Three Gorges Reservoir[J]. Aquatic Ecosystem Health & Management, 18(2): 240—249.

[138]Yang J. EMergy accounting for the Three Gorges Dam project: three scenarios for the estimation of non-renewable sediment cost[J]. Journal of Cleaner Production, 2016, 112: 3000—3006.

[139]Zhang J. L. , Zheng B. H. , Liu L. S. , Wang L. P. , Huang M. S. , Wu G. Y. Seasonal variation of phytoplankton in the DaNing River and its relationships with environmental factors after impounding of the Three Gorges Reservoir: A four-year study[J]. Procedia Environmental Sciences, 2010, 2: 1479—1490.

[140]Zhang Q. F. , Lou Z. P. The environmental changes and mitigation actions in the Three Gorges Reservoir region, China[J]. Environmental Science & Policy, 2011, 14(8): 1132—1138.

[141]Zhao X. M. , Tong J. N. , Yao H. Z. , Niu Z. J. , Luo M. , Huang Y. F. , Song H. J. Early Triassic trace fossils from the Three Gorges area of South China: Implications for the recovery of benthic ecosystems following the Permian - Triassic extinction[J]. Palaeogeography, Palaeoclimatology, Palaeoecology, 2015, 429(1): 100—116.

[142]Zheng J. , Gu X. G. , Xu Y. L. , Ge J. H. , Yang X. X. , He C. H. , Tang C. , Cai K. P. , Jiang Q. W. , Liang Y. S. , Wang T. P. , Xu X. J. , Zhong J. H. , Yuan H. C. , Zhou X. N. Relationship between the transmission of Schistosomiasis japonica and the construction of the Three Gorge Reservoir[J]. Acta Tropica, 2002, 82(2): 147—156.

[143]Zhou Q. G. , Lv Z. Q. , Ma Z. Z. , Zhang Y. , Wang H. Y. Barrier Belt Division Based on RS and GIS in the Three Gorges Reservoir Area A Case of Wanzhou District[J]. Procedia Environmental Sciences, 2011, 10: 1257—1263.

[144]Zhu K. , Bi Y. H. , Hu Z. Y. Responses of phytoplankton functional groups to the hydrologic regime in the Daning River, a tributary of Three Gorges Reservoir, China[J]. Science of the Total Environment, 2013, 450—451: 169—177.

第 5 章 三峡水库消落区植被研究案例

三峡库区山高坡陡,地形复杂,库区消落区地域狭长,人为活动频繁,植被破坏较严重。人们对其系统性的研究开展得比较晚,大多在三峡工程开始以后。在植物方面的研究包括自然消落区植物区系、部分小流域植物分布、水淹后两栖植物适生性评价、群落分类和植被功能分析、水淹对植物叶绿素荧光特性的影响和光合生理特性研究、水淹影响一年生植物种子萌发、植物根系增强土壤抗侵蚀效能等。三峡工程全面建成运行之后,水文条件发生巨大变化,新形成的消落区原有植被(陆生植物)大部分逐渐消亡。重建三峡水库消落区植被对于恢复消落区功能、维持三峡工程安全和修复长江流域退化生态系统具有十分重要的意义。

消落区可分为自然消落区和人工消落区,自然消落区及其植被是流域生态系统的组成部分,具有重要的生态、社会和经济价值。人为控制水位涨落而形成的人工消落区很少有植被覆盖,属于退化的生态系统。三峡消落区包括三峡自然消落区和三峡水库消落区,三峡工程的建设将淹没三峡自然消落区及其植被演变成没有植被覆盖的三峡水库消落区。解决三峡水库消落区问题的关键是重建消落区植被,并恢复其功能。因此,如何重建该地段植被成为科研人员和管理部门关注的热点问题。

在三峡水库开始运行前,白宝伟等(2005)调查并分析了三峡库区自然消落区和水库运行后的未来淹没区现存植物群落的物种组成、生活型组成和物种多样性。结果表明未来淹没区植被类型以灌丛和草丛为主,上部偶有乔木片林,生活型以多年生草本、一年生草本和灌木为主。自然消落区植被类型以灌丛和草丛,生活型以一年生草本、多年生草本和灌木为主,各高程带物种丰富度及物种多样性指数均低于未来淹没区,并呈现出消落区上部低于消落区中部低于消落区下部的空间变化规律。据此,可预测未来淹没区植物群落在水库运行后的潜在发展趋势,在水陆交替界面附近,植物类型有多样化的趋势。

本章内容是结合三峡消落区植被重建方面的前期工作,首先对蓄水前的河岸带、长江自然消落区及蓄水后的水库消落区植被进行调查,全面提供这些区域的物种目录;通过蓄水前后消落区植被变化的比较分析,了解新的水文条件下原有植被动态及命运,同时根据植被变化的结果为消落区植被恢复重建提供可能的备选物种；其次，结合地上植被监测结果，结合实地水淹实验，评价消落区植物经历水淹后的自我恢复（更新）能力。在此基础上，综合生理生态学和生活史特征，筛选植被重建的适宜物种。

5.1　蓄水前库区海拔 200 m 以下地区植物资源的本底调查数据

为了更好地保护和利用长江三峡消落区的植物资源，了解三峡工程（蓄水、移民、基建等）对河岸植物的影响。通过对库区秭归至奉节海拔 200 m 以下地区植物资源采用样带法进行调查，并结合有关资料整理，结果表明该区域分布的种子植物有 128 科、498 属、977 种。这些数据对水库蓄水后消落区植被研究提供了较好的基础资料。同时对该区域攀爬植物和种子散播植物群落进行了调查分析，结果表明共有 25 种典型的群落类型，各群落结构特征如下：

（1）五叶鸡爪茶、宜昌悬钩子、石南藤群落

分布于溪沟边，该群落是消落区植被带外攀爬重建较理想的群落之一，五叶鸡爪茶、宜昌悬钩子年生长量大，五叶鸡爪茶年生长量可达 5 m，宜昌悬钩子年生长量也达 3 m，并具有落地生根的特性，石南藤能攀附于岩石上。群落盖度超过 98％，平均高度为 76 cm。五叶鸡爪茶为优势种，平均高度为 65 cm，盖度为 80％～90％；宜昌悬钩子为次优种，高为 118 cm，盖度为 40％～55％。伴生种有马桑、地果、小果蔷薇等。

（2）三叶地锦群落

单优群落，分布于溪沟边乱石上，年生长量可达 4 m，该物种具有较强的攀缘特性，耐脊薄、耐水湿，节间具有落地生根的特性，适合用于消落区坡度较大、土壤脊薄地区的植被恢复。

（3）宜昌悬钩子、木莓、湖北羊蹄甲群落

分布于溪沟边坡地，坡度不等，群落盖度为 70％～90％，平均高度 112 cm。宜昌悬钩子为优势种，平均高 76 cm，年最大生长量为 3 m，盖度为 60％～80％；木莓为次优种，高为 155 cm，最大生长量为 286 cm，盖度为 30％～50％。伴生种有山麻杆、小叶六道木、女贞等。适合于消落区陡坡或峭壁的垂直绿化。

（4）葎草群落

单优群落，生长于河滩石砾堆上或溪边植被较少的坡度上，年生长量可达 5 m 以上，该物种耐贫瘠、耐水湿，适合于消落区裸露石灰岩地区的植被

重建。

(5)须蕊铁线莲、高粱泡群落

分布于溪沟边,群落盖度为 95% 以上,平均高度为 116 cm。须蕊铁线莲为优势种,盖度为 90%,平均高度为 25 cm;高粱泡为次优种,盖度为 30%～50%,平均高度为 90 cm。主要伴生种有盐肤木、虎杖、川鄂山茱萸等。

(6)川鄂爬山虎群落

单一群落,生长于溪边峭壁或乱石堆上,年生长量达 5 m 以上,盖度为 70%～95%,高度为 25 cm。该物种对岩石具有很好的攀缘、吸附特性,可沿岩石上下、左右多方向扩展,适合于消落区峭壁、裸露石荒地的植被恢复。

(7)地锦、粉叶地锦群落

分布于溪边上部峭壁或岩石上,群落盖度为 80%～95%,高度为 30 cm。地锦为优势种,年生长量达 5 m 以上,盖度为 75%～90%,高度为 30 cm;粉叶地锦为次优种,年生长量达 4 m,盖度为 50%～70%,高度为 30 cm。该群落对岩石具有很好的攀缘、吸附特性,可沿岩石上下、左右多方向扩展,适合于消落区峭壁、裸露石荒地的植被恢复。

(8)地瓜、大花旋蒴苣苔群落

分布于溪沟边坡地、岩石上、公路护坡等地,群落盖度为 50%～70%,高度约 5 cm。地瓜为优势种,盖度为 45%～60%,高度为 5 cm;大花旋蒴苣苔为次优种,盖度为 20%～40%,高度小于 5 cm,虽然它们单枝年生长量较小,最大为 1.5 m,但它们分枝多,且能吸附于岩石、水泥墙体等上,向各个方向均能生长,耐干旱、脊薄,适合于消落区峭壁、裸露石荒地的植被恢复。

(9)尾尖爬藤榕、葛藟葡萄群落

分布于峭壁上,群落盖度为 35%～50%,高度为 15 cm。尖叶爬墙榕为优势种,盖度为 30%～50%,高度为 15 cm;葛藟葡萄为次优种,盖度为 10%～20%,高度为 20 cm。尖叶爬墙榕跟地瓜、大花旋蒴苣苔一样,分枝多,且能吸附于岩石,向各个方向均能生长,耐干旱、脊薄,适合于消落区峭壁、裸露石荒地的植被恢复。

(10)白叶莓、山莓、杠板归群落

分布于溪沟边坡地,群落盖度为 50%～70%,高度为 125 cm。白叶莓为优势种,盖度为 40%～60%,高度为 130 cm;山莓为次优种,盖度为 20%～45%,高度为 110 cm,二者年生长量接近 3 m。伴生种有青江藤、金樱子、茜草,适合于丰富消落区坡地植被恢复中的植物种类。

（11）木香花、单叶铁线莲群落

分布于溪沟边坡地或岩石缝中，群落盖度为 30％～50％，高度为 175 cm。木香花为优势种，若无攀缘物，则垂悬于岩石或峭壁前，盖度为 20％～45％，高度为 180 cm；单叶铁线莲为次优种，攀附于木香生长，盖度为 10％～25％，高度为 160 cm，二者年生长量接近 3 m，适合于消落区峭壁的垂直绿化。

（12）高粱泡、乌泡子群落

分布于溪沟边坡地或杂灌林下，群落盖度为 45％～60％，高度为 145 cm。高粱泡为优势种，盖度为 30％～50％，高度为 130 cm；乌泡子为次优种，盖度为 15％～25％，高度为 150 cm，二者年生长量接近 3 m，伴生种有蓝果蛇葡萄、鸡矢藤、钩藤，适合于丰富消落区坡地植被恢复中的植物种类。

（13）石南藤群落

多为单一群落，分布于岩石上、坡地，群落盖度70％～100％，高度小于 5 cm，年生长量不大，但可吸附于岩石、石壁。伴生种有腹水草、蜈蚣草、鸢尾等。适合于消落区峭壁、裸露石荒地的植被恢复。

（14）常春藤群落

单一群落，分布于岩石上、坡地，群落盖度为 50％～80％，高度小于 5 cm，年生长量不大，可吸附于岩石、石壁。适合于消落区峭壁、裸露石荒地的植被恢复。

（15）葛群落

单一群落，盖度 100％，在该群落中，其他植物被它荫蔽，夺去阳光，从而逐步消失，它生长相当迅速，年生长量可达 6 m 以上，节有落地生根的特性，适合于消落区坡地植被的迅速恢复。

（16）杠香藤、华钩藤、红毛悬钩子群落

分布于溪沟边坡地或杂灌林下，群落盖度 35％～55％，高度 155 cm。杠香藤为优势种，年生长量超过 2 m，盖度为 30％～50％，高度为 160 cm；华钩藤为次优种，年生长量超过 3 m，盖度为 15％～25％，高度为 150 cm，适合于丰富消落区坡地植被恢复中的植物种类。

（17）钝齿铁线莲、小木通、铁箍散群落

分布于溪沟边坡地或路边，群落盖度为 30％～50％，高度为 125 cm。钝齿铁线莲为优势种，年生长量超过 2 m，盖度为 15％～35％，高度为 150 cm；小木通为次优种，年生长量不到 2 m，盖度为 15％～25％，高度为 130 cm，铁箍散为群落中的地被植物，主要伴生种有香叶树、盐肤木、马棘、牡荆等。

(18)香花崖豆藤、白木通群落

分布于溪沟边坡地、路边或峭壁上,群落盖度 30%~45%,高度 105 cm。香花崖豆藤为优势种,年生长量为 2.4 m,盖度为 15%~35%,高度为 120 cm;白木通为次优种,年生长量不足 2 m,盖度为 10%~20%,高度为 70 cm。主要伴生种有盐肤木、狗脊蕨、牡荆、鸢尾等。

(19)来江藤、清香藤、金银忍冬群落

分布于溪沟边坡地,群落盖度为 50%~70%,高度为 115 cm。来江藤为优势种,年生长量不足 2 m,盖度为 25%~40%,高度为 130 cm;清香藤为次优种,年生长量为 2 m,盖度为 20%~30%,高度为 120 cm。主要伴生种有盐肤木、酸模、唐松草、云实等。

(20)羊蹄、鹅观草群落

分布于溪边滩地、缓坡地,群落盖度为 40%~70%,高度为 80 cm。羊蹄为优势种,盖度为 30%~55%,高度为 70 cm,羊蹄结实量大,种子成熟期为 6~7 月,成熟后散落于周围;鹅观草为次优种,盖度为 25%~40%,高度为 85 cm,种子成熟期为 6~7 月。伴生种有鼠尾草、夏枯草、紫花香薷可用于消落区滩地、缓坡地的植被恢复。

(21)乱草群落

分布于废弃的耕地及缓坡地,为单一群落,盖度可达 100%,高度为 20 cm,群落中几乎没有其他植物。该群落自然更新较快,节具有落地生根的特性,种群扩大较快,可用于坡地防止水土流失。

(22)菱叶鹿藿群落

分布于溪沟边滩地及坡地,基本为单一群落,盖度 100%,高度为 25 cm,种子繁殖。群落中偶见有水苦荬、狗尾草、千里光、白羊草、飞蓬等。

(23)溪边野古草群落

该群落在三峡水库水位上涨之前,在消落区分布较为广泛,目前长江支流坡度较小的坡地有分布,总盖度为 60%~90%,平均高度为 120 cm。优势种溪边野古草高度为 120 cm,盖度为 50%~70%;群落中伴生有狗牙根、硬杆子草、丝茅、窄叶野豌豆、头花蓼、天蓝苜蓿、双穗雀稗、通泉草、扬子毛茛、车前、黄花蒿等。

(24)狗牙根群落

该群落分布最为广泛,盖度为 60%~80%。伴生种有猪殃殃、溪边野古草、天蓝苜蓿;偶见种有白酒草、拂子茅、斑茅、丝茅、红果黄鹌菜、小蓬草、鼠麹草、三脉种阜草、附地菜、宽叶鼠麹草、繁缕、窃衣等。

(25)斑茅群落

生长于干流和支流消落区中部。群落总盖度为 50%~100%,平均高度为 155 cm。斑茅在群落中占绝对优势，盖度为 35%～80%，高超过 16 cm。伴生种有水蓼、喜旱莲子草、酸模叶蓼、窃衣、黄荆、狗牙根、直立婆婆纳、芦苇等，多属偶见种。

5.2 长江三峡水库蓄水前自然消落区植被研究

由于长江水文情势的改变，将给消落区现存植物群落造成巨大的冲击，消落区植物群落的发展方向将会给生态环境带来巨大的影响。重庆城区两江消落区属于三峡库区消落区范畴，亦将受到较大的影响。冯义龙(2006)以重庆主城区两江(长江和嘉陵江)沿岸的消落区自然植被为研究对象调查植被的现状，分析常见乡土植物的生物学特性和生态学特性，研究消落区植物群落的类型、群落物种组成特点及其随海拔高程变化的分布规律；然后，根据调查及研究分析结果，针对不同生境类型，提出不同的植物群落景观配置模式。野外调查结果表明：①两江消落区优势植物种以一年生草本、多年生草本和灌木为主。②消落区自然植被主要由灌木和草本植物形成多种单一或复合灌草群落类型。③消落区植物群落主要沿着湿度梯度空间方向分布，从低到高依次为低矮草本、高大草丛、灌木丛。④不同的基质和土壤情况对消落区植物群落分布也有一定影响。⑤大部分禾本科植物可耐水淹一月，而灌木丛淹水在一周与半月之间无碍。⑥适宜两江消落区绿化的植物种有：草本：狗牙根、野青茅（*Deyeuxia arundinacea*）、瘦瘠野古草（*Arundinella hirta var. depauperata*）、双穗雀稗、扁穗牛鞭草（*Hemarthria compress*）、金发草；高大草本：甜根子草（*Saccharum spontaneum*）、芒（*Miscanthus sinensis*）、芦竹（*Arundo donax*）、芦苇、类芦（*Neyraudia reynaudiana*）、荻、卡开芦（*Phragmites karka*）；灌木：秋花柳、大叶醉鱼草（*Buddleja davidii*）、枸杞、胡颓子（*Elaeagnus pungens*）、小株木（*Cornus paucinervis*）、中华蚊母树、疏花水柏枝（*Myricaria laxiflora*）、细叶水团花（*Adina rubella*）；乔木：紫穗槐（*Amorpha fruticosa*）、水杉、枫杨、加拿大杨（*Populus canadensis*）、垂柳（*Salix babylonica*）；藤本：地瓜藤（*Ficustikoua*）。

长江三峡水库运行后，重庆市城区消落区植物群落发展趋势为：①在生活型上以一年生草本、多年生草本和灌丛为主。②在海拔高程上的分布应与原两江河岸消落区的植物群落一样，沿湿度梯度分布。③考虑原有植被组成情况、基质情况、坡度、土壤等因素，人工积极性干扰可能加快演替的速度。④适当采取人工措施，进行消落区绿化景观配置，充分发挥消落区植被美学价值和一定的社会经济效益。

在植物群落构成和物种多样性方面,王勇等(2001)对自然消落区进行植被本底调查,开展了有关植物区系、植物群落结构等方面的研究。2001年 3～6 月,对库区消落区植被进行了本底调查共采集标 1,500 余份,调查样方 145 个。通过标本鉴定、统计和资料搜集,按恩格勒有花分类系统和秦仁昌蕨类植物分类系统统计,研究结果表明,三峡水库自然消落区具维管植物 83 科 240 属 405 种。其中蕨类植物 9 科 10 属 15 种,裸子植物 1 科 1 属 1 种,被子植物 73 科 229 属 389 种。从生活型上看,多年生草本和以多年生草本为主的科、属最为丰富,均超过了本带各分类群的三分之一,一年生草本位居第二,灌木也较为丰富,而乔木、竹类和藤本所占比例较小,且生长低矮,呈灌木状,草丛和灌丛构成了本带植被的总体外貌;其区系成分复杂,地理联系广泛,温带占优势的亚热带性质表现明显,属种各有 14 个分布区类型和 13 个分布区亚型,表明该带与世界植物区系普遍的地理联系;水淹环境对本带维管植物的起源和分布起着重要的作用,世界广布科和广布属比例较高,且多为湿生或水生植物,中国特有属有川明参属(*Chuanminshen*)、虾须草属(*Sheareria*)、裸芸香属(*Psilopeganum*)和盾果草属(*Thyrocarpus*)等 4 属,地方特有种仅疏花水柏枝一种;水淹环境对植物空间分布格局的影响则表现为,干流消落区上部的物种丰富度高于中部、中部高于下部;消落区下部为以一年生草本植物为主的喜湿草丛,中部生长着以多年生植物为主的耐水淹的草丛、疏灌草丛和落叶阔叶灌丛,消落区上部则分布着较耐干旱的草丛、疏灌草丛和常绿阔叶灌丛类群;通过对消落区维管植物优势类型和表征类型的分析,可以确定主要生长于消落区中下部且在群落中发挥重要作用的多年生植物为耐水淹植物,这也为后来植物筛选的方向打下了一定基础。

王勇等在 2001 年 3～6 月在三峡库区消落区调查典型样方 122 个,其中灌木样方 32 个,样方大小为 5 m×5 m;草本样方 90 个,样方大小为 2 m×2 m。植物群落以样方为单位计算种的重要值。运用双向指示种分析法(TWINSPAN)和除趋势对应分析法(DCA)对三峡库区消落区植物群落进行了数量分类和排序分析。结果表明,122 个群落样方中共有 139 种植物。利用TWINSPAN 将 122 个样方分成 19 类,代表 19 个植物群落类型。他们主要包括了小叶蚊母树＋杭子梢群落(Form. *Distylium buxifolium* ＋ *Campylortropis macrocarpa*)、白马骨群落(Form. *Serissa serissoides*)、丝茅群落(Form. *Imperata koenigii*)、野古草群落(Form. *Arundinella anomala*)、南蛇藤群落(Form. *Celastrus orbiculatus*)、中华蚊母树群落(Form. *Distylium chinense*)、溪边野古草群落(Form. *Arundinella fluviatilis*)、疏花水柏枝＋秋华柳群落(Form. *Myricaria laxiflora* ＋ *Salix* variegata)、秋花柳群落(Form. *S. variegata*)、疏花水柏枝群落(Form. *M. laxiflora*)、犬问荆群落(Form. *Equisetum palustre*)、双穗雀稗＋狗牙根群落(Form. *Paspalum paspaloides＋Cynodon dactylon*)、狗牙根群落(Form. *C. dactylon*)、斑茅群落(Form. *Saccharum arundinaceum*)、菵草群落(Form. *Beckmannia syzigachne*)、球结苔草群落(Form. *Carex thompsonii*)、菵草＋球结苔草群落(Form. *B. syzigachne＋C. thompsonii*)、小灯心草＋看麦娘群落(Form. *Juncus bufonius＋Alopecurus aequalis*)、草木樨群落(Form. *Melilotus officinalis*)。以草本植物为主的群落有12个,其余为灌木群落类型,没有乔木植物群落类型。疏花水柏枝群落和疏花水柏枝＋秋华柳群落为消落区特有植物群落。从三峡库区消落区122个样方的TWINSPAN分类结果可以看出,由上到下植被分布于消落区上部的较耐干旱的河岸灌丛向下部喜湿的泛滥地草甸过渡,反映了明显的环境梯度。相对于三峡地区丰富多样的植被类型而言,物种较少、地方特有成分缺乏、群落组成简单、草本植被和灌丛构成植被的总体外貌,成为三峡库区消落区植被的基本特征说明周期性水淹和剧烈的江水冲击不利于高大植物的生长,体现了库区消落区的水淹环境对植被类型的巨大选择作用。DCA排序结果表明可将19个群落归为4个植被型:喜水湿的泛滥地草甸、耐水淹疏灌草丛、较耐水淹的落叶阔叶灌丛和较耐干旱的常绿阔叶灌丛。可见三峡库区消落区植物群落样方的DCA排序结果表明水淹时间和土壤湿度是这类植被类群分布差异的主因,分类结果反映了植物群落与环境梯度间的关系。

受三峡工程的影响,三峡库区消落区的植物保护也受到重视。在蓄水前自然消落区植被调查的基础上,中国科学院武汉植物园对三峡库区河岸带特有濒危植物疏花水柏枝、丰都车前、宜昌黄杨、荷叶铁线蕨、鄂西鼠李进行了迁地保护,并开展了一些保护生物学和逆境生物学的研究。王勇等(2002,2004)对丰都车前的地理分布、种群大小、群落学、分类学和生殖生物学进行了研究。丰都车前仅分布于三峡库区消落区的三个江心岛上,总共290株;其群落结构简单,物种少。同广布种车前和北美车前的繁殖生物学的比较研究表明:丰都车前果期长,种子不适宜长距离输移和植物的后代贡献率低可能是丰都车前狭域分布和数量稀少的主要原因。随着三峡水库的蓄水,丰都车前和疏花水柏枝的自然分布区已于2006年全部水淹,使其成为因三峡工程建设而导致的自然生境和野生居群全部毁灭的两种地方特有植物。这些植被调查的结果对三峡库区消落区的植物保护策略的制定提供了理论依据。

通过对三峡库区消落区维管植物区系的调查表明:该区域种类比较丰富,计有维管植物83科、240属、378种、26变种和2变型;地理成分复杂,联系广泛,温带成分占优势;区系组成表现进化性,生活型组成以多年生草本、一年生草本和灌木为主;地方特有成分不多,但中国特有种类比较丰富。疏花水柏枝和丰都车前为该区域的特有植物。通过对该区域 123 个群落样方资料的群落分析结果表明:三峡库区消落区植被可分为 4 个植被型,20个灌草植物群落;疏花水柏枝灌丛和丰都车前群落为本区域特有植被类群;分类结果反映了植物群落与环境梯度间的关系,同时表明水淹时间和土壤湿度是该区域植物群落组成和空间分布的主要限制性影响因子。在对疏花水柏枝地理分布、种群大小和群落结果调查和分析的基础上,开展了水柏枝属系统学、遗传学和繁殖生物学研究。结果表明疏花水柏枝仅分布于湖北宜昌至重庆巴南间的 12 个县级单元,31 个居群有 9 万余株。该物种具有喜温湿、耐水淹和生长反季的生长习性,具有种子多、易扦插的繁殖优势。疏花水柏枝灌丛由 12 个群落组成,具有物种少、水淹前后物种组成有差异的群落结构特点。对核糖体 DNA 间隔区(ITS)和叶绿体 psbA-trnH 基因间隔区序列的分析肯定了疏花水柏枝在水柏枝属中的分类地位,三峡库区可能是水柏枝属起源和扩散的次中心。利用等位酶分子标记,我们对 9 个自然居群和 1 个迁地居群的遗传多样性和结构进行了研究。结果表明,疏花水柏枝的自然居群中存在较高水平的遗传多样性,且迁地居群表现了高的遗传多样性。遗传多样性主要存在于居群内,只有 12.8% 的遗传变异出现在居群间。9 个自然居群间表现了较大的遗传隔离,并且只有低水平的基因流来维系居群间的遗传交换;已有的迁地保护对遗传完整性的保育是比较成功的,同时,以上这些遗传信息的获得和遗传材料的补充将对今后保护回归策略的制定起到重要的作用。对疏花水柏枝繁殖生物学的研究表明,土壤类型、土壤含水量和种子脱离果实的时间对种子发芽率的影响都极为显著;迁地保护居群的植物能正常开花结实,种子也能正常发芽。疏花水柏枝野外灭绝的主要原因是三峡工程建设而导致其野外生境消失,目前的保护措施是有效的。

5.3　三峡水库蓄水后水库消落区植被研究案例

5.3.1　实验设计与数据处理

1.植物物种分布调查

2009 年 6~8 月,对三峡水库干流及库湾消落区进行了植被本底调查。

利用 GPS 及航道图确定调查路线,干流调查从重庆开始,经长寿、涪陵、丰都、忠县、新田、万州、云阳、奉节、巫山、巴东至秭归三峡大坝,支流及库湾调查包括长寿龙溪河、涪陵乌江、丰都龙河、云阳杨溪河、奉节梅溪河、巫山大宁河、巴东神农溪、秭归香溪河及兰陵溪。

三峡水库消落区不同海拔地区,受淹程度各不相同,国内一些学者按照土地淹没与出露成陆的季节及时间将其划分为三个区段:145~160 m 区段,160~170 m 区段,170~175 m 区段。从植被生长的角度来看,三峡水库自 2003 年蓄水后至 2006 年 156 m 水位运行过程中,在 145 m 蓄水下限至 156 m 水位之间,水库消落区初步形成,植物群落结构逐渐趋于稳定和单一化。2010 年以后,水库蓄水稳定于 175 m 蓄水高程,在 165~175 m 高程较高消落区,野外仍有少量矮化及灌木化的桑树、杨树及枫杨生长,其植物群落结构较长期淹水的消落区下部不同,存在生态防护带的构建可能。按照近几年来三峡水库水位调节规律及其带来的植被分布特点,选择了 22 个调查地点,分别按 145~156 m 的消落区下部、156~165 m 的消落区中部和 165 m~172 m 的消落区上部,设置长 200 m 宽 5 m 的样带,共设置 66 个样带,详见表 5-1。在样带内采集标本,调查不同江段(川江及峡江)、不同流域(干流及库湾)以及不同消落区位置植物种类、数量、分布和生长情况。

表 5-1　2009 年三峡水库消落区 66 个样带坐标数据表

编号	地点	经度	纬度	海拔	群落优势种
1	长寿区龙溪河	E107°05′13.0″	N29°48′43.0″	155	双穗雀稗 *Paspalum paspaloides*
		E107°05′12.2″	N29°48′43.6″	162	葎草 *Humulus scandens*
		E107°05′11.5″	N29°48′44.1″	168	黄花蒿 *Artemisia annua*
2	长寿区长明港	E107°01′12.5″	N29°47′17.1″	154	酸模叶蓼 *Polygonum lapathifolium*
		E107°01′11.7″	N29°47′17.3″	160	黄花蒿 *Artemisia annua*
		E107°01′11.4″	N29°47′17.2″	170	一年蓬 *Erigeron annuus*

续表

编号	地点	经度	纬度	海拔	群落优势种
3	涪陵区乌江	E107°23′33.2″	N29°40′39.6″	156	狗尾草 Setaria viridis
		E107°23′33.4″	N29°40′38.6″	165	黄花蒿 Artemisia annua
		E107°23′33.5″	N29°40′38.2″	170	水花生 Alternanthera philoxeroides
4	涪陵区长江	E107°24′48.0″	N29°44′39.8″	154	狗尾草 Setaria viridis
		E107°24′47.2″	N29°44′39.9″	162	黄花蒿 Artemisia annua
		E107°24′46.6″	N29°44′39.9″	170	黄花蒿 Artemisia annua
5	丰都县长江	E107°40′51.0″	N29°51′48.9″	150	狗牙根 Cynodon dactylon
		E107°40′51.0″	N29°51′48.3″	164	苍耳 Xanthium sibiricum
		E107°40′51.1″	N29°44′47.9″	170	狼杷草 Bidens tripartita
6	丰都县龙河	E107°40′42.0″	N29°52′28.0″	150	狗牙根 Cynodon dactylon
		E107°44′43.7″	N29°52′28.1″	162	苍耳 Xanthium sibiricum
		E107°44′45.0″	N29°52′28.0″	170	土荆芥 Chenopodium ambrosioides
7	忠县长江	E108°03′12.0″	N30°18′10.3″	148	狗牙根 Cynodon dactylon
		E108°03′11.2″	N29°18′08.9″	156	苍耳 Xanthium sibiricum
		E108°03′10.9″	N29°18′08.2″	165	狼杷草 Bidens tripartita

编号	地点	经度	纬度	海拔	群落优势种
8	万州县新田镇	E108°23′28.4″	N30°41′41.7″	155	黄花蒿 Artemisia annua
		E108°23′27.9″	N30°41′41.6″	165	狼杷草 Bidens tripartita
		E108°23′27.2″	N30°41′41.6″	172	野艾蒿 Artemisia lavandulaefolia
9	万州县万州港	E108°23′47.0″	N30°41′16.0″	148	狗牙根 Cynodon dactylon
		E108°23′46.7″	N30°41′15.1″	160	狗尾草 Setaria viridis
		E108°23′46.4″	N30°49′14.2″	170	狼杷草 Bidens tripartita
10	云阳县彭溪河	E108°41′16.5″	N30°56′55.6″	152	狗牙根 Cynodon dactylon
		E108°41′16.1″	N30°56′54.2″	160	苍耳 Xanthium sibiricum
		E108°41′15.3″	N30°56′53.0″	170	反枝苋 Amaranthus retroflexus
11	云阳县长江	E108°42′47.9″	N30°55′07.5″	150	狗牙根 Cynodon dactylon
		E108°42′48.0″	N30°55′06.2″	162	苍耳 Xanthium sibiricum
		E108°42′48.0″	N30°55′05.4″	170	狼杷草 Bidens tripartita
12	云阳县旧址	E108°54′09.2″	N30°57′25.5″	148	狗牙根 Cynodon dactylon
		E108°54′09.0″	N30°57′24.2″	158	婆婆针 Bidens bipinnata
		E108°54′09.1″	N30°57′23.3″	170	反枝苋 Amaranthus retroflexus

续表

编号	地点	经度	纬度	海拔	群落优势种
13	云阳县旧址杨溪河	E108°54′08.1″	N30°57′45.5″	148	狗牙根 Cynodon dactylon
		E108°54′07.4″	N30°57′45.8″	160	苍耳 Xanthium sibiricum
		E108°54′06.9″	N30°57′46.0″	172	苍耳 Xanthium sibiricum
14	奉节县梅溪河	E109°31′25.7″	N31°03′02.9″	148	狗牙根 Cynodon dactylon
		E109°31′25.8″	N31°03′04.5″	160	美洲商陆 Phytolacca americana
		E109°31′25.7″	N31°03′06.1″	170	羽脉山黄麻 Trema laevigata
15	奉节县长江	E109°28′03.1″	N31°00′20.3″	146	狗牙根 Cynodon dactylon
		E109°28′03.9″	N31°00′21.7″	158	狗牙根 Cynodon dactylon
		E109°28′04.5″	N31°00′22.6″	168	苍耳 Xanthium sibiricum
16	巫山县大宁河	E109°53′28.9″	N31°04′20.4″	146	狗牙根 Cynodon dactylon
		E109°53′29.0″	N31°04′19.8″	160	狗尾草 Setaria viridis
		E109°53′29.2″	N31°04′18.6″	170	反枝苋 Amaranthus retroflexus
17	巴东县长江	E110°23′42.5″	N31°02′29.8″	150	狗牙根 Cynodon dactylon
		E110°23′42.0″	N31°02′30.4″	160	苍耳 Xanthium sibiricum
		E110°23′41.4″	N31°02′31.2″	168	狼杷草 Bidens tripartita

编号	地点	经度	纬度	海拔	群落优势种
18	巴东县巴东港	E110°19′30.6″	N31°02′30.8″	148	狗牙根 *Cynodon dactylon*
		E110°19′30.6″	N31°02′31.3″	160	苍耳 *Xanthium sibiricum*
		E110°19′30.6″	N31°02′31.5″	170	青葙 *Celosia argentea*
19	巴东县神农溪	E110°49′28.5″	N31°03′40.4″	148	狗牙根 *Cynodon dactylon*
		E110°49′27.7″	N31°03′40.2″	160	苍耳 *Xanthium sibiricum*
		E110°49′27.5″	N31°03′40.3″	168	黄花蒿 *Artemisia annua*
20	秭归县香溪河	E110°40′47.6″	N31°03′50.6″	150	狗牙根 *Cynodon dactylon*
		E110°40′48.1″	N31°03′50.9″	160	苍耳 *Xanthium sibiricum*
		E110°40′48.4″	N31°03′51.1″	172	反枝苋 *Amaranthus retroflexus*
21	秭归县兰陵溪实验基地	E110°55′12.6″	N30°51′55.4″	148	扁穗莎草 *Cyperus compressus*
		E110°55′11.7″	N30°51′55.3″	160	苍耳 *Xanthium sibiricum*
		E110°55′11.2″	N30°51′55.4″	170	狼杷草 *Bidens tripartita*
22	秭归县三峡大坝实验基地	E110°59′08.3″	N30°51′18.4″	148	狗牙根 *Cynodon dactylon*
		E110°59′08.9″	N30°51′18.3″	160	苍耳 *Xanthium sibiricum*
		E110°59′09.2″	N30°51′18.3″	172	十字马唐 *Digitaria cruciata*

2.植物群落调查

2010 年 6～7 月对巴南、长寿、涪陵、丰都、忠县、万州、开县、云阳、奉节、巫山、巴东、兴山、秭归等地区的三峡水库消落区干流及主要支流植物群落进行了调查。在每个调查地按照不同的海拔梯度,于 145～156 m(下)、156～165 m(中)、165～175 m(上)分别设置三个 10×10 m 的大样方,在大样方中沿对角线选取四个 1 m×1 m 的草本样方,四个 5 m×5 m 的灌木样方。由于水库消落区内几乎没有灌木生长,故主要记录草本样方数据。共选取样方 192 个,样方坐标数据详见表 5-2。记录样方内全部植物的高度、盖度、频度等数据,计算每个物种重要值。

表 5-2　2010 年三峡水库消落区 192 个样方坐标数据表

样地编号	地点	样方编号	经度	纬度	海拔	坡位	坡度	坡向
1	巴南 (BN)	1～4	E106°26′51.0″	N29°21′24.3″	153	下	5°	南偏西 30°
		5～8	E106°26′53.0″	N29°21′28.7″	162	中	5°	
		9～12	E106°26′54.3″	N29°21′31.3″	168	上	10°	
2	长寿 (CS)	13～16	E107°05′15.0″	N29°47′00.8″	154	下	10°	北坡
		17～20	E107°05′14.8″	N29°46′53.9″	160	中	20°	
		21～24	E107°05′15.1″	N29°46′50.4″	170	上	25°	
3	涪陵 (FL)	25～28	E107°19′49.0″	N29°44′27.6″	150	下	30°	南坡
		29～32	E107°19′48.9″	N29°44′29.9″	162	中	20°	
		33～36	E107°19′49.0″	N29°44′33.7″	170	上	20°	
4	丰都 (FD)	37～40	E107°50′05.9″	N29°59′05.9″	148	下	10°	西偏北 30°
		41～44	E107°50′07.0″	N29°59′00.7″	162	中	15°	
		45～48	E107°50′10.3″	N29°58′58.4″	170	上	15°	
5	忠县 (ZX1)	49～52	E108°09′12.9″	N30°23′51.1″	145	下	5°	西偏北 30°
		53～56	E108°09′15.1″	N30°23′47.6″	164	中	10°	
		57～60	E108°09′17.7″	N30°23′44.3″	170	上	15°	

续表

样地编号 No. of plots	地点 Site	样方编号 No. of quadrats	经度 Longitude	纬度 Latitude	海拔 Elevation	坡位 Location	坡度 Slope	坡向 Direction
6	忠县岛屿 (ZX2)	61～64	E108°05′22.6″	N30°22′28.4″	148	下	5°	北坡
		65～68	E108°05′22.9″	N30°22′24.7″	158	中	10°	
		69～72	E108°05′22.7″	N30°22′19.9″	170	上	10°	
7	万州县 (WZ)	73～76	E108°25′40.7″	N30°43′34.8″	148	下	5°	西坡
		77～80	E108°25′46.1″	N30°43′34.9″	156	中	10°	
		81～84	E108°25′49.3″	N30°43′34.5″	165	上	15°	
8	开县 (KX)	85～88	E108°28′42.8″	N31°09′00.4″	155	下	10°	东坡
		89～92	E108°28′39.2″	N31°09′00.1″	165	中	25°	
		93～96	E108°28′37.6″	N31°09′00.9″	172	上	30°	
9	云阳县 (YY)	97～100	E108°47′12.3″	N30°55′38.3″	148	下	10°	北偏西 30°
		101～104	E108°47′14.9″	N30°55′33.6″	160	中	10°	
		105～108	E108°47′17.2″	N30°55′29.7″	170	上	15°	
10	奉节县 (FJ1)	109～112	E109°24′13.2″	N31°00′49.8″	152	下	10°	南坡
		113～116	E109°24′13.0″	N31°00′53.6″	160	中	15°	
		117～120	E109°24′13.1″	N31°00′57.3″	170	上	25°	
11	奉节县 白帝城 (FJ2)	121～124	E109°34′33.6″	N31°02′45.4″	150	下	5°	西坡
		125～128	E109°34′36.7″	N31°02′45.3″	162	中	15°	
		129～132	E109°34′38.9″	N31°02′45.1″	170	上	25°	
12	巫山县 (WS)	133～136	E109°54′51.2″	N31°03′32.0″	148	下	10°	北坡
		137～140	E109°54′51.5″	N31°03′28.4″	158	中	15°	
		141～144	E109°54′51.3″	N31°03′25.8″	170	上	15°	
13	巴东县 (BD)	145～148	E110°18′03.6″	N31°01′58.7″	148	下	10°	西偏北 54°
		149～152	E110°18′07.4″	N31°01′54.3″	160	中	25°	
		153～156	E110°18′10.2″	N31°01′51.9″	172	上	30°	

续表

样地编号 No. of plots	地点 Site	样方编号 No. of quadrats	经度 Longitude	纬度 Latitude	海拔 Elevation	坡位 Location	坡度 Slope	坡向 Direction
14	兴山县 Xingshan County (XS)	157～160	E110°45′19.9″	N31°12′05.2″	148	下	15°	西坡
		161～164	E110°45′22.7″	N31°12′05.2″	160	中	25°	
		165～168	E110°45′24.9″	N31°12′05.1″	170	上	30°	
15	秭归县香溪河 Xiangxi River in Zigui County(ZG1)	169～172	E110°40′47.6″	N31°03′50.6″	150	下	5°	西偏南30°
		173～176	E110°40′48.1″	N31°03′50.9″	160	中	5°	
		177～180	E110°40′48.4″	N31°03′51.1″	172	上	10°	
16	秭归县兰陵溪 Lanling River in Zigui County(ZG2)	181～184	E110°55′12.6″	N30°51′55.4″	148	下	5°	西坡
		185～188	E110°55′11.7″	N30°51′55.3″	160	中	5°	
		189～192	E110°55′11.2″	N30°51′55.4″	170	上	5°	

3. 数据处理

(1)重要值计算

重要值作为研究某个种在群落中的地位和作用的综合数量指标,在植物群落研究中应用广泛,是相对密度、相对频度、相对优势度的总和,其值一般介于0～300之间。对三峡水库消落区植物群落而言,群落内多为草本,灌木和乔木较少,故本文采用相对频度、相对高度及相对盖度作为重要值的计算依据。

重要值＝(相对频度＋相对高度＋相对盖度)/3

相对频度＝(某种的频度/所有种的频度和)×100%

相对高度＝(某种的高度/所有种的高度和)×100%

相对盖度＝(某种的盖度/所有种的盖度和)×100%

(2)α 多样性计算

在对群落 α 多样性指数测定估计的过程中,为了综合考虑,避免单一选取造成的不足,故选取物种丰富度指数 S,Shannon-Wiener 多样性指数 H',Simpson 多样性指数 D,Pielou 的均匀度指数 Jsw,Alatalo 均匀度指数 Ea,种间相遇几率多样性指数 PIE,其中:

丰富度指数 $S=$ 样方物种数

Shannon-Wiener 多样性指数 $H'=-\Sigma P_i \ln P_i$

Simpson 多样性指数 $D=1-\Sigma P_i^2$

Pielou 均匀度指数 $Jsw=(-\Sigma P_i \ln P_i)/\ln S)$

Alatalo 均匀度指数 $Ea=[1/(\Sigma P_i^2)-1]/[\exp(-\Sigma P_i \ln P_i)-1]$

种间相遇几率多样性指数 $PIE=\Sigma[(N_i/N)(N-N_i)/(N-1)]$

以上 P_i 为种 i 的相对重要值；N_i 为种 i 的重要值；N 为种 i 所在样方的各个种的重要值之和；S 为种 i 所在样方的物种总数。通过 spss13.0 软件进行多元方差分析，比较不同海拔与地区间 α 多样性指数的差异。

(3)β 多样性计算

不同的 β 多样性指数应用的范畴不同，Wilson 等(1972)对 β 多样性指数做了比较全面的评价。针对三峡水库消落区植物群落现状，本文采用应用比较广泛的二元属性数据测定法，选取 Whittaker 指数 β_W，Cody 指数 β_C，Routledge 指数 β_R 以及 Wilson 和 Shmida 指数 β_T。

$$\beta_W=S/\alpha-1$$
$$\beta_C=[g(H)+l(H)]/2$$
$$\beta_R=[S^2/(2r+S)]-1$$
$$\beta_T=[g(H)+l(H)]/2\alpha$$

以上 S 为所研究系统中记录的物种总数；α 为各样方或样本的平均物种数；$g(H)$ 是沿生境梯度 H 增加的物种数目；$l(H)$ 是沿生境梯度 H 失去的物种数目；r 为分布重叠的物种对数。

β_T 对沿环境梯度的群落更替具有更直观的反应，而三峡水库各个地区基本处于同一气候分布类型，由上游向下并没有构成明显环境梯度(温度、湿度等)，故需考虑 β_T 的适用范围。对于 β_C，不能有效独立于 α 多样性指数。综合考虑使用不假设环境结构更为广泛的 β_W 等指数作为测定标准。

(4)统计分析

测定不同地区不同海拔下 α 多样性指数，通过 spss13.0 软件，调整显著性水平为 0.05，通过方差分析模块下的 Duncan 方法对其进行比较。

测定不同地区间，由上部消落区到中部消落区，以及由中部消落区到下部消落区的 β 多样性指数，并对其进行配对均值比较。

以 β_W 为标准，测定三个海拔下，不同地区间的 β 多样性指数，通过 spss13.0 软件，调整显著性水平为 0.05，通过方差分析模块下的 Duncan 方法对不同海拔进行比较。

(5)计算因子得分模型

因子分析是指研究从变量群中提取共性因子的统计技术，最早由英国心理学家 C. E. 斯皮尔曼(1976)提出。其主要目的是用来描述隐藏在一组测量到的变量中的一些更基本的,但又无法直接测量到的隐性变量。在社会科学和部分自然科学的研究中,因子分析多用于提取因子的成因性分析及总体得分排序,而每个提取因子下各变量的得分排序分析则使用较少。

一个典型案例来源于社会科学中城市间综合实力的比较,测量一个城市综合发展程度可能使用到诸多变量,如经济条件、交通条件、教育医疗条件、文化发展等,不同的城市在不同指标上可能各有所长。对城市发展的因子模型建立后,我们希望知道每个城市综合的情况,即哪些城市较发达,哪些中等发达,哪些发展较慢等。这时需要将公共因子用变量的线性组合来表示,也即由实际测量的各项指标值来估计它的因子得分。

另一自然科学的案例来源于水体污染物的评价,实际测量水体污染物种类较多,使用因子分析对所有测量指标进行因子提取,所提取的公因子可能直接将各指标划分为工业污染物、农业污染物及居民生活污染物等,便于对不同污染源的地区进行针对性治理。

而对于植物群落结构而言,在考虑植物群落成因的同时,我们更期待于探索群落内部各个植物种之间的关系,例如:哪种植物更倾向于形成单优群落;群落内部的几种植物间存在怎样的关系(竞争,互利共生等);一个沿环境梯度变化的群落结构其稳定性如何或处在群落演替的哪个阶段。

由于水库消落区在不同海拔植被分布不同(多样性差异),在进行模型分析时将水库消落区划分为上中下三部分。使用 spss13.0 软件提供的因子分析模块,以植物重要值为原始数据,对不同地区进行因子提取,得到拥有不同植被分布的数个公因子,即植被分布因子得分模型。由于每种因子都有可能代表了一种乃至几种环境因素或人为因素,故本研究弱化了代表各植被分布类型的因子成因,而侧重于不同海拔下的植物群落结构。关注每个主要提取因子下的变量(植物物种)排序,就可以模拟该地区的植物群落结构,因子得分代表了该海拔下每种植物在不同群落中的优势程度。对模型进行评价,并对模拟群落结构进行分析。

(6)植物群落稳定性及植物适应对策分析

自 20 世纪初以来,演替成为生态学中最重要而又多争议的基本概念之一。在一个从未生长过植物或者原来群落被完全破坏而不复存在的裸地上,一旦有植物种的个体或繁殖体迁入或以某种方式传播而出现,并开始定居、生长发育并繁衍后代,那么该裸地上的演替便已发生。对于三峡地区而言,原有的自然消落区已经全部处于淹水线以下,新形成的水库消落区生存环境已发生了较大改变,在周期性反季节水淹环境下,形成了大量次生裸地,而众多水库消落区植物则在该环境下生长繁衍。

Grime(1989)提出了植物适应对策的 C-R-S 对策模型,R-对策种适应于临时性资源丰富的环境;C-对策种生存于资源一直处于丰富的生境中,竞争力强,称为竞争种;S-对策种生存于资源较为贫瘠的生境,抗逆性强,称之为耐胁迫种。次生演替过程中物种对策的格局是可以预测的,一般先锋种为 R-对策种,演替中期多为 C-对策种,而顶级群落中多为 S-对策种。

Tilman(1985)基于植物资源竞争理论,提出资源比率理论,该理论认为一个种在限制性资源比率为某一值时表现为强竞争者,而当限制性资源比率改变时,因为种的竞争力不同,组成群落的植物中也随之改变。演替是通过资源的变化而引起竞争关系变化而实现的。

本节将通过 Grime 的适应对策演替理论和 Tilman 的资源比率理论对三峡水库消落区植物群落进行分析,以期对该地区群落结构,稳定性及演替方向作出预测,为三峡水库消落区植物恢复提供一定依据。

5.3.2　研究结果

1. 科属种及生活型统计分析

在对植物分布的调查中共采集标本 300 余份,通过标本鉴定、统计和资料搜集,按恩格勒有花分类系统和秦仁昌蕨类植物分类系统统计,三峡水库消落区共有维管植物 61 科 169 属 231 种,其中包括 8 个变种和 2 个亚种。

(1)科的大小组成

在本次调查中,三峡水库消落区没有超过 30 种以上的较大科。物种数在 10～29 种的中等科有菊科(Asteraceae)(19∶28)(属数∶种数)、禾本科(Poaceae)(22∶26)、豆科(Leguminosae)(12∶14)、莎草科(Cyperaceae)(5∶14)、唇形科(Lamiaceae)(8∶11)、大戟科(Euphorbiaceae)(5∶10)。中等科所占比例仅为 9.84%,但占有物种数的比例为 45.03%;单种科所占比例达到 47.54%,但所占物种数的比例仅为 12.55%。

在自然消落区调查结果中,以小科和单种科最多,二者共计 73 科,约占总科数的 90%;没有出现大于 100 种的大科。自然消落区和水库消落区维管植物科的大小统计见表 5-3。

表 5-3　三峡水库消落区维管植物科的大小统计

调查区域	类别及比例	单种科 1 spp/ Fam	小科 2～9spp/ Fam	中等 10～29spp/ Fam	较大科 ≥30spp/ Fam	合计
自然消落区	科	34	39	7	3	83
	比例	40.96	47.00	8.43	3.61	100.00
水库消落区	科	29	26	6		61
	比例	47.54	42.62	9.84		100.00
自然消落区	属	34	86	43	77	240
	比例	14.17	35.83	17.91	32.08	100.00
水库消落区	属	29	68	72		169
	比例	17.16	40.24	42.6		100.00
自然消落区	种	34	157	90	124	405
	比例	8.40	38.77	22.22	30.50	100.00
水库消落区	种	29	98	104		231
	比例	12.55	42.42	45.03		100.00

(2)属的大小组成

对水库消落区的调查结果表明,没有发现物种数在 10 种以上的大属,多种属仅蓼属(*Polygonum*)(7)(种数),莎草属(*Cyperus*)(8),反映了这些属植物适应水淹的特性。水库消落区存在大量寡种属和单种属,尤其是单种属,占据了总属数的 78.11%,而这两类所辖的物种占总物种的 92.64%(表 5-4)。通常单种属和寡种属的植物多为一些过渡种类和新生种类,表明现阶段三峡水库消落区植被生长环境的不稳定性较高。而在自然消落区的调查中,含种数最多的是蓼属(10),其次是婆婆纳属(*Veronica*)(7)和蒿属(*Artemisia*)(7)。

表 5-4　三峡水库消落区维管植物属的大小统计

调查区域	类别及比例	单型属	单种属 1spp. /gen.	寡种属 2~5spp. /gen.	多种属 6~10spp. /gen.	合计
自然消落区	属	8	137	92	3	240
	比例	3.33	57.08	38.33	1.25	100.00
水库消落区	属	2	132	33	2	169
	比例	1.18	78.11	19.53	1.18	100.00
自然消落区	种	8	137	236	24	405
	比例	1.98	33.83	58.27	5.93	100.00
水库消落区	种	2	132	82	15	231
	比例	0.87	57.14	35.50	6.49	100.00

(3)生活型的组成

目前三峡水库消落区植被生活型以草本植物为主,其中一年生草本所占物种数比例为45.46%,多年生草本为32.47%(表5-5),乔木、灌木以及藤本的比例都相对较少。草本植物群落往往出现于植被群落演替的初期,相对于三峡自然消落的植被群落结构,现在的水库消落区植被群落呈现了一定退化的趋势,这也是与现阶段下水库周期性、高强度、反季节的水淹密不可分的。

表 5-5　三峡水库消落区维管植物生活型统计

调查区域	生活型	乔木	竹类	灌木	藤本	一年生草本	多年生草本
自然消落区	种数	14	2	88	21	118	162
	比例	3.46	0.49	21.73	5.19	29.13	40.00
水库消落区	种数	13	1	22	15	105	75
	比例	5.63	0.43	9.52	6.49	45.46	32.47

2.三峡水库消落区不同地区间植被比较结果

通过 spss13.0 软件的分层聚类分析程序,以植被出现频率为指标,(出现计 1,不出现计 0),通过地区间相似系数,对所有调查地区进行分层聚类分析,生成树状聚类图(图 5-1),其中 A～V 分别代表不同的调查区域。

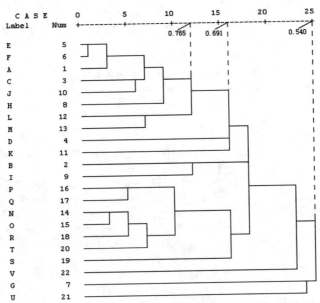

图 5-1　2009 年三峡水库消落区 22 个调查地区植物分布分层聚类结果

注:A 长寿区龙溪河,B 长寿区长明港,C 涪陵区乌江,D 涪陵区长江,E 丰都县长江,F 丰都县龙河,G 忠县长江,H 万州县新田镇,I 万州县万州港,J 云阳县彭溪河,K 云阳县长江,L 云阳县旧址,M 云阳县旧址杨溪河,N 奉节县梅溪河,O 奉节县长江,P 巫山县大宁河,Q 巴东县长江,R 巴东县巴东港,S 巴东县神农溪,T 秭归县香溪河,U 秭归县兰陵溪实验基地,V 秭归县三峡大坝实验基地。

从总体上来看,2009 年调查的 22 个调查地可以划分为如下几个区域:A,C～F,H,J～M 构成的三峡重庆段至奉节以西川江段植被,N～T 构成奉节起至秭归三峡大坝的峡江段植被,B,I 组成的港口区植被,U,V 两个实验基地植被和 G 代表的忠县调查地区。从相似系数上可以看到,由于生境相似度较高,地区间植被相似性大于 50%,为了较为清楚反应树状图的分类结果,选取分类值 0.691 为分类阈值,将植被整体分为六类,这样既保证聚类区域间有 70% 左右植物物种相似,又可以有效区分川江、峡江、港口、实验区等主要分类类群。这样划分能比较真实地反应目前消落区植被分布受人类活动,实验基地的建立和局部微地形的影响。消落区植被在某些局部地区呈现了不同于整体的分布状况。

主要支流和干流之间,植被种类分布没有明显差异,不同的地形和人为干扰强度对于植被种类分布有着一定的影响。

3.三峡水库消落区不同海拔间植被 α 多样性单因素方差分析结果

三峡水库消落区不同海拔间植被 α 多样性指数单因素方差分析结果如表 5-6 所示。

表 5-6 α 多样性指数单因素方差分析结果

多样性指数	上部		中部		下部	
	Mean	CV	Mean	CV	Mean	CV
S	16.9±6.3a	0.374	14.1±5.6a	0.396	5.5±5.0b	0.902
H'	2.574±0.349a	0.136	2.386±0.415a	0.174	1.312±0.643b	0.490
D	0.907±0.031a	0.034	0.885±0.054a	0.061	0.647±0.180b	0.278
J	0.932±0.016a	0.018	0.928±0.033ab	0.035	0.898±0.057b	0.064
E	0.862±0.039a	0.046	0.865±0.057a	0.065	0.849±0.057a	0.067
PIE	1.465±0.192b	0.131	1.532±0.322b	0.210	2.467±1.211a	0.491

由表 5-6 可知,下部消落区植物群落在物种丰富度的三个指标上(S,H',D)明显低于中上部消落区,差异显著;对于 Pielou 均匀度指标 J,下部消落区低于中、上部,Pielou 均匀度从下部到上部形成了一定的过渡;对于 PIE,下部消落区种间相遇几率明显高于中上部,差异显著。

4.三峡水库消落区不同海拔与地区间植被 β 多样性比较

(1)三峡水库消落区同一地区不同海拔植被 β 多样性比较(表 5-7)

表 5-7 不同海拔变化 β 多样性指数比较

β多样性指数	上部到中部		中部到下部		配对样本 T 检验
	Mean	CV	Mean	CV	P 值
$β_W$	2.361±0.536	0.227	2.358±0.460	0.195	0.582
$β_C$	9.219±2.681	0.291	7.344±3.131	0.426	0.099

β 多样性指数	上部到中部		中部到下部		配对样本 T 检验
	Mean	CV	Mean	CV	P 值
β_R	15.800±4.866	0.308	13.280±6.885	0.518	0.195
β_T	1.249±0.378	0.303	1.373±0.328	0.239	0.085

由表 5-7 可知,对相同地区不同海拔间消落区植被,四种 β 多样性指数进行配对均值比较,P 值均大于 0.05,可知由上部消落区到中部消落区,以及由中部消落区到下部消落区,其 β 多样性没有显著性差异。

(2)三峡水库消落区不同地区相同海拔间植被 β 多样性比较(表 5-8)

表 5-8　β 多样性指数单因素方差分析结果

多样性指数	上部		中部		下部	
	Mean	CV	Mean	CV	Mean	CV
β_W	2.373±0.336a	0.141	2.465±0.411a	0.167	1.562±0.595b	0.381 *
β_C	11.800±3.516a	0.298	9.633±2.705a	0.281	3.400±2.888b	0.849 *
β_R	19.657±6.175a	0.314	16.340±4.945a	0.303	5.685±5.367b	0.944 *
β_T **	0.298±0.090b	0.303	0.389±0.140b	0.360	0.517±0.271a	0.525 *

* 涪陵地区下部消落区样方内植被特异性较强,造成 CV 值整体偏高

** β_T 适用范围有限,以 β_W 为测定标准。

由表 5-8 可知,在选取 β_W 为测定标准时,三峡水库消落区不同地区间,植被 β 多样性上部和中部差异不显著,下部明显偏低。

5. 三峡水库消落区不同海拔植物群落因子得分模型分析结果

对不同地区进行因子提取,得到拥有不同植被分布的数个公因子。对模型进行检验,并使累计贡献率大于 70%,保证模型拥有足够信息量,具体数据见表 5-9。按照第一因子得分大小进行排列作图(图中已列出单个因子贡献率),为保证因子得分的可对比性,对原始因子得分进行贡献率加权处理。

表 5-9　因子得分模型检验表

位置	公因子数量	累计贡献率	KMO 检验
上部	6	71.49％	0.759
中部	6	74.33％	0.779
下部	4	89.37％	pass

由图 5-2 可以看出,在水库消落区上部,形成了以狗尾草为优势种,龙葵为亚优势种的主要植物群落,其他的还有以狼杷草(*Bidens tripartita*)群落、黄花蒿(*Artemisia annua*)群落、十字马唐(*Digitaria cruciata*)群落和野黍(*Eriochloa villosa*)-葎草共优群落等。狗尾草竞争力比较强,占据了第一因子中的优势地位,黄花蒿、狗牙根、苍耳、狼杷草、牛鞭草、十字马唐、野黍等植物则倾向于形成各自的单优或共优群落,避免与狗尾草的竞争。龙葵、野胡萝卜(*Daucus carota*)、酸模叶蓼等植物则占据了各群落中的主要从属地位。

由图 5-3 可以看出,在水库消落区中部,主要的植物群落为狗牙根-水花生-苍耳-狼杷草的共优群落以及狗尾草的单优群落。此外,狗牙根和狼杷草还形成了各自的优势群落。狗牙根-水花生-苍耳-狼杷草的共优群落同狗尾草的单优群落间竞争明显,野黍,十字马唐,黄花蒿,苍耳等植物生长受到抑制,在群落中优势度下降。

由图 5-4 可以看出,在水库消落区下部,由于环境因子影响显著,狗牙根的竞争力最强,其所代表的单优群落贡献率达 61.49％。狗尾草、扁穗莎草(*Cyperus compressus*)、苍耳等植物也形成了自己的群落,但竞争力明显不足。

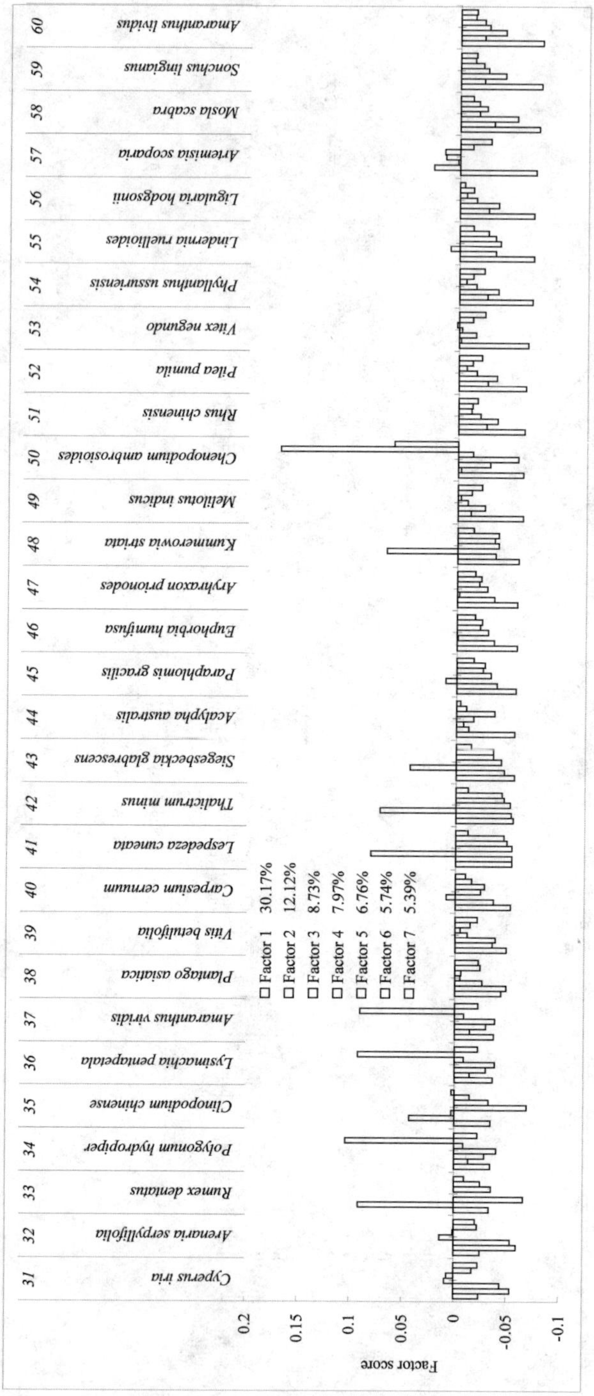
Factor score
0.2
0.15
0.1
0.05
0
-0.05
-0.1
□ Factor 1 30.17%
□ Factor 2 12.12%
□ Factor 3 8.73%
□ Factor 4 7.97%
□ Factor 5 6.76%
□ Factor 6 5.74%
□ Factor 7 5.39%
31 Cyperus iria
32 Arenaria serpyllifolia
33 Rumex dentatus
34 Polygonum hydropiper
35 Clinopodium chinense
36 Lysimachia pentapetala
37 Amaranthus viridis
38 Plantago asiatica
39 Vitis betulifolia
40 Carpesium cernuum
41 Lespedeza cuneata
42 Thalictrum minus
43 Siegesbeckia glabrescens
44 Acalypha australis
45 Paraphlomis gracilis
46 Euphorbia humifusa
47 Arthraxon prionodes
48 Kummerowia striata
49 Melilotus indicus
50 Chenopodium ambrosioides
51 Rhus chinensis
52 Pilea pumila
53 Vitex negundo
54 Phyllanthus ussuriensis
55 Lindernia ruellioides
56 Ligularia hodgsonii
57 Artemisia scoparia
58 Mosla scabra
59 Sonchus lingianus
60 Amaranthus lividus

Continuing

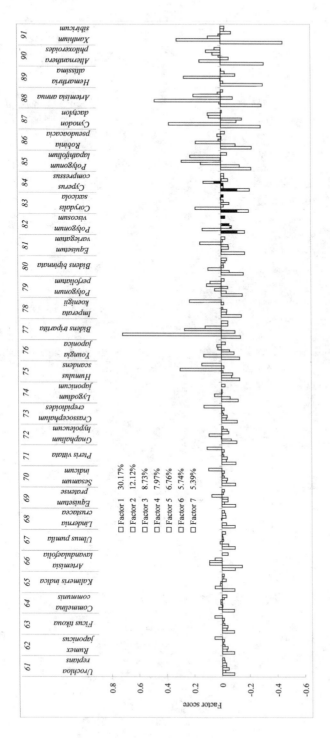

图 5-2　三峡水库消落区上部植物群落结构因子得分图

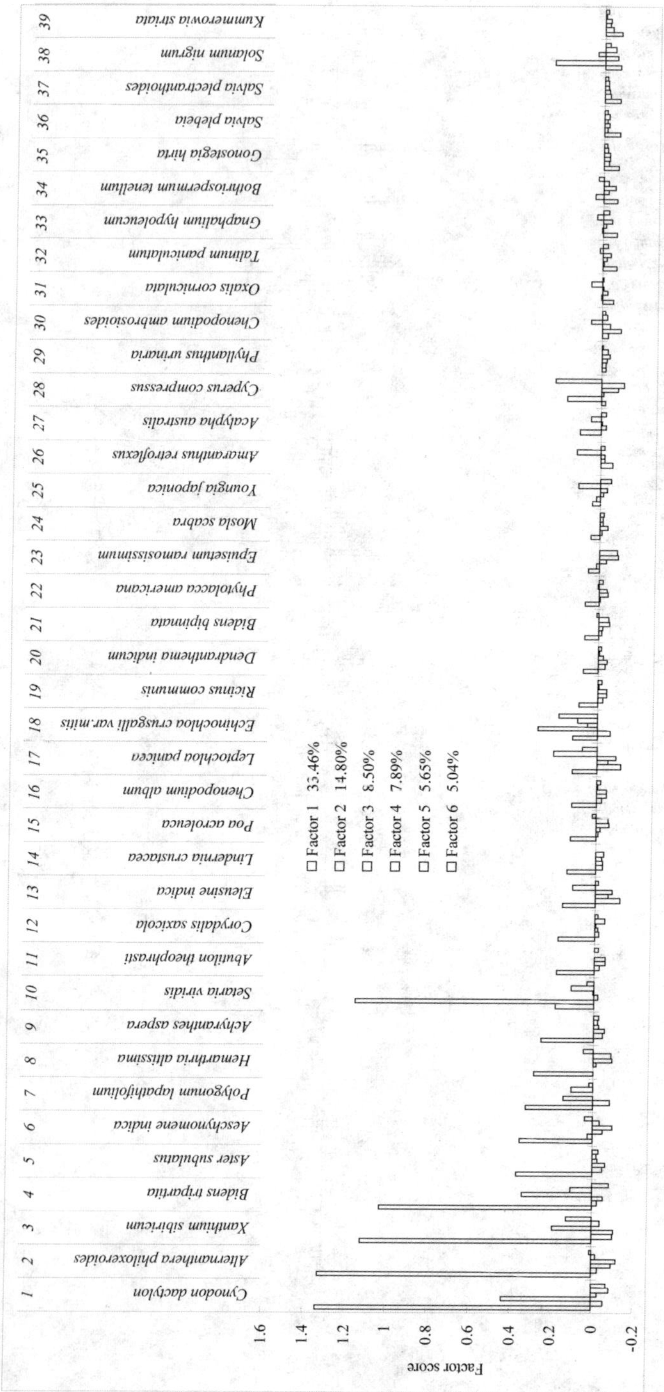
Factor score
1.6
1.4
1.2
1
0.8
0.6
0.4
0.2
0
-0.2
Factor 1 33.46%
Factor 2 14.80%
Factor 3 8.50%
Factor 4 7.89%
Factor 5 5.65%
Factor 6 5.04%
1 Cynodon dactylon
2 Alternanthera philoxeroides
3 Xanthium sibiricum
4 Bidens tripartita
5 Aster subulatus
6 Aeschynomene indica
7 Polygonum lapathifolium
8 Hemarthria altissima
9 Achyranthes aspera
10 Setaria viridis
11 Abutilon theophrasti
12 Corydalis saxicola
13 Eleusine indica
14 Lindernia crustacea
15 Poa acroleuca
16 Chenopodium album
17 Leptochloa panicea
18 Echinochloa crusgalli var.mitis
19 Ricinus communis
20 Dendranthema indicum
21 Bidens bipinnata
22 Phytolacca americana
23 Equisetum ramosissimum
24 Mosla scabra
25 Youngia japonica
26 Amaranthus retroflexus
27 Acalypha australis
28 Cyperus compressus
29 Phyllanthus urinaria
30 Chenopodium ambrosioides
31 Oxalis corniculata
32 Talinum paniculatum
33 Gnaphalium hypoleucum
34 Bothriospermum tenellum
35 Gonostegia hirta
36 Salvia plebeia
37 Salvia plectranthoides
38 Solanum nigrum
39 Kummerowia striata

Continuing

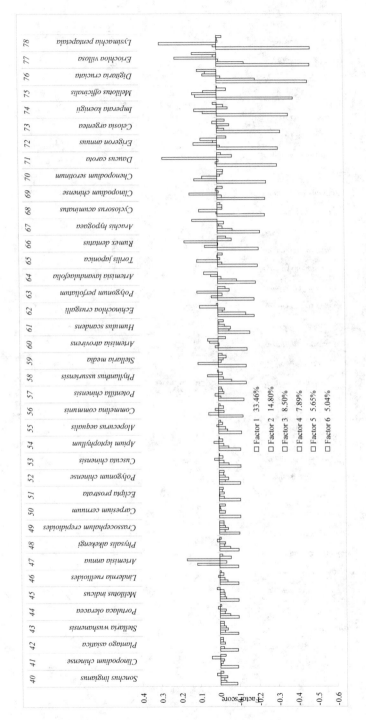

图 5-3 三峡水库消落区中部植物群落结构因子得分图

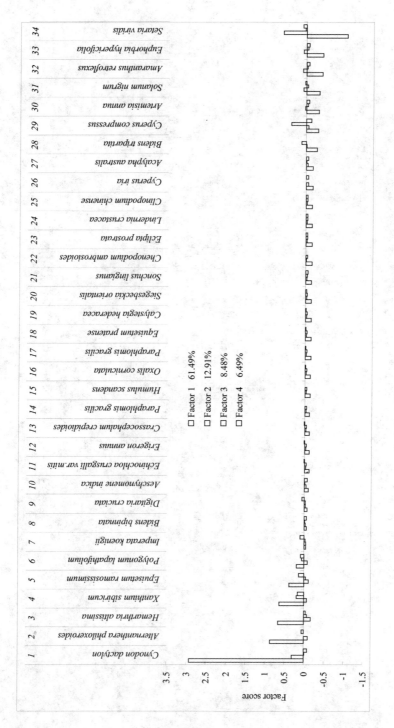

图 5-4　三峡水库消落区下部植物群落结构因子得分图

5.3.3　分析与讨论

1.植物物种的变化

2001 年调查的主要范围是三峡水库修建以前的自然消落区,其水位变化符合江河水位自然消落规律。调查结果显示,自然消落区分布有维管植物有 83 科 240 属 405 种。水库蓄水后,自然消落区已经全部位于淹水线以下,新形成的水库消落区经历几年的周期性水位涨落后,其植被分布已经渐趋稳定。虽然水库消落区与三峡工程建成前的自然消落区的调查样地不同,但调查的区域都是在受水位涨落变化而形成的消落区内,而且调查地分布基本相同,都是选取了由重庆至秭归的长江三峡段,样地设置均位于沿途主要区县,均属三峡消落区的范畴,地理区间和主要环境胁迫因子相同。因此,两种消落区的植被分布存在可比性。在样方调查的范围内,与 2001 年三峡工程建成前的自然消落区相比,水库消落区内分布的维管植物的科减少了 26.51%,属减少了 29.58%,种减少了 42.96%。

2.科的变化

为了便于与已有结果的比较,我们在此采用王勇等(2001)对科大小的划分标准。与自然消落区相比,水库消落区植被种类整体呈现缩减趋势,以前的较大科变为现在的中等科,中等科变为小科或消失,一部分小科消失或变为单种科。超过 30 种的较大科菊科(30∶54)、禾本科(28∶39)、豆科(19∶31) 植物的物种种类减少近一半(王勇等 2001),在 2009 年水库消落区内为菊科(19∶28)、禾本科(22∶26)、豆科(12∶14)。2001 年对自然消落区的调查中,10～29 种的中等科有 7 科,即蓼科(4∶16)、唇形科(9∶15)、蔷薇科(6∶14)、玄参科(6∶12)、毛茛科(5∶11)、十字花科(5∶11)、伞形科(8∶11)。本次的调查中为蓼科(2∶9)、唇形科(8∶11)、蔷薇科(2∶2)、玄参科(4∶5)、毛茛科(1∶1)、十字花科(0∶0)、伞形科(3∶3),其中以毛茛科、玄参科、蔷薇科、伞形科为代表,物种减少较多,十字花科在调查中没有发现,这可能与调查时间有关。

上述结果表明,水淹深度、水淹时长可能为影响消落区植被变化中最为重要的环境因子,这种影响在水库消落区 156 m 以下更加明显。反季节性水淹对于二年生或多年生草本的冲击十分剧烈,长期水淹环境对于三峡地区原有的许多多年生草本和灌木有着致命的影响。相反的,蓼科,唇形科中的一些一年生草本,能在涨水前基本完成生活史,且由于种子可随水流扩散,在物种减少的过程中受到影响相对较低。

相比于成库前的自然消落区,145 m 以下植物被永久性淹没全部死亡,消落区范围的植物在冬水夏陆、水位反复淹没及失去生长基质的情况下大多数难以成活。兰科、无患子科、怪柳科植物的生存受到严重威胁,菊科、蔷薇科、禾本科、大戟科植物的生存受到较大影响。部分耐季节性水淹的一年和多年生禾本科植物、耐短季节性淹水的灌木、耐水且树冠基本上或部分在淹水面以上的乔木(极少数可耐短期没顶淹没的乔木)有可能在消落区不同高程地段继续生存。在水库消落区 175 m 以下的植被中,草本尤其是一年生草本和部分多年生将占据优势。在消落区植被恢复选择适应水淹生境物种过程中,应分别从植物的生活史、生理学和形态学等角度进行筛选,尤其应重视生活史适应策略植物的应用。现阶段消落区水淹后,现有的优势草本可以作为三峡库区未来消落区植被恢复的备选物种,包括禾本科的狗牙根、牛鞭草、双穗雀稗等。

3. 属的变化

三峡水库消落区地理水文环境复杂,存在大量寡种属及单种属,多种属仅蓼属(7)(种数)及莎草属(8),且多为适应水生生长的种类。2001 年自然消落区调查中多种属为蓼属(10)、婆婆纳属(7)和蒿属(7)。原有的三个大属中,蓼属变化不大,但蒿属植物种类减少,玄参科婆婆纳属植物多为多年生草本,受到水淹冲击较大,在调查中没有发现。

属的变化趋势和科基本一致,最显著的变化来源于寡种属比例的减少,由 38.33% 减少到了 19.53%,单种属数量变化不明显但是比例大幅上升,由 57.08% 上升到了 78.11%,此外单型属也从之前的 8 个减少到了 2 个。一些寡种属变为单种属,另一部分寡种属和一部分单种属消失。这也更进一步说明了环境变化迅速和生长条件恶劣。对于目前水库消落区的周期性水淹环境,更多的寡种属和单种属有可能会逐渐消失,植物物种将会趋于单一化。受淹没影响最大的属有金缕梅科蚊母树属、茜草科水杨梅属、马钱科醉鱼属、豆科羊蹄甲属,以及禾本科的芦竹属、类芦属、斑茅属。

4. 生活型的变化

与 2001 年自然消落区调查相比,灌木和多年生草本植物比例下降,多年生草本由 40.00% 减少到了 32.47%,灌木的减少尤其严重,由 21.73% 减少到了 9.52%。从种类上看,有 3/4 的灌木物种消失。生活型的变化主要显示了三峡地区水文条件变化对当地植被造成的影响强度,可见这两类生活型植被对于反季节性和长期水淹的抗性是较差的。

对于建坝之前的三峡地区,多有一些喜湿小灌木和多年生草本生长于水边,构成了该地区独特的物种分布和群落格局,以宜昌黄杨为例,其生长较为缓慢,且繁殖多为营养繁殖。由于三峡库区蓄水的反季节化,不但使得植株生长受阻,且水淹时间过长更会使得植株体由于缺氧而整株死亡,而这其中又不乏有多种国家保护物种和当地特有种,如荷叶铁线蕨、疏花水柏枝、鄂西鼠李、丰都车前等。

总体上,蓄水后消落区范围内原有的大多数陆生乔木、灌丛、草丛将难以适应新的湿地生境而死亡消失,原植被将出现“乔-灌-灌草-草”的演化趋势,物种多样性大为减少,群落结构趋于简单。消落区顶部少量乔木和中下部耐季节性淹水的少量灌、草丛,构成密度稀疏、零星块状散布的湿地植被,蓄水相当长一段时期后,植物群落经漫长演化而渐趋稳定。

5.物种空间分布

(1)干流物种分布

三峡水库消落区以奉节为界,干流植被物种分布有一定差异,上游川江段江面较宽,江水流速较慢,沿岸地势多为缓坡滩涂,有较多泥沙淤积,土层也比较厚,下游峡江段江面迅速变窄,江水湍急,沿岸多为碎石坝,且坡度较大,土壤较为贫瘠。

不同的土壤和地势,对植被有一定的筛选作用。川江段流域消落区,水库消落区多为 15°以下且基质有保证的低平缓区段;而峡江段多为 15°以上的陡坡区段基岩裸露,基本无植被覆盖。缓坡在水退时,受到流水冲刷影响较小,对于其上生长的植被,影响也相应较小,一些根系较浅的植被可以得到保留,植被的种子也比较容易在水退时留存于土壤中;而陡坡受到流水冲刷影响较大,土壤相对较薄,原本生长于石缝中的植被在长期水淹后死亡,其种子又很容易随流水被冲走,因此消落区植被在不同的江段上呈现出了不同的植被分布状况。

(2)库湾支流以及港口物种分布

对水库消落区的调查涉及了三峡地区的众多库湾及支流,从重庆市长寿区开始,包括长寿龙溪河、涪陵乌江、丰都龙河、云阳澎溪河、云阳旧址杨溪河、奉节梅溪河、巫山大宁河、巴东神农溪、秭归香溪河至秭归三峡大坝为止。库湾植被分布状况和干流相似,没有较大差异。

植被物种分布差异不明显,主要由于库湾地区相对于同地区干流植被,生活环境较为相似,受到水淹的时间长短和强度也比较一致。一些支流中上游地区,地理位置较为复杂,水位变化较快,只在支流汇入干流的河口地区形成了明显消落区。一些港口地区,包括长寿区长明港(B),万州县万州港（Ⅰ），相对于川江段和峡江段植被，处在另一个分类群中，其相似系数为0.763。这两个调查地有着较为相似的地理环境，体现在两个方面：①人为干扰较为严重，港口区相对于农业种植区和自然消落区，是一个人类活动比较频繁的区域。②这两个地区均有石头筑坝，植物多生长于石缝中，仅在下部有一些土壤和淤泥。可见，人类活动对于三峡水库消落区植被的影响也是不能忽视的。

在秭归地区，笔者调查了兰陵溪和秭归港两个实验基地，兰陵溪实验基地位于秭归兰陵溪，随地势向内延伸，形成了一个天然弯道，许多三峡地区特有种在这里种植保种，植被覆盖率，植被多样性都比较高，从整体分布上，呈现出了和消落区其他地段植被较为不同的植被分布。秭归港实验基地位于秭归屈原祠，作为三峡水库消落区干流植被恢复的一个重要实验基地，本次调查中，该地区植被也呈现出了不同于其他地区的特异性植被分布。

6. 三峡水库消落区物种多样性变化

在 α 多样性指数中，物种丰富度是物种多样性测度中较为简单且生物学意义明显的指数。物种均匀度从一定程度上反映了群落演替过程中的稳定性，均匀度较高的群落稳定性相对较差，均匀度较低的群落稳定性相对较高，并更接近演替终点。此外，种间相遇几率指数反映了群落内植物间的相互依存关系，相遇几率较大的植物群落，其植物间相互依存性更强。α 多样性测度下，丰富度变化明显，物种呈现减少的趋势；但均匀度变化不明显或下部略低，可见下部水库消落区植被更单一，稳定性相比中上部反而略高，这主要是由于在高强度的水淹环境下，除狗牙根等少数植物容易形成稳定群落外，其他植物都很难定居所致；种间相遇几率下部消落区也显著高于中上部，可见下部消落区植物间相互依存性更强，这主要是由于其物种数较少所致，且物种数和种间相遇几率往往成反比。

β 多样性可以定义为沿环境梯度的变化物种替代的程度。不同群落或某环境梯度上不同点之间的共有种越少，β 多样性越大，其生境多样性越丰富。β 多样性测度下，由上部到中部再到下部，β 多样性指数变化不明显，说明在水淹环境的影响下，随着海拔下降，水库消落区植物物种的替代性减少是均质的，但这也可能由于梯度较少所致（仅有上中下三个梯度），如果要更进一步了解不同海拔的消落区物种替代的速度差异，则应该考虑在海拔上增加调查梯度。物种替代程度从一定角度反映了水库消落区植物对水淹环境的响应程度，物种替代程度越大，则说明在该海拔下响应越剧烈，而响应剧烈程度相对较低的地区，更适合进行植被恢复工作的开展。比较同一海拔下地区间 β 多样性指数，没有显著性差异，说明在同一海拔下，三峡水库消落区各个地段生境多样性相似,生境分隔程度相同;但是在不同海拔上,上部和中部消落区的生境分隔程度要显著大于下部消落区,这主要是由于下部消落区受到水淹环境的影响较大,生境相似性也比上中部要高所致。总体来讲,在三峡水库消落区,消落区植物多样性的变化主要由水淹强度来决定。

7. 三峡水库消落区植物群落结构变化及群落稳定性分析

对于三峡地区而言,原有的自然消落区已经全部处于淹水线以下,新形成的水库消落区生存环境已发生了较大改变,在周期性反季节水淹环境下,形成了大量次生裸地,而众多水库消落区植物则在该环境下生长繁衍。总体来讲,消落区植物群落结构在不同的水淹环境影响下,海拔高程自上而下发生了较大变化。

由图 5-2、5-3、5-4 的结果可以看出,上部水库消落区受到水淹胁迫较小,物种定居最易,因子得分差距较大,其中狗尾草群落的优势度较为明显,其他植物群落多属于从属地位。中部水库消落区各植物群落得分相比上部差距缩小,主要是由于水淹胁迫进一步增强,植物物种进入更加困难,部分竞争种选择退避(如黄花蒿、野黍、十字马唐等),而另一部分耐水淹胁迫种竞争力上升(如狗牙根等),这就造成了水库消落区中部植物群落结构相比上部和下部都更为复杂,共优群落相比单优群落在竞争中更具有优势。下部水库消落区由于受到水淹胁迫最强,出陆时间最短,仅有少数几种耐水淹胁迫种可以形成稳定群落(如狗牙根、牛鞭草等),植物群落结构趋于单一化,在因子得分的表现则为狗牙根群落的得分要远远大于其他植物群落。

(1)应用适应对策理论

从图 5-4 上可以看出,在群落稳定性的角度上,目前消落区下部多为耐胁迫种,稳定性相对于消落区中上部略高。由于三峡水库 2006 年汛后提高蓄水位到 156 m 进入中水位运行,现阶段的水库消落区下部区域便已处在淹水线以下,自 2009 年起进行 175 m 的正常蓄水位运行,三峡水库大面积的消落区全面形成。故从时间上来看,水库消落区下部形成已有 4～5 年,植物群落结构已经相对稳定,文章所调查的结果与此也比较吻合。但是就水库消落区整体植被而言,其群落结构尚未稳定,还处在一个逐渐变化的过程中,估计随着水库蓄水高程稳定在 175 m,消落区上中部群落组成也会逐渐趋于单一化,能够适应周期性、反季节、高强度水淹条件的耐胁迫种和利用有限的出露时间完成其生活史的竞争种,将成为水库消落区的主要植物种类。

（2）应用资源比率理论

从图 5-5 可以看出，现阶段水库消落区下部，形成时间较长，由于受到水淹时间、水淹强度和光照等限制性因素影响，狗牙根呈现了较强的竞争力，并主导了该区域的植物群落结构。对于水库消落区上部，形成时间不长，植物群落结构稳定性并不强，狗尾草、黄花蒿等竞争种表现出了较强的竞争力。消落区中部处在一个过渡区域，随着水淹时延长，强度逐渐上升，光照逐渐减少，环境资源结构发生改变，狗牙根、牛鞭草等耐胁迫种的竞争优势逐渐体现。这也从一个侧面反映了，随着外界环境的逐渐改变，具有不同竞争力的植物物种也随之改变，并逐渐趋于稳定。

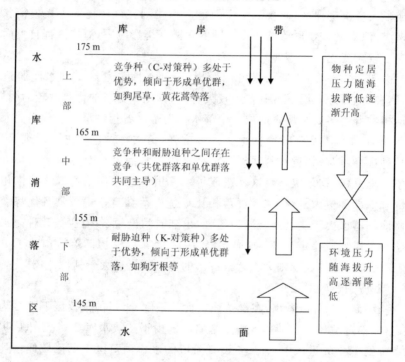

图 5-5　三峡水库消落区植被变化模型

5.3.4　小结与展望

总体上来讲，三峡水库消落区受到周期性反季节高强度水淹影响，水库消落区植被相对于建坝前，已经发生了较大变化，科属种的比例都呈现了缩小的趋势，尤其是一些当地特有属种的消失，如国家保护物种荷叶铁线蕨、宜昌黄杨、鄂西鼠李、丰都车前等。从植被整体分布上来看，同 2001 年自然消落区植被调查结果相似,川江段与峡江段植被分布有明显不同,人类活动对于植被分布有着较强的干扰作用,此外,微地形的复杂程度,为当地植物保种提供了一定的有利条件。

由于受到不同程度的水淹条件,三峡水库消落区植物多样性和植物群落结构沿海拔发生了较大改变。水淹强度越大,出露时间越短,植物多样性越低;水淹强度越小,出露时间越长,植物多样性越高。就植物群落结构和稳定性而言,环境资源结构决定了三峡水库消落区植物群落结构,各植物物种在不同的消落区部位呈现出了不同的生存对策。目前水库消落区下部由于历经周期性水淹最久,其植物群落稳定性相对于中上部略高。但是由于水库消落区整体形成时间不长,其植物群落结构尚未稳定,还处在一定变化之中。

自三峡工程开始建设以来,三峡水库消落区问题就引起了我国科学工作者和相关部门的重视。而消落区湿地生态系统保护和培育核心是消落区植被的植被恢复,其基本目标是因地制宜、根据消落区植被按水位高程垂直地带分布特点,在充分地进行试验研究的基础上,在特定的植物带选择恰当的植物种类,进行植被的培育和恢复建设,以达到实现充分利用消落区资源,改善消落区生态环境状况,促进库区经济社会可持续发展的目标。水库消落区植被恢复应依据植物生态习性选择喜湿耐长短期水淹的乡土植物为主,按消落区形成后植被具有水位高程乔-灌-灌草-草垂直地带性分布特点,筛选适宜物种是水库消落区植被重建的关键。

本节从物种多样性的角度,在一定程度揭示了随着海拔下降,水库消落区植物物种存在替代性减少的趋势。而物种替代程度则从一个侧面反映了水库消落区植物对水淹环境的响应程度,物种替代程度越大,则说明在该海拔下响应越剧烈,该海拔则更有可能是部分消落区植物的耐水淹极限;从而响应剧烈程度相对较低的地区,更适合进行植被恢复工作的开展。从 2010 年水库蓄水至 175 m 水位高程,随着水库消落区淹水环境逐渐稳定,植物群落结构也将趋于稳定,在此基础上再对消落区植被在海拔分布上变化进行调查,则可有效揭示出水库消落区进行植被恢复的有效海拔范围。

5.4　三峡水库消落区植被重建适宜物种筛选案例

在消落区植被恢复适宜物种的筛选上,不仅要注重物种的耐水淹能力,而且还要注意不同植物在耐水淹能力也存在较大差异,需要根据耐水淹能力和生长型在消落区内合理布局。曾波等(2006,2008,2009,2010)研究了长期水淹环境下部分植物的水淹响应以及耐水淹植物根系对土壤抗侵蚀效能的研究。结果表明狗牙根、空心莲子草、牛鞭草等植物抗水淹能力及退水后恢复生长能力较强,具备对土壤抗冲性和抗蚀性的增强效能;其还指出全淹处理的荻、牛鞭草和狗牙根植株的总叶片数相对生长速率始终显著高于对照植株。遭受长期完全水淹后,植株在有限的营养储备条件下,快速产生叶片以迅速积聚光合产物可能是植物更为优化的恢复生长方式,为消落区适宜植被筛选提供了有力支持,可作为低海拔消落区植被恢复的先锋物种。马利民等(2009)对几种消落区两栖植物进行了实地淹没实验及适生性评价,提出狗牙根可作为构建消落区生态系统的两栖植物物种;贾中民等(2009)通过研究长期根部水淹条件下对枫杨幼苗光合生理及叶绿素荧光特性的影响,指出经一年水淹处理后,枫杨仍表现出较高光合能力,可用于三峡水库消落区植被构建的优良物种。冯大兰等(2009)指出芦苇在土壤不同含水量条件下,对光的利用范围较宽,耐水湿的同时具有耐旱性,可作为消落区植被恢复重建和生态环境保护的禾本科先锋物种。对于 165～175 m高海拔地区,杨帆等(2010)从消落区特性、植物的生长特性及经济价值、耐水淹能力、耐干旱能力、修复土壤环境能力等方面阐述杨树用于三峡水库消落区生态防护林建设的可行性,认为其具备耐冬季水淹、适应夏季干旱、改良土壤的能力,同时还具备经济价值;综合分析指出黑杨组杨树具备较强的耐水淹能力,适宜作为消落区生态防护林建设的模式树种。杨帆等(2015)通过对黑杨组的加杨进行长时间冬季水淹实验,发现加杨能在冬季淹水1 m、水淹持续 5 个月后成活率达 50% 以上,淹水 5 m、水淹 3 个月后成活率达 70% 以上;其在 2009 年 8 月对三峡水库消落区植物的调查研究表明,长江干流、支流、小流域消落区内均发现有不同种的杨树存活;此外,杨树还具有较强的抗旱和对土壤营养元素有较强的吸收能力,对于吸收土壤重金属元素,不同的杨树种有一定差异。因此,杨树对消落区水位变化具有一定适应能力、在高海拔消落区植被恢复时,可作为消落区生态恢复的优选物种。此外,水杉、枫杨等也可作为备选物种考虑。

5.4.1　耐水淹物种的筛选试验设计

根据野外调查数据及掌握重要的藤本植物和散播种子植物的生长特点,选择具有适应消落区水文环境特点潜力的物种,开展消落区植被恢复适宜物种研究。根据已收集到的三峡库区消落区分布的植物物种及其生态学调查资料,对试验物种进行初选。先后试验 42 种植物,5,000 余株。取样中注重遗传多样性选择,同一物种选择 2～3 个不同地点的居群。本试验的主要对象是三峡库区消落区的乡土植物,适当利用部分外来种作对比试验研究。

1. 水池浅水水淹实验设计

2005 年 10 月前利用两个面积分别为 100 m² 和 180 m²、水淹深度为 1 m 和 2 m 的试验水池进行水淹试验。水淹时间为 3 个月、5 个月、8 个月三个不同时间段,并于 2005.12、2006.2、2006.5 分三次从试验池中提取苗木进行观察。2006.9—2007.5 根据上年度的试验结果,对试验成活的苗木进行再次水淹试验(试验设计同前),并于 2005.12、2006.2、2006.5 分三次从江水中提取苗木进行观察。

10 月初,从预选的定植于瓦钵中的植物中挑取生长状况良好的苗木放入水池中,注水水淹。放置前仔细核对试验苗木编号,整理好挂牌或插牌,木本植物采用挂牌,草本植物采用挂牌和插牌相结合的形式,记载生长情况。根据 2 个试验水池的水深情况,结合试验物种数量和个体数量,按照试验总体设计方案,分别在 2 个水池中放置一定数量的瓦钵,注意不同水深度不同苗木的合理搭配,安放完毕后,绘上安置图。每周 1~2 次从水池人工捞取残枝乱叶、青苔等漂浮在水面上的植物,不定期清除水池周围的杂草。在水池深浅不同的地方,插上标有刻度的标杆,注意观察水位的变化,便于及时调整水位,基本上保持水位不变。试验从当年的 10 月到次年 5 月,分 3次(水淹 3 个月、5 个月、8 个月)从水池中提取出试验苗木。每次抽干水池后,尽快从水池中取出瓦钵,及时放入湖水,直到放满水池为止。

试验苗木提取。按照三峡水库消落区出露与淹没的交替节律,确定试验苗木提取时间,大体分为 3 个阶段:①本年 12 月下旬提取,大约淹没 3 个月(10~12 月),每个物种提取苗木比例约占本物种试验个体总数的 20%~25%;②次年 2 月下旬提取,大约淹没 5 个月(10 月~次年 2 月),每个物种提取苗木比例约占本物种试验个体总数的 25%~30%;③次年 5 月份提取,大约淹没 8 个月(10 月~次年 5 月),每个物种提取苗木比例约占本物种试验个体总数的 50%。

试验苗木的管护与观测。每次从水池提出苗木放在事先已整理好的试验地内。加强管理,并对其进行观测,如:观察苗木发芽日期、每个物种的发芽率、生长情况等。

2. 深水水淹实验设计

在秭归兰陵溪利用水库蓄水后形成的水域进行水深为 5 m、15 m、25 m,淹没时间为 4 个月、6 个月的模拟试验。2005 年 11 月,将事先准备好的 30种 1,000 株按照水深 5 m、15 m、25 m 放入江水中,每个水深物种数与苗木数基本上是一样的。2006 年 2 月、2006 年 4 月分 2 次从水体中提出试验苗木观察。水淹处理过程如下:①利用当年春季定植在事先已准备好带耳的塑料桶中内的且生长良好的试验苗木进行水体试验。定植苗木时塑料桶底部打孔,以免水淹结束后滞水。②苗木定植在带耳的塑料桶中,塑料桶用尼龙绳系牢后捆绑在漂浮于水面的汽车胎上,每条胎上系塑料桶约 10 个。③栽有苗木的塑料桶,2/3 用编织袋包装,以防塑料桶内栽植试验苗木的土壤被水冲刷走,1/3 没有用任何东西包装,用于作对比试验。④浮于水面轮胎用白布缠绕,防止轮胎在阳光下暴晒时不均匀受热爆炸,同时白色作为夜间船只的警戒色。⑤用铁丝将每三桶连接在一起,用一根绳子沉入水中,以节约绳子。⑥轮胎之间用铁丝连接,有一定活动性,用于缓冲轮胎的压力;用大石头沉入水底和用铁丝牵引至岸上固定等方法固定水面连成一体的数个轮胎。⑦所有塑料桶均悬浮于水中,不与溪沟底部或库底接触,保持一定的垂直距离,防止淤沙淹埋试验桶。根据水淹深度、水淹持续时间分批次提取出水淹植株,结束淹水试验,统计其成活率,观察生长发育情况。2006.10—2007.5 根据上年度的试验结果,调整试验物种,在秭归兰陵溪再次进行模拟试验(试验设计同前),并于 2006.12、2007.2、2007.5 分三次从江水中提取苗木进行观察。2006.10—2007.5 根据以前的试验结果,在秭归兰陵溪利用已初步形成的水库消落区在 145～156 m 间进行耐水淹植物实地筛选试验。2006 年 10 月,将事先准备好的试验苗木分别按照水深 5 m、15 m、25 m 放入江水中,每个水深处物种数与苗木数基本上是一样的。2006 年 12 月、2007 年 2 月、2007 年 5 月分 3 次从试验池中提出试验苗木,2007 年 5 月底第三次提出苗木,观察实验结果。

5.4.2 筛选试验结果

1.试验水池水淹试验结果

试验水池水淹试验结果如下:

(1)第一年度(2005 年 6 月—2006 年 5 月)试验结果

2005—2006 年度水淹试验植物 36 种,其中木本植物 8 种,草本植物 28 种,约 2,500 株,2005 年 9 月 25 日放入水池,其详细情况见表 5-10。2005 年 12 月 25 日、2006 年 2 月 25 日、2006 年 5 月 25 日分三次从试验池中提出试验苗木,每周统计苗木的成活和生长情况。经统计分析后,初步结果如下:

水淹 3 个月后,大部分试验物种都有比例不等的成活植株,木本植物成活率在 80％以上且表现较好的有 5 种,分别是秋华柳、中华蚊母、加杨、旱柳、粉团蔷薇;草本植物成活率在 80％以上且表现较好的有 11 种,分别是狗牙根、芒、问荆、暗绿蒿、双穗雀稗、绵枣儿、蛇含委陵菜、川鄂米口袋、披散木贼、犬问荆、头花蓼等。

水淹 5 个月后,试验物种成活率在 50％以上的木本植物有 5 个,分别是秋华柳、中华蚊母、加杨、旱柳、粉团蔷薇;成活率在 80％以上的草本植物 8 个,分别是狗牙根、双穗雀稗、芒、问荆、披散木贼、犬问荆、头花蓼、暗绿蒿等。

水淹 8 个月后,成活率在 15％以上的木本植物有 4 个,分别是秋华柳、中华蚊母树、旱柳、粉团蔷薇;成活率在 40％以上的草本植物 7 个,分别是狗牙根、双穗雀稗、问荆、暗绿蒿、头花蓼、穹隆苔草、球结苔草等。

根据试验结果和露水后的生长表现,初步认为较为适宜的物种分别为秋华柳、中华蚊母树、狗牙根、双穗雀稗、芒、头花蓼、暗绿蒿。

表 5-10　2005—2006 年度试验苗木统计

编号	物种中文名	苗木数量	编号	物种中文名	苗木数量
30028	问荆	200	px06012	草木樨	25
30030	披散木贼	25	30023	宜昌黄杨	7
px06007	披散木贼	25	30035	疏花水柏枝	30
30029	木贼	80	30024	丰都车前	16
30027	犬问荆	25	30026	暗绿蒿	40
30031	蜈蚣草	40	30025	川鄂紫菀	40
px06009	加杨	250	30011	芦竹	27
300011	旱柳	120	30006	白羊草	20
px06001	旱柳	300	30001	狗牙根	25
30032	秋华柳	160	px06039	狗牙根	64
30015	地果	10	30008	芒	25
30033	头花蓼	28	px06002	芒	8
30017	习见蓼	25	30034	双穗雀稗	60
30013	中华蚊母树	8	px06008	双穗雀稗	30
px06005	中华蚊母树	80	30007	芦苇	16
30019	翻白草	25	30004	斑茅	16
30036	蛇含委陵菜	20	30007	无喙囊苔草	30
px06006	粉团蔷薇	20	px06004	穹隆苔草	35
30020	川鄂米口袋	25	px06010	球结苔草	35
30022	截叶胡枝子	16	30018	山麦冬	12
30021	百脉根	25	30014	绵枣儿	50

(2)第二年度(2006 年 6 月—2007 年 5 月)试验结果

根据上一年度试验结果和水淹提苗后植株的生长表现,将试验后成活的植株经过繁殖并选择一定数量个体再次进行水淹试验,对成活率低、生长较差的植物,减少试验数量或淘汰出试验,并适当新增少量物种。本年度共计试验植物 32 种,其中木本植物 6 种,草本植物 26 种,共计约 2500 株,其详细情况见表 5-11。2006 年 9 月 28 日将试验苗木投放入水,2006 年 12 月 28 日、2007 年 2 月 28 日、2007 年 5 月 28 日分 3 次从试验池中提出试验苗木。每周统计苗木的成活和生长情况,经统计分析后,初步结果如下:

①水淹 3 个月后,大部分试验物种都有比例不等的成活苗木,成活率在 80% 以上的木本植物有 5 种,分别是秋华柳、中华蚊母树、加杨、旱柳、粉团蔷薇;成活率在 80% 以上的草本植物有 9 种,分别是狗牙根、双穗雀稗、芒、犬问荆、暗绿蒿、头花蓼、芦苇、披散木贼、溪边野古草。

②水淹 5 个月后,成活率在 50% 以上的木本植物有 4 个,分别是秋华柳、中华蚊母树、旱柳、粉团蔷薇;成活率在 80% 以上的草本植物有 6 个,分别是狗牙根、双穗雀稗、披散木贼、犬问荆、暗绿蒿、头花蓼。

③水淹 8 个月后,成活率在 15% 以上的木本植物有 3 个,分别是秋华柳、中华蚊母树、旱柳;成活率在 40% 以上的草本植物 5 个,分别是狗牙根、双穗雀稗、披散木贼、犬问荆、暗绿蒿。

根据以上试验结果,结合出水后的植株生长表现,认为适宜物种分别为秋华柳、中华蚊母树、狗牙根、芒、双穗雀稗、犬问荆、暗绿蒿和头花蓼。

表 5-11   2006—2007 年度试验苗木统计

编号	种中文名	总数量	编号	种中文名	总数量
30030	披散木贼	25	30026	暗绿蒿	40
px06007	披散木贼	25	30025	川鄂紫菀	40
30027	犬问荆	25	30002	溪边野古草	36
30031	蜈蚣草	40	30005	瘦瘠野古草	20
px06009	加杨	250	30011	芦竹	27
px06001	旱柳	300	30001	狗牙根	25
300011	旱柳	120	px06039	狗牙根	64
30032	秋华柳	160	30008	芒	25
30033	头花蓼	8	px06002	芒	8
30017	习见蓼	25	30034	双穗雀稗	60

续表

编号	种中文名	总数量	编号	种中文名	总数量
30013	中华蚊母树	18	px06008	双穗雀稗	30
px06005	中华蚊母树	80	30007	芦苇	16
30036	蛇含委陵菜	20	30004	斑茅	16
px06006	粉团蔷薇	20	px06011	香根草	40
30020	川鄂米口袋	25	30007	无喙囊苔草	30
30022	截叶胡枝子	16	px06004	穹隆苔草	35
30021	百脉根	25	px06010	球结苔草	35
30035	疏水柏枝花	30	30018	山麦冬	12
30024	丰都车前	16	30014	绵枣儿	50

2. 三峡库区兰陵溪试验基地耐淹物种筛选试验

(1)第一年度兰陵溪试验基地水淹试验结果

2005 年 11 月,将事先准备好的 30 种 1,000 株按照水深 5 m、15 m、25 m 放入江水中,每个水深物种数与苗木数基本上是一样的,其试验用苗情况见表 5-12。2006 年 2 月、2006 年 5 月分 2 次从水体中提出试验苗木。提出试验苗木观察后,经统计分析,得出初步结论如下:

①水淹 4 个月后,5 m 水深所有试验物种都有比例不等的成活苗木,木本植物个体成活率在 70% 以上的有 4 种,分别是秋华柳、加杨、旱柳、地果;草本植物个体成活率在 75% 以上的有 5 种,分别是狗牙根、双穗雀稗、问荆、暗绿蒿、披散木贼。15 m 水深试验成活物种有 9 个,木本植物 3 种为秋华柳、中华蚊母树、地果;草本植物成活物种有 6 种,分别是狗牙根、芒、暗绿蒿、披散木贼、蛇含委陵菜、头花蓼。25 m 水深试验成活物种有 3 个,分别是狗牙根、秋华柳、头花蓼。

②水淹 6 个月后,5 m 水深所有试验物种都有比例不等的成活苗木,木本植物个体成活率在 20% 以上的有 5 种,分别是秋华柳、旱柳、中华蚊母树、截叶胡枝子、宜昌黄杨;草本植物个体成活率在 60% 以上的有 3 种,分别是狗牙根、暗绿蒿、芦苇。15 m 水深试验成活物种有 8 个,木本植物 2 种为中华蚊母树、地果;草本植物成活物种有 6 种,分别是狗牙根、芒、暗绿蒿、披散木贼、溪边野古草、头花蓼。25 m 水深试验成活物种有 3 个,分别是狗牙根、秋华柳、头花蓼。

根据此次试验结果,认为较为适宜物种分别为秋华柳、中华蚊母树、地果、狗牙根、双穗雀稗、披散木贼、芒、暗绿蒿、头花蓼。

表 5-12 兰陵溪试验基地 2005—2006 年度水体试验苗木明细情况

编号	种中文名	总数量	编号	种中文名	总数量
30028	问荆	90	30035	疏花水柏枝	186
30030	披散木贼	90	30036	暗绿蒿	90
30027	犬问荆	90	30003	野古草	90
30029	木贼	90	30002	溪边野古草	90
30031	蜈蚣草	90	30005	瘦瘠野古草	90
px06009	加杨	186	30011	芦竹	186
px06001	旱柳	186	30041	拂子草	90
30032	秋华柳	186	px06039	狗牙根	90
30015	地果	186	30008	芒	90
30033	头花蓼	90	30043	类芦	90
30013	中华蚊母树	186	30007	芦苇	90
30019	翻白草	90	30042	棒头草	90
30036	蛇含委陵菜	90	30004	斑茅	90
30022	截叶胡枝子	186	30007	无喙囊苔草	90
30023	宜昌黄杨	108	30014	绵枣儿	90

(2)第二年度(2006 年 6 月—2007 年 5 月)兰陵溪试验基地水淹试验结果

2006 年 10 月,将事先准备好的 30 种 1,000 株试验苗木分别按照水深 5 m、15 m、25 m 放入江水中,每个水深处物种数与苗木数基本上是一样的,其详细情况见表 5-13。2006 年 12 月、2007 年 2 月、2007 年 5 月分 3 次从试验池中提出试验苗木,2007 年 5 月底第三次提出苗木。观察第二次提出苗木的成活情况后,经统计分析,得出初步结论如下:

表 5-13 兰陵溪试验基地 2006—2007 年度水体试验苗木明细情况

编号	种中文名	总数量	编号	种中文名	总数量
30028	问荆	90	30035	疏花水柏枝	186
30030	披散木贼	90	30036	暗绿蒿	90
30027	犬问荆	90	30003	野古草	90

续表

编号	种中文名	总数量	编号	种中文名	总数量
30029	木贼	90	30002	溪边野古草	90
30031	蜈蚣草	90	30005	瘦瘠野古草	90
px06009	加杨	186	30011	芦竹	186
px06001	旱柳	186	30041	拂子草	90
30032	秋华柳	186	px06039	狗牙根	90
30015	地果	186	30008	芒	90
30033	头花蓼	90	30043	类芦	90
30013	中华蚊母树	186	30007	芦苇	90
30019	翻白草	90	30042	棒头草	90
30036	蛇含委陵菜	90	30004	斑茅	90
30022	截叶胡枝子	186	30007	无喙囊苔草	90
30023	宜昌黄杨	108	30014	绵枣儿	90

①水淹 3 个月后,5 m 水深成活的植物有 20 个,木本植物个体成活率在 70％以上的有 4 种,分别是秋华柳、加杨、旱柳、水杉;草本植物个体成活率在 80％以上的有 4 种,分别是草木樨、芒、暗绿蒿、木贼。15 m 水深试验成活物种有 18 个,木本植物成活率在 25％以上的有 3 种为秋华柳、中华蚊母树、水杉;草本植物成活率在 40％以上的物种有 6 种,分别是狗牙根、芒、暗绿蒿、木贼、类芦、斑茅。25 m 水深试验成活物种有 4 个,分别是狗牙根、暗绿蒿、斑茅、绵枣儿。

②水淹 5 个月后,5 m 水深成活的植物有 18 种,木本植物个体成活率在 60％以上的有 3 种,分别是秋华柳、旱柳、水杉;草本植物个体成活率在 60％以上的有 6 种,分别是狗牙根、无喙囊苔草、问荆、暗绿蒿、斑茅、头花蓼。15m 水深试验成活物种有 16 个,木本植物 3 种为中华蚊母树、水杉、疏水柏枝花;草本植物个体成活率在 25％以上的有 3 种,分别是狗牙根、暗绿蒿、披散木贼。25 m 水深试验成活物种有 3 个,分别是绵枣儿、斑茅、暗绿蒿。

③水淹 7 个月后,5 m 水深成活的物种有 11 种,成活率 50％的有水杉、秋华柳、狗牙根、双穗雀稗、暗绿蒿、芒、蓼、高禾草;15 m 水深成活的物种有狗牙根、双穗雀稗、芒、暗绿蒿、蓼、高禾草等 6 种;25 m 水深成活的物种有狗牙根、蓼、双穗雀稗、芒等 4 种。

秭归兰陵溪本年度的试验结果表明,较为适宜物种为秋华柳、水杉、狗牙根、双穗雀稗、高禾草、芒、头花蓼、暗绿蒿。

通过 2 年来在武汉植物园和三峡库区兰陵溪开展三峡水库消落区适宜耐淹植物筛选试验,在 42 种试验物种中,可以认为中华蚊母树、秋华柳等 2 种灌木和狗牙根、芒、双穗雀稗、暗绿蒿、头花蓼等 5 种草本植物种适宜三峡水库消落区植被重建的耐水淹植物。实地筛选基地于 4 月 1 日—5 月 5 日陆续出露,试验苗木先后发芽,经统计分析:成活率高且生长较好的物种包括:木本植物疏花水柏枝、秋花柳、中华纹母,草本植物:双穗雀稗、狗牙根、穿隆苔草、头花蓼、蓼、芒、高禾草、暗绿蒿。

3.适宜物种在植被恢复过程中的应用建议

在上述技术开发基础上,结合国内外已有的研究成果和示范区的环境条件,根据工程实施后所形成的多样性的生境,筛选具有景观功能、水土保持能力、吸附污染物的物种,来开展植被构建模式。

(1)草本植物过滤带模式

该模式主要适用于消落区下部水淹时间长的深水区域,建由单种或多种多年生草本植物组成的植物带,主要目的是减少流失水土入库量、吸收和降低营养源和污染物、以及恢复和增加野生生物的生境。植物带宽度在 5m 左右。本模式建设的关键技术包括消落区坡面土层恢复技术、物种选育和引入技术、群落演替控制与重建技术。

(2)草本-灌木二带模式

消落区植被由两层植被带构成,主要适用于坡面较缓的与农业用地接壤的区域。在消落区栽种耐湿和水淹生境的灌木,消落区以上栽种 2~3 行高密植本土灌木,主要功能是稳定堤岸、营养物去除和为野生生物提供生境。灌木带以上建设 6~7 m 的夏季生长的草本植物,首选径杆硬且结实、生长密集且根系发达的物种,主要目的是减缓坡面漫流、促进泥沙沉积、吸收营养源和降解污染物。建设的总植被宽度在 5 m 以上,关键技术包括消落区灌木筛选和移栽技术、种群动态调控技术。

(3)草本-灌木-森林三带模式

植被由三个植被带构成,主要适用于城区内缓坡区的消落区治理和景观建设。临近水面消落区植被带由耐水淹速生树种组成,同时间种慢生树种。主要功能是稳定堤岸、营养物去除和营造景观,同时每 8~10 年可收获一次木材。涉及的关键技术主要包括水土流失控制技术、木本植物筛选和引入技术。

(4)挺水-沉水植物模式

在植物生长季节,调节坝将水位稳定维持在较稳定的高度,这样为挺水和沉水植物生长提供了可能的生境条件。本模式包括两个植物带:主要由高大挺水植物组成的挺水植物带,城区内和景观节点可以移栽具有良好景观效果的植物;水面下由沉水植物组建的沉水植物带。挺水-沉水植物群落建设的主要目标是维持优良水质、为水生生物提供生存环境。涉及的关键技术包括底质改良技术、水体流向控制技术、物种筛选和引入技术、群落演替控制与维持技术。

(5)攀爬植物模式

该模式适用于坡度大、土壤少的陡坡石砾地,即在175 m以上区域种植向下攀爬生长的藤本植物,这类植物具有落地生根、生长迅速的特点。可恢复植被5 m。涉及的关键技术包括:攀爬植物筛选与引入技术、群落演替控制与维持技术。

参考文献

[1]白宝伟,王海洋,李先源等.三峡库区淹没区与自然消落区现存植被的比较[J].西南农业大学学报,2005,27(5):684-687.

[2]陈发军.黔西北喀斯特主要植物物候及植被恢复物种筛选[D].中国科学院研究生院,2010.

[3]樊大勇,熊高明,张爱英等.三峡库区水位调度对消落带生态修复中物种筛选实践的影响[J].植物生态学报,2015,39(4):416-432.

[4]冯义龙,先旭东,王海洋.重庆市区消落带植物群落分布特点及淹水后演替特点预测[J].西南师范大学学报(自然科学版),2007,32(5):112-117.

[5]李连发.三峡库区消涨带土壤种子库及适宜物种筛选研究[D].中国科学院武汉植物园,2009.

[6]梁猛,李绍才,龙凤等.西南地区护坡植物筛选与组合研究[J].北方园艺,2014,(14):59-61.

[7]刘维暐,王杰,王勇等.三峡水库消落区不同海拔高度的植物群落多样性差异[J].生态学报,2012,32(17):5454-5466.

[8]刘维暐,杨帆,王杰等.三峡水库干流和库湾消落区植被物种动态分布研究[J].植物科学学报,2011,29(3):296-306.

[9]潘红丽,冯秋红,马文宝等.川西南石漠化现状调查及优良抗逆物

种筛选研究[C]. 第六届海峡两岸森林保育经营学术论坛论文集,2015: 184—188.

[10]潘红丽,冯秋红,马文宝等. 川西南石漠化现状调查及优良抗逆物种筛选研究[J]. 四川林业科技,2015,36(1):62—64.

[11]沈渭寿,李海东,林乃峰等. 雅鲁藏布江高寒河谷流动沙地适生植物种筛选和恢复效果[J]. 生态学报,2012,32(17):5609—5618.

[12]王迪友,邓文强,杨帆. 三峡水库消落区生态环境现状及生物治理技术[J]. 湖北农业科学,2012,51(5):865—869.

[13]王强,刘红,袁兴中等. 三峡水库蓄水后澎溪河消落带植物群落格局及多样性[J]. 重庆师范大学学报(自然科学版),2009,26(4):48—54.

[14]王勇,厉恩华,吴金清. 三峡库区消涨带维管植物区系的初步研究[J]. 武汉植物学研究,2002,20(4):265—274.

[15]王勇,刘松柏,刘义飞等. 三峡库区消涨带特有珍稀植物丰都车前的地理分布与迁地保护[J]. 武汉植物学研究,2006,24(6):574—578.

[16]王勇,吴金清,黄宏文等. 三峡库区消涨带植物群落的数量分析[J]. 武汉植物学研究,2004,22(4):307—314.

[17]王勇,吴金清,陶勇等. 三峡库区消涨带特有植物疏花水柏枝(Myricaria laxiflora)的自然分布及迁地保护研究[J]. 武汉植物学研究,2003,21(5):415—422.

[18]王永吉,徐有明,王杰等. 濒危植物宜昌黄杨的扦插繁殖研究[J]. 北方园艺,2010,2:123—125.

[19]杨帆,刘维暐,邓文强等. 杨树用于三峡水库消落区生态防护林建设的可行性分析[J]. 长江流域资源与环境,2010,19(Z2):127—132.

[20]杨建军,莫爱,刘巍等. 乌鲁木齐松树头煤田火区植被恢复的物种筛选[J]. 生态学杂志,2015,34(6):1499—1506.

[21]杨秀艳,雷海清,李发勇等. 矾矿废弃地生态修复植物种的筛选[J]. 林业科学,2009,45(4):14—18.

[22]Artz R. R. E., Chapman S. J., Robertson A. H. J., Potts J. M., Laggoun-Défarge F., Gogo S., Comont L., Disnar J.-R., Francez A.-J. FTIR spectroscopy can be used as a screening tool for organic matter quality in regenerating cutover peatlands[J]. Soil Biology and Biochemistry, 2008, 40(2):515—527.

[23]Boukhris A., Laffont-Schwob I., Mezghani I., Kadri L. E., Prudent P., Pricop A., Tatoni T., M. Chaieb, Screening biological traits and fluoride contents of native vegetations in arid environments to

select efficiently fluoride-tolerant native plant species for in-situ phytore-mediation[J]. Chemosphere, 2015, 119: 217−223.

[24]Brush R. O., Williamson D. N., Fabos J. G. Y., Visual screening potential of forest vegetation[J]. Urban Ecology, 1979, 4(3): 207−216.

[25]Heckenroth A., Rabier J., Dutoit T., Torre F., Prudent P., Laffont-Schwob I. Selection of native plants with phytoremediation poten-tial for highly contaminated Mediterranean soil restoration: Tools for a non-destructive and integrative approach[J]. Journal of Environmental Management, 2016, 183: 850−863.

[26]Jacobs A. D., Kentula M. E., Herlihy A. T. Developing an in-dex of wetland condition from ecological data: An example using HGM functional variables from the Nanticoke watershed, USA[J]. Ecological Indicators, 2010, 10(3): 703−712.

[27]Juston J. M., DeBusk T. A., Grace K. A., Jackson S. D. A model of phosphorus cycling to explore the role of biomass turnover in submerged aquatic vegetation wetlands for Everglades restoration[J]. Ec-ological Modelling, 2013, 251: 135−149.

[28]Koch M. A., Scheriau C., Schupfner M., Bernhardt K.-G. Long-term monitoring of the restoration and development of limestone grasslands in north western Germany: Vegetation screening and soil seed bank analysis, Flora-Morphology, Distribution[J]. Functional Ecology of Plants, 2011, 206(1): 52−65.

[29]Miao L., Xiao F., Xu W., Yang F. Reconstruction of wetland zones: physiological and biochemical responses of Salix variegata to winter submergence: a case study from water level fluctuation zone of the Three Gorges Reservoir[J]. Polish Journal of Ecology, 2016, 64: 45−52.

[30]Schlichting A., Rimmer D. L., Eckhardt K.-U., Heumann S., Abbott G. D., Leinweber P. Identifying potential antioxidant compounds in NaOH extracts of UK soils and vegetation by untargeted mass spectro-metric screening[J]. Soil Biology and Biochemistry, 2013, 58: 16−26.

[31]Yang F, Liu W.-W., Wang J., Liao L., Wang Y. Riparian vegetation's responses to the new hydrological regimes from the Three Gorges Project: Clues to revegetation in reservoir water-level-fluctuation zone[J]. Acta Ecologica Sinica, 2012, 32: 89−98.

[32]Yang F., Han C., Li Z., Guo Y., Chan Z. Dissecting tissue-

and species-specific responses of two Plantago species to waterlogging stress at physiological level[J]. Environmental and Experimental Botany, 2015, 109: 177－185.

[33]Yang F. , Wang Y. , Chan Z. Perspectives on screening winter-flood-tolerant woody species in the riparian protection forests of the Three Gorges Reservoir[J]. PLoS ONE, 2014, 9(9): e108725.

[34]Yang F. , Wang Y. , Wang J. , Deng W. , Liao L. , Li M.. Different eco-physiological responses between male and female Populus deltoides clones to waterlogging stress[J]. Forest Ecology and Management, 2011, 262: 1963－1971.

第6章 消落区适宜植物耐水淹机制研究案例

水淹是植物遭受的非生物胁迫之一。水淹胁迫下植物主要以无氧呼吸为主,在代谢过程中一系列活性氧簇(Reactive oxygen species, ROS)物质含量的急剧增加,引起膜脂过氧化,对细胞造成氧化伤害,导致叶片中叶绿素含量降低、生长受到抑制,甚至死亡。另一方面,为适应水淹胁迫,植物在形态结构(形成较大皮孔、较多不定根、通气组织)、代谢途径、抗氧化系统(SOD、CAT、POD、APx、GR)和根系脱氢酶系统、内源激素和多胺积累等多方面发生改变。水淹会影响植物叶片形态和植株的生长情况,同时,植物在完全水淹时,可利用的光源减少,光合作用受阻,限制植物生产所需能量。如谢永宏等(2007)的研究表明南美裂颖雀稗(*Paspalum dilatatum*)和香附子分别通过增加叶片数量、增加叶长和叶宽来增加叶面积获得足够的光照以抵御水淹胁迫;水淹可以诱导植物形成不定根和通气组织,以获得足够的氧气来维持水淹条件下的生理代谢。水淹会导致土壤还原势降低,还原物质积累降低到一定程度时,会对植物产生伤害。尽管水淹对植物有伤害,仍有植物能够在这种生境中生存下来,如水稻(*Oryza sativa*)、芦苇。植物感知到体内含氧量下降后,会快速抑制呼吸作用,三羧酸(TCA)循环和糖酵解作用下降。水淹胁迫下,植物通常通过糖酵解途径获得能量,Yin et al.(2009)证实水淹胁迫下菊花叶片中丙酮酸脱羧酶(Pyruvate decarboxylase,PDC)、乳酸脱氢酶(Lactate dehydrogenase,LDH)、乙醇脱氢酶(Alcohol dehydrogenase,ADH)的活力在水淹初期会增强,但随水淹时间的延长,活力会逐步降低,直至植株死亡,如 ADH 活性在南美鸡蛋花中水淹 15 天后到达峰值,随后会随水淹时间延长而逐步降低。另外,内源性生长调节物质的含量在植物受到水淹胁迫过程中发生重要变化,如植物组织中的脱落酸(Abscisic acid,ABA)、赤霉素、乙烯及乙烯合成前体 1-氨基环丙烷-1-羧酸(1-Aminocyclopropane-1-Carboxylic Acid,ACC),它们通常在水淹胁迫的前期、中期、后期发生不同的变化。

为抵制活性氧自由基产生的毒害作用,植物形成了非常复杂的抗氧化防御系统,移除体内有毒代谢产物进而增加胁迫耐性,如活性氧清除酶类(SOD、POD、CAT、GR 等)、非酶清除剂(如抗坏血酸、谷胱甘肽等)以及使还原态抗氧化剂再生的酶的活化等。大量研究表明,抗氧化酶含量的升高,如 SOD、POD、GR、CAT、APx 等对水稻、玉米(*Zea mays*)、大麦(*Hordeum culgare*)、大豆(*Glycine max*)、西红柿(*Solanum lycopersicum*)等受不同程度水淹胁迫后的存活非常重要。超氧化物歧化酶 SOD 是抵御水淹胁迫的第一道防线,它能使超氧阴离子自由基 O_2^- 产生歧化作用转化为过氧化氢 H_2O_2,过氧化物酶 POD 和过氧化氢酶 CAT 能够清除 H_2O_2,使其转变为无毒无害物质。因此,SOD、POD、CAT 的协调对于植物抵抗水淹胁迫有着重要作用。还原型谷胱甘肽 GSH 能直接与活性氧反应使其还原,或作为酶的底物在活性氧的清除过程中扮演重要作用。水淹耐受性不同的植物其种子在淹水胁迫下发芽情况差异极显著。种子发芽是植物繁衍后代的重要方式,一些植物如美洲黑杨(*Populus deltoides*)、黑柳(*Salix nigra*)的种子长期淹水仍能保持生活力及正常的生长发育。丙二醛(MDA)能够指示膜脂过氧化程度,是反映植物对逆境胁迫反应强弱的重要指标。水淹状态下,由于缺少氧气,植物根系活性氧积累过多,从而引起膜脂过氧化作用,MDA 含量出现升高趋势。

水淹条件下,CO_2 同化速率(A)、气孔导度(Gs)、蒸腾速率(E)、水分利用率(WUEi)和胞间 CO_2 浓度(Ci)等参数能够显示植物光合作用状况;叶绿素荧光对光能的吸收、传递、耗散与分配具有重要作用,能够在短时间内了解到胁迫对于光系统 II(PSII)的影响。水分是影响植物光合作用因素之一,水淹会引起净光合速率降低,一方面是气孔因素,由于气孔关闭,CO_2 无法进入叶片,外界 CO_2 减少对叶绿体的供应;另外为非气孔因素,由于无法得到外界提供的 CO_2,却继续光合作用从而引起光合器官被损坏,叶肉细胞光合活性下降。光合作用受伤害的最初部位与光合系统 II 有着紧密联系,因此水分胁迫下叶绿素的荧光参数会发生一系列的变化。在水淹后的恢复期内,会发现一些植物存在叶绿素含量、光合作用增强的现象,这种增强效应有助于植物在淹水前进行较好地生长,并储存较多的碳水化合物以抵御下一次淹水胁迫,缓解淹水胁迫下的"能量危机",进而提高其淹水胁迫下的生存率。

研究与水淹胁迫相关基因和功能蛋白对揭示植物耐水淹的分子机理具有重要的意义。如乙烯响应因子(Ethylene responsive factor,ERF)类转录因子可调节植物对病原物、水淹、低温、干旱、高盐等生物与非生物胁迫的适应性应答;Sub1A(Submergence-1)和蛋白激酶(CIPK15)基因可以使不同发育期的水稻表现出不同的耐淹性状;水淹胁迫能诱导乙醇脱氢酶 ADH、丙酮酸脱羧酶 PDC 基因的表达。近年来,随着蛋白质组学的迅速发展,双向电泳技术(2-DE)、相对绝对定量同位素标记(iTRAQ)技术与具有高度敏感性和准确性的串联质朴结合的全新定量蛋白质组学技术成为了蛋白质定性和定量研究的主要工具。水淹胁迫下的蛋白质组学研究相对较少。在水淹胁迫下,番茄(*Solanum lycopersicum*)、小麦(*Triticum aesti-vum*)、大豆蛋白质组学研究已有报道。其中大豆水淹胁迫下的蛋白质组学研究取得较高的进展,已深入至细胞器蛋白质组学、磷酸化蛋白质组学水平。日本科学家 Komatsu 研究团队开展了水淹胁迫下大豆幼苗的蛋白质组学变化研究,并发现了一系列参与不同代谢途径的水淹胁迫响应蛋白。

近年来,根据三峡水库消落区植被恢复重建的需要,国内科研人员开展三峡水库消落区适宜植物耐水淹的研究较多,适宜物种主要包括:乔木的落羽杉(*Taxodium distichum*)、水松(*Glyptostrobus pensilis*)、桑树、枫杨、乌桕(*Sapium sebiferum*)、湿地松(*Pinus eliottii*)、等;灌木的疏花水柏枝、宜昌黄杨、中华蚊母树、枸杞、秋华柳、南川柳(*Salix rosthornii*)等;草本有空心莲子草、香附子、香根草(*Vetiveria zizanioides*)、野古草(*Arundinella anomala*)、狗牙根、苍耳、菖蒲(*Acorus calamus*)、硬秆子草、双穗雀稗等。这些植物都形成了特定的耐水淹机制,可作为三峡水库消落区的植被恢复与重建适宜物种。如疏花水柏枝利用在夏秋季处于休眠状态、停止生长,而在冬春季露出水面,进入生长繁殖期的生活习性来适应夏季洪水淹没;宜昌黄杨通过皮孔、不定根等形态特征的变化来适应夏季洪水淹没;秋华柳通过提高酶活性来降低活性氧对细胞膜的伤害以适应水淹胁迫。

水淹对雌雄异株植物性别差异影响的研究存在不足。在环境胁迫下雌、雄植株在生长发育、生理生态适应及蛋白质组学响应方面存在显著差异。对盐胁迫下窄叶火棘(*Phillyrea angustifolia*)、青杨(*P. cathayana*)、银杏(*Ginkgo biloba*)的研究表明,雌、雄植株对盐胁迫表现出性别差异。另外,滇杨(*P. yunnanensis pce*)在干旱-盐复合胁迫、升高 CO_2 浓度和盐复合胁迫下,雌、雄植株在生理生化指标、超微结构、蛋白质组学响应方面表现出比单一胁迫下更多的差异。但是,雌雄异株对在水淹胁迫的差异响应研究却明显被忽视。以杨树为例,不同性别的杨树在应对干旱、低温、光周期和盐胁迫等环境胁迫时在生理生化水平上表现出明显的差异响应,特别是干旱胁迫下雌雄杨树在蛋白质组水平上呈现出显著的性别依赖性响应,其中 50% 性别特异性响应蛋白是与光合作用相关的叶绿体蛋白。不同种、不同品系的杨树在水淹胁迫下的生态生理响应研究也较多,但是却从未涉及到雌雄植株性别间的差异响应研究。直到 2010 年,Rood 等从叶片数目、叶片大小方面对狭叶杨(*P. angustifolia*)的雌、雄株的耐水淹能力进行比较,结果表明水淹引起雄株叶片大小、数目更大程度的降低,因而得出雌株比雄株具有更强的耐水淹能力。但是,杨鹏和胥晓(2012)对青杨雌、雄植株对水淹胁迫的性别差异响应研究表明,雄株比雌株受到水淹胁迫的负面影响更小,能形成更好的耐水淹机制。但类似的相关研究太少,尤其是在形态、生理与蛋白质组相结合方面。本章节就以三峡水库消落区相关的适宜植物为研究材料,结合形态、生理生化及蛋白质组学水平,开展特定植物对水淹胁迫的适应机制研究,旨在为三峡水库消落区植被恢复重建和物种保护提供参考。

6.1 车前属植物对水淹胁迫的组织特异性和种间特异性响应

6.1.1 前言

车前属是车前科植物最大的一个属,在全球约有 270 个种,其中 20 种在中国。一些车前种因其代谢产物具有强的生物活性,地上部分和种子被广泛用作药物和食物。普通车前($P.$ $asiatica$ L.)是一种广泛分布在亚洲温带地区的杂草,有着很大海拔变化幅度的栖息地,最高可达 2,600 m。不少研究组分析了普通车前的植化成分。而丰都车前($P.$ $fengdouensis$)是一种局限生长在中国三峡水库区域的濒危物种,2001 年在沿长江的两个县的两个河心滩(江心岛)上发现该物种,而且只在这两个江心滩有分布,并于 2004 年被确认和命名。丰都车前的自然栖息地长期受长江夏季洪水的季节性淹没。王勇等(2006)对丰都车前在三峡水库蓄水前进行了迁地保护。随着三峡水库的逐步蓄水,丰都车前的自然分布区于 2006 年全部水淹,使其成为因三峡工程建设而导致自然生境和野生居群全部毁灭的唯一的草本植物。在地理分布、生态学和群落学调查的基础上,对丰都车前形态特征、年生长周期和生殖值与同属植物普通车前和北美车前($P.$ $virginica$)进行了调查、试验和比较研究,结果表明丰都车前果期长、种子不适宜长距离传播和生殖值低以及长江水淹干扰是造成其狭域分布和数量稀少的主要原因。对迁地保护的丰都车前回归自然生境之前,必须对其水淹耐受性及适应机制必须要有充分的了解。

尽管对大量车前属的物种进行了植化分析研究,但车前属植物对非生物胁迫的生态生理响应研究较少。例如,Ren et al. (1999)研究了海拔变化对 $P.$ $major$ 叶和根部抗氧化系统造成不同的影响,Zheng et al. (2000)研究了臭氧胁迫导致大叶车前($P.$ $major$)生物量的减少和种子产量的降低。Davey et al. (2007)证实了在升高 CO_2 浓度的环境下,$P.$ $maritima$ 的生物量和总酚含量升高,而蛋白质含量和二磷酸核酮糖羧化酶(Rubisco)的最大羧化作用速率降低。Martins et al.(2013)的研究表明 *P. algarbiensis* 和 *P. almogravensis* 能有效积累土壤中的铝,尤其是在根部组织,铝的摄取伴随着植株内柠檬酸、草酸、丙二酸和反丁烯二酸含量的大幅增加。

全球很多地方每年都会出现水淹现象,水淹经常扰乱植物生长、发育、产量和许多生理功能等,抑制光合作用和有机物积累,活性氧物质(ROS)如 O_2^-、H_2O_2 和 OH 等含量升高以及发生膜脂质过氧化作用。因此,为了应对氧化损伤和膜脂质过氧化作用,植株具有一整套的抗氧化酶系统,产生一些诸如谷胱甘肽和游离脯氨酸等非酶成分来调节 ROS 水平。栖息在滩涂(或河心滩)的多年生植物不能避开水淹环境,必须忍受水淹胁迫。因此,这些植物通常会进化出特定的包括生物量分配和生命周期的适应性调整在内的形态可塑性和适应可塑性来应对这些胁迫。该研究证实了原生于长江河心滩的丰都车前比广泛分布在亚洲的普通车前的水淹耐受性(尤其在根部)更强的假设。同时也验证了车前属植物对水淹胁迫的组织特异性响应。水淹胁迫生理生化的研究对迁地保护的丰都车前进行原生境的种群构建具有指导作用。

6.1.2　材料与方法

1.植物材料和实验设计

2012 年 8 月,将丰都车前和普通车前母体的成熟的种子收集起来。对这些种子在温室进行萌发,温室平均温度维持在 25～28℃,相对湿度保持在 70%～85%。发芽生长大约一个月后,将这些种苗按一盆一苗的方式转移到含有均质土壤的盆中(15 cm× 12 cm× 14 cm,长 × 宽× 高)。盆中生长一个月后,从每种植物中选取健康且大小统一的苗用于水淹实验。采用两因素(种和供水方式)完全随机设计。每种苗被随机分配到如下两种不同的供水方式中:正常水分处理作为对照和水淹处理。每次处理时,设 6 个重复,每个重复含 5 株苗。在正常水分状态下,每天充分浇水。水淹处理中,所有的苗盆被置于 108 cm× 54 cm× 25 cm(长 × 宽× 高)容器中,保持容器的最高水位高于土壤表面 2.5 cm。20 天后,收集新鲜叶片和根并立即冷冻在液氮中用于实验分析。

2. 形态特征和生物量分析

实验结束时,将每个种的两种处理环境下的苗随机收集起来用数码相机拍照。随后,淹水和对照组各取每种苗 6 株,将其分离成地上部分(叶和茎)和地下部分(根),在 80℃ 温度下烘干 48 h(恒重)后测定它们的干重。然后计算地下和地上部分生物量的比。

3. 超氧阴离子($O_2^{\cdot-}$)和过氧化氢(H_2O_2)的组化原位定位染色

借鉴 Romero-Puertas et al.(2004)和 Shi et al.(2010)的方法,分别使用二氨基联苯胺(DAB)和氮蓝四唑(NBT)组织化学染色法检测 H_2O_2 和 $O_2^{\cdot-}$ 在组织的原位积累。对于 $O_2^{\cdot-}$ 的检测,将叶片和根浸没在 NBT 溶液(1 mg/ml)、放入 10 mM 磷酸盐缓冲液(pH 7.8)中室温下存放 4 h。对于 H_2O_2 的定位检查,将叶片和根放在 DBA 溶液(pH 3.8,1 mg/ml)中于室温下培育 4 h。将染色样本转移到 70%(V/V)乙醇中除去叶绿素并将蓝色和棕色斑点可视化分别测定 H_2O_2 和 $O_2^{\cdot-}$。下文将描述 H_2O_2 和 $O_2^{\cdot-}$ 含量的测定进而确认染色结果。

4. 可溶性蛋白质含量、ROS 水平和 MDA 含量的测定

植物蛋白质的提取,将 1 g 新鲜样本在液氮中研磨后,在提取缓冲液中(50 mM 磷酸钠缓冲液,pH 7.8)在碾磨至匀浆。在 4℃ 下以 12,000 转速离心 30 min 后,用 Bradford 法测定可溶性蛋白质含量,其他上清液用于 ROS 水平和抗氧化酶活性的测定。

借鉴 Yang et al.(2011)的步骤探测 $O_2^{\cdot-}$。根据标准曲线计算的 $O_2^{\cdot-}$ 含量,其浓度单位:n g/g protein。H_2O_2 浓度的测定也是借鉴 Yang et al.(2011)的方法。根据 H_2O_2 标准曲线计算其浓度,并表示为 m mol/mg protein。基于抗体-抗原-酶-抗体复合体通过植物氢氧根离子($\cdot$OH)酶联免疫试剂盒依照厂家说明书分析$\cdot$OH 含量。在 450 nm 测定吸光度,$\cdot$OH 浓度表述为 n g/mg protein。按照 Yang and Miao(2010)先前提供的方法,使用硫代巴比土酸(TBA)提取 MDA 并在 100℃ 煮 20 min。降到室温后在 15,000 转速离心 10 min,使用分光光度计在 450、532 和 600 nm 波长下测定吸光度来确定 MDA 浓度。MDA 浓度通过以下公式估算出来:$C(\mu \text{ mol/l}) = 6.45(A_{532} - A_{600}) - 0.56A_{450}$。其浓度单位:m mol/g FW(FW,鲜重)。

5. GSH 和游离脯氨酸含量测定

按照厂商说明书指导利用总谷胱甘肽(GSH)检测试剂盒(A006－1,

南京江城，中国)进行 GSH 浓度分析。测定 420 nm 波长下的吸光度，GSH 浓度表示为 m g/g protein。根据以前描述过的方法利用 L-proline 作标准曲线来测定脯氨酸含量。简单地说，将植物样本(0.5 g)放入 5 ml 的 3%黄基水杨酸中碾磨至匀浆。离心后，取 2 ml 上清液、2 ml 冰醋酸和 2 ml 2.5%酸性茚三酮溶液加入到试管中。充分混合后的溶液在 100℃ 煮 40 min。降到室温后在 520 nm 波长测定吸光度，使用已知的 L-proline 浓度标准曲线计算样本的脯氨酸水平。其浓度表达为 μg/g FW。

6. 抗氧化酶活性分析

抗氧化酶活性包括 CAT 和 GR 活性，按照 Shi et al. (2012)的提供的方法，分别使用 CAT Assay Kit(S0051，Beyotime，China)和 GR Assay Kit(S0055，Beyotime，China)依照厂家说明书测定它们的活性。依照 Yang and Miao(2010)提供的方法测定抗坏血酸过氧化物酶(APX)活性。CAT、GR 和 APX 活性并分别表示为 U/mg protein、μM NADPH/mg protein·min 和 ng/mg protein。

7. 统计分析

使用 SPSS13.0 软件进行统计分析，结果表示为均值±标准误。利用邓肯法进行方差分析。$P < 0.05$ 时，具有显著性差异。

6.1.3　结果

1. 形态学特征与地上地下部分生物量比的比较分析

如图 6-1A、6-2A 和 6-2C 所示，丰都车前叶片窄，而普通车前叶片宽。另外，相比普通车前，丰都车前长出了更强壮更深的根(图 6-1A 和 6-2B、6-2D)。此外，不管是在对照组中还是水淹实验组中，丰都车前地下部分生物量与地上部分生物量的比值明显高于普通车前的(图 6-1B)。水淹处理抑制了两种植株的根的生长，尤其对普通车前根的伸长抑制明显(图 6-1A、6-2B、6-2D)。水淹胁迫也降低了两种植物的地下、地上生物量之比，但是下降不明显(图 6-1B)。

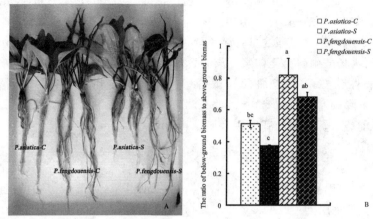

图 6-1　水淹对两种车前形态和生物量分配的影响

2. H_2O_2 和 $O_2^{\cdot-}$ 的组织化学染色

通过 DAB 和 NBT 的组化染色分别来检测 H_2O_2 和 $O_2^{\cdot-}$ 的积累量。相比对照组,两种植株在水淹处理后其棕色斑块(图 6-2A,H_2O_2 指示剂)更多,表明水淹处理诱使 H_2O_2 的产生。然而,淹水处理后两种植株的根部组织没有观察到明显的棕色斑点(图 6-2B)。此外,在两种实验组中,丰都车前的叶片比普通车前的具有明显更多的棕色斑点,而在根部组织中则情况相反(图 6-2A 和 B)。与对照组相比,水淹处理并没有在普通车前叶片中产生明显差异的蓝色斑块(图 6-2C,$O_2^{\cdot-}$ 指示剂),而在丰都车前的叶片中在水淹胁迫后差异则比较明显。然而,水淹处理后的普通车前,在根部组织检测到比对照组更多的蓝色斑块(图 6-2D),而在两种实验条件下的丰都车前根部组织中的蓝色斑块没有明显差异。最后,不管是在水淹处理下还是对照组中,丰都车前的叶片比普通车前的有明显更多的蓝色染色斑点,而在根部组织中,情况则刚好相反。

3. ROS 积累量和脂质过氧化作用的比较分析

从 ROS 积累量和膜脂质过氧化作用方面探讨两种车前种是否在水淹胁迫下产生组织和物种特异性差异,我们分别测量了它们叶片和根部组织中的 H_2O_2、$O_2^{\cdot-}$、$\cdot OH$ 和 MDA 的水平。在正常水分状态下,两种车前种在叶片 H_2O_2、$O_2^{\cdot-}$、$\cdot OH$ 和 MDA 水平上有显著差异,丰都车前的这些指标水平相对较高。此外,在根部组织上,两种车前种的 H_2O_2、$O_2^{\cdot-}$、$\cdot OH$ 水平也存在明显差异,且普通车前在这些指标上表现出较高水平。然而,在两者根部的 MDA 水平没有明显差异。另外,在每种植株的叶片和根部的

H_2O_2、O_2^-、·OH 和 MDA 水平上也存在的明显组织差异。

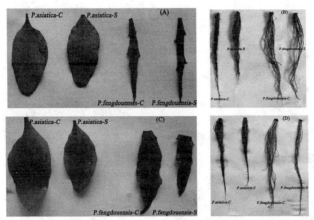

图6-2　水淹对两种车前叶片和根中 H_2O_2 和 O_2^- 组化染色的影响

水淹胁迫显著提高了丰都车前叶片内的 H_2O_2、O_2^-、·OH 和 MDA 水平。普通车前叶片内的 H_2O_2、·OH 水平受水淹影响比较明显,而 O_2^- 和 MDA 水平受影响不明显。水淹胁迫显著地增加了普通车前根部的 O_2^- 和 MDA 水平,而 H_2O_2、·OH 水平不受明显影响。相反,丰都车前根部的 H_2O_2、O_2^-、·OH 和 MDA 水平均受水淹影响较小。在水淹环境下,在两种车前种内($F_{(C)-L×R-P.a}$；$F_{(C)-L×R-P.f}$)植株也存在叶片和根部 H_2O_2、O_2^-、·OH 和 MDA 水平上的组织差异。此外,叶片($F_{s×w-L}$)和根部($F_{s×w-R}$)的 H_2O_2、O_2^-、·OH 水平受物种和水淹交互作用的影响比较明显。然而,根部 MDA 水平受物种和水淹交互影响作用不显著。

4. 可溶性蛋白质、GSH 和脯氨酸含量的比较分析

接下来我们要了解车前属的两个对照种积累的可溶性的物质来保护蛋白质结构,清除 ROS,适应渗透胁迫是否存在物种和组织特异性差异。因此,我们分析测定了可溶性蛋白质、非酶抗氧化物质(GSH)和渗透调节(游离脯氨酸)含量。在正常水分状态下,在叶片和根部的可溶性蛋白含量上两种车前属物种之间的差别很大。在叶片和根部可溶性蛋白含量上,丰都车前在叶片上含量稍低,但在根部则明显高于普通车前。就叶片和根部可溶性蛋白质含量而言,每个车前属物种($F_{(C)-L×R-P.a}$；$F_{(C)-L×R-P.f}$)的种内存在比较显著的组织特异性差异。水淹处理明显降低了两个车前属物种在叶片和根部的可溶性蛋白质含量。在水淹条件下,丰都车前在根部积累的可溶性蛋白质含量远高于在叶片内积累的量,而普通车前在根部和叶片积累的可溶性蛋白质含量则没有明显差异。总之,受物种和水淹交互影响作用,

可溶性蛋白质含量在根部的差异比较明显,在叶片则不明显。

在正常水分状态下,两个车前属物种的叶片和根部的 GSH 含量都存在显著差异,不管是叶片还是根部的 GSH 含量,丰都车前都比普通车前显示出了更高水平。丰都车前的根部 GSH 含量水平明显高于叶片中的含量水平($F_{(C)-L\times R-P.\ f}$),而普通车前的叶片和根部的 GSH 含量没有明显差异($F_{(C)-L\times R-P.\ a}$)。在水淹条件下,丰都车前的叶片和根部的 GSH 水平均明显上升,但在普通车前中不明显。在两种车前属物种($F_{(W)-L\times R-P.\ a}$; $F_{(W)-L\times R-P.\ f}$)的叶片和根部的 GSH 含量均存在着明显的组织特异性差异,两物种的根部 GSH 水平均高于叶片内的。总之,水淹和物种的交互作用对叶片($F_{s\times w-L}$)和根部($F_{s\times w-R}$)的 GSH 含量均有显著影响。

在正常水分状态下,两个车前属物种的叶片和根部的脯氨酸含量都存在显著差异。丰都车前叶片中的脯氨酸含量比普通车前明显更高,而根部的则明显更低。每个种的叶片和根部的脯氨酸水平也有着显著的组织差异。普通车前根部的脯氨酸水平明显高于叶片中($F_{(C)-L\times R-P.\ a}$),而丰都车前情况则刚好相反。在水淹条件下,丰都车前叶片内的脯氨酸含量明显升高,而普通车前叶片内脯氨酸变化不明显。此外,水淹处理后,丰都车前根部的脯氨酸含量明显上升,而普通车前根部的脯氨酸含量则明显下降。丰都车前叶片内的脯氨酸含量明显高于根部的($F_{(W)-L\times R-P.\ f}$),而普通车前叶片和根部的脯氨酸含量则没有明显差异($F_{(W)-L\times R-P.\ a}$)。总之,水淹和物种的交互作用对叶片($F_{s\times w-L}$)和根部($F_{s\times w-R}$)的脯氨酸含量均有显著影响。

5. 抗氧化酶活性的比较分析

接下来我们将探讨车前属的两个对比种用来调节 ROS 的积累以及膜脂质过氧化物的抗氧化酶防御系统方面是否能够形成种和组织特异性差异。因此,我们检测了抗氧化酶(CAT、APx 和 GR)的活性。在正常水分条件下,两种车前属物种在叶片和根部的 CAT、APx 和 GR 活性均存在显著差异。丰都车前叶片内的 CAT、APx 活性水平高于普通车前叶片内的,而GR 活性水平则低于普通车前叶片内的。有趣的是,丰都车前根部的CAT、APx 和 GR 活性水平均低于普通车前根部的活性水平。同种内的叶片和根部的 CAT、APx 和 GR 活性水平也存在显著组织特异性差异。普通车前叶片内的抗氧化酶活性明显低于其根部的($F_{(C)-L\times R-P.\ a}$)。相反,丰都车前叶片内的 CAT、APx 活性水平高于其根部的($F_{(C)-L\times R-P.\ f}$)。

在水淹条件下,丰都车前叶片和根部的 CAT 活性水平明显上升,而普通车前叶片内的 CAT 水平没有明显变化。普通车前根部的 CAT 活性水平显著高于其在叶片内的（$F_{(W-L\times R-P.\ a)}$），而丰都车前叶片内的 CAT 活性水平与其在根部的没有明显差异（$F_{(W-L\times R-P.\ f)}$）。尽管水淹胁迫提高了两车前属物种叶片内 APx 活性水平，但是都不明显。水淹胁迫显著提高了丰都车前根部的 APx 活性水平，却也显著降低了普通车前根部的 APx 活性水平。丰都车前叶片内的 APx 活性水平明显高于其根部的（$F_{(W-L\times R-P.\ f)}$），而普通车前叶片和根部的 APx 活性水平没有明显的组织差异（$F_{(W-L\times R-P.\ a)}$）。水淹胁迫显著提高了两车前属物种叶片 GR 活性水平，显著提高了丰都车前根部的 GR 活性水平，却也显著降低了普通车前根部的 GR 活性水平。每个种的叶片和根部的 GR 活性水平存在明显的组织差异。普通车前叶片的 GR 活性水平显著高于其根部的（$F_{(W-L\times R-P.\ a)}$），而丰都车前则刚好相反（$F_{(W-L\times R-P.\ f)}$）。总之，水淹和物种的交互作用对叶片（$F_{s\times w-L}$）和根部（$F_{s\times w-R}$）的 CAT、APx 和 GR 活性均有显著影响。

6.1.4　讨论

之前很多关于车前属物种的研究集中在它们的很多显著医用疗效上，包括止血、抗菌、祛痰、利尿、镇痛，以及它们强大的生物活性上，包括对癌症细胞的细胞毒性影响、抗炎、免疫调节、抗氧化剂和止痉挛作用等。而车前属植物对环境胁迫的生理响应研究较少，主要包括海拔变化、臭氧胁迫、升高 CO_2 浓度、铝胁迫等环境胁迫方面，而关于其水淹胁迫适应性响应的研究到目前为止还没有报道。分布在长江河心滩上的丰都车前经常遭遇夏季水淹胁迫。然而，不同生态型种群的植物通常形成特殊的表型可塑性和适应性可塑性来防止不利环境条件造成的损伤。例如，Yin et al. (2009) 证明来自中国西部干旱气候种群的青杨比来自湿润气候的种群具有更好的耐旱性。因此，了解原生于长江河心滩的丰都车前和广泛分布在亚洲的普通车前对水淹胁迫的不同响应很重要也很有趣，特别是针对迁地保护的丰都车前进行原生境的种群构建。

水淹造成土壤中 O_2 浓度和氧化还原势的下降，导致氧化胁迫（氧毒性）。根部缺氧会使 ROS 代谢增多对叶片造成氧化损伤。ROS 是重要的信号分子，对氧化胁迫具有指示作用。ROS 能直接损害膜脂质，造成脂质过氧化以及蛋白质和核酸的氧化。H_2O_2、$O_2^{\cdot -}$ 和 ·OH 是 ROS 积累的主要指标。MDA 是一种经常用于脂质过氧化的指标，其含量反应脂质过氧化程度。在本研究中，组化染色用来反映水淹后两种车前属物种的 H_2O_2、$O_2^{\cdot -}$ 原位积累水平。H_2O_2、$O_2^{\cdot -}$ 原位积累的结果表明丰都车前在叶片中积累的 H_2O_2、$O_2^{\cdot -}$ 多于普通车前的叶片，而在根部则情况相反。我们的结果进一步表明了，就 H_2O_2、O_2^- 积累角度而言，丰都车前的叶片对水淹胁迫更为敏感，其根部对水淹耐受性则更强。

接着，对 H_2O_2、O_2^- 的定量分析进一步证实了 DAB 和 NBT 的染色结果。叶片和根部、种和种之间的明显差异表明两车前属物种在 ROS 积累和 MDA 水平存在物种和组织特异性差异。水淹状态下丰都车前的叶片内的 O_2^- 和 MDA 水平上升明显，而在普通车前中没有明显变化，表明丰都车前的叶对水淹胁迫更为敏感。相反，水淹条件下，普通车前根部的 O_2^- 和 MDA 水平明显上升，而在丰都车前根部中没有明显变化，这表明丰都车前的根对水淹胁迫的耐受性更强，而且根系统形成了特定的有效适应水淹造成的缺氧环境。此外，在叶片中 H_2O_2 和 ·OH 水平的显著上升而在根部没有，表明车前种的叶片比根部对水淹胁迫更为敏感。

脯氨酸作为渗透保护剂，可通过维持蛋白质结构的稳定性来保护它们的结构，也可以作为 ROS 的清除剂。较高水平的脯氨酸含量与提高胁迫下对氧化损伤的耐受性能相关。在 *P. deltoides*，*Ocimum sanctum*，*Cyperus alopecuroides* 中，脯氨酸含量与水淹胁迫均成正相关。相反，Yiu et al.（2009）则认为应将脯氨酸的保护作用弱化，因为脯氨酸在大葱（*Allium fistulosum* L.）中的积累与水淹胁迫耐受性之间存在负相关。水淹条件下，丰都车前在根部和叶片都积累了较多的脯氨酸，而普通车前在根部没有明显增加脯氨酸的积累量，这些表明在脯氨酸积累这方面丰都车前比普通车前具有更强的水淹适应性，特别是在根部。

研究表明，有效的抗氧化酶系统对水淹条件下的菊花、美洲黑杨、唇萼薄荷（*Mentha pulegium*）和咸蓬（*Suaeda maritima*）的存活至关重要。水淹后，两种车前属植物叶片内 CAT、APx、GR 活性的升高表明它们能形成有效的抗氧化酶系统来控制 ROS 的积累。此外，水淹条件下两种车前叶片内的抗氧化酶活性及丰都车前根部的抗氧化酶活性升高或显著升高，而在普通车前根部中的 APx 和 GR 活性则显著性降低。这些结果表明，就根部抗氧化酶系统而言，丰都车前比普通车前对水淹胁迫具有更好的耐受性，这也许和它们生长的环境相关。自然分布于长江江心岛的丰都车前必须经受夏季的水淹。丰都车前在水淹后所有的叶片凋落，植株主要依靠其根部组织存活下来并进行生长恢复。因此，丰都车前进化出特殊的环境适应性，包括更粗壮、更深的根，更高的地下与地上生物量分配之比，以适应水淹胁迫造成的缺氧环境。

综上所述，丰都车前作为受到三峡工程影响的三峡库区特有濒危植物，其迁地保护已经受到重视并得到了良好的保护。在此基础上，如何对迁地保护的丰都车前开展相关研究，掌握其水淹耐受性及水淹适应机制研究，对丰都车前回归原生境具有重要的指导作用,尤其是对河岸带的种群构建具有重要的科学意义。两种车前属植物在 ROS 积累、膜质过氧化、脯氨酸积累以及抗氧化防御系统方面的响应存在物种和组织特异性差异。尽管丰都车前在叶片的 ROS 和 MDA 水平上比普通车前相对高些,但就 H_2O_2、O_2^-、MDA 含量而言,丰都车前的根部具有相对更强的水淹胁迫耐受性。此外,就游离脯氨酸含量、GSH 含量以及抗氧化酶系统方面而言,丰都车前对水淹胁迫的耐受性响应更积极,特别是在根部。我们的结果对迁地保护的丰都车前进行原生境的种群构建具有指导作用。

6.2　狗牙根对水淹、干旱及盐胁迫在生理、蛋白质组及代谢组学水平的适应分析

6.2.1　引言

狗牙根属禾本科狗牙根属多年生匍匐草本植物,在长江及重要支流沿岸有广泛分布,尤其是可以分布于距江面较低的低高程河岸段。分布于河岸带的狗牙根对成百上千年来长江自然汛期水位涨落已有相当的适应能力。三峡库区成库后,该物种能够耐受水库消落区的水淹环境而存活,成为消落区中、下部区域的优势物种。水淹试验研究和植被调查研究结果表明,狗牙根是三峡水库消落区兼具耐水淹和耐干旱能力的重要草本植物,是用于水库消落区植被恢复实践中最具潜力的多年生草本植物。同时狗牙根作为最重要的暖季型草坪草被广泛应用于高尔夫球场、运动场、草坪建设和湿地植被恢复当中。以前的研究表明狗牙根对干旱胁迫、盐胁迫和水淹胁迫等非生物胁迫具有很高的耐受性,并且能在生理、蛋白质组和代谢水平形成复杂的机制来应对这些胁迫。Shi et al. (2012)的研究表明叶片的水分变化、渗透调节物质的积累和抗氧化酶防御系统的变化在一定程度能够反映狗牙根不同品种对干旱胁迫的耐受性,外源物质如一氧化氮、硫化氢和多胺的应用能增强狗牙根对非生物胁迫如干旱胁迫、盐胁迫、渗透胁迫和冷害胁迫的耐受性。除此之外狗牙根对盐胁迫、冷害胁迫和水淹胁迫的耐受性与根和茎的生长、叶片相对含水量、脱水素表达、叶绿素含量、脯氨酸含量、可溶性糖含量、乙烯积累、活性氧物质水平和抗氧化酶活力响应相关。

通过蛋白质组学途径能够鉴定胁迫诱导的差异蛋白。Zhao et al. (2011)在狗牙根叶片中鉴定了 54 个与干旱相关的蛋白,在两个对照的狗牙

根种品 Yukon 和 Tifgreen 中发现了狗牙根叶片和茎中共有 39 个对干旱响应的差异表达蛋白,这些蛋白参与光合作用、糖酵解、氮代谢、三羧酸循环(tricarboxylicacid,TCA)和氧化还原途径。在冷害胁迫下经过氯化钙处理的狗牙根叶片中有 51 个差异表达蛋白加强了氧化还原反应、三羧酸循环、糖酵解、光合作用、氧化磷酸戊糖途径和氨基酸代谢。狗牙根叶片中被氯化钙和冷害诱导的代谢产物主要有氨基酸、有机酸、糖类和糖醇类。

干旱胁迫、盐胁迫和水淹胁迫是限制植物的生长和发育的三个主要非生物胁迫因子,它们能诱导植物在形态、生理、蛋白质组和代谢水平方面发生不同的变化。自然环境中,干旱胁迫、水淹胁迫和盐胁迫往往同时发生,尤其是在消落区、河口、滨海滩涂环境中。狗牙根已经被证实对水淹、干旱和盐胁迫都具有较强适应能力。尽管狗牙根对干旱、盐胁迫和水淹胁迫的耐受性机制被广泛研究,但是在蛋白质组和代谢组水平同时比较干旱、盐胁迫和水淹胁迫响应的研究则比较少。因此在生理、蛋白质组和代谢组水平研究狗牙根对非生物胁迫的响应研究有利于理解植物对胁迫的耐受性差异,并对植物的培育带来新的指导。在本研究中我们假设狗牙根能在生理、蛋白质组和代谢组中形成类似的机制以应对干旱胁迫、盐胁迫和水淹胁迫,因此在生理、蛋白质组和代谢组水平比较分析狗牙根对非生物胁迫的响应,以期能够对提高狗牙根对于干旱胁迫、盐胁迫和水淹胁迫的分子机制和代谢平衡的理解。

6.2.2　材料与方法

1.植物材料与实验设计

将放在 4℃黑暗中经过 3 天春化的种子播种在装满了土壤的花盆中并将花盆放在中国科学院武汉植物园温室,种子的生长条件控制在平均温度位 25±2℃、相对湿度为 65%~75%、每天给予 16 h 的 150 $m^{-2} \cdot s^{-1}$ 光照强度,每周用营养液灌溉种子两次,三周后相似大小的健康植物用于接下来的干旱胁迫、盐胁迫和水淹胁迫处理。

采用三因素的完全随机设计(干旱、盐、水淹胁迫)。对干旱胁迫处理采用了两种不同的水分处理方式,正常浇水处理和干旱处理(浇水处理 21 天后干旱处理 21 天)。盐胁迫处理开始以 100 mM 氯化钠溶液进行处理,然后以每天增加 100 mM 浓度的方式逐渐增加至最终浓度 400 mM。水淹胁迫处理是将植物完全淹没。在 21 天胁迫处理后经过正常复水处理 7 天然后统计狗牙根植株的存活率。分别收集胁迫处理开始 0 天、第 7 天、第 14

天和第 21 天的狗牙根样品用于生理指标分析。收集三种胁迫处理第 14 天后的狗牙根样品用于蛋白质组和代谢组分析。每一个处理至少有 35 株植物,每一个实验重复三次。

2. 电导率和叶片相对含水量的测定

根据 Shi et al. (2012)介绍的方法测定电导率。在室温条件、150 转/min 的情况下摇 6 h,然后使用电导率仪(leici-dds-307a,上海,中国)测定初始电导率。初始样品在 121℃沸水中煮沸 20 min 后测定煮沸后的电导率,相对电导率值就是煮沸后的电导率与初始电导率的比值。

根据 Shi et al. (2012)介绍的方法测定叶片相对含水量。收集样本后立即测量新鲜叶片的重量,并且测量叶片在 80℃烘干 16 h 后的干重,叶片的相对含水量根据公式:(湿重－干重)/湿重×100%。

3. 脯氨酸含量的测定

将 0.25 g 叶片样品碾磨成粉并加入 3%(W/V)的磺基水杨酸摇匀后在 100℃温度下提取 10 min,然后将 2 ml 的水合茚三酮和 2 ml 冰醋酸加入到 2 ml 的提取液中,并将混合溶液在 100℃的温度下煮沸 40 min,将溶液冷却至室温后在 520 nm 处测定吸光度,并用已知浓度的脯氨酸制作标准曲线,根据标准曲线计算脯氨酸含量。

4. 丙二醛含量的测定

根据 Yang et al. (2010)描述的方法测定丙二醛含量,用硫代巴比妥酸作为提取试剂并在 100℃的温度下煮沸 20 min,等提取液冷却至室温后在 15,000 rpm 的转速下离心 10 min,测定在 450、532 和 600 nm 处的吸光值,脯氨酸浓度可根据公式计算:

$$C(umolL^{-1}) = 6.45 \times (A_{532} - A_{600}) - 0.56 \times A_{450}$$

5. 蔗糖和可溶性总糖的定量分析

根据 Shi et al. (2012)描述的方法测定蔗糖和可溶性总糖[8]。在 480 nm 处测定样品的吸光度,并通过使用已知浓度的蔗糖和葡萄糖的标准曲线计算蔗糖含量和可溶性总糖含量。

6. 活性氧积累量和抗氧化酶活性的测定

利用 Bradford 法用牛血清作为标准蛋白测定蛋白质浓度。根据 Yang et al. (2011)的描述确定过氧化氢的浓度,然后根据过氧化氢标准曲线计算过氧化氢水平。通过植物 O_2^- ELISA 试剂盒按照制造商的说明书测定（鼎国，北京）O_2^- 含量。测定在 405 nm 处的吸光度。

抗氧化还原酶的活性主要根据 Shi et al.（2012）所描述的方法利用过氧化氢酶试剂盒（S0051，Beyotime，China）、谷胱甘肽还原酶试剂盒（Beyotime，Shanghai，China）和植物过氧化物酶检测试剂盒（Nanjing Jiancheng，Nanjing，China）根据制造商的指示测定酶活力。

7.蛋白质提取和双向电泳测定

根据 Shi et al.（2013）描述的方法进行适量的改变来提取总蛋白。简单来说就是在冰浴中将 1 g 冷冻粉末与 5 ml 预冷的提取缓冲液[20 mM 三羟甲基氨基甲烷盐酸盐（pH 7.5）、1.05 M 蔗糖、10 mM 乙二醇双（2-氨基乙醚）四乙酸、1 mM 二硫苏糖醇、1 mM 苯甲基磺酰硫酸和 1％（V/V）聚乙二醇辛基苯基醚]混合均匀,在 4℃条件以 10,000 g 的速度离心 30 min,然后在上清液中加入等体积的 Tris-HCl 饱和酚（pH 7.8）,在 4℃、10,000 g 下离心 30 min。将离心处理后的酚向上清中加入五倍体积的预冷饱和醋酸铵甲醇,将混合液放在－20℃静置过夜。通过离心收集总蛋白并储存在－80℃或者溶解在裂解缓冲液中[7 mol Urea、2 mol mithiourea、4％（W/V）CHAPS、65 mMDTT 和 0.2％（W/V）两性电解质（pH3.5～10）],待沉淀充分溶解后离心,通过 Bradford 法测定上清液的蛋白浓度。

采用 Shi et al.（2013）描述的方法适当修改后进行双向电泳,简单来说,每根 IPG（17 cm，pH 4～7，Bio-Rad，美国）胶条的上样量为 1 mg 的总蛋白质,然后并且在室温下水化过夜,次日将充分水化后的胶条转移至蛋白质等电聚焦系统进行等电聚焦（IEF）（Bio-Rad，美国）,根据 Shi 等人描述的条件和方法进行等电聚焦和 SDS-PAGE 电泳。

8.凝胶图像分析和质谱鉴定

采用考马斯亮蓝（CBB）R250[含 50％（V/V）甲醇、15％（V/V）乙酸和 0.1％（W/V）的考马斯亮蓝]进行染色,使用 EPSON PERFECTION V700 PHOTO 扫描仪（Epson）扫描脱色后的胶,用 PDQuest 软件分析（Bio-Rad，美国）差异表达的蛋白质点。根据 Li et al.（2012）和 Shi et al.（2013）描述的方法将认为差异表达的蛋白质点（平均倍数变化≥2）采用胰蛋白酶消化后进行串联时间飞行质谱（MALDI-TOF-MS）分析,利用 MASCOT 软件（http://www.matrixscience.com）分析质谱数据,最低得分 43 以上的和序列匹配最小覆盖率达 6％以上的作为鉴定置信阈值。

9.代谢产物的测定

利用 Li et al.(2012)和 Sanchez-Villarreal et al.(2013)所描述方法的进行代谢产物的提取分离,然后根据 Li et al.(2012)和 Shi et al.(2013)描述的方法利用 GC-TOF-MS(美国安捷伦 7890A / 5975c,CA,USA)分析代谢产物。利用气相色谱-飞行时间质谱将 1 μl 分离提取液注入 DB HP-5MS 毛细管(30 m×0.25 mm×0.25 μm,安捷伦 J&W 色谱柱,美国),基于质谱的代谢产物则通过质谱库(NIST 2005,Wiley 7.0)中参比质谱进行比对鉴定。在代谢产物鉴定后,根据在代谢物提取中加入的核糖醇作为内参来进行代谢产物的定量。

10.聚类分析与代谢途径分析

根据 Shi et al.(2013)描述的方法利用 Cluster 软件进行聚类分析(http://bonsai.ims.u-tokyo.ac.jp/~mdehoon/software/cluster/)并且利用 java Treeview 进行树状图结果分析(http://jtreeview.sourceforge.net/),利用 Classification SuperViewerg 工具对差异表达蛋白质进行分类(http://bar.utoronto.ca/ntools/cgibin/ntools_classification_superviewer.cgi),并且利用 Mapman 软件(http://mapman.mpimp-golm.mpg.de/general/ora/ora.html)进行差异蛋白的功能分类,利用 KEGG (http://www.genome.jp/keggbin/search_pathway)进行碳代谢途径分析。

11.统计分析

采用 spss 13 软件进行统计分析,数据结果用平均值±标准误来表示($n=3$)。利用邓肯法进行不同处理间的方差分析(ANOVA),每个图中柱上的不同字母表示差异显著($P<0.05$)。

6.2.3　结果

1.干旱胁迫、盐胁迫和水淹胁迫条件下形态和生理反应的比较

干旱胁迫、盐胁迫和水淹胁迫对狗牙根的生长发育有负面影响,当经过 21 天的干旱、盐和水淹处理后狗牙根在生长方面出现了很大的差异。干旱处理和盐胁迫引起的伤害表现为生长抑制、叶片卷曲,然而盐胁迫处理对于植物的生长影响较小,叶片较绿(图 6-3A)。随着处理的进行,干旱胁迫和盐胁迫处理逐渐降低狗牙根茎的生长,而水淹胁迫下茎的生长几乎被完全抑制

（图 6-3B）；干旱胁迫和盐胁迫处理逐渐降低叶片的相对含水量，然而水淹胁迫在整个 21 天处理过程中对叶片的相对含水量影响较小（图 6-3C）。随着处理的进行，干旱胁迫、盐胁迫及水淹胁迫都会降低叶片叶绿素含量（图 6-3D）；干旱胁迫、盐胁迫及水淹胁迫逐步增加了电导率（图 6-3E）。另外，和盐胁迫相比，干旱和水淹胁迫盐处理在 14～21 天这期间对电导率的影响更加明显。因此干旱胁迫和水淹胁迫对狗牙根的存活率有着严重影响，尤其是干旱胁迫的影响最为严重，然而盐胁迫对植物生存率的影响最小（图 6-3F）。

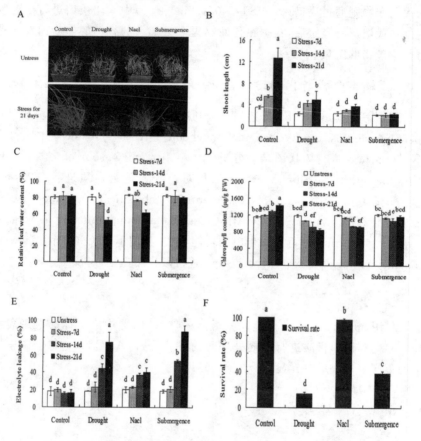

图 6-3　狗牙根对干旱胁迫、盐胁迫和水淹胁迫的形态和生理响应

2.狗牙根在干旱胁迫、盐胁迫和水淹胁迫下的渗透调节

随着处理的进行，干旱胁迫和盐胁迫能大大的诱导脯氨酸的合成，而水淹胁迫在整个处理期间对脯氨酸含量的没有影响（图 6-4A）。此外，干旱胁迫和盐胁迫能够显著地增加可溶性糖和蔗糖含量，但随着水淹胁迫的进行，它们的含量则显著降低（图 6-4B～C）。

3. 干旱胁迫、盐胁迫和水淹胁迫处理后狗牙根的活性氧代谢调节

为了进一步探讨干旱胁迫、盐胁迫和水淹胁迫引起的活性氧物质的代谢平衡,对 H_2O_2、O_2^{-} 和 MDA 的含量进行了分析(图 6-5A~C),与其他两种胁迫相比,在实验结束时干旱胁迫处理后 H_2O_2、O_2^{-} 和丙二醛的含量升高更明显(图 6-5A~C)。此外,H_2O_2、O_2^{-} 和 MDA 的含量能被盐胁迫逐渐诱导,特别是在处理 21 天的样品中含量升高明显。然而,随着水淹胁迫处理的持续,H_2O_2、O_2^{-} 和 MDA 含量没有表现出显着的变化甚至呈现下降的趋势(图 6-5A~C)。

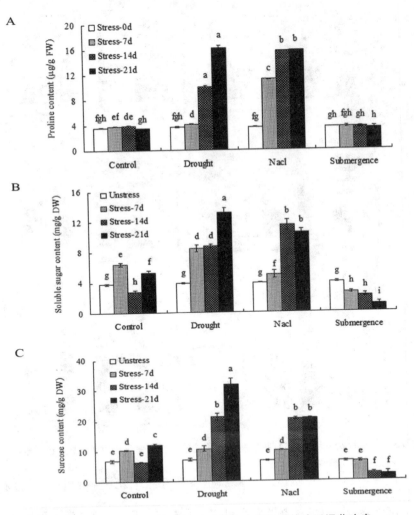

图 6-4   狗牙根对干旱胁迫、盐胁迫和水淹胁迫的渗透调节响应

　　对抗氧化酶包括过氧化氢酶、谷胱甘肽还原酶和过氧化物酶的活性分析有利于揭示酶促防御系统的变化(图 6-5D～F)。在干旱胁迫和盐胁迫处理条件下,过氧化氢酶、谷胱甘肽还原酶和过氧化物酶发生了相似的变化,随着处理时间的增长,酶活性逐渐增加。虽然过氧化氢酶、谷胱甘肽还原酶和过氧化物酶活性在水淹胁迫条件下比对照组更高,但在整个处理期间发现不同的变化趋势。过氧化物酶活性随水淹处理时间延长而逐步增加,但是谷胱甘肽还原酶和过氧化氢酶则随着水淹时间的持续呈现先上升后下降的趋势(图 6-5D～F)。

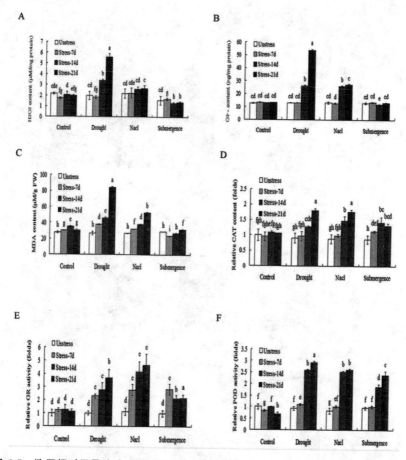

图 6-5　狗牙根对干旱胁迫、盐胁迫和水淹胁迫的活性氧物质积累和抗氧化酶活性响应

4. 干旱胁迫、盐胁迫和水淹胁迫下狗牙根的比较蛋白质组学分析

　　处理 14 天后,相对电导率达到 50% 的样品,通过双向电泳来分离鉴定干旱、盐和水淹处理的差异表达蛋白(图 6-3E)。在每一个凝胶上可以重复

观测到超过 300 个差异蛋白,与对照相比,通过 PDQuest 软件分析可以观察到 105 个差异蛋白(图 6-6A),其中 82 个差异表达蛋白通过 MALDI-TOF-MS 成功鉴定。质谱结果通过 MASCOT 软件与 NCBInr 数据库和 Swiss-port 蛋白质序列数据库配对,将有高匹配率的蛋白质作为最后的蛋白质鉴定结果(表 6-1)。同时做了基于差异蛋白的倍数变化的聚类分析(图 6-6B)和维恩图的分析(图 6-6C),分析结果表明 82 个鉴定蛋白中在干旱胁迫、盐胁迫和水淹胁迫下同时上调表达的蛋白有 8 个(点 3,4,5,9,11,20,68,77)、同时下调表达的蛋白有 1 个(点 72),另外 11 个蛋白同时参与干旱胁迫、盐胁迫和水淹胁迫,它们发生差异表达变化(点 8,12,18,57,58,59,63,64,66,80,82)(图 6-6B~C)并不一样。在 55 个上调蛋白中,分别有 12、7 和 1 个能被干旱胁迫、盐胁迫和水淹胁迫胁迫处理特异性诱导表达,而剩下的其他蛋白能被其他任意两种胁迫诱导表达。在 54 个下调的蛋白中,分别有 13、4 和 18 个蛋白分别在干旱胁迫、盐胁迫和水淹胁迫处理后表达下调,而余下的其他蛋白共同在其他两种胁迫下表达下调。此外,45 个蛋白在干旱胁迫、盐胁迫和水淹胁迫下呈现不同丰度的表达变化(图 6-6)。

5. 干旱胁迫、盐胁迫和水淹胁迫引起蛋白质差异性表达的路径富集分析

由于狗牙根缺乏参考基因组信息,通过 Mapman 软件利用已测序的物种和功能分类来比对同源蛋白。每个差异蛋白的同源蛋白的信息和功能分类信息见表 6-1。Mapman 软件富集途径分析揭示了被干旱胁迫、盐胁迫和水淹胁迫共同调节的蛋白参与的代谢途径有光合作用、外源化学物质的生物分解、氧化戊糖磷酸途径、糖酵解和氧化还原作用(表 6-2,第 1 组)。其他途径包括氮代谢、三羧酸循环、氨基酸代谢和线粒体电子传递/ATP 的合成能被干旱胁迫、盐胁迫和水盐胁迫特异性影响(表 6-2,第 2 组),此外有 15 个蛋白参与碳代谢途径(图 6-7A)。这些蛋白的丰度在干旱胁迫、盐胁迫和水淹涝胁迫下有的上调,有的下调,例如 5 号蛋白质被干旱胁迫和盐胁迫诱导上调标点,而 61 号蛋白在干旱处理和水淹处理后表达明显下调(图 6-7B)。

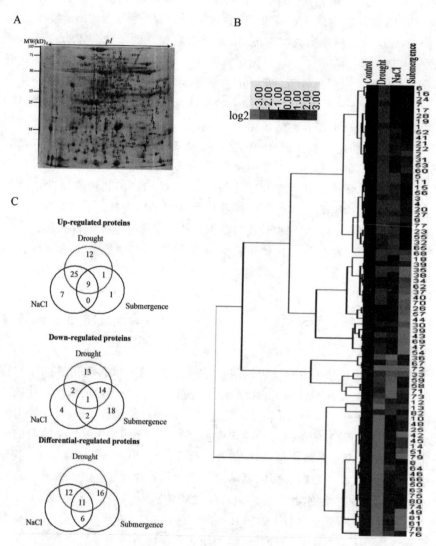

图 6-6　狗牙根对干旱胁迫、盐胁迫和水淹胁迫的比较蛋白质组学分析

A

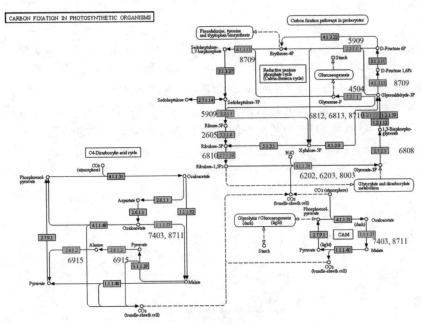

B

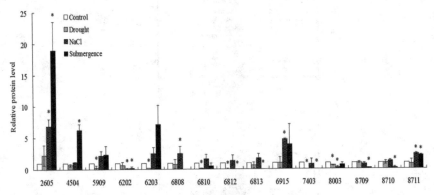

图 6-7　干旱胁迫、盐胁迫和水淹胁迫参与碳固定代谢的差异表达蛋白质的路径分析

6. 干旱胁迫、盐胁迫和水淹胁迫响应代谢平衡调节

蛋白质组学分析表明几种蛋白质功能参与了碳代谢途径(图 6-7A),为了进一步揭示狗牙根响应干旱胁迫、盐胁迫和水淹胁迫后的代谢平衡调节,利用处理 14 天后的样品进行了色谱质谱(gc-tof-ms)联用的代谢组学分析,结果表明总共 40 种代谢产物包括 15 种氨基酸、14 种糖、5 种有机酸、2 种

糖醇和 2 脂肪酸能被成功鉴定(图 6-8)。在 40 种代谢产物中,有 33 种在干旱胁迫、盐胁迫和水淹胁迫能被重复检测到;另外三个代谢产物包括亮氨酸、异亮氨酸、蛋氨酸对水淹胁迫能做出特异性响应(在对照组中没有检测到,但在水淹样品中有检测到);其他四种代谢产物包括缬氨酸、山梨糖、苏糖酸、戊二酸在水淹胁迫中则被完全抑制(水淹胁迫样品中没有检测到,但在对照组中检测到)(图 6-8)。有趣的是,40 种代谢产物中的大部分代谢产物在干旱胁迫和盐胁迫处理后增加,但在水淹处理后降低。一些代谢物包括苏氨酸、丝氨酸、丙酸和乙酸能同时被干旱胁迫、盐胁迫和水淹胁迫诱导,然而乳糖被三种胁迫处理同时抑制(图 6-8A)。在 40 种代谢产物中,参与碳和氨基酸代谢途径的 21 种代谢产物(图 6-8B)能同时被干旱胁迫、盐胁迫和水淹胁迫所调控,进一步证实了碳和氨基酸代谢对非生物胁迫的响应变化。

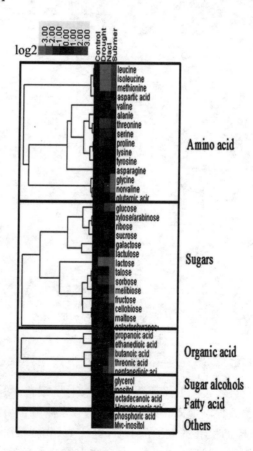

B

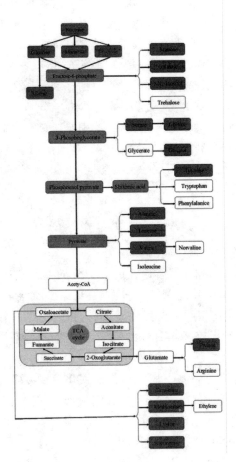

图 6-8　干旱胁迫、盐胁迫和水淹胁迫下的代谢产物分析

6.2.4　讨论

前人研究表明,生理学、蛋白质组学和代谢组学的联合比较分析是揭示非生物胁迫下植物细胞内平衡和防御反应的有效途径。该研究进行了狗牙根在干旱胁迫、盐胁迫和水淹胁迫下的生理、蛋白质组学和代谢组学水平的联合比较分析。

1. 狗牙根对干旱胁迫、盐胁迫和水淹胁迫的共性和特异性反应

虽然干旱处理、盐处理和水淹处理造成电导率增加和膜损伤(图 6-3C),

但是盐胁迫对狗牙根的电导率和存活率影响最小,表明狗牙根在21天处理内对盐胁迫的忍耐度是十分可观的,这与之前的研究结果一致。另一方面,狗牙根的渗透调节物质、活性氧水平和抗氧化酶活性的能被干旱胁迫和盐胁迫显著诱导,然而在水淹处理下大多数生理指标无明显变化或呈现下降趋势。与生理响应结果一致的是,代谢组学分析表明在干旱胁迫和盐胁迫处理下大部分的代谢产物的含量增加,而在水淹胁迫处理下85%的代谢物的含量降低或呈下降趋势。比较蛋白质组学分析表明,8个上调蛋白和1个下调蛋白被这三种胁迫共同调节,特别是34个上调蛋白和3个下调蛋白能被干旱胁迫和盐胁迫同时调控,10个上调蛋白和15种下调蛋白能被干旱胁迫和水淹胁迫共同调控,9个上调蛋白和3个下调蛋白能被盐胁迫和水淹胁迫共同调控。

2.干旱处理、盐胁迫处理和水淹处理后蛋白质组变化

(1)光合作用中蛋白质的富集

参与光合作用和糖酵解途径的大部分的差异表达蛋白能被干旱胁迫、盐胁迫和水淹胁迫共同调控。核酮糖-1,5-二磷酸羧化酶/加氧酶(Rubisco)是植物光合作用的主要蛋白质,同时也是光合作用过程中最重要的蛋白。根据以前的报道,Rubisco的效率与植物对逆境胁迫的响应密切相关。磷酸核酮糖激酶作为一种重要的酶参与CO_2同化,并且催化5-磷酸核酮糖对RuBP在卡尔文循环(Calvin)中的磷酸化。在该研究中12个RuBisco相关蛋白(点11,13,18,19,36,37,39,45,51,53,66,67)和1PRK(点47)能被干旱胁迫、盐胁迫和水淹胁迫共同调控,表明这些参与碳固定的蛋白在非生物胁迫响应中的巨大变化。在这12个蛋白中,5个蛋白(点11,19,36,37,53)能被干旱胁迫和盐胁迫共同调控,6个蛋白(点10,11,13,45,47,51)能被干旱胁迫和水淹胁迫共同调控,1个蛋白(点11)受三种胁迫处理的共同调控。此外,ATP的合成是光合作用的光反应过程中的一个重要步骤,在鉴定蛋白质中有5个蛋白(点23,25,26,35,63)参与了ATP的合成,其中2个蛋白(点23,35)能被干旱胁迫和盐胁迫共同调控,2个蛋白(点26,63)在干旱胁迫和盐胁迫处理下差异表达,3个蛋白(点25,26,63)在干旱胁迫和水淹胁迫处理下差异表达,1个蛋白(点63)在三种胁迫处理下差异表达。参与光合作用电子传递的3个蛋白(点6,8,38)在干旱处理、盐胁迫处理和水淹胁迫处理下差异表达,这些蛋白质的表达调节可能直接与狗牙根的干旱、盐胁迫和水淹抗性的信号通路相关。加氧增强蛋白2(OEE2,点8和38)作为一种叶绿体蛋白以AtGRP-3-dependent的方式被磷酸化,OEE2作为细胞壁相关受体激酶(WAK1)的底物可能参与防御信号通路。铁氧还蛋

白-硫氧还蛋白还原酶(点57)和铁氧还蛋白-NADP还原酶(点81)受到干旱胁迫、盐胁迫和水淹胁迫的差异表达调控,叶绿体铁氧还蛋白作为光合作用的氧化还原蛋白参与光合磷酸化循环和非光合磷酸化循环反应,铁氧还蛋白作为最后的电子受体(接受电子传输到NADP氧化还原酶)能降低在非光合磷酸化循环NADP还原酶的活力。这些结果表明狗牙根能量供应方面进行了调节以适应非生物胁迫。

(2)糖酵解过程蛋白的富集

糖酵解提供ATP和NADH等能量并且可以合成产生脂肪酸和氨基酸代谢的前体物质。在该研究中,参与糖酵解代谢途径的7个蛋白(点31,46,49,50,54,56,78)在干旱处理、盐胁迫处理和水淹胁迫处理下差异表达。例如,3-磷酸甘油醛脱氢酶(GAPDH,点49、50)的表达能被盐胁迫诱导,但受干旱处理和水淹处理的抑制。在高等植物中质体中GAPDH催化卡尔文循环消耗NADPH,胞质GAPDH受到非生物胁迫诱导,因此干旱胁迫、盐胁迫和水淹胁迫下的GAPDH(点49,50)的表达调控可能与狗牙根对非生物胁迫的特异耐受性直接相关。1,6-二磷酸果糖醛缩酶(FBAS)在植物的叶绿体和细胞质中有两个异构体包括FBA,以往的研究表明水稻中FBA的表达受干旱胁迫抑制,受冷胁迫和盐胁迫诱导表达。在该研究中FBA蛋白的表达(点78)受干旱胁迫和水淹胁迫的显著抑制,但受盐胁迫影响不明显,表明干旱胁迫和水淹胁迫干扰了FBA的合成,盐胁迫对其影响较小。

(3)氧化还原反应蛋白质的富集

在胁迫处理的条件下植物经常由于活性氧积累遭受氧化损伤。抗氧化酶能有效清除过量的活性氧以防产生氧化损伤从而保护植物,对氧化损伤的保护是植物抗逆性的一个重要组成部分。例如,超氧化物歧化酶(SOD)和抗坏血酸过氧化物酶(APX)在活性氧清除中扮演重要的角色,首先超氧化物歧化酶将超氧化物转化为毒性较低的过氧化氢分子,然后APX以抗坏血酸为还原底物将过氧化氢还原转化为水。几个抗氧化酶包括APX(点41,42)、超氧化物歧化酶(点59)和谷胱甘肽抗坏血酸(点73)在干旱处理、盐胁迫处理和水淹处理下差异表达调节。例如,谷胱甘肽抗坏血酸(点73)受到干旱处理和水淹处理的显著诱导,表明抗坏血酸-谷胱甘肽循环对非生物胁迫引起的细胞氧化损伤有重要的保护作用。此外,生理分析表明干旱和盐胁迫处理导致过氧化氢和超氧阴离子等活性氧物质(ROS)的大量积累,为了清除胁迫处理后产生的ROS,胁迫后CAT、POD和SOD的活性被大量诱导。通过蛋白质组学的方法发现这些结果与差异蛋白的表达变化一致(表6-1)。

表6-1 狗牙根对干旱、盐及水淹胁迫响应的差异表达蛋白信息分析

Spot No.	Fold changes of protein abundant			The. [Mr (KD)/pI]	Exp. [Mr (KD)/pI]	Score	Sequence coverage	Homologous protein [species]	Class of bin code + subcategory
	D/C	N/C	S/C						
1	4.28	2.10	0.99	26.3/6.32	11.65/4.69	81	11%	Peroxiredoxin-2E-1, chloroplastic [*Triticum urartu*]	[21.5] redox. peroxiredoxin
2	21.20	3.63	0.32	12.6/8.54	24.23/4.42	68	39%	LOC100280486 [*Zea mays*]	[35.2.1001] not assigned. unknown
3	3.64	4.48	2.20	23.7/4.62	21.41/4.28	162	16%	31 kDa ribonucleoprotein, chloroplastic [*Triticum urartu*]	[27.4] RNA. RNA binding
4	7.57	8.84	2.80	27.1/6.71	17.43/4.88	167	15%	Chitinase [*Leymus chinensis*]	[20.1.1001] stress. biotic
5	18.94	6.79	2.21	28.8/5.53	27.78/4.76	114	8%	LOC100284771 [*Zea mays*]	[1.3.10] PS. calvin cycle. Rib5P Isomerase
6	6.18	1.07	1.02	30.4/5.8	27.07/4.84	149	15%	33kDa oxygen evolving protein of photosystem II [*Oedogonium obesum*]	[1.1.1.2] PS. lightreaction. photosystem II. PSII polypeptide subunits
7	4.11	1.48	0.78	46.8/4.82	45.05/4.71	166	14%	Os08g0382400 [*Oryza sativa* Japonica Group]	[29.6] protein. folding

续表

Spot No.	Fold changes of protein abundant			The. [Mr (KD)/pI]	Exp. [Mr (KD)/pI]	Score	Sequence coverage	Homologous protein [species]	Class of bin code + subcategory
	D/C	N/C	S/C						
8	0.10	2.15	1.09	27.4/8.85	17.97/5.11	77	9%	oxygen-evolving enhancer protein 2, chloroplastic-like [*Setaria italica*]	[1.1.1.2] PS. lightreaction. photosystem II. PSII polypeptide subunits
9	20.55	9.40	3.65	45.1/5.51	44.39/4.88	237	28%	unnamed protein product [*Oryza sativa* Japonica Group]	[19.10] tetrapyrrole synthesis. magnesium chelatase
10	0.00	1.24	0.39	21.7/4.78	47.95/5.17	213	22%	ribulose-1, 5-bisphosphate carboxylase activase [*Oryza sativa* Indica Group]	[1.3.13] PS. calvin cycle. rubisco interacting
11	25.60	14.66	2.51	61.2/5.06	66.99/4.98	158	10%	RuBisCO large subunit-binding protein subunit alpha, chloroplastic-like [*Brachypodium distachyon*]	[1.3.13] PS. calvin cycle. rubisco interacting
12	0.24	3.21	0.63	57.7/4.83	68.26/5.16	135	9%	RuBisCO large subunit-binding protein subunit alpha, chloroplastic; 60 kDa chaperonin subunit alpha; AltName:.CPN-60 alpha	[1.3.13] PS. calvin cycle. rubisco interacting

续表

Spot No.	Fold changes of protein abundant			The. [Mr (KD)/pI]	Exp. [Mr (KD)/pI]	Score	Sequence coverage	Homologous protein [species]	Class of bin code + subcategory
	D/C	N/C	S/C						
13	0.12	4.90	0.36	52.5/6.14	64.01/5.15	236	26%	ribulose-bisphosphate carboxylase, partial (chloroplast) [*Neyraudia reynaudiana*]	[1.3.1] PS. calvin cycle. rubisco large subunit
14	0.08	1.20	0.39	26.4/8.67	18.1/5.25	205	47%	30S ribosomal protein 2, chloroplastic-like isoform X2 [*Setaria italica*]	[27.3.99] RNA. regulation of transcription. unclassified
15	7.30	4.47	1.74	29.7/6.46	22.68/5.28	102	6%	Adenylate kinase, putative [*Ricinus communis*]	[23.4.1] nucleotide metabolism. phosphotransfer and pyrophosphatases. adenylate kinase
16	6.28	1.13	0.67	32.7/6.96	25.11/5.27	130	11%	Os09g0535000 [*Oryza sativa* Japonica Group]	[1.3.5] PS. calvin cycle. TPI
17	6.62	1.59	0.77	25.8/7.63	26.22/5.26	283	15%	Os03g0279950 [*Oryza sativa* Japonica Group]	[1.1.1.2] PS. lightreaction. photosystem II. PSII polypeptide subunits

续表

Spot No.	Fold changes of protein abundant			The. [Mr (KD)/pI]	Exp. [Mr (KD)/pI]	Score	Sequence coverage	Homologous protein [species]	Class of bin code + subcategory
	D/C	N/C	S/C						
18	7.08	1.09	0.25	21.7/4.78	42.33/5.36	138	25%	ribulose-1, 5-bisphosphate carboxylase activase [Oryza sativa Indica Group]	[1. 3. 13] PS. calvin cycle. rubisco interacting
19	16.93	2.15	0.95	53.7/4.88	71.0/5.28	138	15%	RuBisCO large subunit-binding protein subunit beta, chloroplastic (Fragment) OS=Secale cereale GN=CPN60 PE=2 SV=1	[1. 3. 13] PS. calvin cycle. rubisco interacting
20	10.48	13.43	2.86	62.1/5.43	60.95/5.37	187	13%	chaperonin 60 subunit beta 2, chloroplastic-like isoform X2 [Setaria italica]	[29. 6] protein. folding
21	13.20	3.68	0.62	54.1/5.07	59.73/5.26	311	36%	Os06g0568200 [Oryza sativa Japonica Group]	[34. 1. 1. 1] transport. p- and v-ATPases. H +-transporting two-sector ATPase. subunit B
22	11.80	2.92	0.53	71.6/5.11	75.22/5.29	156	29%	Heat shock cognate 70 kDa protein OS=Petunia hybrida GN=HSP70 PE=2 SV=1	[20. 2. 1] stress. abiotic. heat

续表

Spot No.	Fold changes of protein abundant			The. [Mr (KD)/pI]	Exp. [Mr (KD)/pI]	Score	Sequence coverage	Homologous protein [species]	Class of bin code + subcategory
	D/C	N/C	S/C						
23	7.92	6.02	0.88	35.2/5.52	77.81/5.38	302	62%	ATP synthase beta subunit [*Bouteloua curtipendula*]	[1.1.4.2] PS. lightreaction. ATP synthase. beta subunit
24	8.62	1.01	0.70	15.9/5.52	10.96/5.43	97	30%	Glycine-rich protein 1 [*Oryza sativa* Japonica Group]	[27.4] RNA. RNA binding
25	0.06	1.36	0.56	59.5/5.95	15.93/5.5	142	52%	ATP synthase subunit beta family protein [*Zea mays*]	[9.9] mitochondrial electron transport / ATP synthesis. F1-ATPase
26	1.43	1.97	0.20	15.2/5.03	17.4/5.59	60	50%	ATP synthase CF1 epsilon subunit, partial [*Eleusine coracana*]	[1.1.4.3] PS. lightreaction. ATP synthase. epsilon chain
27	4.97	3.94	2.41	27.4/8.87	16.97/5.5	155	12%	plastid-specific 30S ribosomal protein 2 [*Zea mays*]	[27.3.99] RNA. regulation of transcription. unclassified

续表

Spot No.	Fold changes of protein abundant			The. [Mr (KD)/pI]	Exp. [Mr (KD)/pI]	Score	Sequence coverage	Homologous protein [species]	Class of bin code + subcategory
	D/C	N/C	S/C						
28	6.57	1.67	0.76	23.4/6.21	20.8/5.51	123	30%	Os02g0259600 [Oryza sativa Japonica Group]	[29.2.1.1.1.2.21] protein. synthesis. ribosomal protein. prokaryotic. chloroplast, 50S subunit. L21
29	2.31	2.03	0.48	32.8/5.43	28.94/5.5	77	6%	Lactoylglutathione lyase [Aegilops tauschii]	[24.2] Biodegradation of Xenobiotics. lactoylglutathione lyase
30	0.53	0.56	0.24	24.2/8.54	42.23/65.54	84	24%	Cytochrome b6-f complex iron-sulfur subunit, chloroplastic OS = Oryza sativa subsp. japonica GN = petC PE=1 SV=1	[1.1.3] PS. lightreaction. cytochrome b6/f
31	5.26	2.42	0.53	48.1/5.17	64.75/5.55	62	15%	enolase 1-like isoform X4 [Setaria italica]	[4.1.13] glycolysis. cytosolic branch. enolase
32	3.76	7.24	1.21	72.6/5.69	77.85/5.43	290	39%	Filamentation temperature-sensitive H2B [Zea mays]	[29.5.7] protein. degradation. metalloprotease

续表

Spot No.	Fold changes of protein abundant			The. [Mr (KD)/pI]	Exp. [Mr (KD)/pI]	Score	Sequence coverage	Homologous protein [species]	Class of bin code + subcategory
	D/C	N/C	S/C						
33	4.52	0.21	0.25	102.1/6.23	81.76/5.52	374	29%	hypothetical protein ZEAMMB73_120778 [Zea mays]	[29.5.5] protein. degradation. serine protease
34	2.29	2.13	0.30	74.0/5.44	72.55/5.51	80	13%	Os06g0133800, partial [Oryza sativa Japonica Group]	[1.3.8] PS. calvin cycle. transketolase
35	8.05	7.36	0.12	55.6/5.70	70.66/5.54	117	17%	ATP synthase subunit alpha, mitochondrial-like [Setaria italica]	[9.9] mitochondrial electron transport / ATP synthesis. F1-ATPase
36	0.24	0.10	0.61	15.6/8.24	11.45/5.67	133	16%	ribulose-1,5-bisphosphate carboxylase small subunit P1A, partial [Flaveria palmeri]	[1.3.2] PS. calvin cycle. rubisco small subunit
37	7.10	2.49	0.20	11.7/5.41	11.93/5.78	118	26%	chloroplast ribulose-1,5-bisphosphate carboxylase/oxygenase small subunit [Flaveria trinervia]	[1.3.2] PS. calvin cycle. rubisco small subunit
38	6.14	2.72	0.06	25.9/9.14	12.16/5.85	108	16%	Oxygen-evolving enhancer protein 2, chloroplastic	[1.1.1.2] PS. lightreaction. photosystem II. PSII polypeptide subunits

续表

Spot No.	Fold changes of protein abundant			The. [Mr (KD)/pI]	Exp. [Mr (KD)/pI]	Score	Sequence coverage	Homologous protein [species]	Class of bin code +subcategory
	D/C	N/C	S/C						
39	1.05	0.76	0.06	26.4/7.78	15.13/5.81	170	32%	RuBisCO large subunit [*Acorus calamus*]	[35. 2. 1001] not assigned. unknown
40	7.65	2.78	0.09	35.3/5.57	13.79/5.9	112	15%	uncharacterized protein LOC100191684 [*Zea mays*]	[1.1.1.2] PS. lightreaction. photosystem II. PSII polypeptide subunits
41	8.36	2.73	0.85	27.2/5.18	25.26/5.6	77	16%	L-ascorbate peroxidase 2, cytosolic-like isoform X2 [*Setaria italica*]	[21. 2. 1] redox. ascorbate and glutathione. ascorbate
42	0.00	1.99	0.06	27.5/5.79	25.34/5.92	371	33%	ascorbate peroxidase [*Eleusine coracana*]	[21. 2. 1] redox. ascorbate and glutathione. ascorbate
43	0.34	0.52	0.02	32.8/5.57	29.03/5.59	133	18%	Lactoylglutathione lyase [*Triticum urartu*]	[24. 2] Biodegradation of Xenobiotics. lactoylglutathione lyase
44	1.14	1.54	0.07	31.2/8.84	28.23/5.92	209	15%	Peroxidase 70 [*Aegilops tauschii*]	[26. 12] misc. peroxidases

Spot No.	Fold changes of protein abundant			The. [Mr (KD)/pI]	Exp. [Mr (KD)/pI]	Score	Sequence coverage	Homologous protein [species]	Class of bin code +subcategory
	D/C	N/C	S/C						
45	0.03	1.95	0.38	50.9/8.61	45.9/5.82	82	20%	Ribulose bisphosphate carboxylase/oxygenase activase, chloroplastic OS=Solanum pennellii PE=2 SV=1	[1. 3. 13] PS. calvin cycle. rubisco interacting
46	0.01	2.53	0.79	20.4/8.89	49.39/5.62	349	24%	hypothetical protein ZEAMMB73_319281 [Zea mays]	[4. 1. 11] glycolysis. cytosolic branch. 3-phosphoglycerate kinase (PGK)
47	0.49	1.61	0.08	45.2/5.68	72.75/5.67	132	20%	Os02g0698000 [Oryza sativa Japonica Group], PRK; Phosphoribulokinase (PRK) is an enzyme involved in the Benson-Calvin cycle in chloroplasts or photosynthetic prokaryotes.	[1. 3. 12] PS. calvin cycle. PRK
48	0.11	0.98	0.61	42.3/5.84	40.66/5.77	87	10%	glutamine synthetase II [Heterochlorella luteoviridis]	[12. 2. 2] N-metabolism. ammonia metabolism. glutamine synthetase

续表

Spot No.	Fold changes of protein abundant			The. [Mr (KD)/pI]	Exp. [Mr (KD)/pI]	Score	Sequence coverage	Homologous protein [species]	Class of bin code + subcategory
	D/C	N/C	S/C						
49	0.00	1.34	0.02	40.5/9.17	48.9/5.68	78	18%	Glyceraldehyde-3-phosphate dehydrogenase A, chloroplastic OS = Chlamydomonas reinhardtii GN = GAPA PE=1 SV=1	[1.3.4] PS. calvin cycle. GAP
50	0.00	1.75	0.56	47.5/6.22	44.85/5.85	188	12%	Os03g0129300 [Oryza sativa Japonica Group]	[1.3.4] PS. calvin cycle. GAP
51	0.01	1.68	0.23	48.0/7.57	42.7/5.80	134	11%	Ribulose bisphosphate carboxylase/oxygenase activase, chloroplastic OS = Phaseolus aureus GN =RCA PE=2 SV=2	[1.3.13] PS. calvin cycle. rubisco interacting
52	14.78	3.93	1.15	101.8/6.14	90.3/5.81	278	30%	Chaperone protein ClpC1, chloroplastic; ATP-dependent Clp protease ATP-binding subunit ClpC homolog 1; Casein lytic proteinase C1	[29.5.5] protein. degradation. serine protease
53	6.38	2.43	0.48	48.2/6.33	58.6/5.63	176	27%	ribulose-1, 5-bisphosphate carboxylase/oxygenase large subunit, partial (chloroplast) [Digitaria radicosa]	[1.3.1] PS. calvin cycle. rubisco large subunit

续表

Spot No.	Fold changes of protein abundant			The. [Mr (KD)/pI]	Exp. [Mr (KD)/pI]	Score	Sequence coverage	Homologous protein [species]	Class of bin code + subcategory
	D/C	N/C	S/C						
54	0.46	1.88	0.09	60.6/5.49	73.77/5.59	206	15%	2,3-bisphosphoglycerate-independent phosphoglycerate mutase-like [Setaria italica]	[4.1.12] glycolysis. cytosolic branch. phosphoglycerate mutase
55	3.92	4.74	0.96	22.2/6.74	71.42/5.79	208	36%	hypothetical protein ZEAMMB73_492015 [Zea mays]	[13.1.1.3.1] amino acid metabolism. synthesis. central amino acid metabolism. alanine. alanine aminotransferase
56	9.51	4.98	1.28	48.2/5.59	70.07/5.93	133	18%	enolase 2-like isoform X2 [Setaria italica]	[4.1.13] glycolysis. cytosolic branch. enolase
57	2.02	1.72	0.16	17.1/9.97	10/6.37	106	10%	ferredoxin-thioredoxin reductase, variable chain [Zea mays]	[21.1] redox. thioredoxin
58	5.44	0.00	0.87	20.7/6.41	9.34/6.27	80	19%	Cytochrome b6-f complex iron-sulfur subunit [Saccharum hybrid cultivar ROC22]	[1.1.3] PS. lightreaction. cytochrome b6/f
59	8.26	0.15	0.62	15.3/5.65	11.81/6.32	96	20%	Cu/Zn superoxide dismutase [Aeluropus lagopoides]	[21.6] redox. dismutases and catalases

续表

Spot No.	Fold changes of protein abundant			The. [Mr (KD)/pI]	Exp. [Mr (KD)/pI]	Score	Sequence coverage	Homologous protein [species]	Class of bin code +subcategory
	D/C	N/C	S/C						
60	8.14	2.45	0.38	72.4/5.81	17.06/6.17	69	18%	Heat shock 70 kDa protein, mitochondrial OS=Pisum sativum GN=HSP1 PE=2 SV=1	[20. 2. 1] stress. abiotic. heat
61	0.00	0.80	0.01	40.9/7.14	23.44/6.44	92	23%	malate dehydrogenase, chloroplastic-like [Setaria italica]	[8.2.9] TCA / org transformation. other organic acid transformatons. cyt MDH
62	2.44	2.39	0.25	31.4/9.13	26.24/6.15	127	5%	Os05g0110300 [Oryza sativa Japonica Group]	[35. 2. 1001] not assigned. unknown
63	0.00	1.16	0.72	29.4/5.27	47.49/6.06	93	9%	ATPase alpha subunit, 3'-partial [Oryza sativa Japonica Group]	[1.1.4.1] PS. lightreaction. ATP synthase. alpha subunit
64	0.00	4.72	1.90	43.2/5.61	47.49/6.19	254	17%	S-adenosylmethionine synthase 1 [Triticum urartu]	[13. 1. 3. 4. 11] amino acid metabolism. synthesis. aspartate family. methionine. S-adenosylmethionine synthetase

续表

Spot No.	Fold changes of protein abundant D/C	N/C	S/C	The. [Mr (KD)/pI]	Exp. [Mr (KD)/pI]	Score	Sequence coverage	Homologous protein [species]	Class of bin code +subcategory
65	3.39	6.04	1.26	84.7/5.74	82.56/6.08	137	15%	5-methyltetrahydropteroyltriglutamate--homocysteine methyltransferase-like isoform X2 [*Setaria italica*]	[13.1.3.4.1003] amino acid metabolism. synthesis. aspartate family. methionine
66	0.03	2.18	0.60	51.7/6.14	63.57/6.16	75	24%	ribulose-1,5-bisphosphate carboxylase/oxygenase large subunit, partial (chloroplast) [*Bromus inermis*]	[1.3.1] PS. calvin cycle. rubisco large subunit
67	0.65	0.24	0.55	5.2/5.06	7.77/6.73	107	72%	RuBisCO small subunit protein [*Eleusine coracana*]	[1.3.2] PS. calvin cycle. rubisco small subunit
68	10.53	49.85	17.32	27.8/8.24	13.23/6.65	200	12%	50S ribosomal protein L10, chloroplastic [*Aegilops tauschii*]	[29.2.1.1.1.2.10] protein. synthesis. ribosomal protein. prokaryotic. chloroplast. 50S subunit. L10
69	0.68	0.86	0.14	20.9/8.20	11.53/6.76	128	29%	Cytochrome b6-f complex iron-sulfur subunit [*Saccharum hybrid cultivar ROC22*]	[1.1.3] PS. lightreaction. cytochrome b6/f

续表

Spot No.	Fold changes of protein abundant			The. [Mr (KD)/pI]	Exp. [Mr (KD)/pI]	Score	Sequence coverage	Homologous protein [species]	Class of bin code +subcategory
	D/C	N/C	S/C						
70	5.34	2.13	0.19	34.7/5.92	29.73/6.88	207	7%	Os05g0375400 [*Oryza sativa* Japonica Group]	[26.4.1] misc. beta 1,3 glucan hydrolases. glucan endo-1, 3-beta-glucosidase
71	3.24	0.01	0.40	49.3/6.34	28.65/6.62	186	26%	ribulose-1,5-bisphosphate carboxylase/oxygenase large subunit, partial (chloroplast) [*Eleusine indica*]	[1.3.1] PS. calvin cycle. rubisco large subunit
72	0.09	0.00	0.07	28.2/5.97	27.72/6.67	89	21%	2-Cys peroxiredoxin BAS1, chloroplastic-like [*Setaria italica*]	[21.5.1] redox. peroxiredoxin. BAS1
73	16.88	0.03	2.91	17.4/5.56	27.21/6.59	98	22%	hypothetical protein OsI_18213 [*Oryza sativa* Indica Group]	[21.2.1] redox. ascorbate and glutathione. a-scorbate
74	0.15	0.76	0.97	35.9/5.35	34.60/6.48	107	31%	fructose-bisphosphate aldolase, chloroplastic-like isoform X2 [*Setaria italica*]	[1.3.6] PS. calvin cycle. aldolase
75	0.13	1.25	0.98	42.9/6.60	34.43/6.84	360	13%	glyceraldehyde-3-phosphate dehydrogenase A, chloroplastic-like [*Setaria italica*]	[1.3.4] PS. calvin cycle. GAP

续表

Spot No.	Fold changes of protein abundant			The. [Mr (KD)/pI]	Exp. [Mr (KD)/pI]	Score	Sequence coverage	Homologous protein [species]	Class of bin code + subcategory
	D/C	N/C	S/C						
76	0.11	0.36	0.74	36.4/8.88	34.43/6.79	58	19%	Malate dehydrogenase, mitochondrial OS=Citrullus lanatus GN=MMDH PE=1 SV=1	[8.1.9] TCA / org transformation. TCA. malate DH
77	6.32	4.13	2.33	40.8/8.93	33.13/6.90	351	20%	TPA: cysteine synthase [Zea mays]	[13.1.5.3.1] amino acid metabolism. synthesis. serine-glycine-cysteine group. cysteine. OASTL.
78	0.08	0.59	0.10	39.0/7.52	41.93/6.83	120	28%	Fructose-bisphosphate aldolase, cytoplasmic isozyme OS = Zea mays PE=2 SV=1	[4.1.10] glycolysis. cytosolic branch. aldolase
79	0.00	1.93	0.13	33.9/9.22	46.68/6.75	69	15%	Peroxidase 12 [Aegilops tauschii]	[26.12] misc. peroxidases
80	0.01	0.94	1.17	46.4/6.34	46.45/6.92	140	30%	Os01g0654500 [Oryza sativa Japonica Group]	[8.1.4] TCA / org transformation. TCA. IDH

续表

Spot No.	Fold changes of protein abundant			The. [Mr (KD)/pI]	Exp. [Mr (KD)/pI]	Score	Sequence coverage	Homologous protein [species]	Class of bin code + subcategory
	D/C	N/C	S/C						
81	0.02	0.51	0.13	38.8/8.92	34.77/6.89	86	24%	Ferredoxin-NADP reductase, leaf isozyme, chloroplastic isoform 2 [*Vitis vinifera*]	[1.1.5.3] PS. lightreaction. other electron carrier (ox/red). ferredoxin reductase
82	0.49	6.13	0.70	26.6/9.40	25.00/7.00	213	22%	putative peptidyl-prolyl cis-trans isomerase family protein [*Zea mays*]	[31.3.1] cell. cycle. peptidylprolyl isomerase

注释:Spot No.,蛋白点编号; homo.,同源蛋白 homologous protein; sc.,得分 score; cov,序列覆盖比率 sequence coverage; theor,理论值 theoretical value; exp,实验值 experimental value; Mr,分子量 Mr (KD); fun.,功能 function bin; C,对照 control; D,干旱 drought; N,盐 NaCl; S,水淹 submergence.

(4)胁迫蛋白的富集

热激蛋白70(HSP70)作为分子伴侣不仅参与到其他蛋白质的折叠和去折叠,而且在应对干旱胁迫、水淹胁迫、氧化胁迫和高温胁迫等逆境中起着重要的作用。在烟草中 NtHSP70-1 的超表达可以提高它对干旱胁迫的抗性。在本研究中两个 HSP70 蛋白(点 22,60)的表达在干旱胁迫和盐胁迫下显著上调,但在水淹胁迫条件下显著下调。此外,几丁质酶的表达(点4)能被干旱胁迫、盐胁迫和水淹胁迫共同诱导表达,几丁质酶是一种重要抗病相关的蛋,几丁质酶的表达受到生物胁迫如真菌和昆虫胁迫的调控。我们的研究结果表明几丁质酶在狗牙根应对非生物胁迫中也发挥了重要作用。

(5)其他路径中蛋白质富集

在该研究中,与蛋白质折叠、合成和降解相关的 7 个蛋白(点 7,20,28,32,33,52,和 68)在干旱胁迫、盐胁迫和水淹胁迫下的差异表达。例如,参与细胞内翻译过程的核糖体蛋白(点 68)能被干旱胁迫、盐胁迫和水淹胁迫共同诱导上调表达。这些蛋白质的丰度变化表明干旱胁迫、盐胁迫和水淹胁迫可能影响狗牙根在蛋白质翻译过程中的蛋白质折叠、生物合成和降解。此外,参与外源性化学物质的生物降解的 2 个蛋白(点 29 和 43)受干旱胁迫、盐胁迫和水淹胁迫共同调节。乳酸酰谷胱甘肽裂解酶(Lactoylglutathione lyase)的生理功能(点 43)是对丙酮醛具有脱毒作用,活化的 2-氧化醛在低浓度能抑制细胞生长并且在毫摩尔浓度下产生细胞毒性。

3. 代谢平衡的调节

蛋白质组学分析表明参与碳和氨基酸代谢的大多数蛋白质受到干旱处理、盐胁迫处理和水淹处理的差异调节,与之一致的是包括碳代谢和氨基酸代谢的大多数代谢产物也通常受到这三种胁迫的调控。通常情况下,大部分的代谢产物的量在干旱处理和盐胁迫处理下均上调,然而 40 种代谢产物中有 34 种在水淹胁迫处理下受到抑制或无明显变化。狗牙根的 85% 代谢产物在水淹胁迫处理下下调或微不足道的变化可能与在水淹处理下生理休眠相关。有趣的是,某些氨基酸如亮氨酸、异亮氨酸、蛋氨酸在水淹胁迫处理下能被显著诱导产生,但在干旱胁迫和盐胁迫处理下被抑制。例如,参与乙烯合成的蛋氨酸含量在水淹胁迫处理中显著上调,但在干旱胁迫和盐胁迫处理下下调,乙烯的积累在植物应对水淹胁迫中发挥着非常重要的作用。此外,一些碳水化合物,如葡萄糖、蔗糖、山梨糖、蜜二糖和果糖在水淹胁迫下表达明显下调。因此,狗牙根在生理休眠过程可以形成特定的适应机制如限制碳水化合物的消耗和乙烯的积累来应对水淹胁迫。

表6-2　干旱胁迫、盐胁迫和水淹胁迫下狗牙根的差异表达蛋白参与的代谢通路分析

MapMan pathways	NF	P-value
PS	66.45	2.76E-52
glycolysis	31.5	3.83E-08
Biodegradation of Xenobiotics	29.63	2.04E-03
OPP	26.76	2.49E-03
N-metabolism	15.95	0.059
TCA / org transformation	15.75	8.94E-04
redox	13.82	7.48E-07
amino acid metabolism	6.38	3.23E-03
mitochondrial electron transport / ATP synthesis	5.49	0.046
nucleotide metabolism	2.3	0.283
stress	1.01	0.229
misc	0.78	0.206
protein	0.68	0.07
RNA	0.54	0.075
cell	0.49	0.271
transport	0.4	0.208
not assigned	0.1	7.814e-12

注释：NF，normalized frequency of each functional category in genome；
OPP，oxidative pentose phosphate pathway；PS，photosynthesis.

6.2.5　结论

综上所述，狗牙根是三峡水库消落区兼具耐水淹和耐干旱能力的重要草本植物，同时具备耐盐胁迫能力，是用于水库消落区、河口、滩涂植被恢复重建活动中最具潜力的多年生草本植物。生理研究结果表明干旱和盐胁迫处理能显著提高狗牙根渗透调节物质积累和 ROS 水平和抗氧化酶活性。电导率的变化表明水淹胁迫造成更严重的细胞膜损伤，然而水淹胁迫下活性氧的积累并不显著。比较蛋白质组学分析表明在干旱胁迫、盐胁迫和水淹胁迫处理下成功鉴定的 82 个差异表达的蛋白参与光合作用、氧化磷酸戊

糖、糖酵解、外源性化学物质的生物降解、氮代谢、三羧酸循环,氧化还原代谢途径。与之一致的是,受干旱胁迫、盐胁迫和水淹胁迫调控 40 种代谢产物有氨基酸类、有机酸类、糖类和糖醇类物质,而其中一些代谢产物如亮氨酸、异亮氨酸、蛋氨酸、缬氨酸、山梨糖、苏糖酸、戊二酸只对水淹胁迫做出特异性响应。这些结果对了解狗牙根对不同的非生物胁迫响应的潜在分子机制和代谢平衡方面提供了新的见解。

6.3　三峡水库消落区秋华柳对冬季水淹后恢复生长期的适应研究

　　三峡大坝工程竣工后,出于定期防洪和清淤考虑,三峡水库的水位通过人工调节在夏季被人为限制的 145 m 和冬季蓄水涨到的 175 m 高程之间。这种水文状况有悖于三峡大坝建成之前长江的自然水文状况。因此,形成了沿河岸分布的最高落差达 30 m(145~175 m)的水库消落区。河岸季节性的水文环境,包括反季节的冬季水淹以及水淹深度最高达 30 m 的长时间水淹,给河岸生态系统以及本地物种的存活带来很多挑战。消落区内大部分多年生植物无法在严重的冬季水淹环境条件下生存。Andrews et al. (2010)认为河岸生态系统的恢复是提高水质,恢复河流健康的重要部分。为了避免三峡工程对河岸生态系统带来的负面影响,在三峡水库消落区筛选并再植一些抗水淹植物显得尤为关键。

　　秋华柳属于杨柳科柳属植物,是中国特有常绿多年生灌木,多在中国西南河岸带分布,特别是三峡水库区域分布较多。几千年前,人们已认识到秋华柳能适应并安全度过自然水域消落区的洪水期。因此,常被当作先锋树种用于河岸植被重建。实地水淹实验和模拟水淹试验研究表明,秋华柳是耐水淹能力最强的灌木,而且在河岸带尝试良好。定植在三峡水库消落区的秋华柳植株在经历几季的冬季水淹后能存活下来。近年来,秋华柳的耐水淹特性在三峡水库消落区植被重建中受到很多关注。先前的研究主要集中在秋华柳对模拟水淹环境条件在生长和存活、光合作用、糖类合成、形态形成、生理生态及膜等方面的响应。这些研究都证明了秋华柳具备较强的耐水淹能力。然而,秋华柳对三峡水库消落区特殊水文条件的适应机制未曾被提到。本章旨在探讨秋华柳在三峡水库消落区冬季水淹后恢复期的生理响应,弄清其应对三峡水库水文条件的潜在适应机制,该研究可为该区域内的植被恢复重建工作提供一些有价值的参考信息。

6.3.1　材料与方法

1. 植物材料与实验设计

2008 年 5 月,在长江支流湖北秭归兰陵溪的消落区内种植同一基因型的秋华柳植株。图 6-9 显示的是 2009 年至 2013 年期间,种植株分别在 172 m、168 m 高程的水淹持续时间。将分别种植在同一坡度和不同高程(176 m、172 m、168 m)的种植株作为研究材料,其中种植在 176 m 处的种植株作为对照(未淹水)。2009 年开始,种植在 172 m 和 168 m 处的分别经受不同的淹水期和淹水深度(图 6-9)。水位消退后,2013 年 4 月 10 日,分别从 3 个不同海拔区域采取 12 株种植株的新鲜叶片(在 172 m 和 168 m 处的植株在水淹结束后的恢复期大约分别是 80 和 60 天)。每个生物学重复来自同一海拔区域的两株植株,6 个重复。因此,总共使用了 36 株植株(2 株/生物学重复 × 6 次生物学重复/高程区 × 3 个高程区)。采集的叶片被迅速冷冻在液氮中用于生理生化指标分析。

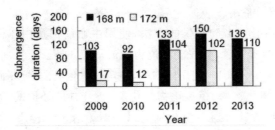

图 6-9　三峡水库消落区 2009—2013 年 168 m 和 172 m 高程的水淹持续时间

2. 色素含量测定

用 80％(V/V)预冷的丙酮萃取叶绿素并用紫外可见分光光度计测定。叶绿素 a、叶绿素 b 和类胡萝卜素的吸光度分别在 665 nm,649 nm 和 470 nm 波长下被测定。按照 Licht-enthaler(1987)的方法将各吸光度值转换成其浓度。

用 10 ml 浓度为 1％的盐酸-甲醇溶剂(1∶99/V∶V)萃取花青素。将萃取物放置在 4℃避光环境下保存 24 h,并分别在 532 nm、650 nm 波长下测定其吸光度。用 $A_{532} - 0.25 \times A_{650}$ 这一公式补偿在 532 nm 波长下叶绿素及其降解产物的吸光度。依照 Rabino 和 Mancinelli(1986)描述的方法,将吸光度值转换成相应物质浓度。

3. 相对含水量(RWC)、游离脯氨酸及碳水化合物含量的测定

用完全成熟的新鲜叶片作样品测定叶片的相对含水量(RWC),测定公式为:$RWC(\%) = (FW - DW)/FW \times 100$,其中 FW 为鲜重,DW 为在 85^0C 条件下烘干 24 h 至恒重后的样品干重(杨帆等,2011)。

游离脯氨酸、可溶性糖、还原糖和淀粉的含量分别用 Bates et al. (1973)、Lehner et al. (2006)、Sairam et al. (2009)和 Wang et al. (2012)描述的方法测定,其浓度单位分别表示为:$\mu g \cdot 10^{-1} \cdot FW$、$\mu g \cdot mg^{-1} \cdot FW$、$mg \cdot 100g^{-1} \cdot FW$、$\mu g \cdot 10mg^{-1} \cdot FW$。

4. 抗氧化(防御)系统检验

将新鲜叶片样本用在液氮中研磨并再在 30 ml 的提取缓冲液中碾磨至匀浆。这里使用的提取缓冲液的成分参照 Han et al. (2015)配制,含 50 mM 磷酸钠缓冲液(pH7.8),1 mM 乙二胺四乙酸,15%的甘油,1 mM 抗坏血酸,1 mM 二硫苏糖醇,1 mM 谷胱甘肽,5 mM 氯化镁以及 1%(W/V)的聚乙烯聚吡咯烷酮。离心后的上清液每 0.4 ml 分别分装在 1.5 ml 离心管中,存储在 $-70℃$ 备用。

参照 Bradford(1976)提供的方法,使用牛血清白蛋白作标准曲线用来测定可溶性蛋白质含量,其浓度单位为:$mg \cdot g^{-1}DW$。

参照 Han et al.(2015)使用的方法,测定过氧化氢酶、抗坏血酸-过氧化物酶、愈创木酚过氧化物酶、超氧化物歧化酶、谷胱甘肽还原酶、谷胱甘肽过氧化物酶的酶活性。其表述单位分别为:$U \cdot mg^{-1} protein \cdot h^{-1}$、$\mu M \cdot ASA \cdot protein \cdot min^{-1}$、$\mu g \cdot guauacol \cdot mg^{-1} protein \cdot min^{-1}$、$U \cdot mg^{-1} protein \cdot h^{-1}$、$\mu M \cdot NADPH \cdot 100mg^{-1} protein \cdot min^{-1}$、$nmolGSHg^{-1} protein \cdot min^{-1}$。

超阳阴离子自由基 $O_2^{\cdot-}$、过氧化氢 H_2O_2、丙二醛 MDA 的测定。$O_2^{\cdot-}$、H_2O_2 的测定方法参考 Yang et al. (2011)的研究方法,根据各自的标准曲线来测定其含量,其浓度单位分别用 $\mu g \cdot g^{-1} FW$、$mmol \cdot g^{-1} \cdot FW$ 表示。用 Heath 和 Packer(1968)提供的方法测定丙二醛含量,以之反映叶片脂质过氧化程度,其浓度表示为:$\mu mol \cdot 10g^{-1} \cdot FW$。

5. 统计分析

最后的结果用平均值±标准误来表示。使用 spss13.0 软件采用单因素方差分析进行统计分析。当 $P < 0.05$ 时,具有显著性差异。

6.3.2 结果

1. 冬季水淹后恢复期内色素含量变化

在冬季水淹后的恢复期,淹水植物(包括种植在高程 168 m 和 172 m 的植株)相对于参照植株(种植在 176 m 高程的植株)有较高水平的叶绿素 a 和总叶绿素(叶绿素 a＋b)。然而,定植在 168 m 和 172 m 高程的两种植株经历不同水淹处理后叶绿素含量没有明显差异(图 6-10)。虽然淹水植株相对于参照植株具有相对较高的色素含量,在叶绿素 b、类胡萝卜素以及花青素含量上两者却没有明显差别(图 6-10)。

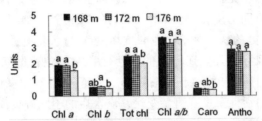

图 6-13 各高程的秋华柳在冬季水淹后的恢复期的色素含量变化

2. 相对含水量、脯氨酸、可溶性糖、还原糖以及淀粉含量变化

该研究中,在淹水后恢复期,经历淹水后的秋华柳植株和对照植株之间在相对含水量、脯氨酸以及淀粉含量上的明显差异不显著(图 6-11)。淹水后植株的可溶性糖和还原糖含量上低于对照,然而,经历不同淹水期处理的植株的可溶性糖和还原糖含量却没有明显差异(图 6-11)。

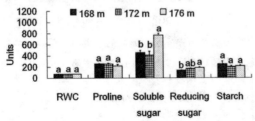

图 6-11 各高程的秋华柳在冬季水淹后的恢复期的相对含水量(RWC)、脯氨酸(**Proline**)、可溶性糖(**Soluble sugar**)、还原糖(**Reducing sugar**)以及淀粉(**Starch**)含量变化

3. 可溶性蛋白质含量及抗氧化酶系统变化

淹水后恢复期的秋华柳植株的可溶性蛋白质含量上高于未淹水的对照

植株(图 6-12)。其含量随淹水期延长而增多,与 172 m 处的植株相比,海拔 168 m 处的植株积累了更多的可溶性蛋白质含量。

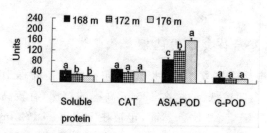

图 6-12 各高程的秋华柳在冬季水淹后的恢复期的可溶性蛋白(Soluble protein)、过氧化氢酶(CAT)、抗坏血酸过氧化物酶(ASA-POD)以及愈创木酚过氧化物酶(G-POD)含量变化

与对照植株相比,淹水处理后的秋华柳植株在淹水后恢复期内显示了抗氧化酶系统不同的变化趋势(图 6-12、图 6-13)。比如,相对参照植株而言,海拔 168 m 处的秋华柳植株内的抗坏血酸-过氧化物酶(图 6-12)、超氧化物歧化酶以及谷胱甘肽还原酶的活性(图 6-13)在长时间淹水后显著地降低,而除了抗坏血酸-过氧化物酶,172 m 处的植株在超氧化物歧化酶、谷胱甘肽还原酶的活性则没有明显变化。淹水后的不同海拔高度的植株在谷胱甘肽过氧化物酶活性上没有明显变化,但两者均比对照植株的活性高很多(图 6-13)。此外,通过比较可知,过氧化氢酶和愈创木酚过氧化物酶活性(图 6-12)对水淹处理反应不明显。

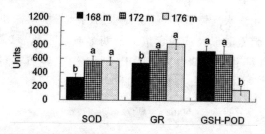

图 6-13 各高程的秋华柳在冬季水淹后的恢复期的超氧化物歧化酶(SOD)、谷胱甘肽还原酶(GR)、谷胱甘肽过氧化物酶(GSH-POD)含量变化

4. H_2O_2、O_2^- 与 MDA 含量的变化

水淹后的恢复期内,淹水植株与对照植株之间关于 H_2O_2、O_2^- 与 MDA 含量的显著差异测定见图 6-14。这些物质的含量在淹水植株内明显高于其在对照植株内的含量,但在海拔 168 m 处与 172 m 处的淹水植株内,这些物质的含量没有明显差异。

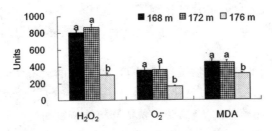

图 6-14　各高程的秋华柳在冬季水淹后的恢复期的过 H_2O_2、O_2^- 与 MDA 含量变化

6.3.3　讨论

水淹的季节和水淹的时间可以通过影响种子萌发、植株生长发育进而成为影响物种分布的关键因素。2008 年种植在消落区的秋华柳植株经受几季的冬季水淹后能够存活下来,表明其能适应消落区反季节冬季水淹的水文环境。在经过长时间的完全淹水后,秋华柳老叶会死掉并脱落,大约水位消退两周后,老叶节点处会萌蘖发芽并长成新叶。这些现象表明秋华柳植株冬季淹水后的恢复期内具备较强的恢复、生长能力。

通常情况下,水淹胁迫往往降低了色素含量,并由此导致了光合速率的衰减,进而降低了生物量的积累。然而,在该研究中,秋华柳植株经过冬季水淹后,在恢复期内叶绿素 a 和总叶绿素含量升高,可能意味着水淹促进了恢复期的光合作用和生物量的积累。Seitz & Hinderer(1988)认为作为花青素胁迫指标之一,能提高植株的抗氧化性能以及植株的环境胁迫抗性。植株通常合成叶片花青素来应对紫外线辐射、干旱、高温、寒冷、风、涝及盐渍条件。该研究中,水淹和对照组的秋华柳植株叶片花青素含量没有明显差异,可能说明秋华柳在经历冬季水淹后有较强的恢复性能。

在相对含水量和脯氨酸含量上,淹水后的秋华柳植株与对照组植株之间只有微小差异,说明叶片水势和渗透势在恢复阶段处于正常状态。淹水条件下,株植株内非结构性碳水化合物(包括可溶性糖、还原糖、淀粉)积累量通常会因光合作用降低(或停止)而被抑制。长期的淹水条件下的秋华柳植株的细胞代谢活动需要通过无氧呼吸(厌氧发酵)来获取能量以支持水淹条件下的才能在存活下来,能量的供给依赖于地下器官和茎的对非结构性碳水化合物的储备能力。在该研究中,淹水秋华柳植株在冬季淹水后的恢复期内叶绿素 a 和总叶绿素含量的上升应该有利于提高其非结构性碳水化合物的含量。然而,我们并没有观察到淹水植株与对照植株之间在非结构碳水化合物含量上的显著差异。可能有两个原因导致这种现象:一是部分新合成的碳水化合物从叶片转移到了地下组织和茎中以补偿淹水期的能量消耗；二是大部分能量消耗于淹水植株的水淹后恢复过程中，包括新芽萌发和新叶片的形成。

植物组织内的活性氧物质包括 H_2O_2 和 O_2^- 的大量产生会导致细胞膜损伤，通常可以通过脂质过氧化产物水平（丙二醛含量）检测出来。在该研究中，通过与对照植株的比较，淹水秋华柳植株恢复期内的 H_2O_2 和 O_2^- 及 MDA 水平的增加显示冬季水淹可能造成了细胞膜损伤。还原型谷胱甘肽是一种非酶成分，大多数植物体内都存在的一种主要巯基蛋白。谷胱甘肽对维持细胞内的氧化还原状态发挥着重要作用。谷胱甘肽还原酶能将谷胱甘肽的主要氧化产物催化成还原型的谷胱甘肽。谷胱甘肽过氧化物酶和抗坏血酸-过氧化物酶各自利用谷胱甘肽和抗坏血酸作为底物能将 H_2O_2 转化成无害的水。因此，谷胱甘肽过氧化物酶和抗坏血酸-过氧化物酶活性依赖于细胞内可利用还原型的抗坏血酸和谷胱甘肽的含量。一些抗氧化酶，包括超氧化物歧化酶、愈创木酚过氧化物酶和过氧化氢酶，在控制植物组织内活性氧水平上起着关键作用。在此研究中，水淹后恢复期内秋华柳植株的抗氧化酶活性的不同变化趋势显示了水淹后恢复期间，抗氧化酶在其内发挥的复杂作用。

6.3.4　结论

秋华柳为三峡水库消落区植被恢复实践中最具潜力的灌木，其冬季水淹后恢复生长期的适应研究能拓展植物对水淹胁迫适应机制的理解。研究结果表明，秋华柳植株经历了冬季水淹后，细胞膜遭到了损伤，在恢复期内，H_2O_2、O_2^- 和丙二醛水平上升，抗氧化酶系统（SOD、GR 和 ASA-POD）活力降低。然而，对相对含水量、脯氨酸含量、色素含量、碳水化合物含量以及几种其他抗氧化酶（GSH-POD、G-POD 和 CAT）活性的进一步分析表明，秋华柳植株在冬季水淹后能很好地恢复过来。因此，秋华柳具有很强的冬季水淹耐受性，能适应三峡水库消落区特殊的水文环境。总之，秋华柳应作为本地树种在三峡水库消落区的植被恢复重建工作中被推广应用。

6.4　美洲黑杨雌、雄植株对夏季水淹胁迫在生理生态方面的性别差异响应

6.4.1　引言

美洲黑杨属于雌雄异株植物,由于其生长速度快、适应环境胁迫能力强,在中国常被作为重要的先锋树种进行植树造林。美洲黑杨在中国没有自然分布,所种植的植株几乎都源于美洲。具备较强的耐土壤湿度以及快速的生长能力,被作为理想的树种用于河岸防护林建设。雄性无性系巨霸杨($P.$ $deltoides$ CL. 'Juba')和雌性无性系丹红杨($P.$ $deltoides$ CL. 'Danhong')来自同一父母本,源于父本 $P.$ $deltoides$ CL. '2KEN8'(♂, imported from Texas, USA)和母本 $P.$ $deltoides$ CL. '55/65'(♀, imported from Carbondale, USA)的杂交,比亲本有更快的生长速率、更直的树干、更强的害虫抵抗力,在这些特征上也比其他杨树种更突出。这两种无性系被广泛地用在长江、淮河流域。模拟水淹和实地水淹试验结果表明,美洲黑杨是耐水淹能力较强的速生树种。

雌雄异株植物由于雌雄植株间在生长繁殖方面存在差异,在陆地生态系统中发挥着重要作用。由于自然进化和生存压力,雌雄异株植物在形态、生理和生态特征上演变成了两性异形,而且雌雄异株植物在对环境胁迫的耐受性上雌、雄植株两性间存在较大差异。比如美洲山杨($P.$ $tremuloides$)雄株在高浓度 CO_2 环境下比雌株具有更高的同化速率,在含氮量高的土壤中明显比雌株有更多的生物量积累。随着干旱胁迫增强加重、温度升高,以及土壤氮沉降情况、增加 CO_2 浓度的环境条件下,青杨雌株在生长和光合作用能力上比雄株更敏感,更容易受到负面影响。在 UV-B 胁迫下,青杨的雄株比雌株有更有效的抗氧化系统及更高的花青素含量来减轻 UV-B 胁迫的辐射伤害,因而具有更好的自我保护机制。在冷胁迫下,青杨雄株有较好的叶绿体结构以及更完整的原生质体膜,比雌株更能承受冷冻胁迫。在盐胁迫下,由于青杨雄株有较强的抑制力以防止钠离子从根部向茎转运,表现出了更强的盐胁迫的抗性。虽然对来自自然环境下生长的雌雄植株在应对非生物胁迫时的生理特征上的性别差异响应进行了较系统的研究,但是对来自人工杂交的雌、雄植株对非生物胁迫的性别差异性响应研究得较少。此外,杨树在水淹状态下的性别特异性响应的研究也不多。Rood et al.

(2010)曾经在叶片发育的基础上研究了美洲黑杨应对淹水处理时的性别特异性响应。

河岸防护林内的雌雄异株植物可以作为基因和等位基因库,为研究植物的水淹耐受性提供更多的耐淹特征,并能为该区域遗传多样性种群的重建和保护提供服务。河岸防护林通过保持水土可以稳固河堤、提高水质、维持区域生物多样性方面发挥重要作用。然而,河岸防护林经常经受较大范围的淹水情况,导致植物生长受到抑制甚至使个别树种死亡。为了提高河岸防护林生态价值、改善周围景观,近年来中国在恢复和建设河岸防护林上做了大量工作。生态修复工程取得成功主要依赖于树种的生活史策略及它们的抗水淹或水淹能力。因此,了解水淹条件下树种的生长和存活情况、受伤害的程度以及保护机制有助于河岸恢复工程的实施。

长期的水淹对几乎所有的陆生植物产生了负面影响;这些影响包括植物生长和光合作用速率的降低,甚至导致最终的死亡。水淹阻断了根部的氧气供应,进而影响根的呼吸作用导致组织内 ROS(如 H_2O_2 和 O_2^-)水平升高。ROS 很容易损害叶片内叶绿体、蛋白质以及 DNA 结构)。为了抵抗ROS 的影响,植物有一整套抗氧化酶如超氧化物歧化酶、过氧化物酶来去除 ROS,减缓氧化损伤。植物应对非生物胁迫的防御机制需要渗透调节,具体而言,可以通过细胞内增加可溶性物质的合成来实现。游离脯氨酸和可溶性糖,作为渗透剂或渗透保护剂,在非生物环境下的渗透调节中发挥着主要作用。它们通过维持蛋白质和膜的结构性稳定来保护蛋白质结构。水淹引起的缺氧造成从有氧呼吸到糖酵解途径的部分代谢过程发生改变。还原糖,作为糖酵解途径的底物,也受水淹影响。因此,细胞防御机制的效率决定植物应对水淹胁迫的生存和响应。

在此研究中,应用美洲黑杨的雄、雌植株作为实验材料研究水淹胁迫条件下雌雄植株在生长、生存、生理和生物化学等方面的性别特异性响应。以弄清:①两种无性系能否忍受十周的水淹处理并完全存活下来。②水淹耐受性是否与生理破坏和防御机制的平衡有关。③水淹胁迫下,美洲黑杨无性系是否存在生理和生物化学方面的性别特异性响应。

6.4.2　材料与方法

1.植物材料与实验设计

从湖北省(潜江 N30°09′,E121°31′)河岸和峡谷生长的四个美洲黑杨种群中各选取 30 枝一年生雄雌植株插条,并于 2010 年 3 月进行扦插繁殖。

在发芽、生长约 2 个月后,选取相同树冠大小和相同高度的雄性和雌性植株各 60 株,重植在 12 升填充有均质土壤的塑料桶内(每桶一株)将其放在中科院武汉植物园自然环境下生长。此环境下的年均降雨量、年均蒸发量、年均相对湿度和年均温度分别为:1261‰rh、1494 mm,80%、16.9 ℃。

采用两因素完全随机实验设计,两因素是性别和水分。使用两种浇水方式,正常水分条件处理作为对照和水淹处理。正常水分条件下,在每个桶底部打 5 个排水孔(直径 4 mm),然后每隔一天,将每个盆都充分浇水,多余的水分可以从底部排水孔留到桶下面的盘内。盘内的水在下次浇水时重复利用以免造成土壤养分流失。在水淹处理条件下,每盆隔三天浇一次水,保持水面高出土壤表面 5 cm。每种水处理情况下,设置 6 个重复,每个重复 5 株苗。实验在 2010 年 3 月 18 日至 7 月 28 日的生长季进行。

2. 植株生长变化

每周记录一次株高、叶片数目、基径数据。使用叶面积仪(LI-300A,LI-COR Inc., NE, USA)测量各株苗的叶片面积。实验末期,叶片样品在 80 ℃条件下持续烘干至恒重。测量特殊叶面积(SLA,叶片面积/叶片干重)。

3. 叶片相对含水量级叶绿素含量

选取新鲜的完全展开并充分光照的叶片测定其相对含水量,使用如下公式:$RWC(\%) = (FW - DW)/(TW - DW) \times 100$,式中 FW 为叶片鲜重;TW 为 24 h 充分吸水状态下的叶片重量;DW 为 85 ℃环境下持续烘干 24 h 后的叶片干重。

用 80% 的冷冻丙酮提取叶绿素并使用分光光度计(Evolution 300;Thermo,USA)进行测定。分别在波长 663 nm、646 nm 和 470 nm 波长下测定叶绿素 a、叶绿素 b 以及类胡萝卜素的吸光度。使用 Lichtenthaler (1987)法将各吸光度值转变为其各自浓度。

4. 气体交换测量

根据 Xu et al. (2008a) 和 Zhao et al. (2011)描述的方法并做适当修正后进行。使用 LI-COR 6400 便携式光合作用仪(LI-COR Inc. Lincoln,Nebr.)在 2010 年 7 月 26 日上午 9 点至 11 点半间,测量净 CO_2 同化速率(A)、气孔导度(G_s)、胞间 CO_2 浓度(C_i)以及蒸腾作用(E)。采用 6400-02 LED 光源,设定标准为:1400 $\mu mol \cdot m^{-2} \cdot s^{-1}$。通过样品室的空气流量设定为 500 $\mu mol \cdot m^{-2} \cdot s^{-1}$,叶片温度通过热电式冷却器维持在 25 ± 0.8 ℃,

相对湿度维持在50%。从每种处理中选择 5 株进行测定。瞬间水分利用效率根据 WUEi＝A/E 进行计算。

5.叶绿素荧光测量

使用测量气体交换的同一株苗和叶片进行叶绿素荧光测量。利用叶绿素荧光仪(PAM-2100，Walz，Effeltrich，Germany)测量叶绿素荧光动力学参数(F_V/F_M，变量和最大荧光；Yield，叶绿素有效光量子产量；qN，非光化学猝灭系数；qP，光化学猝灭系数)。叶片用叶片夹遮光 30 min，随后分别在 250 μmol·m^{-2}·s^{-1} PPF 测定最小荧光和 2,400 μmol·m^{-2}·s^{-1} PPF 光饱和脉冲后测定最大荧光。实验在 7 月 28 日上午 8 点半至 11 点半之间进行。

6.超氧阴离子 $O_2^{\cdot-}$ 和过氧化氢 H_2O_2 的测定

基于 Sui et al.(2007)和 Zheng et al.(2009)研究方法测定 $O_2^{\cdot-}$。在将完全伸展的叶片(0.5 g)在 10 ml 65 mM 预冷的磷酸盐缓冲液(pH7.8)中冰浴中充分碾磨成匀浆。匀浆在 4℃、8,000 g 离心力下离心 15 min。取 0.2 ml 上清液、加入 1.7 ml 磷酸缓冲液、0.1 ml 10 mM 盐酸羟铵混合后在 25℃下静置 20 min，加入 1 ml 17 mM 对氨基苯磺酸和 1 ml 17 mM α-萘胺后再于 30℃下静置 30 min。在波长 530 nm 下测定吸光度来计算 $O_2^{\cdot-}$ 的释放率。$O_2^{\cdot-}$ 含量可以根据标准曲线进行计算，其浓度单位为 μg·g^{-1}·FW。

过氧化氢浓度的测定按照 Mukherjee & Choudhuri (1983)描述的方法进行。将 0.3 g 新鲜叶片用 3 ml、10%预冷的丙酮充分碾磨至匀浆，在 10,000 g 离心力下离心 10 min，然后取 1 ml 上清液，加入 0.1 ml 5%的 Ti(SO$_4$)$_2$ 和 0.2 ml 28%的氨水，混合均匀。沉淀形成后，将反应混合液在 10,000 g 离心力下离心 10 min。用氨水将形成的离心沉淀清洗 3 次，然后溶于 2 M H_2SO_4 中，在波长 425 nm 下测定吸光度。过氧化氢水平根据标准曲线计算出来，其浓度单位表达为：μmol·g^{-1}·FW。

7.抗氧化酶活性测定

根据 Knorzer et al.(1996)和 Yang & Miao (2010)描述的方法进行适当修正。将 0.4 g 新鲜叶片在液氮中研磨，研磨后的样品再加入 4 ml 含有 50 mM Tris－HCl (pH 7.0)、1 mM EDTA、1 mM 谷胱甘肽和 5 mM MgCl$_2$ 的提取液在冰浴中碾磨至匀浆。匀浆在 4℃下以 8,000 g 离心力离心 15 min。将上清液以每 0.4 ml 的体积分装在 1.5 ml 的离心管中，置于－70℃环境下保存，以备可溶性蛋白质分析和接下来抗氧化酶活性的测定。

所有的实验均在 25℃ 环境下进行,并在一天内完成。

超氧化物歧化酶 SOD 活性可以通过基于抑制氮蓝四唑(NBT)的光化学还原的分光光度法来测定,简述为反应混合物用 50 mM Tris - HCl 缓冲液(pH7.8),其中包含 0.1 mM EDTA 和 13.37 mM 蛋氨酸。5.7 ml 反应混合物与 200 μl 的 0.1 mM 核黄素(含 50 mM Tris - HCl,0.1 mM EDTA,pH7.8)和 0.1 ml 的酶源混合。最后加入核黄素,将玻璃试管放在荧光灯下启动反应。30 min 后移出光源,反应停止。未进行光照的相同试管作为空白对照。通过一个光照过的不含有酶液蛋白质的对照管可以得出 NBT 的最大吸光度,即在 56 nm 波长下具有最大吸光度。在本实验中,定义抑制 NBT 光化学还原 50% 为一个酶活性单位。SOD 活性单位为:$U \cdot g^{-1} \cdot FW \cdot min^{-1}$。

过氧化物酶 POD 活性测定方法是在 Chance & Maehly (1955)方法基础上修正来的。检测混合物包含 50 mM Tris - HCl(pH7.0),0.1 mM EDTA,10 mM 愈创木酚和 5 mM H_2O_2。首先,将 50 μl 的酶溶液加入反应混合物,使总量达到 3.0 ml。记录 0.5~3.5 min 之间愈创木酚在波长 470 nm 时的吸光度变化,计算 POD 活性,其单位表示为:$\mu g \cdot mg^{-1} \cdot FW \cdot min^{-1}$。

8. 可溶性糖、还原糖和游离脯氨酸测定

可溶性糖按照 Lehner et al. (2006)使用的方法进行测定,其浓度表示为:$mg \cdot g^{-1} \cdot DW$。还原糖测定按照 Sairam et al. (2009)提供的方法,其浓度单位为:$mg \cdot g^{-1} \cdot DW$。游离脯氨酸的测定按照 Bates et al. (1973)提供的方法。将完全成熟的叶子(0.2 g)加入 5 ml 的 3% 磺基水杨酸溶液碾磨至匀浆。离心后,取 2 ml 上清液,再与 2 ml 冰醋酸、2 ml 的 2.5% 酸性茚三酮溶液一起加入试管,并盖上盖子,然后按照实验测定方法进行。在 520 nm 波长下测定游离脯氨酸浓度的吸光度,其浓度单位:$mmol \cdot g^{-1} \cdot DW$。

9. 统计分析

使用 spss13.0 软件进行统计分析,数值表示为平均值±标准误差。采用单因素方差分析进行不同处理间差异显著性检验,经邓肯法多重比较,评价雌雄植株对于水淹和性别相关的生理生化指标的差异响应。当 $P < 0.05$ 时,具有显著性差异。

6.4.3　结果

1. 株高、基径和叶片发育变化

在正常水分条件下,雌株比雄株生长更快(图 6-15a)。在水淹条件下,尽管雌株生长速率大于雄株,但受到的抑制作用大于雄株。与对照组相比,在水淹 2 周后,雌雄株的株高、基径和叶片数目均受到明显抑制作用(图 6-15a～c)。在水淹条件下,植株在前八周有相对稳定的生长速率,但是在后续的两周内,植株的株高、基径和叶片数目等生长速率明显下降。与之相反,对照组的植株则在整个实验期间持续生长。

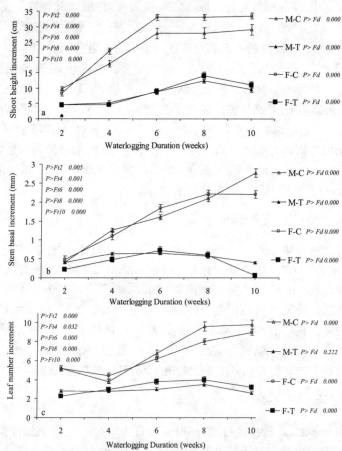

图 6-15 水淹对美洲黑杨雌雄、植株株高增长(Shoot height increment)、基径增长(Stem basal increment)及叶片数目增长(Leaf number incremnt)的影响(M:雄株;F:雌株;C:对照;T:水淹处理)

水淹处理明显降低了雌雄植株的总叶片数目(TLN)、平均叶片面积(MLA)、总叶片面积(TLA)、叶片相对含水量(RWC)以及特殊叶面积(SLA)(表 6-3)。然而,TLN、MLA、TLA、RWC 和 SLA 在水淹环境下雌雄植株的差异不明显。在正常水分条件下,雄株在 TLN、MLA 和 TLA 上比雌株更高,而在水淹条件下,雌株则比雄株更高。即,水淹胁迫下雄株在

TLN、MLA 和 TLA 水淹受到抑制比雌株更明显。此外,无论是水淹环境还是在正常水分条件下,雌雄植株在水淹 TLN、MLA 和 TLA 方面均没有明显差异。

表 6-3　水淹对美洲黑杨雌雄植株总叶片数目(TLN),平均叶面积(MLA),
总叶面积(TLA),叶片相对含水量(RWC)及特殊叶面积(SLA)的影响

Species	Treatment	Total leaf number (TLN)	Mean leaf area (MLA, cm^2)	Total leaf area (TLA, dm^2)	RWC (%)	SLA ($dm^2 g^{-1}$)
Male	Control	51.67 ±3.93 a	301.33 ±17.76 a	15.60 ±1.72 a	96.65 ±0.73 a	0.29 ±0.01 a
	Waterlogging	26.67 ±1.45 b	45.85 ±5.63 b	1.24 ±0.21 b	89.78 ±1.98 b	0.24 ±0.06 ab
Female	Control	50.67 ±2.40 a	268.40 ±26.70 a	13.67 ±1.85 a	88.64 ±1.72 b	0.28 ±0.02 a
	Waterlogging	31.33 ±0.88 b	47.30 ±3.55 b	1.48 ±0.13 b	83.59 ±0.51 c	0.16 ±0.01 b
	$P > F_s$	0.477 ns	0.365 ns	0.526 ns	0.001 **	0.233 ns
	$P > F_w$	0.000***	0.000***	0.000***	0.003**	0.032 *
	$P > F_{s \times w}$	0.282 ns	0.324 ns	0.416 ns	0.529 ns	0.404 ns

注:不同字母表示显著性差异($P < 0.05$)F_S,性别影响;F_w,水淹影响 $F_{S \times w}$,水淹与性别的交互影响 *,$P < 0.05$;**,$P < 0.01$;***,$P < 0.001$;ns,没有显著性差异。

2.叶绿素色素、气体交换和瞬时水利用效率变化

水淹处理后,雌雄植株叶片内的总叶绿素(chlorophyll a + b, TC)、类胡萝卜素(Caro)含量均明显降低(图 6-16)。然而,叶绿素 a 与叶绿素 b 的比率、TC/Caro 在水淹胁迫下水淹影响不显著。正常水分状态下,雌株比雄株有较高的 TC 和 Caro 浓度,而在水淹条件下,两者差异不明显。水淹条件下,雌株在 TC 和 Caro 浓度上比雄株降低更多。此外,在 TC 和 Caro 浓度上,不同性别植株在水淹环境下受到的影响差异显著。然而,叶绿素 a 与叶绿素 b 的比率、Caro/TC 受性别和水淹的交互影响水淹的差异不显著。

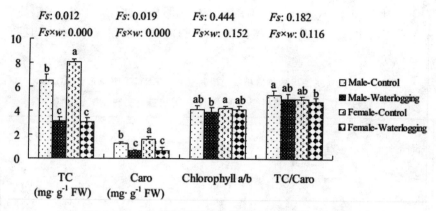

图 6-16　水淹对美洲黑杨雌雄植株叶片色素的影响

　　与对照组相比,水淹处理显著降低了雌雄植株净光合速率 A、气孔导度 gs 和瞬时水分利用效率 WUEi,但是对胞间 CO_2 浓度 Ci 只有微小影响(表 6-4)。在对照组中,雌株比雄株的 A、WUEi 高。尽管水淹处理后的雌雄株之间在 A、WUEi 上差别不大,但是水淹处理后,与雌雄各自对照实验相比,雌株比雄株在 A、WUEi 上降低更明显水淹。此外,水淹,A 受性别和水淹胁迫交互影响的差异显著。

表 6-4　水淹对光合作用参数及水分利用效率(WUEi)的影响

Species	Treatment	A (μmol·m^{-2}·s^{-1})	Gs (mol·m^{-2}·s^{-1})	Ci (μmol mol^{-1})	E (mmol m^{-2}·s^{-1})	WUEi
Male	Control	13.07 ±0.75 b	1.03 ±0.04 a	309.33 ±2.40 a	11.30 ±0.35 a	1.16 ±0.05 b
	Waterlogging	4.08 ±0.58 c	0.23 ±0.06 b	306.33 ±11.57 a	6.29 ±1.85 b	0.90 ±0.19 c
Female	Control	19.10 ±0.65 a	1.32 ±0.58 a	324.00 ±3.61 a	10.73 ±0.12 a	1.37 ±0.04 a
	Waterlogging	4.81 ±0.57 c	0.44 ±0.11 b	310.33 ±5.17 a	8.37 ±2.14 ab	0.66 ±0.17 c
Female	$P > F_s$	0.001 **	0.031 *	0.201 ns	0.502 ns	0.907 ns
	$P > F_w$	0.000 ***	0.000 ***	0.449 ns	0.025 *	0.006 **
	$P > F_{s \times w}$	0.003 **	0.707 ns	0.249 ns	0.475 ns	0.118 ns

注:不同字母表示显著性差异($P < 0.05$)F_s,性别影响;F_w,水淹影响 $F_{s \times w}$,水淹与性别的交互影响 *,$P < 0.05$;**,$P < 0.01$;***,$P < 0.001$;ns,没有显著性差异。

3.叶绿素荧光参数变化

与对照组相比,水淹处理明显降低了雌雄植株的 Fv/Fm 和 Yield,但对 qP 和 qN 影响不大(表 6-5)。不管是对照组还是水淹处理中,雌雄植株在 Fv/Fm、Yield 和 qP 上均无显著差异。总之,所有的荧光参数受性别和水淹胁迫交互影响的差异不显著水淹。

表 6-5　水淹对叶绿素荧光参数的影响

Species	Treatment	Fv/Fm	Yield	qP	qN
Male	Control	0.78 ±0.01 ab	0.71 ±0.00 a	0.95 ±0.00 a	0.22 ±0.01 ab
	0.19 ±0.01 b	Waterlogging	0.70 ±0.03 c	0.67 ±0.01 b	0.94 ±0.00 a
Female	Control	0.81 ±0.00 a	0.73 ±0.00 a	0.96 ±0.01 a	0.23 ±0.02 ab
	Waterlogging	0.74 ±0.02 bc	0.68 ±0.00 b	0.95 ±0.00 a	0.25 ±0.01 a
	$P>F_s$	0.115 ns	0.041 *	0.196 ns	0.051 ns
	$P>F_w$	0.003 **	0.000 ***	0.125 ns	0.147 ns
	$P>F_{s×w}$	0.922 ns	0.466 ns	0.697 ns	0.454 ns

注:不同字母表示显著性差异($P < 0.05$)F_S,性别影响;F_w,水淹影响 $F_{S×w}$,水淹与性别的交互影响 *,$P < 0.05$;**,$P < 0.01$;***,$P < 0.001$;ns,没有显著性差异。

4.自由基产生和抗氧化酶活性变化

水淹处理造成了 O_2^- 和 H_2O_2 含量升高(图 6-17)。尽管在正常水分状态和水淹处理情况下,雌雄植株在 O_2^- 和 H_2O_2 含量无明显差异,但雌性植株在 O_2^- 和 H_2O_2 含量上受到的水淹影响比雄株更大。另外,水淹 O_2^- 和 H_2O_2 含量受性别和水淹胁迫交互影响的差异不显著。

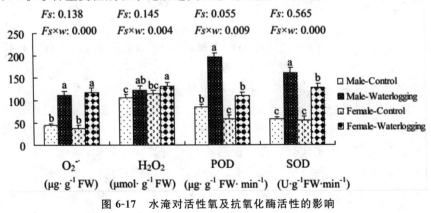

图 6-17　水淹对活性氧及抗氧化酶活性的影响

水淹处理升高了雌雄植株 POD 和 SOD 活性。与雌株相比,在水淹条件下,雄株 POD 和 SOD 活性升高更明显。另外,POD 和 SOD 活性受性别和水淹胁迫交互影响的差异不显著。

5.脯氨酸、还原糖和可溶性糖含量变化

与对照组相比,水淹处理提高了雌雄植株的脯氨酸和还原糖含量,降低了可溶性糖含量(图 6-18)。植株在水淹胁迫下,雄株还原糖含量的增加比雌株更明显。此外,在水淹条件下,相对雌株而言,雄株有更高的脯氨酸含量和可溶性糖含量。在正常水分条件下,脯氨酸、还原糖和可溶性糖水平在雌雄植株内有较明显差异,雄株的含量总是比雌株更高。另外,脯氨酸含量受性别和水淹胁迫交互影响的差异显著。

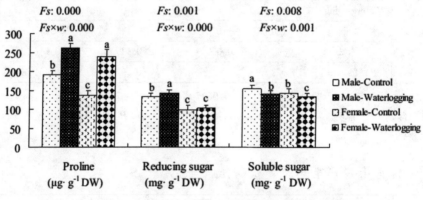

图 6-18　水淹对脯氨酸(Proline)、还原糖(Reducing sugar)及可溶性糖(Soluble sugar)含量的影响

6.4.4　讨论

一般而言,可以根据植株在不同水淹深度和水淹持续时间条件下植株的生长响应、水淹损伤程度以及水淹存活率等方面来衡量其水淹耐受性。美洲黑杨及其杂交种常被用作河岸防护林的先锋和优势树种。在本研究中,发现美洲黑杨雌雄植株水淹对水淹胁迫的适应能力不同。我们发现所有雌雄植株均能在高出土壤 5 cm 水淹条件下度过 10 周并存活下来,这表明这两种美洲黑杨无性系均具有较强的水淹耐受性。然而,水淹处理对植株的生长和叶片发育产生了很多负面影响,如较低的株高、较小的基径和平均叶面积以及较少的叶片数量(图 6-15、表 6-3)。此外,在水淹条件下,不

同性别植株的生长响应存在差异。尽管雌株在正常水分条件以及水淹条件下，比雄株有更快的生长速率，但是水淹对雌株生长产生了更大的抑制作用。这些表明，两种美洲黑杨无性系各自形成了特定的形态适应性应对水淹胁迫，且雌性植株对水淹胁迫更敏感。

Rood et al. (2010) 发现，相比雌性植株，在水淹处理下，雄性美洲黑杨在叶片大小、数目和面积上显然状态更差，并得出雌性美洲黑杨比雄性有更强的耐水性结论。在本研究中，水淹处理后雄性植株的 MLA、TLN 和 TLA 一样，状态不如雌性。就叶片发育而言，我们的研究结果与 Rood 等人的研究结果吻合。然而，我们不能仅仅从叶片发育的角度就认定雌性美洲黑杨比雄性有更强的水淹耐受性。水淹胁迫显著降低了两种植株的 RWC 和 SLA。而且，相同处理条件下，雄性植株比植株含有更高水平的 RWC 和 SLA。这与先前关于不同性别的杨树对非生物胁迫响应的研究结论一致。

水淹处理显著降低了 TC 和 Caro 浓度，这些曾被 Chen et al. (2002) 和 Kumutha et al. (2008) 提出过，但在叶绿素 a/叶绿素 b，Caro/TC 上没有明显变化（图 6-16）。然而，我们发现雄株比雌株下降程度更低。我们推测水淹对雄株 TC 和 Caro 的负面影响更小一些，对雄株光合活性的负面影响也应该小一些。先前的关于杨树对非生物胁迫的性别差异响应研究也证实了这些。

不同性别植株在光合作用参数上对水淹胁迫的差异响应研究表明：相比雄株而言，雌株在正常水分状态下，明显具有较高的 A 值，然而水淹处理对其 A 和 gs 造成的下降程度更大。我们的发现与先前的关于非生物胁迫对雌株造成在气体交换上的影响大于雄性这一研究发现一致。此外，在水淹响应上，雌性在 WUEi 衰减程度大于雄性。这些表明在应对水淹胁迫时，雄株比雌株拥有更有效的内源性保护机制来减少光合作用的损害。

叶绿素荧光从叶绿体类囊体膜上发射出来，经常作为光系统（PSⅡ）光化学效率的指示参数。因此，杨树叶片内的叶绿素荧光分析可以检测在水淹处理期内其光合器官是否受损。我们发现，水淹处理显著降低了 Fv/Fm 和 Yield 量子产额，而对 qP 和 qN 影响不大。这表明，水淹胁迫对光系统 PSⅡ 反应中心造成了光损伤。其他研究也有相似结论。然而，雌雄株的叶绿素荧光没有明显差异。植株在水淹胁迫下，由于根部缺氧，呼吸作用从有氧呼吸朝无氧呼吸模式转变。这种情况下，伤害主要源于一些活性氧，比如 O_2^- 和 H_2O_2。我们发现水淹造成了雌、雄株 O_2^- 和 H_2O_2 浓度的显著升高，只是雌株升高的更明显这可以归因于光合细胞持续处于各种代谢过程中积累的活性氧所造成的氧化胁迫中。

ROS 的生成由过 ROS 形成速率以及有毒害作用的活性氧代谢活动中的系统清除活性氧能力来决定。为了清除 ROS,植物具有一整套的清除系统,如 SOD 和 POD。SOD 能将 O_2^- 转化成 H_2O_2 和氧气,H_2O_2 可以被 POD 和其他抗氧化酶分解。在此研究中,雌雄株响应水淹胁迫时,均表现出比各自对照组较高的 SOD 和 POD 活性。这表明他们均拥有高效抗氧化系统来对抗水淹胁迫产生的氧化损伤。此外,我们还发现雄株内的 SOD 和 POD 活性上升幅度高于雌株。这些结果与先前关于杨树非生物胁响应的研究结果一致。雄株在响应水淹胁迫时产生更高效的抗氧化系统以及较低水平的 O_2^- 和 H_2O_2,表明雄株具有更好的维持活性氧的形成与降解之间平衡的能力以及保护植株免受严重的氧化损伤的能力。

脯氨酸作为一种 ROS 的清除剂和渗透调节物质,能在逆境条件下维持细胞及其周围环境良好的渗透压进而保护维持蛋白质结构的稳定性。不同物种在水淹环境条件下脯氨酸含量的变化各不相同。例如,水淹调节下大葱的根部脯氨酸含量降低,而同样水淹条件下的灯心草科植物在根和茎部位的脯氨酸含量大量升高。在此研究中,水淹条件下,雌雄植株内的脯氨酸浓度均上升明显。与雌株相比,雄株内较高的脯氨酸含量表明雄株体内的脯氨酸保护功能更好,因为脯氨酸的积累与耐性有关。这点与 Zhao et al. (2009)的研究一致。

植物对水淹胁迫下的低氧环境的响应是通过糖酵解途径而不是有氧呼吸的方式提供代谢能量。还原糖包括葡萄糖和果糖,是糖酵解途径的重要底物。一般而言,还原糖含量的变化模式在不同种或在水淹不同时期内不尽相同。举例而言,水淹会造成对水淹较敏感的绿豆体内还原糖降低,而在耐受性较好的植物体内则上升。Kumutha et al. (2008)证实豌豆也存在类似情况。在研究中,水淹胁迫下雄株内的还原糖含量上升较明显,而雌株则不然。我们的研究表明,由于雄株具有更多的代谢能量供应,雄性植株很可能具有相对雌株更强的水淹耐受性。与正常水分状态相比,水淹处理降低了雌雄植株内可溶性糖含量,这与先前的研究结果一致。例如,Ferreira et al. (2009)证实在第一个 15 天的淹水期内,*Himatanthus sucuuba*,一种生长在亚马逊中部的树,对照组和水淹组植株体内的可溶性糖含量没有明显差异,而在后续的 15 天内则出现了明显的降低。

6.4.5 结论

综上所述,美洲黑杨是耐水淹能力较强的速生树种,可作为三峡水库消落区防护林建设的优选树种。雌雄美洲黑杨表现出一定的形态可塑性来抵抗水淹环境；它们虽然可以存活下来但不能良好生长。水淹耐受性与防御机制和损害之间的平衡相关。一方面，水淹胁迫显著地降低了株高、茎粗、LN、MLA、TLA、RWC、SLA、TC、Caro、A、Gs、Yield、WUEi 和可溶性糖含量水平，提高了 O_2^- 和 H_2O_2 含量。另一方面，水淹胁迫能诱导脯氨酸和还原糖含量及 POD 和 SOD 活性的升高，表明植株具有一定水平的耐水淹能力。研究结果也证明了植株在响应水淹胁迫时存在性别上的差异。在正常水分条件下，雌性植株相对雄株具有明显较快的生长速率、有更高的 TC、Caro 和 A；而在水淹条件下，相对雌株，雄性植株表现出更高的 RWC 和 WUEi 值；SLA、TC、Caro 和 A 的降低的幅度更低；POD 和 SOD 活性水平增加更明显；维持较高的脯氨酸和还原糖水平；较低的 O_2^- 和 H_2O_2 水平。这些结果表明雄株具有更好应对水淹胁迫造成的损害的细胞防御机制，能维持较好的细胞防御和损害之间的平衡，而雌株则对水淹胁迫更为敏感。结果表明美洲黑杨无性系雄株和雌株都是耐水淹品种以及雄性比雌性具有更强的水淹耐受性。因此，两者都是河岸保护林重建的理想树种。

6.5　美洲黑杨雌雄植株对冬季水淹胁迫的生理生化差异响应

近年来，根据三峡水库消落区植被恢复重建的需要，国内科研人员开展三峡水库消落区适宜植物耐水淹的研究较多，但这些植物对水淹胁迫后的研究内容主要集中在夏季水淹对植物的生长存活、生理生化等方面。三峡水库由于实行"冬季水淹，夏季泄洪"的人工水位节律调节，其水文变化逆反自然河流的枯洪规律，因此，夏季水淹并不吻合三峡水库消落区的反季节水位变化的实际情况，对冬季水淹胁迫响应的研究也存在不足。在生长期，植物需要大量养料，对环境条件的要求也较高；在休眠期，植物的生长和代谢较慢，对养分和环境条件要求相对较低。因此，可以推测同种植物对生长期和休眠期的水淹胁迫的耐力及适应机制应该不同。比如，许多木本植物在夏季水淹时会通过形成较大皮孔、较多不定根和通气组织来获得更多的氧气；但是，通过对三峡水库消落区植被重建适宜物种的筛选试验发现，所有参试的木本植物在冬季水淹过程中都没有出现类似的现象。因此，New & Xie (2008)、Yang et al. (2012, 2015) 建议针对三峡水库消落区的特殊水文变化，开展适宜植物在冬季水淹胁迫后的适应机制研究，进一步为三峡水库消落区的植被恢复重建提供可靠参考的信息。因此，本研究中以美洲黑杨雌雄植株为实验材料，研究其冬季水淹后雌雄植株在生理生态等方面的性别差异性响应,以期为三峡水库消落带的生态防护林建设提供科学指导。

6.5.1　材料与方法

1.实验材料与实验设计

为消除基因型及其他环境因素的影响,试验材料采用遗传背景相似的美洲黑杨雌雄植株。选取健康的一年生枝条,春季将枝条扦插到含 10 kg 土壤的底部开孔的橡胶桶(直径 30 cm、高 25 cm)中进一步获得其无性系幼苗,每桶一株苗。在生长期,全部实验植株均以每天称重法来保持100%的土壤相对含水量。待生长期完后,为了让各植株受淹水的深度一致,选择长势基本一致的健康植株剪去部分茎,使得所有植株的高度均一致,准备水淹实验。

以不水淹处理的植株为对照,对照植株每天充分浇水 1 次。水淹处理植株在 12 月 17 日沉入水池中,全淹时间约为 100 天。在次年 3 月 29 日结束全淹,进行半水淹处理(此时距美洲黑杨的发芽时间大概为 1 星期),4 月 1 日~4 月 5 日植株发芽。5 月 5 日分别进行光合特性和叶绿素荧光参数测定,第二天上午取样,进行形态、生理生化和蛋白质组学的研究,取样后的植株不再使用。为消除随机误差,每个处理设 5 个重复,每个重复至少 6 株植物。通过数据分析,比较雌雄杨树的差异,从而揭示雌雄杨树对于水淹胁迫的应对策略及差异。

2.生长指标测定

用数显游标卡尺对每颗植株进行基径的测定,用卷尺测定每颗植株的株高,即从茎基部到茎尖生长点的位置,每个处理随机选择 5 株进行测量。

3.光合指标测定

利用 Li-6400 XT 便携式光和分析仪,选健康的美洲黑杨雌雄植株顶部第 5 片叶片,测定净光合速率 A、气孔导度 Gs、胞间 CO_2 浓度 Ci、蒸腾速率 E,根据测定的光合速率和蒸腾速率的比值(A/E)计算出瞬时水分利用效率 WUEi 等参数。每个处理选择 6 棵植株测定。测量控制光合有效辐射为 $1,200 \ \mu mol \cdot m^{-2} \cdot s^{-1}$ 且均在 $9:00-12:00$ 之间测定。

4.叶绿素荧光参数的测定

利用便携式调制叶绿素荧光仪 PAM 2500,选健康的美洲黑杨雌性植株顶部第 5 片叶片,测定前首先对待测植株叶片暗适应 30 min,每个处理选择 6 盆植株测定。测定 PSII 原初光能转换效率(Fv/Fm)、PSII 实际量子产额(ΦPSII)、光化学猝灭系数(qP)、非光化学猝灭洗漱(qN)参数,且均在 9:00—12:00 之间测定。

5. 生理生化指标的测定

(1)可溶性蛋白

采用 Bradford 法测定蛋白浓度,以 BSA 作为标样制作标准曲线,取上清液加入 20 μl G250 充分混合,放置 3 min,测定波长 595 nm 吸光度,并通过已知蛋白浓度制作的标准曲线查得并计算蛋白含量。

(2)谷胱甘肽

利用南京建成试剂盒(A006-1)测定。取上清液 100 μl,根据说明书加入试剂,最后进行显色反应,在 420 nm 处用酶标仪测定其吸光度,双蒸水调零。

(3)还原性糖

参照高俊凤主编的《植物生理学实验指导》中的方法测定,吸取可溶性糖提取液 2 ml 置 10 ml 离心管中,在沸水浴上蒸干,准确加入 20 ml 蒸馏水,充分搅拌使糖溶解,取 2 ml 上清液于试管中,加入 2 ml 3,5-二硝基水杨酸试剂后摇匀,在沸水浴中加热 5 min,取出后立即用流水冷却,加蒸馏水定容至 20 ml,测定 540 nm 波长下的吸光度,根据标准曲线得到还原糖含量。

(4)过氧化氢

取 20 μl 上清液加入 120 μl 0.1 ％ T_2SO_4(内含 20 ％ H_2SO_4)和 100 μl 水,混匀后于室温下 12,000 × g 离心 10 min。测定黄色上层清液在波长 410 nm 的吸光度。根据已知 H_2O_2 浓度产生的标准曲线为依据,计算出 H_2O_2 浓度。

(5)超氧阴离子

此指标采用 Elisa 试剂盒测定,用酶标仪在 450 nm 波长下测定吸光度,通过标准曲线计算样品中植物超氧阴离子含量。

(6)羟自由基

此指标采用 Elisa 试剂盒测定,用酶标仪在 450 nm 波长下测定吸光度,通过标准曲线计算样品中植物羟自由基含量。

(7)丙二醛

取 0.5 g 杨树鲜叶,加入 5 ml 5 ％ TCA,研磨后所得匀浆在 3,000 r/min 下离心 10 min。取上清液 2 ml,加入 0.67 ％ TBA 2 ml,混合后在 100 ℃ 水浴上煮沸 30 min,冷却后再离心一次。分别测定上清液在波长 450 nm、532 nm

和 600 nm 处的吸光度值,计算出 MDA 的含量。

(8)相对电导率

取叶片后置于 25 ml 去离子水中,温室置于摇床摇晃 6 h,测其电导率 C_i,煮沸后室温冷,测其电导率 C_{max},则相对电导率(%)=(C_i/C_{max})× 100%。

(9)抗坏血酸过氧化物酶

此指标采用 Elisa 试剂盒测定,用酶标仪在 450 nm 波长下测定吸光度,通过标准曲线计算样品中植物抗坏血酸过氧化物酶浓度。

(10)过氧化氢酶

取 20 μl 样品到 1.5 ml 塑料离心管中,加入 20 μl 过氧化氢酶检测缓冲液,再加 10 μl 250 mmol/L 过氧化氢溶液,用移液器迅速混匀;加入 450 μl 过氧化氢酶反应终止液混匀;在 15 min 之内完成以下步骤,在洁净的塑料离心管内加入 40 μl 过氧化氢酶检测缓冲液,再加入 10 μl 已终止并混匀的上述反应体系,混匀;从上一步骤的 50 μl 体系中取 10 μl 加入到 96 孔板中的一个孔内,加入 200 μl 显色工作液,25℃至少孵育 15 min 后测定 A_{520}。

(11)超氧化物歧化酶

取上清液,分别加入 1.5 ml 0.05 mol/L 磷酸缓冲液,0.3 ml 130 mmol/L Met 溶液,0.3 ml 750 μmol/L NBT 溶液,100 μmol/L EDTA-Na_2 溶液,0.3 ml 20 μmol/L 核黄素,0.05 ml 酶液,蒸馏水 0.25 ml 混匀,1 支对照管置暗处,其他各管于 4,000 lx 日光下反应 5 min。以抑制 NBT 光化还原的 50% 为一个酶活性单位表示进行计算。

(12)过氧化物酶

采用南京建成 POD 试剂盒测定(A084-3)。利用过氧化物酶催化过氧化氢的原理,加入试剂应用液和样品后混匀,3,500×g 离心 10 min,取上清液于波长 420 nm 测定各管吸光度值得到 POD 酶活性。

6.数据统计及分析

利用统计分析软件 spss 18.0 和 Excel 对实验生理数据进行分析处理和作图,水淹条件下,雌雄植株对于其生理生化指标等差异采用单因素方差分析(one-way ANOVA),并使用 Dunch 进行两两比较,来检验水淹前后雌雄植株之间的差异显著性,显著水平为 0.05。

6.5.2　结果与分析

1.生长指标的变化

如图 6-19 所示,130 天水淹后,植株基径和株高均表现出下降的变化趋势,基径和株高由大到小的顺序依次为 FCK＞MCK＞MW＞FW(FCK 表示雌株对照,MCK 表示雄株对照,MW 表示雄株水淹,FW 表示雌株水淹)。水淹后,雌雄植株的株高、基径没有显著性差异,但与对照相比,二者均显著降低;

从基径来看,水淹后雌株下降幅度比雄株大,雌株与对照相比下降30.32％,而雄株仅下降21.96％;株高与基径变化趋势相同,雌株与对照相比下降28.90％,而雄株仅下降了18.92％。

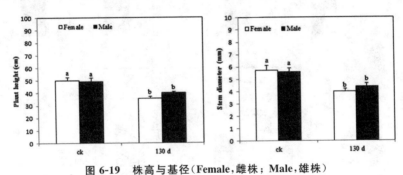

图 6-19　株高与基径(Female,雌株;Male,雄株)

2.光合指标的变化

如图 6-20 所示,130 天水淹后,雌株净光合速率显著下降,而雄株并没有受到显著影响。对照中,雌株净光合速率显著高于雄株,水淹之后,雌株却显著低于雄株。

对照组雌雄植株胞间 CO_2 浓度有显著性差异,雄株显著高于雌株水平;而水淹后,雌株显著高于雄株及对照,雄株却没受到显著影响。

气孔导度,水淹后的雌雄植株均显著降低。对照组中雌雄植株没有显著性差异,但雄株略高于雌株;水淹后,雌雄植株虽显著下降,但雄株气孔导度水平仍略高于雌株。

水淹后,雌雄植株的蒸腾速率均显著低于对照;对照组中雌株显著低于雄株,水淹后,雌株植株无显著性差异。

水淹后雄株的瞬时水分利用率显著升高,而雌株却显著降低,且水淹后于对照组相反,雄株显著高于雌株。

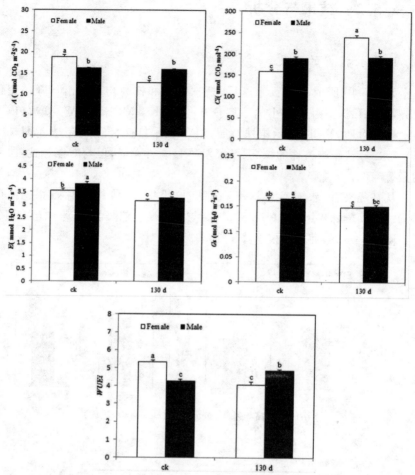

图 6-20　水淹条件下雌雄植株的净光合速率(A)、胞间 CO_2 浓度(Ci)、气孔导度(Gs)、蒸腾速率(E)、瞬时水分利用率(WUEi)的变化

3.叶绿素荧光参数的变化

如图 6-21 所示,水淹条件下,雌雄植株 PSII 最大光化学利用效率(Fv/Fm)与对照相比,显著下降,而雌雄植株无论是否水淹,相互之间均无显著性差异。

PSII 实际量子产额参数显示,水淹后,雄株出现下降趋势,但没达显著性水平;而雌株水淹前后没受到显著性影响,雌雄植株间无显著性差异。

非光化学猝灭系数参数显示,水淹后,雄株出现显著上升趋势,雌株有所下降,但无显著性影响,雌株高于雄株水平;而对照组中,雌株低于雄株水平,但不显著。

光化学猝灭系数表明,水淹前后雄株无显著性影响,而雌株出现下降趋势,但差异不显著。

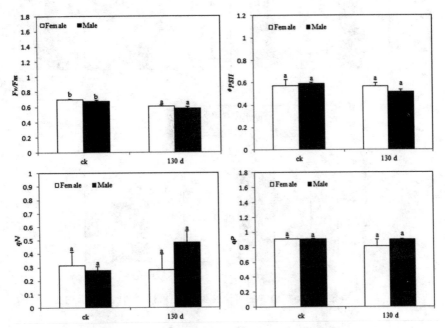

图 6-21　水淹条件下雌雄植株的 PSII 最大光化学利用效率(Fv/Fm)、
PSII 实际量子产额(ΦPSII)、非光化学猝灭系数(qN)、光化学猝灭系数(qP)的变化

4. 可溶性蛋白、谷胱甘肽及还原性糖含量的变化

从图 6-22 可看出,水淹后雌雄植株叶片可溶性蛋白含量均呈下降趋势,雌株与对照相比,差异不显著,但雄株呈显著下降。

水淹后,雌株叶片的还原性糖含量没有受到显著影响,而雄株则出现显著上升趋势。与对照相比,雌株下降了 4.8%,雄株则上升了 18.58%。

谷胱甘肽指标显示,水淹后雌雄植株叶片中 GSH 含量均呈现显著上升趋势,且雄株上升幅度远远高于雌株;与对照相比,水淹后雌株上升38.38%,而雄株上升 109.91%,雄株不显著高于雌株。

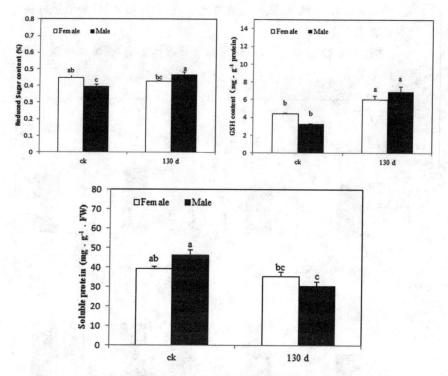

图 6-22　水淹条件下雌雄植株的可溶性蛋白、还原性糖和谷胱甘肽的变化

5.活性氧、丙二醛及电导率变化

从图 6-23 可看出,过氧化氢指标在雌雄植株水淹 130 天后,均有显著上升趋势,但雄株显著低于雌株,且比雌株上升幅度小。水淹后,雌株 H_2O_2 上升 48.69 %,而雄株上升 42.88 %,且对照组中雌雄植株之间无显著性差异。

从超氧阴离子指标可看出,对照组中雄株水平远高于雌株水平,水淹后两者均下降,与对照相比雌株无显著性下降趋势,而雄株出现显著性下降趋势,且水淹后雌雄植株之间无显著性差异。

羟自由基指标趋势同超氧阴离子相似,水淹后,雌雄植株均呈现显著下降趋势,且雌雄植株之间无显著性差异;对照组中雌株叶片羟自由基含量显著高于雄株。

水淹处理对雄株叶片丙二醛含量影响不大,上升不显著;而对于雌株,却出现显著上升趋势,且水淹后,远远高于雄株叶片丙二醛含量。与对照相比,雌株上升了 31.46%,雄株上升了 27.95%,雌株总含量显著高于雄株,而对照组中,二者间无显著性差异。

根据电导率显示,水淹后,雌雄植株均有上升趋势,但与对照相比无显著性差异,且雌雄之间也无显著性差异。

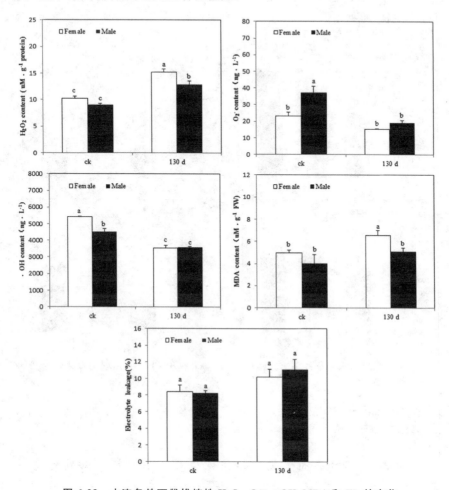

图 6-23　水淹条件下雌雄植株 H₂O₂、O₂⁻、OH、MDA 和 EL 的变化

6.抗氧化酶系统活性变化

从图 6-24 可看出,抗坏血酸过氧化物酶 APx 结果显示,与对照相比,水淹后的雌株没有受到显著影响,而雄株出现显著上升趋势,且雄株水平高于雌株,但不显著性。

雌雄植株叶片中的过氧化氢酶 CAT,水淹后,二者无显著性差异,但与对照相比,雌株显著下降,雄株没有受到显著性影响。

超氧化物歧化酶 SOD 活性,水淹后雌雄植株均显著上升。在对照组中,雄株 SOD 活性显著高于雌株,水淹后,雄株 SOD 活性仍高于雌株。

过氧化物酶POD,水淹后雌雄植株均呈现上升趋势,但无论是对照组还是水淹组,雌雄植株之间无显著性差异;雄株叶片POD活性上升程度远远高于雌株,雄株上升了108.81%,而雌株仅上升了43.71%。

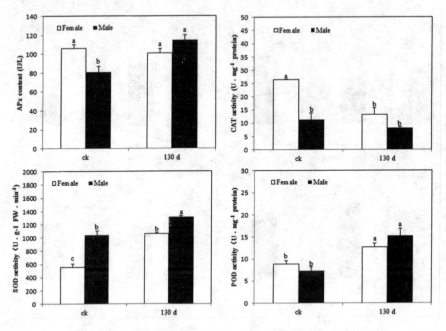

图 6-24　水淹条件下雌雄植株 APx、CAT、SOD 和 POD 活性的变化

6.5.3　讨论

1.冬季水淹对美洲黑杨雌雄植株生长及形态特征影响的差异

水淹使植物处于缺氧状态,限制植物呼吸及产生维持生命活动所需的能量,土壤还原势降低并积累有毒物质,影响植物的生存和生长。水淹条件下植物的生长能力与存活率可以衡量植物耐水淹能力,很多耐淹物种在受到水淹胁迫时植株总生物量与根生物量会出现下降,生物量积累也会有所下降,但不同植物的变化程度有显著差异,水淹条件下落羽杉的生物量积累变化不明显,但湿地松(*Pinus elliottii*)、美国山核桃(*Carya illinoensis*)的生物量则显著减少。木本植物在水淹情况下,其株高、基径均发生相应变化,但不同树种的反应有一定的差异。大部分情况下,水淹胁迫抑制了木本植物高的生长,但耐水淹植物受此影响较小。

本研究中美洲黑杨雌雄植株在水淹长达130天之久,存活率仍为100%,

可再次证实之前的研究其为耐水淹木本植物。雌雄植株的株高、基径水淹后显著下降,雄株下降幅度均小于雌株,且水淹后雄株株高、基径均高于雌株。众所周知,水淹条件下植物光合作用生产减弱,同时营养物质利用率也不断降低,此时存活下来的关键因素即为能量的利用。Elcan et al.（2002）研究发现,落羽杉（$Taxodium\ distichum\ L.$）幼苗能够分配更多的光合产物促进茎的生长从而提高耐水淹能力,但美洲黑杨并没有促进茎的生长,在水淹条件下,其株高与基径均低于对照,因此,美洲黑杨不是通过促进茎的伸长与基径来应对冬季水淹胁迫。因此,美洲黑杨可能是采用了忍耐水淹机制,降低能耗,减缓生长,从而在水淹胁迫中存活下来;而雌株的反应更为敏感,积极做出对水淹忍耐的响应。

2. 冬季水淹对美洲黑杨雌雄植株光合特性影响的差异

遭受水淹胁迫后,植物光合作用的强弱对其生长起着重要作用,水淹胁迫会降低黑柳（$Salix\ nigra$）与枫杨（$Pterocarya\ stenoptera$）等植物叶片净光合速率,但随着水淹时间增长,A 逐渐趋于稳定,耐淹植物逐渐形成适应性机制。本研究中,雌株 A 在受到水淹胁迫后显著下降,而雄株水淹前后无显著性差异,雌株下降 31.93%,雄株仅下降 1.7%。这与之前其他耐水淹植株试验结果相吻合,雄株由于耐水淹,从而受到胁迫后,仍处于较高 A 水平。

Farquhar 等认为,A 下降的原因分为气孔限制和非气孔限制两种,气孔限制因素为气孔的关闭阻碍 CO_2 进入叶片,外界 CO_2 向叶绿体的供应减少;非气孔因素即由于无法获取外界 CO_2 而继续光照,导致光合器官破坏,叶肉细胞光合活性下降。当 A 与 Ci 变化方向相同时,如两者同时降低,则 A 下降主要由 Gs 引起;否则 A 下降主要原因是细胞光合能力下降,使叶肉细胞利用 CO_2 的能力降低,即叶肉细胞羧化能力降低。雌株的 A 与 Gs 都显著下降,低于对照组水平,由于 Gs 降低,其敏感性降低,气孔因素的限制越来越小,而 Ci 处于上升趋势,因此雌株气孔调节能力下降,叶片提前衰老,A 下降的主要原因为非气孔限制;雄株却没有受到显著性影响,保持较好的光合水平。蒸腾速率显示,雌性植株受到水淹胁迫后,均呈现显著下降趋势;衡量水分消耗与 CO_2 固定能力的关系,常用瞬时水分利用率 WUEi 来表示,WUEi 结果表明,雌株水淹后水分利用率下降,而雄株却显著上升。

以上光合特性指标结果表明,可能由于在长期的水淹胁迫过程中雄株形成了特定的耐水淹机制,较耐水淹,因此可以在胁迫环境下较好的进行光合作用。

3.冬季水淹对美洲黑杨雌雄植株叶绿素荧光特性影响的差异

叶绿素荧光分析是利用体内叶绿素探测光合生理状况的技术。测定过程中光系统对光能的吸收、传递、耗散、分配等方面具有独特的作用,因此被称为测定叶片光合能力快速、无损伤的探针。Fv/Fm 表示叶绿体光系统 II(PSII)受到伤害的程度,对环境胁迫较为敏感;试验中,水淹后雌雄植株叶片的 Fv/Fm 均出现了显著降低的趋势,但雌雄之间差异不显著,因此 Fv/Fm 的降低,表明美洲黑杨在水淹胁迫 130 天后,PSII 反应中心活性受到轻微影响;PSII 实际量子产额(ΦPSII)表明水淹对雌雄植株影响不大。qP 既能够表示叶绿素吸收的光能用于光化学反应的大小,也可以表示 PSII 将光能转变为电势能的能力。试验中,雌株受到水淹胁迫 qP 下降了 11.16%,而雄株仅下降 0.44%,且两者与对照相比均不呈显著性差异,可见雄株对水淹产生的适应性更强。有研究表明,如巴西红厚壳(*Calophyllum brasiliense* Camb.)、互叶白千层(*Melaleuca alterifolia*)等适应性强的植物在遭受逆境胁迫时能够通过提高耗散能力来进行自我保护,其遭受水淹后 qN 会显著增加,从而抵御过多光能对光合机构的损伤。与前人的研究相符,雄株在水淹胁迫后,qN 出现上升趋势,上升幅度为 74.42%,而雌株则下降10.42%,表明雄株在水淹环境下提高 qN 来缓解过剩光能产生的伤害,也可看出,qN 积极响应来抵御水淹,这一参数结果更能证明雄株的耐水淹能力强于雌株。

4.冬季水淹对美洲黑杨雌雄植株渗透调节物质影响的差异

有研究表明,在水淹胁迫下,植物可溶性蛋白会出现显著下降趋势,这是由于合成蛋白受到抑制所导致的。在本试验中,雌株水淹后,没有受到显著下降;雄株表现出显著下降趋势,但水淹后,雌雄植株之间并无显著性差异。虽然可溶性蛋白的积累能够维持植物细胞较低的渗透势,从而减少水淹胁迫带来的伤害,但可溶性蛋白是总蛋白的指示,雄株在水淹胁迫下做出的响应机制,也许是从蛋白下调方面来适应水淹胁迫。

丙二醛是膜脂过氧化的最终产物,可表示细胞膜过氧化程度及植物对逆境胁迫反应的强弱。有文献表明,青竹复叶槭(*Acer negundo*)受到水淹胁迫后叶片 MDA 含量呈上升趋势,这表明,细胞发生了一定的损伤。在本试验中,水淹胁迫后,雄株虽呈上升趋势,但与对照相比,并没受到显著性影响,而雌株则显著上升。从此指标中可以看出,雄株膜脂过氧化程度并没有雌株高,雄株仅上升 27.95%,而雌株却上升 31.46%。雌株在长期的水淹过程中,细胞膜系统已经受到了损伤,而雄株却仍没受到明显损伤。

植物为适应环境变化会进行自我调节来适应环境胁迫。还原性糖含量的积累,能够降低渗透势和冰点,从而适应外界环境的变化。雄株在受到水淹胁迫后,与对照相比出现显著上升趋势,主动积累还原性糖来降低渗透势和冰点,来抵御水淹对其带来的伤害,而雌株叶片则无显著性差异,由此表明,雄株比雌株耐水淹能力更强。

5.冬季水淹对美洲黑杨雌雄植株抗氧化酶活性影响的差异

为了抵御水淹胁迫活性氧自由基的毒害作用,植物经过长期的进化与适应,形成了相应的抗氧化防御系统,例如非酶清除剂(GSH、ASA、Proline)和活性氧清除酶类(SOD、POD、CAT、APx 等)等,从而减轻水淹胁迫下活性氧积累对植物产生的伤害,有利于大豆(*Glycine mas*)、大麦(*Hordeum vulgare*)等作物在遭受水淹胁迫后存活。SOD 是超氧阴离子自由基(O_2^-)的主要清除剂,是植物体内防御自由基毒害的一种关键酶,能将超氧阴离子转化成过氧化氢和氧气,CAT 和 APx 等酶可以进一步催化过氧化氢分解成为水和氧气,POD 也可以催化过氧化氢释放氧气,以氧化某些酚类物质和胺类物质。耐淹较强的植物中 SOD 及 PDO 等酶类可以清除植物在水淹胁迫下积累的活性氧,如秋茄(*Kandelia obovate*)幼苗受到水淹胁迫8 h,叶片中的 SOD 与 POD 酶活性显著提高,幼苗的耐水淹性增强。本试验中,雄株叶片中 APx、SOD、POD 酶活性与对照相比均出现显著上升趋势,由此可见雄株积极提高抗氧化酶活性来抵御或减轻水淹对其造成的伤害。CAT 活性与对照相比,并没有发生显著性变化,也许与植物叶片体内含量本身就很少有关系;雌株叶片中的 SOD、POD 活性上升,但并没有雄株酶活性水平高,但 APx 与对照相比没有显著性变化,而 CAT 却显著下降。这表明,雌株水淹活性氧自由基的产生可能已经超出了 CAT 的清除能力,这与汪贵斌等(2009)在研究喜树(*Camptotheca acuminate*)时得出的结论一致。由此可看出,与雌株相比,雄株更能有效地在水淹胁迫条件下清除活性氧,更耐水淹。

6.冬季水淹对美洲黑杨雌雄植株活性氧代谢、电导率及谷胱甘肽影响的差异

氧气对于地球上的生命很重要,而且氧气的降低会导致 ROS 的产生,从而扰乱植物细胞代谢过程。水淹影响植物最主要的原因是植株缺氧,本试验中,H_2O_2 指标显示,水淹后,雌雄植株叶片中其含量出现显著上升趋势,但雄株上升的幅度较雌株小,雄株上升 43.88%,雌株上升 48.69%,且两者存在显著性差异。另外两个 ROS 指标,O_2^- 和 ·OH 显示在水淹胁迫

后,雄株显著下降。这说明,雄株中的抗氧化酶有效的对抗了水淹胁迫给雄株带来的伤害,起到了保护作用;而雌株 O_2^{-} 指标没有出现显著性差异,但也没有显著下降。

细胞膜具有选择性,是植物细胞内外交流的界膜,膜受损将导致膜透性增大。水淹胁迫下,电导率能反应膜的稳定性,常作为植物耐水淹指标之一(王强等 2007)。本试验中,雌雄植株在水淹胁迫 130 天后,并没有受到显著性影响,这也印证了之前的研究,美洲黑杨确实为耐水淹物种。

6.6 美洲黑杨雌雄植株对冬季水淹胁迫的差异蛋白质组学研究

蛋白质是基因表达的最终产物,从蛋白质组水平开展"植物-细胞-环境"之间关系的研究,有利于阐明环境对植物的影响以及植物对环境的响应这一复杂的基因调控网络。传统的蛋白质组学研究通常采用双向电泳技术(two-dimensional electrophoresis,2-DE)和荧光染料标记的双向电泳技术(2DE-DIGE)来分离蛋白,但基于 2-DE 方法有其明显的不足,如重复性较差、检测的蛋白数目较少、对差异点的检测不是非常敏感,定量也不精确,尤其是不能检测到疏水性蛋白和碱性蛋白。同位素标记相对和绝对定量(isobaric tags for relative and absolute quantitation,iTRAQ)技术是近年来开发的一种新的蛋白质组学定量研究技术。该技术相对于传统的 2-DE 技术,具有重复性、准确性、可靠性更好的优点,能发现更多数量和更多种类的蛋白,并可为感兴趣的目标蛋白进行绝对定量。因此,采用 iTRAQ 技术开展研究,期待能发现更多的差异蛋白,有利于挖掘出更多的与抗逆相关的功能基因,有助于阐释其分子调控网络。蛋白质组本质上指的是在大规模水平上研究蛋白质的特征,包括蛋白质的表达水平,翻译后的修饰,蛋白与蛋白相互作用等,由此获得蛋白质水平上的关于疾病发生,细胞代谢等过程的整体而全面的认识。

在水分胁迫条件下,植物通过启动体内特定基因表达,为适应水生环境,以减少或避免过多水分产生的伤害,引起形态、解剖、生理生化及代谢等方面的改变,这些植物适应水分胁迫环境的机理,与蛋白质尤其各种酶类有着密切联系。蛋白质是感应与响应非生物胁迫非常重要的一部分。当植物处于不利环境中时,高丰度植物蛋白二磷酸核酮糖羧化酶 Rubisco 蛋白作为提供氨基酸重要供给者。有研究表明,西红柿在水淹胁迫情况下,Rubisco 大亚基(RLS)降解,厌氧多肽累积。分布于叶绿素体中的 Rubisco 活化酶(RA)同样受到水淹胁迫的影响。本试验旨在通过使用 iTRAQ 技术对杨树叶片全蛋白质组进行分析,从而找出冬季水淹后性别特异性响应的蛋白,为揭示植物对水淹适应的分子机理提供依据。

6.6.1 材料与方法

1. 实验材料与实验设计

具体参见本章 6.5.1 节中 1.实验材料与实验设计。

2. iTRAQ 定量蛋白质组学实验的基本流程

如图 6-25 所示,从样品中提取蛋白,对提取后的蛋白样品进行还原烷基化处理,打开二硫键以便后续步骤充分酶解蛋白,用 Brandford 法进行蛋白的浓度测定,SDS-PAGE 检测,每个样品取等量蛋白 Trypsin 酶解,用 iTRAQ 试剂标记肽段。将标记后的肽段进行等量混合,对混合后的肽段使用强阳离子交换色谱(Strong cation exchange choematography,SCX)进行预分离,进行液相串联质谱(Liquid chromatography coupled with tandem mass spectrometry,LC-MS/MS)分析。

3. 蛋白质提取

称取适量的样品,加入适量蛋白裂解液溶解,然后分别添加终浓度为 1 mmol/L 的 PMSF,2 mmol/L 的 EDTA,5 min 后,添加终浓度 10 mmol/L 的 DTT。超声 15 min,然后 25,000 r/min 离心 20 min,取上清液。上清液加入 5 倍体积预冷丙酮,在 −20℃ 沉淀 2 h,然后 16,000 r/min 离心 20 min,弃上清液。取适量沉淀,加入适量蛋白裂解液溶解,然后分别添加终浓度为 1 mmol/L 的 PMSF,2 mmol/L 的 EDTA,5 min 后,添加终浓度 10 mmol/L 的 DTT。超声 15 min,然后 25,000 r/min 离心 20 min,取上清液。上清液在 56℃ 条件下加入终浓度 10 mmol/L 的 DTT 处理 1 h,还原打开二硫键。再加入终浓度 55 mmol/L 的 IAM 暗室静置 45 min,进行半胱氨酸的烷基化封闭。加入适量冷丙酮,在 −20℃ 静置 2 h。25,000 r/min 离心 20 min,弃上清液。沉淀在 200 μl 0.5 mol/L 的 TEAB 中超声溶解 15 min。25,000 r/min 离心 20 min 后取上清液用于定量。

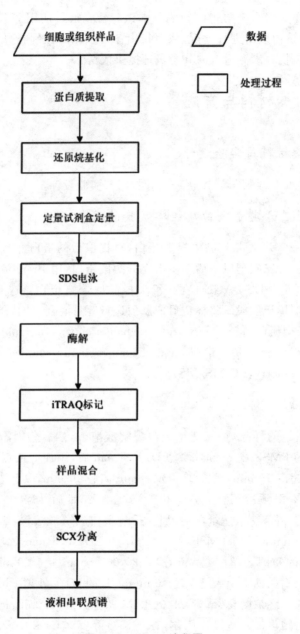

图 6-25　iTRAQ 流程图

4.蛋白质浓度定量

准备 BSA 标准品的标准曲线,将样品稀释一定倍数至测量范围内,每个样品各取 20 μl 至管中。向每管添加 180 μl protein assay reagent,混合,室温培养 10 min。用酶标仪测量 595 nm 下的吸光度,读出每个样品的吸收率。依据标准曲线计算出样品浓度。

5. SDS 电泳

配置 12% 的 SDS 聚丙烯酰胺凝胶。每个样品分别与 4×loading buffer 混合,95℃ 加热 5 min。每个样品上样量为 30 μg,Marker 上样量为 10μg。120 V 恒压电泳 120 min。电泳结束后,用染液染色 2 h,再用脱色液脱色 3~5 次,每次 30 min。

6. 蛋白质酶解

每个样品精确取出 100 μg 蛋白,按蛋白:酶=20:1 的比例加入 Trypsin,37℃ 酶解 4 h,按上述比例再补加 Trypsin 一次,37℃ 继续酶解 8 h。

7. iTRAQ 标记

胰蛋白酶消化后,用真空离心泵抽干肽段,用 0.5 mol/L TEAB 复溶肽段,按照手册进行 iTRAQ 标记,每一组肽段被不同的 iTRAQ 标签标记,室温培养 2 h,将标记后的各组肽段混合,用 SCX 柱进行液相分离。

8. SCX 分离

采用岛津 LC-20AB 液相系统、分离柱为 4.6×250 mm 型号的 UltremexSCX 柱对样品进行液相分离。将标记后抽干的混合肽段用 4 ml buffer A (25 mmol/L NaH_2PO_4 in 25% ACN_2,pH2.7)复溶。进柱后以 1 mL/min 的速率进行梯度洗脱:先在 5% buffer B(25 mmol/L NaH_2PO_4,1 mol/L KCl in 25% CAN,pH 2.7)中洗脱 7 min,紧跟着一个 20 min 的直线梯度使 buffer B 由 5% 上升至 60%,最后在 2 min 内使 buffer B 的比例上升至 100% 并保持 1 min,然后恢复到 5% 平衡 10 min。整个洗脱过程在 214 nm 吸光度下进行监测,经过筛选得到 12 个组分。每个组分分别用 StrataX 除盐柱除盐,然后冷冻抽干。

9. 基于 Triple TOF 5600 的 LC-ESI-MSMS 分析

将抽干的每个组分分别用 buffer A (5% ACN,0.1%FA)复溶至约 0.5 μg/μl 的浓度,20,000 g 离心 10 min,除去不溶物质。每个组分上样 5 μl(约 2.5 μg 蛋白),通过岛津公司 LC-20AD 型号的纳升液相色谱仪进行分离。所用的柱子柱包括 Trap 柱和分析柱两部分。分离程序如下:先以 8 μl/min 的流速在 4 min 内将样品 loading 到 Trap 柱上,紧接着一个总流速为 300 nl/min 的分析梯度将样品带入分析柱,分离并传输至质谱系统。先在 5%buffer B(95%ACN,0.1%FA)下洗脱 5 min,跟着一个 35 min 的线性梯度使 buffer B 的比例由 5%上升至 35%,在接下来的 5 min 内提高到 60%,然后在 2 min 内 buffer B 增加到 80%并保持 2 min,最后在 1 min内恢复至 5%并在此条件下平衡 10 min。使用的机器为 TripleTOF 5600(AB SCIEX, Concord, ON),离子源为 Nanospray IIIsource(AB SCIEX, Concord, ON),放射器为石英材料拉制的喷针(New Objectives, Woburn,MA)。数据采集时,机器的参数设置如下:离子源喷雾电压 2.5 kV,氮气压力为 30 psi(14.5 psi≈1 bar),喷雾气压 15 psi,喷雾接口处温度 150℃;扫描模式为反射模式,分辨率≥30,000;在一级质谱中积累 250 ms 并且只扫描电荷为 2+~5+的离子;挑选其中强度超过 120 cps 的前 30 个进行扫描,3.3 s 为一个循环;第二个四极杆(Q2)的传输窗口设置为 100 Da 处效率为 100%;脉冲射频电的频率为 11 kHz;检测器的检测频率为 40 GHz;每次扫描的粒子信号以四个通道分别记录共四次后合并转化成数据;对于 iTRAQ 类项目,离子碎裂的能量设置为 35±5 eV;母离子动态排除设置为:在一半的出峰时间内(约 15 s),相同母离子的碎裂不超过 2 次。

10.数据统计及分析

蛋白功能分类使用的是 GOEAST 软件(Zheng et al 2008),网站地址为 http://omicslab. genetics. ac. cn/GOEAST/php/customized_microarray. php。以鉴定出来的所有 5,776 个蛋白为 annotation 背景,对不同雌雄株或水淹处理后差异表达的蛋白(倍数变体为 1.5 倍,p-value 为 0.05)进行 GO term 富集性分析。具体分析的参数如图 6-26 所示。

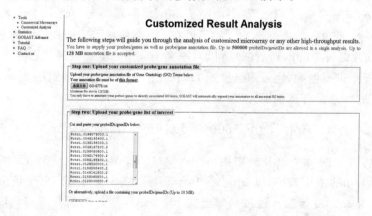

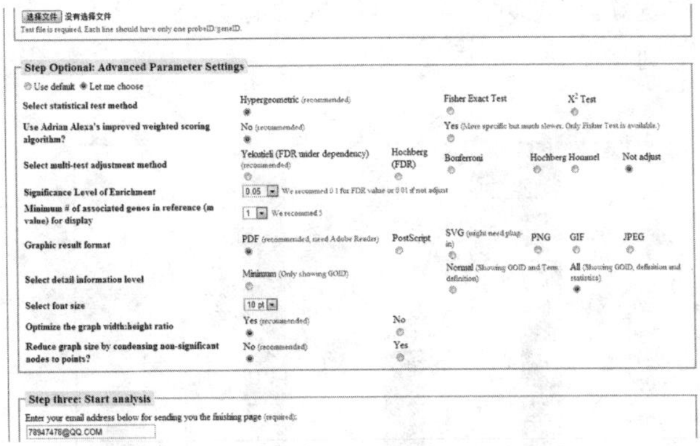

图 6-26　GOEAST 软件分析参数

6.6.2　结果与分析

1. 四个组合的差异蛋白统计

利用 iTRAQ 方法,我们对杨树雌雄株在水淹和对照条件下蛋白质组的变化进行了分析,共鉴定出 5,776 个蛋白。其中在至少一种比较里差异表达的蛋白(倍数变化至少为 1.5 倍,P-value 为 0.05)有 757 个。通过样品间两两比较,统计得到差异蛋白如图 6-27 所示。在水淹情况下,雌株与对照相比,69 个蛋白上调,191 个蛋白下调;雄株与对照相比,57 个蛋白上调,114 个蛋白下调;水淹情况下,雄株与雌株相比较,111 个蛋白上调,187 个蛋白下调;对照中的雌株与雄株相比较,117 个蛋白上调,87 个蛋白下调。

结果显示,各个处理组合差异蛋白数量最多的是 MW vs. FW,共 298 个差异蛋白;其次分别为 FW vs. FCK 和 MCK vs. FCK,而 MW vs. MCK 的差异蛋白数量最少。FCK 表示雌株对照,MCK 表示雄株对照,MW 表示雄株水淹,FW 表示雌株水淹。

2. 受不同组合共同调控的蛋白统计

如图 6-28 所示,对不同组合共同调控的蛋白数量进行分析结果表明,在表达量上调的蛋白里,其中有 25 个蛋白只在 FW vs. FCK 以及 MW vs. FW 的比较里受到共同调控。这些蛋白是在水淹条件下,雄株中表达量比雌株高,而且在雌株中受到水淹诱导。表明其有可能与雄株较强的抗水淹能力有关。另外有 10 个蛋白在 MW vs. MCK 和 MCK vs. FCK 比较里明显上调。这些蛋白是雄株中本底表达水平高于雌株,同时在雄株中受到水淹胁迫的诱导,因此可能与雄株的抗性有关。另外有 6 个蛋白是在雌雄株当中都受到水淹胁迫的诱导。

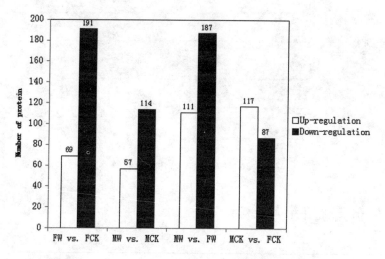

图 6-27　差异蛋白数量统计(□,上调蛋白;■下调蛋白)

在下调的蛋白里,在 4 种比较中,有 7 个蛋白受到了共同调控。另外有 80 个蛋白只在 FW vs. FC 以及 MW vs. FW 的比较里受到共同调控。有 24 个蛋白在 MW vs. MCK 和 MCK vs. FCK 比较里明显下调,这些蛋白可能与雄株的抗水淹相关。而在雌雄株中受到水淹共同诱导的蛋白数量为 37 个。

其中 25 个只在 FW vs. FCK 以及 MW vs. FW 的比较里受到共同调控及 80 个只在 FW vs. FCK 以及 MW vs. FW 的比较里受到共同调控的蛋白具体列表可参见表 6-6。

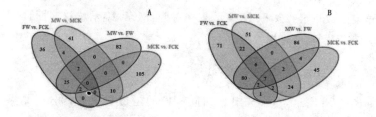

图 6-28　受多个比较组合共同调控的蛋白。A 图表示上调蛋白,B 图表示下调蛋白

表 6-6　特异性调控雌雄植株的 105 个蛋白

（FCK 表示雌株对照,MCK 表示雄株对照,MW 表示雄株水淹,FW 表示雌株水淹）

NO.	Accession	FW vs. FCK	MW vs. MCK	MW vs. FW	MCK vs. FCK	Uniprot_Swissprot Description
1	Potri. 004G224400. 1	2. 17	1. 23	1. 55	−1. 22	Heat shock-related protein
2	Potri. 003G113500. 1	1. 81	−1. 02	1. 55	−1. 08	Elongation factor
3	Potri. 005G098100. 1	2. 19	1. 24	1. 79	1. 06	Elongation factor
4	Potri. 017G078200. 1	1. 74	−1. 60	1. 54	−2. 23	Mitochondrial outer membrane protein
5	Potri. 009G041800. 1	1. 67	1. 12	1. 64	1. 14	Alpha-glucan phosphorylase
6	Potri. 013G011000. 2	1. 60	1. 13	1. 64	1. 23	40 S ribosomal protein
7	Potri. 005G146800. 1	1. 74	−1. 20	1. 76	−1. 35	membrane protein
8	Potri. 010G033500. 1	2. 20	−1. 67	1. 66	−1. 95	membrane protein
9	Potri. 002G221400. 1	2. 87	−1. 81	3. 08	−1. 86	Chlorophyll a-b binding protein
10	Potri. 008G122200. 1	1. 52	1. 10	1. 63	1. 17	Glutamine-tRNA ligase
11	Potri. 013G154300. 1	1. 67	1. 22	1. 78	1. 31	Protein TIC110, chloroplastic
12	Potri. 008G042400. 1	1. 52	−1. 28	1. 68	−1. 05	——
13	Potri. 008G048800. 1	1. 79	1. 18	1. 58	1. 03	60 S ribosomal protein
14	Potri. 014G181000. 1	1. 79	−1. 20	1. 57	−1. 30	Outer envelope pore protein
15	Potri. 018G039800. 1	1. 71	1. 11	1. 75	1. 05	ER membrane protein
16	Potri. 012G027700. 1	1. 91	−1. 14	1. 53	−1. 61	30 S ribosomal protein
17	Potri. 017G054600. 1	2. 78	1. 49	1. 86	1. 21	60 S ribosomal protein

续表

NO.	Accession	FW vs. FCK	MW vs. MCK	MW vs. FW	MCK vs. FCK	Uniprot_Swissprot Description
18	Potri. 015G047500. 1	2. 07	1. 14	2. 26	1. 19	Putative protease
19	Potri. 002G013900. 1	1. 51	1. 21	1. 82	1. 35	Prolyl endopeptidase
20	Potri. 013G136900. 1	2. 57	−1. 80	3. 75	−1. 39	Photosystem II reaction center protein
21	Potri. 009G121400. 2	1. 57	1. 39	1. 73	1. 48	——
22	Potri. 006G092800. 1	2. 11	1. 18	1. 89	1. 07	AP-1 complex subunit
23	Potri. 008G216500. 1	1. 92	1. 30	1. 91	1. 41	Carbamoyl-phosphate synthase large chain
24	Potri. 001G364100. 3	1. 88	−1. 15	1. 54	−1. 31	30 S ribosomal protein
25	Potri. 004G192200. 1	2. 04	−1. 32	1. 83	−1. 37	30 S ribosomal protein
26	Potri. 019G118500. 1	−2. 01	−2. 77	−1. 70	−2. 12	Cytochrome b6-f complex iron-sulfur subunit
27	Potri. 016G127300. 1	−1. 95	−1. 74	−1. 80	−1. 68	Macrophage migration inhibitory factor
28	Potri. 015G100700. 1	−2. 91	−1. 70	−2. 39	−1. 20	Protein DEK
29	Potri. 016G023700. 1	−1. 54	−1. 67	−1. 53	−1. 75	14 kDa zinc-binding protein
30	Potri. 002G016000. 1	−2. 17	−1. 60	−1. 74	−1. 32	Plastocyanin B, chloroplastic
31	Potri. 012G024600. 4	−1. 50	−1. 54	−1. 50	−1. 28	——
32	Potri. 013G064400. 2	−2. 19	−1. 52	−2. 03	−1. 43	Ubiquitin-conjugating enzyme
33	Potri. 010G158900. 1	−1. 68	−1. 52	−1. 88	−1. 45	Glucan endo-1

续表

NO.	Accession	FW vs. FCK	MW vs. MCK	MW vs. FW	MCK vs. FCK	Uniprot_Swissprot Description
34	Potri. 018G129700. 2	−1. 97	−1. 43	−1. 51	−1. 22	Methyl-CpG-binding domain-containing protein
35	Potri. 015G007600. 1	−3. 55	−1. 43	−2. 45	1. 02	Cytochrome
36	Potri. 001G330200. 1	−1. 73	−1. 38	−1. 54	−1. 36	Mitochondrial import receptor
37	Potri. 005G162100. 1	−1. 83	−1. 37	−1. 71	−1. 30	Cytochrome c oxidase subunit
38	Potri. 018G133400. 1	−1. 62	−1. 34	−1. 92	−1. 28	Glutaredoxin-C4
39	Potri. 018G009100. 1	−2. 62	−1. 33	−2. 15	−1. 01	Serine/arginine-rich splicing factor
40	Potri. 013G092600. 1	−1. 68	−1. 33	−1. 62	−1. 25	Superoxide dismutase
41	Potri. 002G104600. 1	−1. 71	−1. 32	−1. 68	−1. 11	Protein aspartic protease in guard cell
42	Potri. 016G126800. 1	−1. 59	−1. 28	−1. 64	−1. 19	Macrophage migration inhibitory factor
43	Potri. 006G047500. 1	−3. 97	−1. 27	−3. 38	−1. 07	Bifunctional monodehydroascorbate reductase
44	Potri. 002G246600. 1	−1. 69	−1. 26	−1. 59	−1. 00	Nuclear transport
45	Potri. 014G049300. 1	−1. 62	−1. 25	−1. 59	−1. 16	
46	Potri. 013G031300. 1	−1. 65	−1. 24	−1. 99	−1. 23	Acyl carrier protein
47	Potri. 001G117900. 1	−1. 59	−1. 21	−1. 63	−1. 16	Probable calcium-binding protein
48	Potri. 003G115000. 1	−1. 80	−1. 20	−1. 57	−1. 18	Probable calcium-binding protein
49	Potri. 007G070700. 9	−1. 56	−1. 20	−1. 75	−1. 34	Probable splicing factor

续表

NO.	Accession	FW vs. FCK	MW vs. MCK	MW vs. FW	MCK vs. FCK	Uniprot_Swissprot Description
50	Potri. 006G027000. 1	−1. 75	−1. 18	−1. 69	−1. 26	Family of serine hydrolases
51	Potri. 009G132000. 1	−2. 05	−1. 18	−1. 75	1. 26	Glycine-rich protein
52	Potri. 006G136500. 1	−1. 85	−1. 17	−1. 57	−1. 02	Eukaryotic translation initiation factor
53	Potri. 017G087200. 8	−1. 77	−1. 15	−1. 61	−1. 19	Uncharacterized protein
54	Potri. 017G126300. 1	−1. 51	−1. 13	−1. 63	1. 07	Putative fructokinase-5
55	Potri. 004G172600. 1	−1. 92	−1. 13	−1. 72	1. 08	Glycine-rich protein
56	Potri. 010G245400. 1	−1. 88	−1. 12	−2. 13	−1. 26	40 S ribosomal protein
57	Potri. 010G096000. 1	−1. 96	−1. 12	−1. 71	1. 14	MLP-like protein
58	Potri. 019G133200. 1	−1. 73	−1. 11	−1. 90	−1. 06	Bis(5′-adenosyl) -triphosphatase
59	Potri. 003G103700. 1	−1. 90	−1. 11	−1. 76	−1. 24	Acyl-CoA- binding protein
60	Potri. 006G215200. 1	−1. 84	−1. 11	−1. 53	1. 09	Serine/arginine-rich splicing factor
61	Potri. 001G367400. 1	−2. 28	−1. 10	−1. 57	1. 32	Protein DEK
62	Potri. 001G109500. 1	−1. 57	−1. 09	−1. 63	−1. 12	——
63	Potri. 013G092700. 2	−1. 53	−1. 09	−1. 55	−1. 20	Macro domain-containing protein
64	Potri. 018G055300. 1	−1. 66	−1. 09	−1. 52	−1. 01	Far upstream element- binding protein
65	Potri. 001G137900. 1	−1. 97	−1. 08	−1. 77	1. 31	Plastid lipid-associated protein

续表

NO.	Accession	FW vs. FCK	MW vs. MCK	MW vs. FW	MCK vs. FCK	Uniprot_Swissprot Description
66	Potri. 012G041000. 1	−2.98	−1.08	−2.03	1.46	Calmodulin OS＝Solanum lycopersicum
67	Potri. 005G052000. 1	−1.53	−1.07	−1.61	−1.13	Probable ribose-5-phosphate isomerase
68	Potri. 002G068800. 1	−1.62	−1.07	−1.61	−1.02	U6 snRNA-associated Sm-like protein
69	Potri. 008G189900. 1	−2.10	−1.07	−1.92	−1.21	Uncharacterized protein
70	Potri. 008G212300. 1	−1.61	−1.06	−1.81	1.06	Major allergen Mal
71	Potri. 014G130700. 1	−1.53	−1.05	−1.75	−1.02	Probable U6 snRNA-associated Sm-like protein
72	Potri. 001G247700. 1	−1.61	−1.05	−1.59	1.05	Proliferating cell nuclear antigen
73	Potri. 001G222200. 3	−2.41	−1.04	−2.28	1.09	Calmodulin OS＝Helianthus annuus
74	Potri. 002G219200. 4	−1.75	−1.03	−1.57	1.05	Eukaryotic translation initiation factor
75	Potri. 001G072100. 1	−1.68	−1.03	−1.75	1.17	U2 small nuclear ribonucleoprotein
76	Potri. 013G039500. 2	−1.85	1.00	−1.71	1.01	PITH domain-containing protein
77	Potri. 006G142600. 1	−1.74	1.01	−1.55	1.05	Auxin-binding protein ABP20
78	Potri. 006G067700. 3	−2.02	1.03	−1.83	1.07	Methyl-CpG-binding domain-containing protein
79	Potri. 005G240200. 1	−1.76	1.03	−1.51	1.05	Peptidyl-prolyl cis-trans isomerase

NO.	Accession	FW vs. FCK	MW vs. MCK	MW vs. FW	MCK vs. FCK	Uniprot_Swissprot Description
80	Potri. 001G038000. 1	−1.74	1.03	−1.63	1.02	Putative DNA repair protein
81	Potri. 015G096300. 1	−1.71	1.03	−1.56	1.19	Ubiquitin-like modifier-activating
82	Potri. 001G216500. 2	−2.08	1.07	−2.02	1.14	R3H and coiled-coil domain-containing protein
83	Potri. 006G121300. 1	−1.94	1.09	−1.89	1.01	Splicing factor 3A subunit
84	Potri. 001G047100. 1	−1.70	1.10	−1.58	1.46	Golgi SNAP receptor complex member
85	Potri. 007G120500. 1	−2.28	1.10	−1.99	1.21	Cysteine-rich repeat secretory protein
86	Potri. 010G084800. 1	−1.64	1.11	−2.02	−1.02	Proteasome subunit beta type-2-A
87	Potri. 002G186500. 1	−1.82	1.14	−1.59	1.14	Endochitinase
88	Potri. 004G196500. 3	−1.72	1.15	−1.56	1.15	60 S ribosomal protein
89	Potri. 002G223100. 1	−3.05	1.16	−3.12	1.14	——
90	Potri. 001G263900. 1	−1.58	1.17	−2.00	1.39	——
91	Potri. 001G236700. 1	−1.71	1.18	−2.01	1.01	Actin-depolymerizing factor
92	Potri. 009G032600. 1	−1.92	1.20	−1.69	1.31	60 S acidic ribosomal protein
93	Potri. 007G013400. 1	−1.57	1.20	−1.90	1.01	Peptidyl-prolyl cis-trans isomerase Pin1
94	Potri. 007G107300. 2	−2.15	1.22	−1.86	1.36	Probable pectinesterase/pectinesterase inhibitor

NO.	Accession	FW vs. FCK	MW vs. MCK	MW vs. FW	MCK vs. FCK	Uniprot_Swissprot Description
95	Potri.008G135400.1	−1.75	1.23	−1.78	1.23	—
96	Potri.004G219000.1	−1.66	1.24	−1.58	1.46	U6 snRNA-associated Sm-like protein
97	Potri.009G056900.1	−1.87	1.24	−1.76	1.15	40 S ribosomal protein
98	Potri.009G141800.1	−1.50	1.24	−1.54	1.14	Acidic endochitinase
99	Potri.006G243700.1	−1.64	1.26	−1.76	1.18	BURP domain-containing protein
100	Potri.011G060800.1	−1.99	1.35	−2.19	1.53	28 kDa heat- and acid-stable phosphoprotein
101	Potri.010G013400.1	−1.50	1.40	−1.83	1.05	Translationally-controlled tumor protein
102	Potri.011G139500.1	−1.62	1.45	−1.58	1.73	Ubiquitin thioesterase
103	Potri.010G208500.1	−1.82	1.46	−1.74	1.46	Actin-depolymerizing factor
104	Potri.007G113100.1	−1.57	1.52	−2.20	1.01	Peptidyl-prolyl cis-trans isomerase
105	Potri.004G142900.1	−1.64	1.54	−2.23	1.14	Probable carboxylesterase

3. GO term 富集分析

以 5,776 个蛋白信息作为背景,对各个组合中差异蛋白进行富集分析,结果如表 6-7 所示,比值大于 1 表示发生了富集,数字的大小表示富集程度,大于 1 小于 2 用黄色表示,大于 2 小于 3 用紫色表示,大于 3 用红色表示。

FW vs. FCK 组合中主要富集在 amino-acid betaine metabolic process、cell-substrate adhesion、response to microbial phytotoxin、inflammatory response 等代谢过程，log2 比值大于 3；aminoglycan metabolic process、response to mechanical stimulus 及 amino sugar metabolic process 代谢过程，log2 比值大于 2 小于 3；chemical homeostasis、homeostatic process、cellular homeostasis、response to bacterium 及 electron transport chain，其 log2 比值大于 1 小于 2。

MW vs. MCK 组合中主要富集在 inflammatory response 代谢过程，log2 比值大于 3；除 FW vs. FCK 组合小于 2 的 log2 富集途径，此组合还富集在 programmed cell death、one-carbon metabolic process、cell death、aging、photosynthesis 等代谢过程，log2 比值大于 2 小于 3；

MW vs. FW 组合中主要富集在 inflammatory response、response to mechanical stimulus、detection of abiotic stimulus、regulation of response to red or far red light 代谢过程，log2 比值大于 2 小于 3；regulation of transport、regulation of localization、superoxide metabolic process、response to nematode 及 multi-organism reproductive process 代谢过程，其 log2 比值大于 1 小于 2。

MCK vs. FCK 组合中主要富集在 inflammatory response 代谢过程，log2 比值大于 3；chemotaxis、taxis、ether metabolic process、regulation of stomatal movement 代谢过程，log2 比值大于 2 小于 3；homeostatic process、cellular homeostasis、electron transport chain、aging、photosynthesis、regulation of transport、photosynthesis、light reaction、regulation of localization、pattern specification process 代谢过程，其 log2 比值大于 1 小于 2。

其中，四个组合中共同富集在 inflammatory response 代谢过程。

表 6-7　GO term 富集分析

GO ID	Term	FW vs. FCK		MW vs. MCK		MW vs. FW		MCK vs. FCK	
		log2 ratio	P-value	log2 ratio	P-value	log2 ratio	P-value	log2 ratio	P-value
GO:0006577	amino-acid betaine metabolic process	4.47	0.0450	/	/	/	/	/	/
GO:0031589	cell-substrate adhesion	4.47	0.0450	/	/	/	/	/	/
GO:0010188	response to microbial phytotoxin	3.89	0.0059	/	/	/	/	/	/

续表

GO ID	Term	FW vs. FCK		MW vs. MCK		MW vs. FW		MCK vs. FCK	
		log2 ratio	P-value	log2 ratio	P-value	log2 ratio	P-value	log2 ratio	P-value
GO:0006954	inflammatory response	3.15	0.0184	3.76	0.0082	2.95	0.0239	3.50	0.0116
GO:0006022	aminoglycan metabolic process	2.74	0.0085	/	/	/	/	/	/
GO:0009612	response to mechanical stimulus	2.67	0.0365	/	/	2.47	0.0469	/	/
GO:0006040	amino sugar metabolic process	2.25	0.0227	/	/	/	/	/	/
GO:0009582	detection of abiotic stimulus	/	/	/	/	2.95	0.0239	/	/
GO:2000030	regulation of response to red or far red light	/	/	/	/	2.69	0.0091	/	/
GO:0006935	chemotaxis	/	/	/	/	/	/	2.82	0.0302
GO:0042330	taxis	/	/	/	/	/	/	2.82	0.0302
GO:0018904	ether metabolic process	/	/	/	/	/	/	2.60	0.0004
GO:0010119	regulation of stomatal movement	/	/	/	/	/	/	2.24	0.0036
GO:0048878	chemical homeostasis	1.47	0.0011	1.49	0.0073	/	/	/	/
GO:0042592	homeostatic process	1.18	0.0009	1.08	0.0149	/	/	1.06	0.0090
GO:0019725	cellular homeostasis	1.13	0.0062	1.36	0.0055	/	/	1.36	0.0023

GO ID	Term	FW vs. FCK		MW vs. MCK		MW vs. FW		MCK vs. FCK	
		log2 ratio	P-value	log2 ratio	P-value	log2 ratio	P-value	log2 ratio	P-value
GO:0009617	response to bacterium	1.10	0.0004	1.27	0.0006	0.91	0.0025	0.84	0.0206
GO:0022900	electron transport chain	1.04	0.0229	1.49	0.0045	/	/	1.65	0.0004
GO:0012501	programmed cell death	/	/	1.96	0.0402	/	/	/	/
GO:0006730	one-carbon metabolic process	/	/	1.86	0.0486	/	/	/	/
GO:0008219	cell death	/	/	1.79	0.0272	/	/	/	/
GO:0016265	death	/	/	1.79	0.0272	/	/	/	/
GO:0007568	aging	/	/	1.79	0.0143	/	/	1.53	0.0283
GO:0015979	photosynthesis	0.74	0.0098	1.68	0.0000	/	/	1.27	0.0000
GO:0051049	regulation of transport	/	/	1.56	0.0091	1.41	0.0025	1.50	0.0069
GO:0019684	photosynthesis, light reaction	/	/	1.54	0.0000			1.29	0.0003
GO:0032879	regulation of localization	/	/	1.54	0.0060	1.32	0.0028	1.28	0.0164
GO:0044272	sulfur compound biosynthetic process	/	/	1.41	0.0001	/	/	/	/
GO:0006790	sulfur compound metabolic process	/	/	1.36	0.0000	/	/	/	/

续表

GO ID	Term	FW vs. FCK		MW vs. MCK		MW vs. FW		MCK vs. FCK	
		log2 ratio	P-value	log2 ratio	P-value	log2 ratio	P-value	log2 ratio	P-value
GO:0007389	pattern specification process	/	/	1.34	0.0305	/	/	1.31	0.0222
GO:0009611	response to wounding	/	/	1.32	0.0143	0.98	0.0228	/	/
GO:0006091	generation of precursor metabolites and energy	0.56	0.0178	1.16	0.0000	/	/	0.95	0.0002
GO:0006801	superoxide metabolic process	/	/	/	/	1.86	0.0462	/	/
GO:0009624	response to nematode	/	/	/	/	1.58	0.0423	/	/
GO:0044703	multi-organism reproductive process	/	/	/	/	1.00	0.0344	/	/

6.6.3　讨论

iTRAQ 技术近年来被广泛应用,为揭示美洲黑杨雌雄植株在冬季水淹条件下蛋白表达量及代谢途径调控机制的不同,本文采用 iTRAQ 技术分析美洲黑杨雌雄之间对水淹的差异响应。从维恩图中可以看出,上调蛋白中,有 25 个雌株特异性蛋白在水淹情况下出现了上调,而雄株水淹与雌株水淹相比,其表达量显著高于雌株,但非雄株特异性表达;下调蛋白中,同样有 80 个蛋白在雌株水淹情况下特异性下调,而雄株水淹与雌株水淹相比,其表达量显著低于雌株,但也非雄株特异性表达,因此这 105 个蛋白是非常值得关注的。

根据 COG 功能分析的结果,105 个蛋白中,有 12.4% 参与了 Translation, ribosomal structure and biogenesis 途径;9.5% 参与了 Posttranslational modification,protein turnover,chaperones 途径,4.8%参与了 Transcription 途径;3.8%参与了 Signal transduction mechanisms,Cytoskeleton,Cell cycle control,Cell division、Chromosome partitioning,General function prediction only 途径;3.8%参与了 Carbohydrate transport and metabolism 途径,其余蛋白参与了 RNA processing and modification,Intracellular trafficking,Secretion and vesicular transport 等途径。

参考文献

[1]陈芳清,李永,郄光武等. 水蓼对水淹胁迫的耐受能力和形态学响应[J]. 武汉植物学研究,2008,26(2):142—146.

[2]雷波,王业春,由永飞等. 三峡水库不同间距高程消落带草本植物群落物种多样性与结构特征[J]. 湖泊科学,2014,26(4):600—606.

[3]李铭怡,刘刚,肖海等. 香根草光合特性对水淹-干旱交替胁迫的响应[J]. 水土保持通报,2014,34(2):48—52.

[4]李彦杰,刘仁华,杨俊年等. 水淹胁迫下三峡库区野生狗牙根根系酶活性变化[J]. 水土保持研究,2014,21(3):288—292.

[5]李兆佳,熊高明,邓龙强等. 狗牙根与牛鞭草在三峡库区消落带水淹结束后的抗氧化酶活力[J]. 生态学报,2013,33(11):3362—3369.

[6]刘明智,牛汉刚,林锋等. 长江江津段消落区维管植物空间分布及其稳定性影响因素探讨[J]. 西南大学学报(自然科学版),2014,(11):99—105.

[7]刘维暐,王杰,王勇等. 三峡水库消落区不同海拔高度的植物群落多样性差异[J]. 生态学报,2012,32(17):5454—5466.

[8]卢志军,李连发,黄汉东等. 三峡水库蓄水对消涨带植被的初步影响[J]. 武汉植物学研究,2010,28(3):303—314.

[9]齐代华,贺丽,周旭等. 三峡水库消落带植物物种组成及群落物种多样性研究[J]. 草地学报,2014,22(5):966—970.

[10]秦洪文,刘云峰,刘正学等. 三峡水库消落区模拟水淹对 2 种木本植物秋华柳 Salix variegata 和地果 Ficus tikoua 生长的影响[J]. 西南师范大学学报(自然科学版),2012,37(10):77—81.

[11]秦洪文,刘云峰,刘正学等. 三峡水库消落区模拟水淹对 4 种草本植物生长的影响[J]. 生物学杂志,2012,29(5):52—55.

[12]秦洪文,刘正学,钟彦等. 三峡库区岸生植物枸杞对短期水淹的

恢复响应[J]. 福建林学院学报，2013，33(1)：43—47.

[13]申建红，曾波，类淑桐等. 三峡水库消落区 4 种一年生植物种子的水淹耐受性及水淹对其种子萌发的影响[J]. 植物生态学报，2011，35(3)：237—246.

[14]苏晓磊，曾波，乔普等. 冬季水淹对秋华柳的开花物候及繁殖分配的影响[J]. 生态学报，2010，30(10)：2585—2592.

[15]谭淑端，张守君，张克荣等. 长期深淹对三峡库区三种草本植物的恢复生长及光合特性的影响[J]. 武汉植物学研究，2009，27(4)：391—396.

[16]谭淑端，朱明勇，党海山等. 三峡库区狗牙根对深淹胁迫的生理响应[J]. 生态学报，2009，29(7)：3685—3691.

[17]王强，刘红，张跃伟等. 三峡水库蓄水后典型消落带植物群落时空动态-以开县白夹溪为例[J]. 重庆师范大学学报(自然科学版)，2012，29(3)：66—69，163—167.

[18]王欣，高贤明. 模拟水淹对三峡库区常见一年生草本植物种子萌发的影响[J]. 植物生态学报，2010，34(12)：1404—1413.

[19]王勇，刘义飞，刘松柏等. 三峡库区消涨带特有濒危植物丰都车前 *Plantago fengdouensis* 的迁地保护[J]. 武汉植物学研究，2006，24(6)：574—578.

[20]杨予静，李昌晓，张晔等. 水淹-干旱交替胁迫对湿地松幼苗盆栽土壤营养元素含量的影响[J]. 林业科学，2013，49(2)：61—71.

[21]姚洁，曾波，杜珲等. 三峡水库长期水淹条件下耐淹植物甜根子草的资源分配特征[J].生态学报，2015，35(22)：7347—7354.

[22]袁庆叶，谢宗强，杨林森等. 水淹条件下三峡水库消落带常见草本植物的分解[J]. 应用生态学报，2014，25(8)：2229—2237.

[23]袁慎鸿，曾波，苏晓磊等. 水位节律差异对三峡水库消落区不同物候类型 1 年生植物物种构成的影响[J]. 生态学报，2014，34(22)：6481—6488.

[24]袁兴中，刘红，王建修等. 三峡水库消落带湿地碳排放生态调控的科学思考[J]. 重庆师范大学学报(自然科学版)，2010，27(2)：23—25.

[25]袁兴中，熊森，李波等. 三峡水库消落带湿地生态友好型利用探讨[J]. 重庆师范大学学报(自然科学版)，2011，28(4)：23—25.

[26]张晔，李昌晓. 水淹与干旱交替胁迫对湿地松幼苗光合与生长的影响[J]. 林业科学，2011，47(12)：158—164.

[27]张志永，程丽，李春辉等. 三峡水库淹没水深对消落带植物牛鞭草和狗牙根生长及抗氧化酶活性的影响[J]. 水生态学杂志，2016，37(3)：49—55.

[28]钟荣华，贺秀斌，鲍玉海等. 三峡水库消落带几种草本植物根系的垂直分布特征[J]. 水土保持通报，2015，35(6)：235—240.

[29]钟彦，刘正学，秦洪文等. 冬季淹水对柳树生长及恢复生长的影响[J]. 南方农业学报，2013，44(2)：275—279.

[30]Abbasi F. M. , Komatsu S. A proteomic approach to analyze salt responsive proteins in rice leaf sheath[J]. Proteomics, 2004, 4：2072—2081.

[31]Adak M. K. , Ghosh N. , Dasgupta D. K. , Gupta S. Impeded carbohydrate metabolism in rice plants under submergence stress[J]. Rice Science, 2011, 18：116—126.

[32]Aebi H. Catalase in vitro[J]. Methods Enzymol, 1984, 105：121—126.

[33]Aede Hoon M. J. L. , Imoto S. , Nolan J. , Miyano S. Open Source Clustering Software[J]. Bioinformatics, 2004, 20：1453—1454.

[34]Ahmed S. , Nawata E. , Hosokawa M. , Domae Y. , Sakuratani T. Alterations in photosynthesis and some antioxidant enzymatic activities of mungbean subjected to waterlogging[J]. Plant Science, 2002, 163：117—123.

[35]Alhdad G. M. , Seal C. E. , Al-Azzawi M. J. Flowers T. J. The effect of combined salinity and waterlogging on the halophyte *Suaeda maritima*：The role of antioxidants[J]. Environmental and Experimental Botany, 2013, 87：120—125.

[36]Allen G. A. , Antos J. A. Relative reproductive effort in males and females of the dioecious shrub *Oemleria cerasiformis*[J]. Oecologia, 1988, 76：111—118.

[37]Alscher R. G. , Erturk N. , Heath L. S. Role of superoxide dismutases（SODs）in controlling oxidative stress in plants[J]. Journal of Experimental Botany, 2002, 53：1331—1341.

[38]Andrews D. M. , Barton C. D. , Czapka S. J. , Kolka R. K. , Sweeney B. W. Influence of tree shelters on seedling success in an afforested riparian zone[J]. New Forest, 2010, 39：157 - 167.

[39]Arbona V. , Hossain Z. , Lopez-Climent M. F. , Perez-Clemente R. M. , Gomez-Cadenas A. Antioxidant enzymatic activity is linked to waterlogging stress tolerance in citrus[J]. Physiologia Plantarum, 2008, 132：452—466.

[40]Atamna H. , Boyle K. Amyloid-{beta} peptide binds with heme to form a peroxidase：Relationship to the cytopathologies of Alzheimer's

disease[J]. Proceedings of the National Academy of Sciences of the United States of America, 2006, 103: 3381—3386.

[41]Bailey-Serres J., Voesenek L. A. C. J. Life in the balance: a signaling network controlling survival of flooding[J]. Current Opinion in Plant Biology, 2010, 13: 489—494.

[42]Balmer Y., Koller A., Del Val G., Manieri W., Schürmann P., Buchanan B. B. Proteomics gives insight into the regulatory function of chloroplast thioredoxins[J]. Proceedings of the National Academy of Sciences of the United States of America, 2003, 100: 370—375.

[43]Barnawal D., Bharti N., Maji D., Chanotiya C. S., Kalra A. 1-Aminocyclopropane-1-carboxylic acid（ACC）deaminase-containing rhizobacteria protect *Ocimum sanctum* plants during waterlogging stress via reduced ethylene generation[J]. Plant Physiology and Biochemistry, 2012, 58: 227—235.

[44]Basu P., Chand S. Anthocyanin accumulation in *Hyoscyamus muticus* L[J]. tissue cultures. Journal of Biotechnology, 1996, 52: 151—159.

[45]Bates C. J., Waldren R. P., Teare I. D. Rapid determination of free proline for water - stress studies. Plant and Soil, 1973, 39(1): 205—207.

[46]Beara I. N., Lesjak M. M., Orčić D. Z., Simin N. D., Četojević-Simin D. D., Božin B. N., Mimica-Dukić N. M. Comparative analysis of phenolic profile, antioxidant, anti-inflammatory and cytotoxic activity of two closely-related Plantain species: *Plantago altissima* L. and *Plantago lanceolata* L[J]. LWT-Food Science and Technology, 2012, 47(1): 64—70.

[47]Becana M., Apariciotejo P., Irigoyen J. J., Sanchezdiaz M. Some enzymes of hydrogen-peroxide metabolism in leaves and root-nodules of *Medicago sativa*[J]. Physiologia Plantarum, 1986, 82: 1169—1171.

[48]Bradford M. M. A rapid and sensitive method for the quantitation of microgram quantities of protein utilizing the principle of protein-dye binding[J]. Analytical Biochemistry, 1976, 72(1): 248—254.

[49]Cameron A. D., Olin B., Ridderström M., Mannervik B., Jones T. A. Crystal structure of human glyoxalase I-evidence for gene duplication and 3D domain swapping[J]. EMBO Journal, 1997, 16: 3386—3395.

[50]Campbell S. A., Close T. Dehydrins: genes, proteins, and associations with phenotypic traits. New Phytologist, 1997, 137: 61—74.

[51]Candan N. , Tarhan L. Tolerance or sensitivity responses of *Mentha pulegium* to osmotic and waterlogging stress in terms of antioxidant defense systems and membrane lipid peroxidation[J]. Environmental and Experimental Botany, 2012, 75, 83—88.

[52]Cao F. L. , Conner W. H. Selection of flood-tolerant *Populus deltoides* clones for reforestation projects in China[J]. Forest Ecology and Management, 1999, 117: 211—220.

[53]Capon S. J, James C. S. , Williams L. , Quinn G. P. Responses to flooding and drying in seedlings of a common Australian desert floodplain shrub: *Muehlenbeckia florulenta* Meisn. (tangled lignum)[J]. Environmental and Experimental Botany, 2009, 66: 178—85.

[54]Carrow R. N. Drought resistance aspects of turfgrass in the southeast: root-shoot responses[J]. Crop Science, 1996, 36: 687—694.

[55]Chalker-Scott L. Do anthocyanins function as osmoregulators in leaf tissues[J]. Advances in Botanical Research, 2002, 37: 103—106.

[56]Chan Z. Proteomic responses of fruits to environmental stresses [J]. Frontiers in Plant Science, 2012, 3: 311.

[57]Chan Z. , Qin G. , Xu X. , Li, B. , Tian S. Proteome approach to characterize proteins induced by antagonist yeast and salicylic acid in peach fruit[J]. Journal of Proteome Research, 2007, 6: 1677—1688.

[58]Chance B. , Maehly A. C. Assay of catalase and peroxidase. Methods in Enzymology[J], 1955, 2: 764—775

[59]Chen F. , Chen L. , Zhao H. , Korpelainen H. , Li C. Sex-specific responses and tolerances of *Populus cathayana* to salinity[J]. Physiologia Plantarum, 2010, 140: 163—173.

[60]Chen F. , Wang C. , Jia G. Ecology of *Salix variegata* seed germination: Implications for species distribution and conservation in the Three Gorges region[J]. South African Journal of Botany, 2013, 88: 243—246.

[61]Chen F. Q. , Guo C. Y. , Wang C. H. , Xu W. N. , Fan D. Y. , Xie Z. Q. Effects of waterlogging on ecophysiological characteristics of *Salix variegata* seedlings[J]. Chinese Journal of Applied Ecology, 2008, 19: 1229—1233.

[62]Chen F. Q. , Xie Z. Q. Reproductive allocation, seed dispersal and germination of *Myricaria laxiflora*, an endangered species in the Three Gorges Reservoir Area[J]. Plant Ecology, 2007, 191: 67—75.

[63]Chen F. Q. , Xie Z. Q. Survival and growth responses of *Myricaria laxiflora* seedlings to summer flooding[J]. Aquatic Botany, 2009, 90: 333—338.

[64]Chen H. , Qualls R. G. Anaerobic metabolism in the roots of seedlings of the invasive exotic *Lepidium latifolium*[J]. Environmental and Experimental Botany, 2003, 50: 29—40.

[65]Chen H. , Qualls R. G. , Miller G. C. Adaptive responses of *Lepidium latifolium* to soil flooding: biomass allocation, adventitious rooting, aerenchyma formation and ethylene production[J]. Environmental and Experimental Botany, 2002, 48: 119—128.

[66]Chen H. , Zamorano M. F. , Ivanoff D. Effect of deep flooding on nutrients and non-structural carbohydrates of mature *Typha domingensis* and its post-flooding recovery[J]. Ecological Engineering, 2013, 53: 267—274.

[67]Chen J. , Jiang Q. , Zong J. , Chen Y. , Chu X. , Liu J. Variation in the salt tolerance of 13 genotypes of hybrid bermudagrass (*Cynodon dactylon* (L.) Pers. × C. *transvaalensis* Burtt-Davy) and its relationship with shoot Na^+ , K^+ and Cl^- ion concentrations[J]. Journal of Horticultural Science & Biotechnology, 2014, 89: 35—40.

[68]Chen L. , Zhang S. , Zhao H. , Korpelainen H. , Li C. Sex-related adaptive responses to interaction of drought and salinity in *Populus yunnanensis*[J]. Plant Cell and Environment, 2010, 33: 1767—1778.

[69]Chen T. Effect of flooding on adventitious root formation of *Arundinella anomala* Steud. and *Salix variegata* Franch[J]. Journal of Anhui Agricultural Science, 2007, 35: 5703—5704, 5712.

[70]Cho E. K. , Choi Y. J. A nuclear-located HSP70 confers thermoprotective activity and drought stress tolerance on plants[J]. Biotechnology Letters, 2009, 31: 597—606.

[71]Cho E. K. , Hong C. B. Over-expression of tobacco NtHSP70-1 contributes to drought-stress tolerance in plants[J]. Plant Cell Reports, 2006, 25: 349—358.

[72]Ciurli S. , Musiani F. High potential iron-sulfur proteins and their role as soluble electron carriers in bacterial photosynthesis: tale of a discovery[J]. Photosynthesis Research, 2005, 85: 115—131.

[73]Cooling M. P. , Ganf G. G. , Walker K. F. Leaf recruitment and

elongation: an adaptive response to flooding in *Villarsia reniformis*[J]. Aquatic Botany, 2001, 70: 281—294.

[74]Correia O. , Diaz Barradas M. C. Ecophysiological differences between male and female plants of *Pistacia lentiscus* L[J]. Plant Ecology, 2000, 149: 131—142.

[75]Crowe J. H. , Hoekstra F. A. , Crowe L. M. Anhydrobiosis[J]. Annual Review of Physiology, 1992, 54: 579—599.

[76]Davey M. P. , Harmens H. , Ashenden T. W. , Edwards R. , Baxter R. Species-specific effects of elevated CO_2 on resource allocation in *Plantago maritima* and *Armeria maritima*[J]. Biochemical Systematics and Ecology, 2007, 35(3): 121—129.

[77]Dawson T. E. , Bliss L. C. Patterns of water use and the tissue water relations in the dioecious shrub, *Salix arctica*: the physiological basis for habitat partitioning between the sexes[J]. Oecologia, 1989, 79: 332—343.

[78]Erkan M. , Wang S. Y. , Wang C. Y. Effect of UV treatment on antioxidant capacity, antioxidant enzyme activity and decay in strawberry fruit[J]. Postharvest Biology and Technology, 2008, 48(2): 163—171.

[79]Erkan M. , Wang S. Y. , Wang C. Y. Effect of UV treatment on antioxidant capacity, antioxidant enzyme activity and decay in strawberry fruit[J]. Postharvest Biology and Technology, 2008, 48: 163—171.

[80]Eurich K. , Segawa M. , Toei-Shimizu S. , Emiko M. Potential role of chitinase 3-like-1 in inflammation-associated carcinogenic changes of epithelial cells[J]. World Journal of Gastroenterology, 2009, 15: 5249—5259.

[81]Feller U. , Anders I. , Mae T. Rubiscolytics: fate of Rubisco after its enzymatic function in a cell is terminated[J]. Journal of Experimental Botany, 2008, 59: 1615—1624.

[82]Ferreira C. S. , Piedade M. T. F. , Franco A. C. , Gonçalves J. F. C. , Junk W. J. Adaptive strategies to tolerate prolonged flooding in seedlings of floodplain and upland populations of *Himatanthus sucuuba*, a Central Amazon tree[J]. Aquatic Botany, 2009, 90: 246—252.

[83]Fortier J. , Gagnon D. , Truax B. , Lambert F. Nutrient accumulation and carbon sequestration in 6-year-old hybrid poplars in multiclonal agricultural riparian buffer strips[J]. Agriculture Ecosystems &

Environment，2010，137：276—287.

[84]Francis R. A. , Gurnell A. M. , Petts G. E. , Edwards P. J. Survival and growth responses of *Populus nigra*，*Salix elaeagnos* and *Alnus incana* cuttings to varying levels of hydric stress[J]. Forest Ecology and Management，2005，210：291—301.

[85]Fukao T. , Xiong L. Genetic mechanisms conferring adaptation to submergence and drought in rice：simple or complex[J]. Current Opinion in Plant Biology，2013，16：1—9.

[86]Fukuyama K. Structure and function of plant-type ferredoxins [J]. Photosynthesis Reearch，2004，81：289—301.

[87]Gairi A. , Rashid A. In vitro stimulation of shoot - buds on hypocotyls of *Linum* seedlings，by flooding and etherel treatment of cultures [J]. Plant Science，2002，163：691—694.

[88] Gibbs J. , Greenway H. Mechanisms of anoxia tolerance in plants. I. Growth，survival and anaerobic catabolism[J]. Functional Plant Biology，2003，30：1—47.

[89]Glenz C. , Schlaepfer R. , Iorgulescu I. , Kienast F. Flooding tolerance of Central European tree and shrub species[J]. Forest Ecology and Management，2006，235：1—13.

[90]Grace S. , Pace R. , Wydrzynski T. Formation and decay of monodehydroascorbate radicals in illuminated thylakoids as determined by EPR spectroscopy[J]. Biochimica et Biophysica Acta-Bioenergetics，1995，1229：155—165.

[91]Guo L. , Devaiah S. P. , Narasimhan R. , Pan X. , Zhang Y. , Zhang W. , Wang X. Cytosolic glyceraldehyde-3-phosphate dehydrogenases interact with phospholipase Dδ to transduce hydrogen peroxide signals in the *Arabidopsis* response to stress[J]. Plant Cell，2012，24：2200—2212.

[92]Guo Y. , Shelton M. , Lockhart B. R. Effects of flood duration and season on germination of black，cherrybark，northern red，and water oak acorns[J]. New Forest，1998，15：69—76.

[93]Han C. , Chan Z. , Yang F. Comparative analyses of universal extraction buffers for assay of stress related biochemical and physiological parameters[J]. Preparative Biochemistry and Biotechnology，2015，45（7）：684—695.

[94]Hashimoto M. , Komatsu S. Proteomic analysis of rice seedlings

during cold stress[J]. Proteomics, 2007, 7: 1293—1302.

[95]Hattori Y., Nagai K., Furukawa S. Song X. J., Kawano R., Sakakibara H., Wu J., Matsumoto T., Yoshimura A., Kitano H., Matsuoka M., Mori H., Ashikari, M. The ethylene response factors SNORKEL1 and SNORKEL2 allow rice to adapt to deep water[J]. Nature, 2009, 460: 1026—1030.

[96]Heath R. L., Packer L. Photoperoxidation in isolated chloroplast I. Kinetics and stoichiometry of fatty acid peroxidation[J]. Archives of Biochemistry and Biophysics, 1968, 25: 189—198.

[97]Hu L., Wang Z., Du H., Huang B. Differential accumulation of dehydrins in response to water stress for hybrid and common bermudagrass genotypes differing in drought tolerance[J]. Journal of Plant Physiology, 2010, 167: 103—109.

[98]Hu L., Wang Z., Huang B. Diffusion limitations and metabolic factors associated with inhibition and recovery of photosynthesis from drought stress in a C3 perennial grass species[J]. Physiologia Plantarum, 2010, 139: 93—106.

[99]Huang B., Duncan R. R., Carrow R. N. Drought-resistance mechanisms of seven warm-season turfgrasses under surface soil drying: I. Shoot response[J]. Crop Science, 1997, 37(6): 1858—1863.

[100]Iwanaga F., Yamamoto F. Effects of flooding depth on growth, morphology and photosynthesis in *Alnus japonica* species[J]. New Forest, 2008, 35: 1—14.

[101]Jankovi ć T., Zduni ć G., Beara I., Balog K., Pljevljakuši ć D., Steševi ć D., Šavikin K. Comparative study of some polyphenols in *Plantago* species[J]. Biochemical Systematics and Ecology, 2012, 42: 69—74.

[102]Jung K. H., Gho H. J., Nguyen M. X., Kim S. R., An G. Genome-wide expression analysis of *HSP*70 family genes in rice and identification of a cytosolic *HSP*70 gene highly induced under heat stress[J]. Functional & Integrative Genomics, 2013, 13: 391—402.

[103]Khatoon A., Rehman S., Oh M. W., Woo S. H., Komatsu S. Analysis of response mechanism in soybean under low oxygen and flooding stresses under gel-base proteomics technique[J]. Molecular Biology Reports, 2012b, 39: 10581—10594.

[104]Knorzer O. C. , Durner J. , Boger P. Alterations in the antioxidative systerm of suspension-cultured soybean cells (*Glycine max*) induced by oxidative stress[J]. Physiologia Plantarum, 1996, 97: 388—396.

[105]Kogawara S. , Yamanoshita T. , Norisada M. , Masumori M. , Kojima K. -Photosynthesis and photoassimilate transport during root hypoxia in *Melaleuca cajuputi*, a flood-tolerant species, and in *Eucalyptus camadulensis*, a moderately flood - tolerant species[J]. Tree Physiology, 2006, 26: 413—1423.

[106]Komatsu S. , Hiraga S. , Yanagawa Y. Proteomics techniques for the development of flood tolerant crops[J]. Journal of Proteome Research, 2012, 11: 68—78.

[107]Komatsu S. , Kobayashi Y. , Nishizawa K. , Nanjo Y. , Furukawa K. Comparative proteomics analysis of differentially expressed proteins in soybean cell wall during flooding stress[J]. Amino Acids, 2010, 39: 1435—1449.

[108]Komatsu S. , Makino T. , Yasue H. Proteomic and biochemical analyses of the cotyledon and root of flooding-stressed soybean plants[J]. PLoS ONE, 2013, 8: e65301.

[109]Komatsu S. , Sugimoto T. , Hoshino T. , Nanjo Y. , Furukawa K. Identification of flooding stress responsible cascades in root and hypocotyl of soybean using proteome analysis[J]. Amino Acids, 2010, 38: 729 —738.

[110]Komatsu S. , Thibaut D. , Hiraga S. , Kato M. , Chiba M. , Hashiguchi A. , Tougou M. , Shimamura S. , Yasue H. Characterization of a novel flooding stress-responsive alcohol dehydrogenase expressed in soybean roots[J]. Plant Molecular Biology, 2011, 77: 309—322.

[111]Kosower N. S. , Kosower E. M. The glutathione status of cells [J]. International Review of Cytology-A Survey of Cell Biology, 1978, 54: 109—160.

[112]Kozlowski T. T. Responses of woody plants to flooding and salinity[J]. Tree Physiology, 1997.

[113]Kranner I. , Minibayeva F. V. , Beckett R. P. , Seal C. E. What is stress Concepts, definitions and applications in seed science[J]. New Phytologist, 2010, 188: 655—673.

[114]Kumutha D. , Sairam R. K. , Ezhilmathi K. , Chinnusamy V. ,

Meena R. C. Effect of waterlogging on carbohydrate metabolism in pigeon pea (*Cajanus cajan* L.): Upregulation of sucrose synthase and alcohol dehydrogenase[J]. Plant Science, 2008, 175: 706－716.

[115]Laxalt A. M., Cassia R. O., Sanlloretni P. M., Madrid E. A., Andreu A. B., Daleo G. R., Conde R. D., Lamattina L. Accumulation of cytosolic glyceraldehyde-3-phosphate dehydrogenase RNA under biological stress conditions and elicitor treatments in potato[J]. Plant Molecular Biology, 1996, 30: 961－972.

[116]Lebherz H. G., Leadbetter M. M., Bradshaw R. A. Isolation and characterization of cytosolic and chloroplastic forms of spinach leaf fructose diphosphate aldolase[J]. Journal of Biological Chemistry, 1984, 259: 1011－1017.

[117]Lehner A., Bailly C., Flechel B., Poels P., Côme D., Corbineau F. Changes in wheat seed germination ability, soluble carbohydrate and antioxidant enzyme activities in the embryo during the desiccation phase of maturation[J]. Journal of Cereal Science, 2006, 4: 175－182.

[118]Lei S., Zeng B., Xu S., Su X. Membrane responses of *Salix variegata* and *Cinnamomum camphora* to complete submergence in the Three Gorges Reservoir Region[J]. Acta Ecologica Sinica, 2012, 32: 227－231.

[119]Lei S., Zeng B., Yuan Z., Su X. Changes in carbohydrate content and membrane stability of two ecotypes of *Calamagrostis arundinacea* growing at different elevations in the drawdown zone of the Three Gorges Reservoir[J]. PloS One, 2014, 9(3): e91394.

[120]Li L., Liu C., Chen Z., Wang J., Shi D., Liu Z. Isolation and purification of plantamajoside and acteoside from plant extract of *Plantago asiatica* L. by high performance centrifugal partition chromatography[J]. Chemical Research in Chinese Universities, 2009, 25(6): 817－821.

[121]Li M., Sha A., Zhou, X., Yang, P. Comparative proteomic analyses reveal the changes of metabolic features in soybean (Glycine max) pistils upon pollination[J]. Sexual Plant Reproduction, 2012, 25: 281－291.

[122]Li X., Li N., Yang J., Ye F., Chen F. Morphological and photosynthetic responses of riparian plant *Distylium chinense* seedlings to simulated Autumn and Winter flooding in Three Gorges Reservoir Region of

the Yangtze River, China[J]. Acta Ecologica Sinica, 2011, 31: 31—39.

[123]Li Y., Zeng B., Ye X. Q., Qiao P., Wang H. F., Luo F. L. The effects of flooding on survival and recovery growth of the riparian plant *Salix variegata* Franch. in Three Gorges reservoir Region[J]. Acta Ecologica Sinica., 2008, 28: 1924—1930.

[124]Lichtenthaler H. K. Chlorophyll and carotenoids: pigments of photosynthetic biomembranes[J]. Methods in Enzymology, 1987, 148: 350—382.

[125]Lisec J., Schauer N., Kopka J., Willmitzer L., Fernie A. R. Gas chromatography mass spectrometry-based metabolite profiling in plants[J]. Nature Protocols, 2006, 1: 387—396.

[126]Liu Y., Willison J. H. M. Prospects for cultivating white mulberry (*Morus alba*) in the drawdown zone of the Three Gorges Reservoir, China[J]. Environmental Science and Pollution Research, 2013, 20: 7142—7151.

[127]Lu S., Chen C., Wang Z., Guo Z., Li H. Physiological responses of somaclonal variants of triploid bermudagrass (*Cynodon transvaalensis* × *Cynodon dactylon*) to drought stress[J]. Plant Cell Reports, 2009, 28: 517—526.

[128]Lu S., Peng X., Guo Z., Zhang G., Wang Z., Wang C., Pang C., Fan Z. P., Wang J. In vitro selection of salinity tolerant variants from triploid bermudagrass (*Cynodon transvaalensis* × C. *dactylon*) and their physiological responses to salt and drought stress[J]. Plant Cell Reports, 2007, 26: 1413—1420.

[129]Lu Z. J., Li L. F., Jiang M. X., Huang H. D., Bao D. C. Can the soil seed bank contribute to revegetation of the drawdown zone in the Three Gorges Reservoir Region [J]Plant Ecology, 2010, 209: 153—165.

[130]Luo F. L., Zeng B., Ye X. Q., Chen T., Liu D. Underwater photosynthesis of the riparian plants *Salix variegata* Franch. and *Arundinella anomala* Steud[J]. in Three Gorges Reservoir Region as affected by simulated flooding - Acta Ecologica Sinica, 2008, 28: 1964—1970.

[131]Ma X., Li Y., Zhang M., Zheng F., Du S. Assessment and analysis of non-point source nitrogen and phosphorus loads in the Three Gorges Reservoir Area of Hubei Province, China[J]. Science of Total environment, 2011, 412—413: 154—161.

[132]Madejon P., Mara? ón T., Murillo J. M., Robinson B. White

poplar (*Populus alba*) as a biomonitor of trace elements in contaminated riparian forests[J]. Environmental Pollution, 2004, 132: 145—155.

[133]Martins N. , Gonçalves S. , Andrade P. B. , Valentão P. , Romano A. Changes on organic acid secretion and accumulation in *Plantago almogravensis* Franco and *Plantago algarbiensis* Samp. under aluminum stress[J]. Plant Science, 2013, 198: 1—6.

[134]Miao L. , Xiao F. , Wang X. , Yang F. Reconstruction of wetland zones: physiological and biochemical responses of *Salix variegata* to winter submergence: a case study from water level fluctuation zone of the Three Gorges Reservoir[J]. Polish Journal of Ecology, 2016, 64: 45—52.

[135]Mohammadi P. P. , Moieni A. , Komatsu S. Comparative proteome analysis of drought-sensitive and drought-tolerant rapeseed roots and their hybrid F1 line under drought stress[J]. Amino Acids, 2012, 43: 2137—2152.

[136]Morita S. , Nakatani S. , Koshiba T. , Masumura T. , Ogihara Y. , Tanaka K. Differential expression of two cytosolic ascorbate peroxidases and two superoxide dismutase genes in response to abiotic stress in rice[J]. Rice Science, 2011, 18: 157—166.

[137] Mukherjee S. P. , Choudhuri M. A. Implications of water stress-induced changes in the levels of endogenous ascorbic acid and hydrogen peroxide in vigna seedlings[J]. Physiologia Plantarum, 1983, 58: 166—170.

[138]Muoki R. C. , Paul A. , Kumar S. A shared response of *thaumatin like protein*, *chitinase*, and *late embryogenesis abundant protein 3* to environmental stresses in tea [*Camellia sinensis* (L.) O. Kuntze] [J]. Functional & Integrative Genomics, 2012, 12: 565—571.

[139]Murai Y. , Takemura S. , Takeda K. , Kitajima J. , Iwashina T. Altitudinal variation of UV-absorbing compounds in *Plantago asiatica* [J]. Biochemical Systematics and Ecology, 2009, 37(4): 378—384.

[140]Naidoo G. , Kift J. Responses of the saltmarsh rush *Juncus kraussii* to salinity and waterlogging[J]. Aquatic Botany, 2006, 84: 217—225.

[141]Naiman R. J. , Decamps H. The ecology of interfaces: riparian zones [J]. Annual Review of Ecology and Systematics, 1997, 28: 621—658.

[142]Nakaoki T. , Morita N. , Asaki M. Component of the leaves of *Plantago asiatica* L[J]. Yakugaku Zasshi-Journal of the Pharmaceutical

Society of Japan, 1961, 81: 1697—1699.

[143]Nakashima K., Ito Y., Yamaguchi-Shinozaki K. Transcriptional regulatory networks in response to abiotic stresses in *Arabidopsis* and grasses[J]. Plant Physiology, 2009, 149: 88—95.

[144]Nanjo Y., Skultety L., Uvaáčkováá L., Klubicová K., Hajduch M., Komatsu S. Mass spectrometry based analysis of proteomic changes in the root tips of flooded soybean seedlings[J]. Journal of Proteome Research, 2012, 11: 372—385.

[145]Nawaz T., Hameed M., Ashraf M., Ahmad M. S. A., Batool R., Fatima S. Anatomical and physiological adaptations in aquatic ecotypes of *Cyperus alopecuroides* Rottb[J]. under saline and waterlogged conditions. Aquatic Botany, 2014, 116: 60—68.

[146]New T., Xie Z. Impacts of large dams on riparian vegetation: applying global experience to the case of China's Three Gorges Dam[J]. Biodiversity and Conservation, 2008, 17: 3149—3163.

[147]Nilsson C., Svedmark M. Basic principles and ecological consequences of changing water regimes: riparian plant communities[J]. Environmental Management, 2002, 30(4): 468—480.

[148]Niroula R. K., Pucciariello C., Ho V. T., Novi G., Fukao T., Perata P. SUB1A-dependent and independent mechanisms are involved in the flooding tolerance of wild rice species[J]. Plant Journal, 2012, 72: 282—293.

[149]Nishibe S. The plant origins of herbal medicines and their quality evaluation[J]. Yakugaku Zasshi-Journal of the Pharmaceutical Society of Japan, 2002, 122: 363—379.

[150]Nishibe S., Tamayama Y., Sasahara M., Andary C. A phenylethanoid glycoside from *Plantago asiatica*[J]. Phytochemistry, 1995, 38 (3): 741—743.

[151]Noctor G., Foyer C. Ascorbate and glutathione: keeping active oxygen under control. Ann. Rev. Plant Physiol[J]. Plant Molecular Biology, 1998, 49: 249—279.

[152]Pezeshki S. R. Wetland plant responses to soil flooding[J]. Environmental and Experimental Botany, 2001, 46(3): 299—312.

[153]Provart N. J., Zhu T. A Browser-based Functional Classification SuperViewer for Arabidopsis Genomics[J]. Currents in Computation-

al Molecular Biology，2003，271－272.

[154]Qian Y. , Fry J. D. , Upham W. S. Rooting and drought avoidance of warm-season turfgrasses and Tall Fescue in Kansas[J]. Crop Science，1997，47：2162－2169.

[155]Qing H. , Li Y. , Can L. , Liu Y. , Liu R. , Hu L. , Liu Z. , Yang J. , Wan C. , Zhou D. , Shi R. , Wang J. On effects of simulate submerged test in the Three Gorges Reservoir hydro-fluctuation area on growth of 2 woody species：*Salix variegata* and *Ficus aikoua*[J]. J. Southwest China Normal University (Natural Science Edition)，2012，37：77－81.

[156]Rabino I. , Mancinelli A. L. Light,temperature,and anthocyanin production[J]. Plant Physiology，1986，81：922－924.

[157]Ravn H. , Nishibe S. , Sasahara M. , Xuebo L. Phenolic compounds from *Plantago asiatica*[J]. Phytochemistry，1990，29：3627－3631.

[158]Reddy V. S. , Goud K. V. , Sharma R. , Reddy A. R. Ultraviolet-B-responsive anthocyanin production in a rice cultivar is associated with a specific phase of phenylalanine ammonia lyase biosynthesis[J]. Plant Physiology，1994，105：1059－1066.

[159]Ren H. , Wang Z. , Chen X. , Zhu Y. Antioxidative responses to different altitudes in *Plantago major*[J]. Environmental and Experimental Botany，1999，42(1)：51－59.

[160]Rennenberg H. Glutathione metabolism and possible biological roles in higher plants[J]. Phytochemistry，1980，21：2771－2781.

[161]Ric deVos C. H. , Kraak H. L. , Bino R. J. Ageing of tomato seeds involves glutathione oxidation. Physiologia Plantarum，1994，92：131－139.

[162]Romano A. H. , Conway T. Evolution of carbohydrate metabolic pathways[J]. Research in Microbiology，1996，147：448－455.

[163]Rood S. B. , Nielsen J. L. , Shenton L. , Gill K. M. , Letts M. G. Effects of flooding on leaf development，transpiration，and photosynthesis in narrowleaf cottonwood，a willow-like poplar[J]. Photosynthesis Research，2010，104：31－39.

[164]Roxas V. P. , Lodhi S. A. , Garrett K. D. , Mohan J. R. , Allen R. D. Stress tolerance in transgenic tobacco seedlings that over express glutathione S-transferase/gluta-thione peroxidase[J]. Plant and Cell

Physiology, 2000, 41: 1229—1234.

[165]Sairam R. K., Dharmar K., Chinnusamy V., Meena R. C. Waterlogging induced increase in sugar mobilization, fermentation, and related gene expression in the roots of mung bean (*Vigna radiata*)[J]. Journal of Plant Physiology, 2009, 166: 602—616.

[166]Salzer P., Bonanomi A., Beyer K., Vögeli-Lange R., Aeschbacher R. A., Lange J., Wiemken A., Kim D., Cook D. R., Boller T. Differential expression of eight chitinase genes in *Medicago truncatula* roots during mycorrhiza formation, nodulation, and pathogen infection [J]. Molecular Plant-microbe Interactions, 2000, 13: 763—777.

[167]Schade J. D., Fisher S., Grimm N., Seddon J. The influence of a riparian shrub on nitrogen cycling in a Sonoran Desert stream[J]. Ecology, 2001, 82: 3363—3376.

[168]Seitz H. U., Hinderer W. Anthocyanins. In: Vasil I. K. (Ed.), Cell culture and somatic cell genetics of plants[J]. Academic Press, New York, 1988, 49—76.

[169]Sharma P., Asaeda T., Kalibbala M., Fujino T. Morphology, growth and carbohydrate storage of the plant *Typha angustifolia* at different water depths[J]. Chemistry and Ecology, 2008, 24(2): 133—145.

[170]Shen Z., Chen L., Hong Q., Xie H., Qiu J. Vertical variation of nonpoint source pollutants in the Three Gorges Reservoir region [J]. PloS ONE, 2013, 8(8): e71194.

[171]Shi H., Wang Y., Cheng Z., Ye T., Chan Z. Analysis of natural variation in bermudagrass (*Cynodon dactylon*) reveals physiological responses underlying drought tolerance[J]. PLOS ONE, 2012, 7(12): e53422.

[172]Shi H., Ye T., Chan Z. Comparative proteomic and physiological analyses reveal the protective effect of exogenous polyamines in the bermudagrass (*Cynodon dactylon*) response to salt and drought stresses [J]. Journal of Proteome Research, 2013a, 12: 4951—4964.

[173]Shi H., Ye T., Chan Z. Exogenous application of hydrogen sulfide donor sodium hydrosulfide enhanced multiple abiotic stress tolerance in bermudagrass (*Cynodon dactylon* (L). Pers.)[J]. Plant Physiology and Biochemistry, 2013b, 71: 226—234.

[174]Shi R. Ecological Environment Problems of the Three Gorges

Reservoir Area and countermeasures[J]. Procedia Environmental Science, 2011, 10: 1431—1434.

[175]Smirnoff N. , Cumbes Q. J. Hydroxyl radical scavenging activity of compatible solutes[J]. Phytochemistry, 1989, 28: 1057—1060.

[176]Song Y. , Ji J. , Mao C. , Yang Z. , Yuan X. Heavy metal contamination in suspended solids of Changjiang River-environmental implications[J]. Geoderma, 2010, 159: 286—295.

[177]Stone R. Three Gorges Dam: into the unknown[J]. Science, 2008, 321: 628—632.

[178]Su X. L. , Zeng B. , Qiao P. , Ayiqiaoli, Huang W. J. The effects of winter water submergence on flowering phenology and reproductive allocation of *Salix variegata* Franch. in Three Gorges Reservoir Region[J]. Acta Ecologica Sinica, 2010, 30: 2585—2592.

[179]Sui N. , Liu X. , Wang N. , Fang W. , Meng Q. Response of xanthophyll cycle and chloroplastic antioxidant enzymes to chilling stress in tomato over-expressing glycerol-3-phosphate acyltransferase gene[J]. Photosynthetica, 2007, 45: 447—454.

[180]Tan S. , Zhu M. , Zhang Q. Physiological responses of bermudagrass (*Cynodon dactylon*) to submergence[J]. Acta Physiologiae Plantarum, 2010, 32: 133—140.

[181]Thimm O. , Blasing O. , Gibon Y. , Nagel A. , Meyer S. , Kruger P. , Selbig J. , Muller L. A. , Rhee S. Y. , Stitt M. MAPMAN: a userdriven tool to display genomics data sets onto diagrams of metabolic pathways and other biological processes[J]. Plant Journal, 2004, 37: 914—939.

[182]Thornalley P. J. Glyoxalase I-structure, function and a critical role in the enzymatic defence against glycation[J]. Biochemical Society Transactions, 2003, 31: 1343—1348.

[183]Wang J. , Huang J. , Wu J. , Han X. , Lin G. Ecological consequences of the Three Gorges Dam: insularization affects foraging behavior and dynamics of rodent populations[J]. Frontiers in Ecology and the Environment, 2008, 8: 13—19.

[184]Wang Q. , Yuan X. , Willison J. , Zhang Y. , Liu H. Diversity and above-ground biomass patterns of vascular flora induced by flooding in the drawdown area of China's Three Gorges Reservoir[J]. PloS ONE, 2014, 9(6): e100889.

[185]Wang X., Cai J., Liu F., Jin M., Yu H., Jiang D., Wollenweber B., Dai T., Cao W. Pre-anthesis high temperature acclimation alleviates the negative effects of post-anthesis heat stress on stem stored carbohydrates remobilization and grain starch accumulation in wheat[J]. Journal of Cereal Science, 2012, 55: 331−336.

[186]Wang X., Yang P., Liu Z., Liu W., Hu Y., Chen H., Kuang T., Pei Z., Shen S., He Y. Exploring the mechanism of *Physcomitrella patens* desiccation tolerance through a proteomic strategy[J]. Plant Physiology, 2009, 149: 1739−1750.

[187]Wang X. Z., Curtis P. S. Gender-specific response of *Populus tremuloides* to atmospheric CO_2 enrichment[J]. New Phytologist, 2001, 150: 675−684.

[188]Wang Y., Liu Y., Liu S., Huang H. Ex situ conservation of *Plantago fengdouensis*, an endemic and endangered species within the water-level-fluctuation zone in Three Gorges Reservoir of Changjiang River[J]. Journal of Wuhan Botanical Research, 2007, 24(6): 574−578.

[189]Wang Y., Shen Z., Niu J., Liu R. Adsorption of phosphorus on sediments from the Three - Gorges Reservoir (China) and the relation with sediment compositions[J]. Journal of Hazardous Materials, 2009, 162: 92−98.

[190]Wang H., Meng A., Li J., Wang Y., Tao Y. Cytological studies of *Plantago erosa* var. *fengdouensis*, with special reference to its polyplid origin[J]. Guihaia, 2004a, 24(5), 422−425.

[191]Wang Y., Li Z., Wu J., Huang H. *Plantago fengdouensis*, a new combination in the Plantaginaceae from China[J]. Acta Phytotaxonomica Sinica, 2004b, 42(6): 557−560.

[192]Wasser L., Day R., Chasmer L., Taylor A. Influence of vegetation structure on lidar-derived canopy height and fractional cover in forested riparian buffers during leaf-off and leaf-on conditions[J]. PloS ONE, 2013, 8(1): e54776.

[193]Wu J., Huang. J, Han X., Gao X., He F. The Three Gorges Dam: an ecological perspective[J]. Frontiers in Ecology and Environment, 2004, 2: 241−248.

[194]Xiao X., Xu X., Yang F. Adaptive responses to progressive drought stress in two *Populus cathayana* populations[J]. Silva Fennica,

2008，42(5)：705—719.

[195]Xiao X. , Yang F. , Zhang S. , Korpelainen H. , Li C. Physiological and proteomic responses of two contrasting *Populus cathayana* populations to drought stress[J]. Physiologia Plantarum, 2009,136 (2)：150—168.

[196]Xu C. , Huang B. Differential proteomic responses to water stress induced by PEG in two creeping bentgrass varieties differing in stress tolerance[J]. Journal of Plant Physiology, 2010, 167：1477—1485.

[197]Xu X. , Peng G. , Wu C. , Korpelainen H. , Li C. Drought inhibits photosynthetic capacity more in females than in males of *Populus cathayana*[J]. Tree Physiology, 2008, 28：1751—1759.

[198]Xu X. , Yang F. , Xiao X. , Zhang S. , Korpelainen H. , Li C. Sex-specific responses of *Populus cathayana* to drought and elevated temperatures[J]. Plant Cell and Environment, 2008, 31：850—860.

[199]Xu X. , Zhao H. , Zhang X. , Hanninen H. , Korpelainen H. , Li C. Different growth sensitivity to enhanced UV-B radiation between male and female *Populus cathayana*[J]. Tree Physiology, 2010, 30：1489—1498.

[200]Yamaguchi-Shinozaki K. , Shinozaki K. Transcriptional regulatory networks in cellular responses and tolerance to dehydration and cold stresses[J]. Annual Review of Plant Biology, 2006, 57：781—803.

[201]Yang E. J. , Oh Y. A. , Lee, E. S. , Park, A. R. , Cho S. K. , Yoo Y. J. , Park O. K. Oxygen-evolving enhancer protein 2 is phosphorylated by glycine-rich protein 3/wall-associated kinase 1 in *Arabidopsis*[J]. Biochemical and Biophysical Research Communications, 2003, 305：862—868.

[202]Yang F. , Han C. , Li Z. , Guo Y. , Chan Z. Dissecting tissue- and species-specific responses of two Plantago species to waterlogging stress at physiological level[J]. Environmental and Experimental Botany, 2015, 109：177—185.

[203]Yang F. , Liu W. , Deng W. , Wang J. , Wang Y. Feasibility analysis of poplar for the construction of ecological protection forest in the water-level-fluctuating zone of the Three Gorges Reservoir[J]. Resources and Environment in the Yangtze Basin, 2010, 19：127—132.

[204]Yang F. , Liu W. , Wang J. , Liao L. , Wang Y. Riparian vegetation's responses to the new hydrological regimes from the Three Gorges

Project: Clues to revegetation in reservoir water-level-fluctuation zone[J]. Acta Ecologica Sinica, 2012, 32(2): 89—98.

[205]Yang F., Miao L. Adaptive responses to progressive drought stress in two poplar species originating from different altitudes[J]. Silva Fennica, 2010, 44(1): 23—37.

[206]Yang F., Wang Y., Chan Z. Perspectives on screening winter-flood-tolerant woody species in the riparian protection forests of the Three Gorges Reservoir[J]. PLoS ONE, 2014, 9(9): e108725.

[207]Yang F., Wang Y., Chan Z. Review of environmental conditions in the water level fluctuation zone: Perspectives on riparian vegetation engineering in the Three Gorges Reservoir[J]. Aquatic Ecosystem Health & Management, 2015, 18(2): 240—249.

[208]Yang F., Wang Y., Miao L. Comparative physiological and proteomic responses to drought stress in two poplar species originating from different altitudes[J]. Physiologia Plantarum, 2010, 139: 388—400.

[209]Yang F., Wang Y., Wang J., Deng W., Liao L., Li M. Different eco-physiological responses between male and female *Populus deltoides* clones to waterlogging stress[J]. Forest Ecology and Management, 2011, 262(11): 1963—1971.

[210]Yang F., Xiao X., Zhang S., Korpelainen H., Li C. Salt stress responses in Populus cathayana Rehder[J]. Plant Science, 2009, 176 (5): 669—677.

[211]Yang F., Xu X., Xiao X., Li C. Responses to drought stress in two poplar species originating from different altitudes[J]. Biologia Plantarum, 2009, 53(3): 511—516.

[212]Yang Y., Kwon H. B., Peng H. P., Shih M. C. Stress responses and metabolic regulation of glyceraldehyde-3-phosphate dehydrogenase genes in *Arabidopsis*[J]. Plant Physiology, 1993, 101: 209—216.

[213]Yang Y., Li C., Li J., Schneider R., Lamberts W. Growth dynamics of Chinese wingnut (*Pterocarya stenoptera*) seedlings and its effects on soil chemical properties under simulated water change in the Three Gorges Reservoir Region of Yangtze River[J]. Environmental Science and Pollution Research, 2013, 20: 7112—7123.

[214]Ye C., Li S., Zhang Y., Tong X., Zhang Q. Assessing heavy metal pollution in the water level fluctuation zone of China's Three Gor-

ges Reservoir using geochemical and soil microbial approaches[J]. Environmental Monitoring and Assessment, 2012, 185: 231-240.

[215]Yi Y. H. , Fan D. Y. , Xie Z. Q. , Chen F. Q. Effects of water-logging on the gas exchange, chlorophyll fluorescence and water potential of *Quercus variabilis* and *Pterocarya stenoptera*[J]. Journal of Plant Ecology, 2006, 30: 960-968.

[216]Yin C. , Pang X. , Chen K. The effects of water, nutrient availability and their interaction on the growth, morphology and physiology of two poplar species [J]. Environmental and Experimental Botany, 2009a, 67: 196-203.

[217]Yin C. , Pang X. , Lei Y. Populus from high altitude has more efficient protective mechanisms under water stress than from low-altitude habitats: a study in greenhouse for cuttings[J]. Physiologia Plantarum, 2009b, 137, 22-35.

[218]Yin D. , Chen S. , Chen F. , Guan Z. , Fang W. Morphological and physiological responses of two chrysanthemum cultivars differing in their tolerance to waterlogging[J]. Environmental and Experimental Botany, 2009, 67(1): 87-93.

[219]Yin X. , Sakata K. , Nanjo Y. , Komatsu S. Analysis of initial changes in the proteins of soybean root tip under flooding stress using gel-free and gel-based proteomic techniques [J]. Journal of Proteome Research, 2014, 106: 1-16.

[220]Yiu J. C. , Juang L. D. , Fang D. Y. T. , Liu C. W. , Wu S. J. Exogenous putrescine reduces flooding-induced oxidative damage by increasing the antioxidant properties of Welsh onion[J]. Scientia Horticulturae, 2009, 120: 306-314.

[221]Yiu J. C. , Liu C. W. , Fang D. Y. T. , Lai Y. S. Waterlogging tolerance of Welsh onion (*Allium fistulosum* L.) enhanced by exogenous spermidine and spermine[J]. Plant Physiology and Biochemistry, 2009, 47: 710-716.

[222]Yordanova R. Y. , Christov K. N. , Popova L. P. Antioxidative enzymes in barley plants subjected to soil flooding[J]. Environmental and Experimental Botany, 2004, 51: 93-101.

[223]Zhang B. , Fang F. , Guo J. , Chen Y. , Li Z. Phosphorus fractions and phosphate sorption-release characteristics relevant to the soil

composition of water-level-fluctuating zone of Three Gorges Reservoir[J].
Ecological Engineering, 2012, 40: 153—159.

[224]Zhang B. , Yang Y. , Zepp H. Effect of vegetation restoration
on soil and water erosion and nutrient losses of a severely eroded clayey
Plinthudult in southeastern China[J]. Catena, 2004, 57: 77—90.

[225]Zhang Q. , Lou Z. The environmental changes and mitigation
actions in the Three Gorges Reservoir region, China[J]. Environmental
Science & Policy, 2011, 14: 1132—1138.

[226]Zhang S. , Jiang H. , Peng S. , Korpelainen H. , Li C. Sex-re-
lated differences in morphological, physiological and ultrastructural re-
sponses of *Populus cathayana* to chilling[J]. Journal of Experimental
Botany, 2011, 62: 675—686.

[227]Zhang S. , Lu S. , Xu X. , Korpelainen H. , Li C. Changes in
antioxidant enzyme activities and isozyme profiles in leaves of male and fe-
male *Populus cathayana* infected with *Melampsora larici-populina*[J].
Tree Physiology, 2010, 30: 116—128.

[228]Zhang X. H. , Rao X. L. , Shi H. T. , Li R. J. , Lu Y. T. Over-
expression of a cytosolic glyceraldehyde-3-phosphate dehydrogenase gene
OsGAPC3 confers salt tolerance in rice[J]. Plant Cell Tissue and Organ
Culture, 2011, 107: 1—11.

[229]Zhang Y. H. , Zeng B. , Fu T. F. , Ye X. Q. Effects of long-
term flooding on non - structural carbohydrates content in roots of *Salix
variegata* Franch[J]. Journal of Southwest Normal University, (Natural
Science) 2006, 31: 153 - 157.

[230]Zhao H. , Li Y. , Duan B. , Korpelainen H. , Li C. Sex-related
adaptive responses of *Populus cathayana* to photoperiod transitions[J].
Plant Cell and Environment, 2009, 32: 1401—1411.

[231]Zhao H. , Xu X. , Zhang Y. , Korpelainen H. , Li C. Nitrogen
deposition limits photosynthetic response to elevated CO_2 differentially in
a dioecious species[J]. Oecologia, 2011, 165: 41—54.

[232]Zhao Y. , Du H. , Wang Z. , Huang B. Identification of pro-
teins associated with water-deficit tolerance in C4 perennial grass species,
Cynodon dactylon × *Cynodon transvaalensis* and *Cynodon dactylon*[J].
Physiologia Plantarum, 2011, 141: 40—55.

[233]Zheng C. , Jiang D. , Liu F. , Dai T. , Jing Q. , Cao W. Effects

of salt and waterlogging stresses and their combination on leaf photosynthesis, chloroplast ATP synthesis, and antioxidant capacity in wheat[J]. Plant Science, 2009, 176: 575—582.

[234]Zheng Y. , Lyons T. , Barnes J. Effects of ozone on the production and utilization of assimilates in *Plantago major*[J]. Environmenttal and Experimental Botany, 2000, 43(2): 171—180.

[235]Zhu J. K. Salt and drought stress signal transduction in plants [J]. Annual Review of Plant Biology, 2002, 53: 247—273.

第7章 消落区植被恢复初步设计——以秭归县吒溪河水田坝乡段、童庄河郭家坝镇段为例

7.1 总 论

7.1.1 项目提要

项目名称：秭归县吒溪河水田坝乡段、童庄河郭家坝镇段消落区植被恢复

建设地点：项目涉及两条流域三个乡镇三个村：吒溪河流域的归州镇彭家坡村、水田坝乡龙口村、童庄河流域郭家坝镇的郭家坝村

项目法人及主管单位：xxxxxxxxxxxxxxxxxxxxxxxxxxxxxxxxxxxxxxx

项目技术依托单位：xxxxxxxxxxxxxxxxxxxxxxxxxxxxxxxxxxxxx

建设性质：新建生态保护类项目

项目建设目标：以三峡水库消落区生态保护和生态环境质量改善为目的，利用适应消落区水位变化的适宜植物，采用生物治理和生态护坡技术开展秭归县三峡水库消落区人工植被组建和群落结构优化配置的试点示范，提高消落区的生态环境质量，恢复消落区的正常生态功能，达到消落区的生态修复的目的。

项目建设内容与规模：利用适应消落区水位变化的适宜植物，采用生物治理和生态护坡技术，进行秭归吒溪河、童庄河消落区植被恢复和生态修复184.58 ha的试点示范。其中吒溪河植被恢复和生态修复80.98 ha，包括铺设三维植物网3.34 ha，生态植生袋0.88 ha，绿化混凝土0.66 ha，植被种植恢复57.82ha，同时设置排水沟2.49km，蓄排坎1.29 km，以及临时施工道路2.0 km（宽3 m）；童庄河植被恢复和生态修复103.60 ha，包括铺设三维植物网4.96 ha，生态植生袋1.46 ha，绿化混凝土0.79 ha，植被种植恢复64.60 ha，同时设置排水沟3.12 km，蓄排坎2.78 km，以及临时施工道路5.2 km（宽3 m）。以及围栏、区界、界桩等。具体建设内容详见表7-1。

表 7-1 项目建设内容和规模

区域 项目	吒溪河区域		童庄河区域		总面积/长 度(ha/km)	备注
	面积(ha)	比例	面积(ha)	比例		
总修复面积(ha)	80.98	43.87	103.60	56.13	184.58	
三维植物网(ha)	3.34	40.25	4.96	59.75	8.30	
生态植生袋(ha)	0.88	37.55	1.46	62.45	2.34	
绿化混凝土(ha)	0.66	45.48	0.79	54.52	1.45	
植被种植恢复(ha)	57.82	47.23	64.60	52.77	122.42	
排水沟(km)	2.49	44.33	3.12	55.67	5.61	
蓄排坎(km)	1.29	31.74	2.78	68.26	4.07	
临时施工道(km)	2	27.78	5.2	72.22	7.2	道路宽3.0 m

项目效益:三峡库区消落区植被恢复和生态重建试点示范项目的成功实施和推广将有助于降低消落区的水土流失、促进三峡水库水资源和生态环境保护、库区生态景观将大为改善。利用一些具有经济价值的适宜植物进行植被恢复,还具有可观的经济效益。因此,该项目的成功实施具有很好的生态环境效益、社会效益和经济效益。

编制单位:xxxxxxxxxxxxxxxxxxxxxxxxxxxxxxxxxxxxxxxxx

7.1.2 设计依据和有关技术规范

主要的设计依据和有关技术规范如下:

①《关于加强三峡后续工作阶段水库消落区管理的通知》(国务院三峡工程建设委员会文件(国三峡委发办字[2011]10 号));

②《三峡水库消落区生态环境保护专题规划》;

③《三峡后续工作总体规划》;

④《三峡工程生态环境建设与保护试点示范专项计划方案》(国务院三峡工程建设委员会文件(国三峡委办字[2008]18 号));

⑤《三峡后续工作实施规划(2011—2014 年)编制大纲》;

⑥《三峡库区湖北省、重庆市三峡后续工作一期实施规划(2011—2014 年)编制工作细则》;

⑦《长江三峡水利枢纽初步设计报告》(第十一篇环境保护);

⑧《国务院办公厅关于加强三峡工程建设期三峡水库管理的通知》(国

办发〔2004〕32 号）；

　　⑨《长江三峡水库库底建(构)筑物、林木清理技术要求》(三峡工程建设委员会组织编制)；

　　⑩《造林技术规程》(GB/T 15776—2006)；

　　⑪《水土保持综合治理技术规范》(GB/T16453.1—16453.6—2008)；

　　⑫《主要造林阔叶树种良种选育程序与要求》(GB/T14073—93)；

　　⑬《母树林营建技术》(GB/T 16621—1996)；

　　⑭《主要造林树种苗木质量分级》(GB6000—1999)；

　　⑮《中华人民共和国水土保持法》(2011 年)；

　　⑯《中华人民共和国环境保护法》(1989 年)；

　　⑰《三峡库区后续工作实施规划项目划分指导意见》；

　　⑱《三峡水库消落区生态环境保护实施规划》；

　　⑲《湖北省秭归县三峡库区后续工作 2011—2014 年实施规划项目(90)》项目编号：EZG23200A001。

7.2　项目建设的必要性

7.2.1　项目建设背景与由来

　　受水库水位大幅度反季节涨落(坝前高达 30 m)和库区人类活动的影响,消落区生境多样化程度较低,消落区内植物种类减少、群落结构简单,难以发挥固土护岸、环境净化、提供生境等生态功能,需采取必要的生物治理和工程措施恢复消落区植物群落结构、维持消落区植被的多样性。

　　2009 年 3 月,国务院批准了国务院三峡办上报的《关于开展三峡工程后续工作规划的请示》。2009 年 5 月,国务院三峡办组织有关单位编制了《三峡工程后续工作规划大纲(送审稿)》,将"消落区生态环境保护"纳入"三峡库区生态环境建设与保护分项规划",并明确了其规划目标、原则、任务和内容及要求等。该项目属于《三峡后续工作总体规划》中的分项规划二《三峡库区生态环境建设与保护分项规划》的第 4 专题规划《三峡水库消落区生态环境保护专题规划》的内容。

7.2.2 项目建设必要性

三峡水库消落区受水库水位涨落幅度大(坝前高达 30 m)、反季节涨落的影响,消落区内植物种类少、群落结构简单,难以发挥固土护岸、环境净化、提供生境等生态功能;另外,库周城集镇众多、人口密集,社会经济发展水平低,人类活动与消落区的相互影响频繁、复杂。农民开垦利用造成水土流失加剧、污染增多、景观质量下降等诸多生态环境问题。消落区生态功能受限所导致的水库水环境安全、库区人居环境及景观、人群健康及库岸稳定性等服务功能问题。因此,统筹多方面需求,针对消落区的生态环境问题,进行消落区植被恢复示范十分必要。其必要性具体体现在如下几个方面。

1.维护库区生态完整性和可持续性的需要

消落区是"三峡库区国家生态功能保护区"的重要构成单元,具有衔接库区陆域和水域生态系统的重要作用。三峡水库消落区因水库水位涨落幅度大、且逆自然洪枯变化,生态环境不稳定,植被生长困难,其生态功能被显著削弱或丧失。因此,加强消落区生态修复和保护管理,促进消落区湿地生态系统的发育,维持生物多样性,改善其结构和生态功能,对维护库区生态的完整性和可持续性十分必要。

2.保护国家战略淡水资源库的需要

三峡水库是中国重要的淡水资源库。湖北秭归水库沿岸分布大量的农村人口,入库污染负荷大。消落区是缓冲陆域人类活动对水库污染与干扰的最后一道生态屏障。加强消落区的生态修复、发挥消落区滞留、降解地表径流污染物的作用,对保护三峡水库水质十分必要。

3.保障三峡工程防洪、发电效益持续发挥的需要

消落区是保障三峡工程防洪、发电等效益发挥的重要区域,但受三峡水库水位反复大幅度涨落及风浪侵蚀影响,水土流失严重,在消落区的农作物耕作更是加剧了水土流失和面源污染。进行消落区生态修复,加强消落区保护管理,能有效地遏制违规侵占三峡库容和无序开发消落区资源的行为,对保障三峡工程防洪、发电效益持续发挥十分必要。

4.促进库周城镇社会经济发展的需要

由于库区地形、地质条件的限制,加之大部分移民的后靠安置,三峡库

区人地矛盾相对突出,一定程度上制约了移民区县经济社会的发展。在消落区生态修复试点示范中,在消落区内利用一些适宜的经济植物(如枸杞、桑树、杨树等)进行植被实施,合理有效地利用消落区资源,有利于促进库周城镇社会经济的发展。

5.消落区科学研究和治理示范的需要

尽管在三峡工程建设期,国务院三峡办、科技部、水利部、环保部等先后启动了"三峡库区消落区植被恢复示范工程"、"三峡水库重庆消落区生态与环境问题及对策研究"、"三峡水库消落区生态与环境调查及保护对策研究"、"三峡库区消落区生态修复与综合整治技术与示范"和"三峡水库消落区生态保护与水环境治理关键技术研究与示范"等研究项目,主要涉及消落区现状调查、问题辨识及保护对策与措施,以及消落区生态恢复技术研究。但是,在三峡水库消落区全面形成的紧迫形势下,到目前为止,系统性、大规模的三峡水库消落区生态治理实践还未开展过,已有的前期获得的关于消落区生态治理的研究成果和方法还没有很好的总结和示范,不同类型不同环境条件消落区的治理尚未有完整的方案和办法。为此,针对三峡水库消落区类型多样、生态系统脆弱、植被恢复困难等突出问题,总结已有的研究成果,集成技术,积极开展三峡水库典型消落区植被恢复与生态重建的研究与试点示范,提出适宜三峡水库不同环境条件消落区的植被恢复和生态重建技术和模式并建立相应的实施技术规程具有非常重要的必要性和紧迫性,对三峡库区消落区脆弱生态系统恢复以及三峡水库生态屏障建设具有极为重要的现实意义,也为三峡后续工作中全面开展消落区生态环境建设和保护打下良好基础。

7.3　项目区概况

7.3.1　建设区相关自然地理

秭归县位于湖北省西部,长江西陵峡畔。地处长江上游下段的三峡河谷地带,属鄂西南山区。东经 $110°18'\sim111°0'$,北纬 $30°38'\sim31°11'$。东与宜昌市的三斗坪、太平溪、邓村交界,南同长阳的榔坪、贺家坪接壤,西邻巴东县的信陵、平阳坝、茶店子,北接兴山县的峡口、高桥。东南至太阳坪,与宜昌、长阳接壤;东北至五指山,与宜昌、兴山接壤;西南至香炉山,与巴东、长阳县接壤;西北至羊角尖,与巴东、兴山接壤。东西最大距离 66.1 km,南北最大距离为 60.6 km。全县土地面积 24.27×10⁴ ha,耕地面积 2.39×10⁴ ha,多以荒山林地为主,是一个典型的山区农业县。全县动态移民达 10 万之众,淹没综合指标占全库区的 10%,湖北省库区的 53%,宜昌市库区的 70%以上,是三峡工程移民大县。

吒溪河位于西陵峡畔西侧长江北岸,是长江的一级支流,沿岸有水田坝乡的上坝、下坝、龙口和归州镇的彭家坡等村。

童庄河也为长江一级支流,位于长江三峡河段的西陵峡南侧。童庄河发源于宜昌市长阳县与秭归县交界的云台荒东麓杨家湾和北麓罗家坪桃树淌一带,由南向北流经罗家坪、庙垭、文化、王家岭、牛岭、桐树湾、郭家坝、烟灯堡、头道河等集镇与村落,沿途汇纳了小河子溪、金溪、玄武洞河、龙潭河等支流,至郭家坝镇西侧的卜庄河处注入长江,全长 36.6 km。龙潭河为童庄河的主要支流,于观音阁处从右岸汇入,长 8.5 km。

本项目选择吒溪河东岸(东经 110°41′13″~110°41′38″,北纬 31°0′38″~31°3′58″)和童庄河郭家坝村玄武洞大桥至龙潭河大桥段(东经 110°42′21″~110°44′21″,北纬 30°54′40″~30°55′3″),开展植被恢复和生态修复试点示范。玄武洞大桥方向延伸至桥左侧消落区,龙潭河大桥方向从桥右侧码头规划区外开始计算。中间扣除玄武洞至龚家冲岸线,涉及华新水泥厂及专用码头的区域。

7.3.2　地质及地形地貌

秭归为大巴山、巫山余脉和八面山坳合地带。长江流经巴东县破水峡入境,横贯县境中部,流长 64 km,于茅坪河口出境,把秭归分为南北两部,构成独特的长江三峡山地地貌。境内山地丘陵占土地总面积的 80%左右,山峦起伏重叠,地势为四面高,中间低,呈盆地形。东部边境扇子山海拔 1,920 m;南部边境云台荒海拔 2,057 m(县境最高峰),茅坪河口海拔 40 m(县境最低点)。

7.3.3　气象与水文

秭归县属亚热带季风气候,年平均气温 17.9 ℃,年平均气温大于等于 10 ℃的活动积温为 5,723.6 ℃,年最冷月平均温度为 6.5 ℃,年无霜期为 306 d,降雨量为 1,000 mm 左右,空气相对湿度 72%,年日照时数 1,631.5 h。三峡工程建成后,冬季平均增温 0.3~1.3 ℃,夏季平均降温 0.9~1.2 ℃。

7.3.4 土壤与植被

秭归土壤类型主要由水稻土、冲积土、紫色土、黄壤、黄棕壤构成,具有较好的团粒结构,透气性好,保水保肥能力强,大部分土壤营养元素含量丰富。根据湖北省 2009 年森林资源二类调查成果,秭归县内森林覆盖率约 78.98%,林木绿化率为 81.82%。全县林地面积占土地总面积的81.57%,其中有林地面积占土地总面积的 60.29%。以常绿针、阔叶林及落叶阔叶林为主,主要分布在中高海拔地区。森林资源丰富,主要有松、杉、柑橘、油桐、板栗等。秭归东部植被覆盖面积比例高,各植被类型分布相对集中,在江边及支流附近多分布园地和灌、草地。乔木林多分布在中高海拔山坡上,其中,针叶林多分布在高海拔砂页岩山坡、阔叶林主要分布在支流谷地。

消落区主要母岩为紫色砂页岩,主要土壤类型为紫色沙壤土、水稻土和冲积土;消落区多为缓坡型(小于 15°)和中坡型消落区(15°~25°),有部分陡坡型消落区(大于 25°)。主要土地类型为弃耕地,部分区域水土流失和土壤侵蚀现象严重。

总体来说,消落区内植被盖度较低。对消落区内的物种进行调查统计,在项目区的消落区内发现 23 科 35 属 55 种植物(不包含种植的农作物),其中蕨类植物 1 种,木本植物 4 种,藤本植物 4 种,多年生草本植物 11 种,其余为一年生草本植物。能形成单优或共优群落的主要有狗牙根、酸模叶蓼、狗尾草、小黎、狼杷草、苍耳等物种(图 7-1)。

图 7-1 消落区的优势植物群落实例图

7.3.5 社会经济

全县辖 12 个乡(镇)、7 个居委会、186 个村、39.16 万人,其中农业人口

32.18 万人,城镇居民人均可支配收入达到 8,683 元,农民人均纯收入达到 2,507 元。三峡水库库区周边涉及秭归县 9 个乡镇、71 个村、7 个居委会、67,506 人。植被恢复区涉及吒溪河的归州镇彭家坡村消落区和水田坝镇龙口村消落区和童庄河的郭家坝镇郭家坝村消落区。其中,彭家坡村沿岸涉及 2 个组,190 户,675 人,2011 年人均纯收入 3,665 元;龙口村沿岸涉及 7 个组 533 户,1,454 人,人均纯收入 3,115 元;郭家坝村沿岸共涉及 7 个组,1,104 户,2,654 人,且多数为移民,2011 年人均纯收入 4,121 元。

7.3.6 生产经营管理

秭归县积极推进生态屏障区、消落区生态修复建设。先后启动和实施了消落区保留保护工程、消落区植被恢复示范工程建设、生态公益林建设工程、天然林资源保护工程、长江防护林建设工程等各类重点生态建设工程。这些重点生态工程的建设取得了明显成效。

7.3.7 土地资源

据现场调查,拟治理的消落区多为废弃耕地,对于可利用的土地资源紧张的当地农民来说,消落区是重要的可开发的土地资源,是增加经济收入的一个重要渠道。在消落区内土地开垦利用严重,栽种的农作物主要有玉米、花生、土豆、蔬菜、红薯等(图 7-2)。消落区被当地农民开垦利用严重,挖沙取石较多,水土流失和土壤侵蚀现象比较严重(图 7-3)。沿岸多为居民集聚区,造成的面源污染比较严重。因此,合理利用消落区,帮助农民增加经济收入,促进农民的积极性尤其重要。

图 7-2　消落区开垦实例图

图 7-3　消落区的不合理利用实例图

7.3.8　劳力资源

秭归县劳动力资源丰富,农业人口超过 33 万人,乡村劳动力超过 17 万人。劳动力素质不断提高,全县初中适龄人口入学率 94.37%,初中巩固率 98.02%,15 周岁人口初等教育完成率达 99.96%,17 周岁人口中等教育完成率达 90.37%。全县以秭归县职教中心、秭归县人才交流中心和秭归县劳动力市场为代表的职业教育蓬勃发展,培养了一大批职业技能人才。因此,完全能满足本项目的劳动力需求。

7.3.9　种苗供应

消落区植被恢复所需的物种都经过耐水淹试验检测,试验研究结果表明所需物种具备消落区的特殊环境。该项目所需的物种均为常见种,其中如杨树、桑树、水杉、池杉、狗牙根、牛鞭草等均实现了商品化的种苗供应。而对于一些没有商品化供应的种苗,一方面是可以在三峡库区就地取材,另一方面是秭归县建立了 20 亩的消落区适宜植物繁育基地。因此,项目建设所需种苗具有充分保障。

7.3.10　基础设施

项目区交通方便,消落区上部均有公路,不需进行较大规模的道路建设。对于一些公路不能达到的地方施工区域,也可以通过水路(沿江)到达。项目所在地均已通电,且通讯设施良好,均只需就近架设线路即可解决供电、供水与通讯问题。

7.3.11　现有相关项目

秭归县移民局先后启动并实施了秭归县消落区保留保护工程、生态公益林建设工程、城镇周边沿江绿化美化工程,还有正准备启动秭归县消落区湿地多样性保护试点示范工程。

7.3.12　其他需要分析的项目建设条件

无。

7.4　建设目标

7.4.1　项目建设目标

1.总体目标

根据国家有关法律、法规及方针政策,结合吒溪河、童庄河消落区的性质、范围、资源分布及自然地理、社会经济等情况,实施植被恢复工程,应因地制宜采用生态工程措施和植被恢复措施相结合的方式对消落区进行生态修复,构建消落区植被,恢复消落区生态系统。达到维持生物多样性、固结库岸土壤,减轻水土流失、净化水质的目的。并正确处理植被恢复、保护与利用的关系,促进社区经济与生态环境保护协调发展。

2.分期目标

(1)近期目标(2013—2014 年)

伴着"遵循自然规律,建设服务保护"的原则,前期目标是利用工程措施、生态措施、植被措施构建健康稳定的消落区植被。选择耐水淹的陆生植物和适宜的水生植物进行植被恢复,构建永久性的消落区湿地植被;建立较为完善的管理机制,包括健全各种管理制度,调整充实管理力量,建立运转灵活的管理体制,为项目的建设及管理打下良好的基础;加强宣传教育,改善与当地居民的关系,提高居民对湿地保护工作的认识,引导广大居民参与湿地的建设与保护工作。

(2)远期目标(2015—2020 年)

后期目标是在巩固植被恢复的基础上,进一步加强科研工作,加大保护管理工作力度,提高保护管理实效。开展植被的补种补植工作。

7.4.2　项目建设指导思想与建设原则

1.指导思想

以科学发展观为指导,落实环境保护的基本国策,以保护三峡水库防洪库容、明显改善消落区生态环境、构建水库生态屏障为目标,针对三峡水库消落区的生态特征和库区社会经济特点,根据生态学和湿地生物多样性保护的思想,以消落区生态修复为目的,构建永久性的消落区植被,着力解决和及时预防三峡水库消落区植被稀疏、水土流失严重、农民开垦利用造成的面源污染等生态环境问题,为区域社会经济可持续发展和三峡工程综合效益持续发挥提供保障。

2.建设原则

(1)坚持生态优先,兼顾景观的原则

消落区在每年冬春季因三峡水库蓄水被长期淹没,生态环境十分脆弱。在消落区湿地多样性保护及植被恢复工程中,采用必要的工程与保护管理措施维持消落区湿地环境类型的多样性,减缓消落区生境均质化的不利影响。营造适宜不同类型生物生存的自然环境,以提高消落区的生态环境质量,恢复消落区的正常生态功能为首要目标。

(2)坚持自然恢复为主,辅以适当的有经济价值或观赏价值的湿生植物和水生植物

植被恢复保护的目的是保护消落区的生态环境,提高消落区的生态环境质量,改善沿岸居民的生活水平。为达到此目的,消落区的湿地多样性保护实施封滩育草,实现消落区植被的自然恢复,加强消落区湿地多样性保护的宣传教育和管理,减少人为干扰和破坏。同时辅以必要的工程措施,营造适宜不同类型生物生存的自然环境。

(3)坚持因地制宜,分类治理的原则

消落区类型多样,环境条件各不相同。在消落区的植被恢复中,需要针对消落区的不同自然环境特点,根据实地情况建立一些有经济价值和观赏价值的专类园,适当增加当地居民收入。

(4)坚持治理的生态-经济-环境原则

消落区植被恢复规划设计中,应考虑消落区在水陆生态系统中的桥梁作用,发挥着污染物、营养元素及重金属的"库""源"等功能,同时要调动当地居民协调地方政府治理的积极性。因此,消落区生态恢复要注重生态调节、环境改善、污染物吸收、经济发展等主要功能。

7.4.3 建设任务

因地制宜,采用生态措施、工程措施和植被措施,实现秭归县吒溪河、童庄河植被恢复区域 184.58 ha。在项目实施中,构建植被面积 122.42 ha,生态工程护坡面积 12.10 ha,排水沟 5.61 km,蓄排坎 4.07 km,修建临时施工道路 7.2 km。建立并完善相应的管理机构和制度。

7.5　工程设计

7.5.1　项目建设总体布局

1.项目布局依据

项目布局的主要依据如下:
①《中华人民共和国森林法》;
②《中华人民共和国环境保护法》;
③《中华人民共和国水法》;
④《中华人民共和国渔业法》;
⑤《森林和野生动物类型自然保护区管理办法》;
⑥《自然保护区工程设计规范 》(LY/T5126—04);
⑦《自然保护区类型与级别划分原则》(GB/T14529—93);
⑧《湿地公约》;
⑨根据项目区生态环境特点并结合区域自然地理和社会经济状况等进行合理规划。

2.地类布局

秭归消落区植被恢复的区域为高程 145～175 m 区域。植被生态修复示范区依据地形、库岸坡度、土壤特征及水文特点划分为 145～160 m、160～170 m、170～175 m 三个子区域进行建设,总面积 184.58 ha。其中吒溪河植被恢复面积 80.98 ha,占总面积的 43.87%；童庄河植被恢复面积 103.60 ha,占总面积的 56.13%。具体分布情况见表 7-2。

表 7-2 植被恢复总体分布布局情况

位置		吒溪河		童庄河		小计	
		面积(ha)	占该区域百分比(%)	面积(ha)	占该区域百分比(%)	面积(ha)	占总面积的百分比(%)
145～160 m	<15°	16.19	41.13	26.94	51.97	43.13	23.36
	15°～25°	20.90	53.11	22.02	42.49	42.92	23.25
	>25°	2.27	5.76	2.87	5.54	5.14	2.78
	小计	39.35	100.00	51.83	100.00	91.19	49.40
160～170 m	<15°	8.47	32.04	9.49	26.20	18.06	9.78
	15°～25°	15.83	59.90	22.79	62.28	38.62	20.92
	>25°	2.13	8.06	4.21	11.52	6.34	3.44
	小计	26.42	100.00	36.59	100.00	63.02	34.14
170～175 m	<15°	3.59	23.60	2.04	13.43	5.62	3.05
	15°～25°	7.63	50.16	6.67	43.97	14.30	7.75
	>25°	3.99	26.25	6.46	42.60	10.45	5.66
	小计	15.20	100.00	15.17	100.00	30.38	16.46
总计		80.98	43.87	103.60	56.13	184.58	100.00

3. 功能区布局

受三峡水库水位涨落的影响,消落区呈周期性淹没,而这种淹没节律和出露时间与大部分河岸湿地刚好相反,因此,选择的物种必须具备耐冬季水淹的特性；其次,消落区呈带状分布,在海拔上垂直落差较大。因此,消落区的植被恢复应根据不同高程的水淹时间和不同植物的耐水淹能力来进行,基于此,将分为三个区域进行建设。

(1)低矮草本区

145～160 m 消落区,该区域水淹时间最长,水力冲刷明显,水土流失和土壤侵蚀严重。原有陆生植被大多消亡,地形多变。植物选择以匍匐草本为主,主要品种为耐淹性能极强的狗牙根和双穗雀稗等优势种。

(2)高大草本(高草)-灌木区

160~170 m消落区,该区域水位波动较为频繁,同时出露时间相对较长,而且多为蓄水前的耕地,土壤较好。该区域植被恢复主要是多年生草本及耐水淹灌木为主,除狗牙根、双穗雀稗草坪外,选用牛鞭草、块茎苔草、暗绿蒿、硬秆子草,并适当辅以一些耐水淹能力较好的灌木如秋华柳、中华蚊母等。

(3)乔灌草混种区

170~175 m消落区,本区域水淹时间最短,出露时间最早。该区域的植被恢复采用乔-灌-草相结合的方式,本区内乔木采用"三五成群,错落有致"的方式布置,树下部种植草灌,构建丰富的层次感。草本主要以林下匍匐生长的草本为主,可在该区域内种植经济防护林,如枸杞、桑树、杨树等。

4. 措施布局

三位植物网护坡主要是用于坡度在10°~15°缓坡区域内水土流失和土壤侵蚀相对较厉害地方。该区域的特点主要是土壤主要为冲积土,土壤层相对较厚。植生袋护坡主要是用于坡度在15°~25°的中缓坡内土壤层相对较薄,不利于植物的定植生长的区域。

绿化混凝土护坡主要是用于坡度大于25°的陡坡内以易发生滑坡的区域。该区域的特点主要是土壤层较薄,大量植物不能生长。

7.5.2 项目建设内容与规模

利用适应消落区水位变化的适宜植物,采用生物治理和生态护坡技术进行秭归吒溪河、童庄河消落区植被恢复和生态修复184.58 ha,开展秭归县三峡水库消落区人工植被组建和群落结构优化配置的试点示范。

7.5.3 生态措施工程

1.三维植物网护坡工程

(1)布置原则

三维植物网布设在坡度较大、土壤较薄、水土流失和土壤侵蚀比较严重以及植物不容易定植的区域;布设区域坡度在10°~15°;当坡长超过10 m,

需要分级处理。

（2）三维网护坡设计

①三维植物网护坡是指利用活性植物并结合土工合成材料等工程材料，在坡面构建一个具有自身生长能力的防护系统，通过植物的生长对边坡进行加固的一门新技术。根据边坡地形地貌、土质和区域气候的特点，在边坡表面覆盖一层土工合成材料并按一定的组合与间距种植多种植物。通过植物的生长活动达到根系加筋、茎叶防冲蚀的目的，经过生态护坡技术处理，可在坡面形成茂密的植被覆盖，在表土层形成盘根错节的根系，有效抑制暴雨径流对边坡的侵蚀，增加土体的抗剪强度，减小孔隙水压力和土体自重力，从而大幅度提高边坡的稳定性和抗冲刷能力。三维植物网护坡设计及实物见图 7-4。

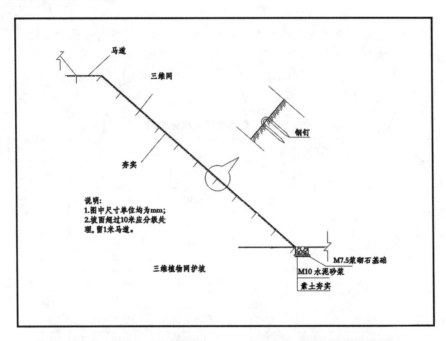

图 7-4　三维植物网

②三维网的剪裁长度应比坡面长 130 cm,坡面长为 10 m,超过 10 m,需要进行分级处理。网之间要重叠搭接,搭接宽度为 10 cm,三维网用"U"形钉或聚乙烯塑料钉固定在坡面上,也可用钢钉,但需配以垫圈。钉长 30 cm,松土应加长。钉的间距为 100 cm(包括搭接处)。坡脚采用浆砌石基础,浆砌石基础断面,高 30 cm,宽 50 cm,底部土要夯实,铺设 5 cm 厚 M10 水泥砂浆垫层。设计图见 7-5。

③施工要求。对坡面进行人工细致整平,清除所有岩石、碎泥块、植物、垃圾和其他不利于三维网与坡面紧密结合的阻碍物;施工结束后,在表面覆盖无纺布,亦可在当地取稻草、麦秸、草帘等材料,防止坡面径流冲刷。及时浇水,保持表层湿润,促进植物种发芽;超过 10 m 应分级处理,留 1 m 宽马道。

(3)三维植物网工程量

根据三维植物网的布置原则,结合吒溪河和童庄河的实际地形及地质,同时考虑到施工的要求,吒溪河共构建三维植物网 33,420.52 m²,童庄河共 49,602.09 m²。两河共 83,022.61 m²。面积分布和工程量分别见表 7-3、表 7-4。三维网详图见附图 7-1。

表 7-3 三维植物网面积分布表

序号	吒溪河(m²)		童庄河(m²)		备注
	斑块编号	面积	斑块编号	面积	
1	ZX-W-01	2,450.13	TZ-W-01	8,849.28	
2	ZX-W-02	3,153.21	TZ-W-02	2,989.87	
3	ZX-W-03	6,456.85	TZ-W-03	2,675.02	
4	ZX-W-04	1,532.52	TZ-W-04	2,914.15	
5	ZX-W-05	8,670.1	TZ-W-05	6,094.72	
6	ZX-W-06	11,157.71	TZ-W-06	10,175.63	
7			TZ-W-07	6,321.77	
8			TZ-W-08	4,318.80	
9			TZ-W-09	5,262.84	
小计		33,420.52		49,602.09	
合计	83,022.61				

表 7-4　三维植物网工程量表

序号	名称	规格	单位	数量			备注
				吒溪河(m²)	童庄河(m²)	总计	
吒溪河	无纺布	100%聚丙烯	m²	35,091.55	52,082.19	87,173.74	重叠率取 5%
1	U 型钢钉	$L=30$ cm	只	70,186	10,4167	174,353	
2	混合草种	按狗牙根、双惠雀裨、牛鞭草、芦苇、菖蒲、硬秆子草、香根草比例:30:30:15:5:10:5:5	m²	33,420.52	49,602.09	83,022.61	
3	浆砌石		m³	538.48	733.51	1,272.00	
4	素混凝土垫层		m³	89.75	122.25	212.00	
5	夯实面积		m²	33,420.52	49,602.09	83,022.61	

2.生态植生袋护坡工程

(1)布置原则

植生袋护坡主要是用于中缓坡内土壤层相对较薄,不利于植物的定植生长的区域。

布设区域坡度在 15°~25°;当坡长超过 10 m,需要分级处理,留 1 m 宽马道。

(2)生态植生袋护坡设计

①生态植生袋的规格:L×B×H=(1.0~2.0)×0.2×0.4 m,生态植生袋按优质土、砂、复合肥、腐殖质和保水剂等科学合理配比而成。采用无纺布和遮阳网制作,具有抗紫外线、抗老化、抗酸碱盐、抗微生物侵蚀、透水不透土等特点。既能防止填充物(土壤和营养成分混合物)流失,又能实现水分在土壤中的正常交流。护坡植生绿化系统中植物及其根系可以很好地穿透植生袋生长,根系在土壤中盘根错节产生强大的牵引力,从而达到生态

绿化与固坡的目的。生态植生袋护坡设计及实物见图 7-5。

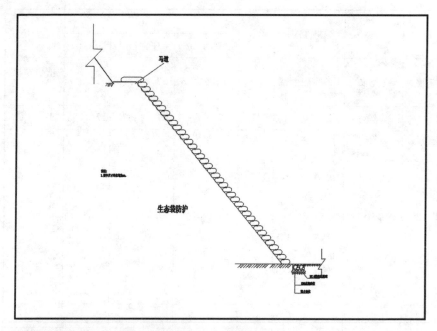

图 7-5　生态植生袋

②生态植生袋之间要重叠搭接,搭接宽度为 100 mm,用专用锚杆固定在坡面上,然后相互之间用联接扣相连。生态植生袋每 10 m 长需分级,中间用 1 m 宽马道分割。坡脚采用浆砌石基础。浆砌石基础断面,高 30 cm,宽 60 cm,底部土要夯实,铺设 50 mm 厚 M10 水泥砂浆垫层。生态植生袋详图见图 7-5。

③施工要求

对坡面进行人工细致整平,清除所有岩石、碎泥块、植物、垃圾和其他不利于生态植生袋与坡面紧密结合的阻碍物;施工结束后,及时浇水,保持表层湿润,促进植物种发芽;超过 10 m 应分级处理,留 1 m 宽马道。

（3）生态植生袋工程量。

根据生态植生袋的布置原则，结合吒溪河和童庄河的实际地形及地质，同时考虑到施工的要求，吒溪河共构建生态植生袋 8,787.32 m²，童庄河共 14,616.84 m²。两河共 23,404.16m²。面积分布和工程量分别见表 7-5、表 7-6。

表 7-5　生态植生袋面积分布表

序号	吒溪河（m²）		童庄河（m²）		备注
	斑块编号	面积	斑块编号	面积	
1	ZX-D-01	2,003.28	TZ-D-01	1,368.07	
2	ZX-D-02	2,457.60	TZ-D-02	3,059.76	
3	ZX-D-03	2,207.94	TZ-D-03	2,330.18	
4	ZX-D-04	483.42	TZ-D-04	2,082.50	
5	ZX-D-05	1,635.08	TZ-D-05	5,776.32	
小计		8,787.32		14,616.84	
合计		23404.16			

表 7-6　生态植生袋工程量表

序号	名称	规格	单位	数量			备注
				吒溪河（m²）	童庄河（m²）	总计	
1	生态植生袋	(1.0～2.0)× 0.2×0.4 m	m²	9,226.69	15,347.68	24,574.37	重叠面积计 5%
2	联接扣		只	123,025.00	204,638.00	327,663.00	
3	浆砌石		m³	201.75	473.53	675.28	
4	素混凝土垫层		m³	33.63	78.92	112.55	

3．绿化混凝土护坡工程

（1）布置原则

绿化混凝土护坡主要是用于坡度大于 25°的陡坡内易发生滑坡的区域。该区域的特点主要是土壤层较薄，大量植物不能生长。

布设区域坡度在 25°以上区域。

（2）绿化混凝土护坡设计

①绿化混凝土是通过材料筛选、添加功能性添加剂、采用特殊工艺制造

出来的具有特殊结构与功能，能减少环境负荷，提高其与生态环境的相协调性，并能为环保做出贡献的混凝土。

绿化混凝土主要由水泥、粗骨料、减水剂和营养液等拌制而成。由于缺少普通混凝土中的砂，胶凝材料不足以填充粗骨料的孔隙而形成蜂窝状结构，具有连续性多孔特点及良好的透水性和透气性，使绿色植物和水中生物能在其中正常生长。

植草后的绿化混凝土护坡具有较好的抗冲性能，覆草对水流的缓冲作用同样可起到降低流速，增强落淤，净化水质，美化环境，改善生态的效果，对自然环境和生态平衡具有积极的保护作用。绿化混凝土护坡设计及实物见图7-6。

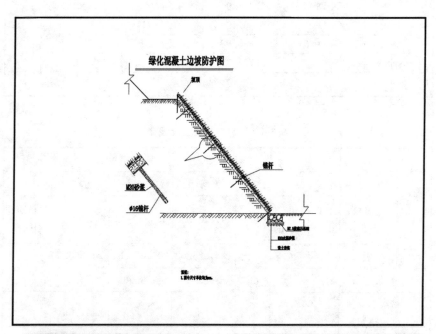

图7-6　绿化混凝土

②绿化混凝土通过土、水泥、腐殖质、缓释肥、保水剂、绿化添加剂、草种、水等按一定比例混合而成,起到绿化和保持水土的双重作用。各网格之间通过土工网和锚杆加固。坡脚采用浆砌石基础。浆砌石基础断面,高 30 cm,宽 60 cm,底部土要夯实,铺设 5 cm 厚 M10 水泥砂浆垫层。绿化混凝土设计图见 7-7。

③施工要求。

对坡面进行人工细致整平,清除所有岩石、碎泥块、植物、垃圾和其他不利于绿化混凝土与坡面紧密结合的阻碍物;施工结束后,及时浇水,保持表层湿润,促进植物种发芽。

(3)绿化混凝土工程量

根据绿化混凝土的布置原则,结合吒溪河和童庄河的实际地形及地质,同时考虑到施工的要求,吒溪河共构建绿化混凝土 6,621.54 m²,童庄河共 7,927.43 m²。两河共 14,539.97 m²。面积分布和工程量分别见表 7-7、表 7-8。

表 7-7　绿化混凝土面积分布表

序号	吒溪河(m²)		童庄河(m²)		备注
	斑块编号	面积	斑块编号	面积	
	ZX-H-01	833.09	TZ-H-01	836.80	
	ZX-H-02	381.72	TZ-H-02	1,471.30	
	ZX-H-03	1,051.77	TZ-H-03	1,274.11	
	ZX-H-04	913.66	TZ-H-04	1,705.62	
	ZX-H-05	3,432.30	TZ-H-05	1,173.64	
			TZ-H-06	970.99	
			TZ-H-07	494.98	
小计		6,612.54		7,927.43	
合计		14,539.97			

表 7-8　绿化混凝土工程量表

序号	名称	规格	单位	数量			备注
				吒溪河(m²)	童庄河(m²)	总计	
1	绿化混凝土	$H=0.1$ m	m³	6,612.54	7,927.43	14,539.97	
2	专用锚杆	$\varphi 16, L=30$ cm	只	5,880	7,049	12,929	
3	土工网		m²	6,943.17	8,323.80	15,266.97	重叠率取 5%

续表

序号	名称	规格	单位	数量			备注
				吒溪河(m²)	童庄河(m²)	总计	
4	浆砌石		m³	127.08	101.28	228.36	
5	素混凝土垫层		m³	25.42	18.99	44.41	

7.5.4　植物群落恢复

1.布置原则

在消落区植被恢复和生态修复中的植物选择上,从最低水位线到最高水位线的不同高程上要选择使用具有不同耐淹能力和恢复生长能力的植物,并要考虑不同的生长型类型。总的原则是耐淹能力强的植物要种植在低高程带,耐淹能力相对较弱的植物要种植在更高的高程带上,保证不同高程带上种植耐淹能力合适的植物。从生长型来看,考虑到不同生长型植物的耐淹能力的差异,同时兼顾三峡水库的管理规定,在消落区的低高程区域选择使用以草本植物为主的植物,随高程的逐渐增高,依次增加灌木物种,在消落区最高水位线附近可选用耐淹的乔木物种。需要注意的是,为形成合理的群落结构以保证正常的群落生态功能发挥,草本植物物种在考虑其耐淹能力大小的基础上应在消落区不同高程区域均要选用。

根据消落区植被恢复和生态修复的有关规定,结合植物耐淹能力和生长能力,在本项目中主要选取以下植物,根据不同的高程,选择相应植物种植。各种植物的特征及特性详见下表 7-9。植物的高程选择见表 7-10。

表 7-9　植物特性表

物种	形态特征	生态习性及用途
水杉、池杉	落叶乔木,幼树树冠尖塔形,老树则为广圆头形;树皮灰褐色或深灰色,裂成条片状脱落,内皮淡紫褐色;大枝近轮生,小枝对生或近对生,下垂	喜光,耐贫瘠和干旱,净化空气,生长缓慢,移栽容易成活;适应温度为零下 8～38℃。

续表

物种	形态特征	生态习性及用途
桑	落叶乔木;树冠广倒卵形,树皮灰黑色,不规则开裂,叶窄披针形或条状披针形,先端长渐尖	喜光,对气候、土壤适应性都很强;耐寒,可耐低温;耐旱,不耐水湿;抗风,耐烟尘,抗有毒气体。
枫杨	叶多为偶数或稀奇数羽状复叶,叶轴具翅至翅不甚发达,与叶柄一样被有疏或密的短毛;对生或稀近对生,长椭圆形-至长椭圆状披针形,顶端常钝圆或稀急尖,基部歪斜	喜光性树种,不耐庇荫,但耐水湿、耐寒、耐旱。深根性,主、侧根均发达,以深厚肥沃的河床两岸生长良好。速生性,萌蘖能力强,对二氧化硫、氯气等抗性强,叶片有毒,鱼池附近不宜栽植
红叶杨	落叶乔木;树干通直、挺拔、丰满、高大;叶面长 12～25 cm 之间;发芽早,落叶晚;根系发达,活力强	生长快、易栽植;抗性强;耐干旱耐水渍能力强,耐低温
竹柳	落叶乔木,有良好的树形高度可达 20 m 以上;树冠塔形,分枝均匀;叶披针形,单叶互生;叶柄微红、较短	喜光,耐寒性强,耐低温;喜水湿,耐干旱,有良好的树形,对土壤要求不严;主根很深,侧根和须根广布于各土层中,能起到良好的固土作用
秋华柳	灌木,通常高 1 m 左右;叶通常为长圆状倒披针形或倒卵状长圆形,形状多变化,叶柄短	生于山谷河边;产西藏东部、云南北部、贵州、四川、湖北西部、甘肃东南部、陕西南部、河南等地
柳树	垂柳是高大乔木,树冠倒广卵形。小枝细长,枝条非常柔软,细枝下垂,叶狭披针形至线状披针形,先端渐长尖,缘有细锯齿,表面绿色,背面蓝灰绿色	喜光,喜温暖湿润气候及潮湿深厚的酸性及中性土壤。较耐寒,特耐水湿,但亦能生于土层深厚的干燥地区,最好以肥沃土壤最佳,也是水土固沙的好树种

续表

物种	形态特征	生态习性及用途
狗牙根	多年生草本;再生能力强,耐践踏;恢复能力、侵占能力强	喜温暖湿润气候;耐阴性和耐寒性较差;喜排水良好的肥沃土壤;是很好的固堤、保土植物;可作草坪
双穗雀稗	多年生草本;匍匐茎横走、粗壮,长达1 m;叶片披针形;生长势很强,很难消除	多用它与其他草种混合栽种于低洼湿地或排水略差之处;当其他草种失利时,此草因性喜湿可取而代之
芦苇	多年水生或湿生的高大禾草;植株高大,地下有发达的匍匐根茎;茎秆直立,叶鞘圆筒形	多生于低湿地或浅水中;生长于池沼、河岸、河溪边多水地区,常形成苇塘
菖蒲	为多年生宿根性沼泽草本植物;植株高0.6~1 m	生于池塘、河滩、渠旁、潮湿多水处,常成丛、成片生长;对土壤要求不严,以含丰富有机质的塘泥最好,较耐寒
牛鞭草	多年生草本,具长而横走的根茎;秆高0.4~0.8 m左右;叶片线形,单生茎顶或腋生。	生于水边或沟边湿地上;可作饲料
硬秆子草	多年生草本;秆坚硬似小竹,多分枝;叶片条状扳外形,常有白粉,基部渐狭	生长于林下疏林、灌木丛类草地,山坡、田野或路旁
香根草	多年生粗壮草本;须根含挥发性浓郁的香气;秆丛生,中空;叶鞘无毛,具背脊;叶舌短,边缘具纤毛;叶片线形,直伸,扁平,下部对折,与叶鞘相连而无明显的界线,无毛,边缘粗糙,顶生叶片较小	香根草能适应各种土壤环境,强酸强碱、重金属和干旱、渍水、贫瘠等条件下都能生长。香根草属低补偿(C4)植物,光合作用强,日温达10℃时就萌发生长

表 7-10　植物高程配置

高程	物种
145～160 m	狗牙根、双穗雀稗
160～170 m	牛鞭草、芦苇、硬秆子草、菖蒲、香根草
170～175 m	水杉、桑、红叶杨、枫杨、柳树、竹柳、秋华柳

2. 秭归消落区植被措施的配置设计

保护区主要母岩为紫色页岩和砂岩,主要土壤类型为紫色土和水稻土;消落区为中坡型消落区,消落区主要高程范围为 145～170 m。各高程段面积及占总面积的比例分布见表 7-1。

根据该试点地点消落区的地形、土壤、坡度、水文条件等特点,不同高程消落区采用的植物配置如下,详图见附图 2 及附图 3。

(1) Ⅰ 区:145～160 m 高程段植被恢复设计

该区域总面积 91.19 ha,占总面积的 49.40%,其中吒溪河 39.35 ha,童庄河 51.83 ha。15°以下缓坡 43.13 ha,占总面积的 23.36%,其中吒溪河 16.19 ha,童庄河 26.94 ha;15°～25°中缓坡 42.92 ha,占总面积的 23.25%,其中吒溪河 20.90 ha,童庄河 22.02 ha;25°以上陡坡 5.14 ha,占该区域面积的 2.78%,其中吒溪河 2.27 ha,童庄河 2.87 ha(表 7-1)。

该区域水淹时间最长,水力冲刷明显,水土流失和土壤侵蚀严重。原有陆生植被大多消亡,地形多变。该区域处于消落区结构的底层,因此该区域工程防护应以结构稳定性为前提,同时兼顾生态功能。因此,本区域根据地形修建一些"蓄排坎"。另外,还需在一些特定缓坡、中缓坡及陡坡采用三维植物网护坡措施,并栽种双穗雀稗、狗牙根等。在植被稀疏,裸露较为严重的区域种植一些耐水淹的匍匐草本植物,主要品种为耐淹性能极强的双穗雀稗(图 7-7)和狗牙根草(图 7-8)等。

图 7-7　双穗雀稗

图 7-8　狗牙根草

（2）Ⅱ区：160～170 m 消落区植被恢复设计

该区域总面积 63.02 ha,占总面积的 34.14%,其中吒溪河 26.42 ha,童庄河 36.591 ha。15°以下缓坡 18.06 ha,占总面积的 9.78%,其中吒溪河 8.47 ha,童庄河 9.59 ha;15°～25°中缓坡 38.62 ha,占总面积的 20.92%,其中吒溪河 15.83 ha,童庄河 22.79 ha;25°以上陡坡 6.34 ha,占总面积的 3.44%,其中吒溪河 2.13 ha,童庄河 4.21 ha(表 7-1)。

该区域水位波动较为频繁,同时出露时间相对较长,而且多为蓄水前的耕地,土壤较好。多数中缓坡区域被当地农民开垦利用,面源污染相对较重。因此,该区域植被恢复主要是自然恢复为主,但在植被稀疏、盖度较低,水土流失严重的区域辅以人工植被恢复,主要是多年生草本及耐水淹灌木为主,除狗牙根、双穗雀稗草坪外,选用牛鞭草(图 7-9)、芦苇(图 7-10)、菖蒲、硬秆子草、香根草等,并适当辅以一些耐水淹能力较好的灌木如秋华柳等。

图 7-9 牛鞭草

图 7-10 芦苇

（3）Ⅲ区：170～175 m 消落区植被恢复设计

该区域总面积 30.38 ha,占总面积的 16.46%。15°以下缓坡 5.62 ha,占总面积的 3.05%,其中吒溪河 3.59 ha,童庄河 2.04 ha;15°～25°中缓坡 14.30 ha,占总面积的 7.75%,其中吒溪河 7.63 ha,童庄河 6.67 ha;25°以上陡坡 10.45 ha,占总面积的 5.66%,其中吒溪河 3.99 ha,童庄河 6.46 ha(表 7-11)。

本区域水淹时间最短,出露时间最早,因此该区域的消落区植被长势相对较好。本区域草本植物以自然恢复为主,人工恢复主要是种植一些耐水淹的乔木和灌木。乔木的选择要与生态防护带的规划设计保持一致。可在该区域内种植具备经济价值的树种如水杉、桑树和杨树,具体见图 7-11,促进当地经济发展。

桑树　　　　　　　　　　　枫杨

红叶杨　　　　　　　　　　水杉

秋华柳　　　　　　竹柳

图 7-11　适宜三峡水库消落区植被恢复的木本植物

3.植被恢复工程量

根据不同高程水淹时间的长度,结合不同植物的生长特性及耐水淹能力,在不同高程的消落区进行不同植物群落配置。植被恢复主要采用补种补植策略,其种类、密度、规格及面积如表 7-11。

表 7-11　植被恢复工程量

序号	苗木	种植密度	规格（cm）	单位	吒溪河	童庄河	合计	备注
1	水杉、池杉	1株/6m²	干径2～3	m²	40,009.00	47,612.21	87,621.21	
2	桑	1株/4m²	干径0.5～1	m²	19,440.28	34,771.46	54,211.74	
3	枫杨	1株/6m²	2年生以上	m²	4,304.90	7,780.22	12,085.12	
4	红叶杨	1株/6m²	干径2～3	m²	33,722.35	35,204.43	68,926.78	
5	竹柳	1株/5m²	干径1～2	m²	15,565.67	29,477.42	45,043.09	
6	秋华柳	2株/5m²	高60	m²	21,352.81	5,785.06	27,137.87	
7	柳树	1株/5m²	高40	m²	2,353.14	3,324.93	5,678.07	
8	狗牙根	12～16丛/m²		m²	351,020.06	343,155.47	694,175.53	
9	双穗雀稗	12兜/m²		m²	29,451.76	46,248.62	75,700.38	
10	牛鞭草	9丛/m²		m²	31,832.82	49,143.68	80,976.50	
11	芦苇	16～24芽/m²		m²	8,942.83	11,702.87	20,645.70	
12	菖蒲	16～24株/m²		m²	11,967.26	18,730.29	30,697.55	
13	硬秆子草	9丛/m²		m²	3,515.04	5,681.00	9,196.04	
14	香根草	6丛/m²		m²	4,729.34	7,406.67	12,136.01	
15	合计				578,207.26	646,024.324	1,224,231.58	

4. 植物栽植与植被管护

（1）植物栽植技术

①乔木。根据苗木大小开挖植穴，一般为 800×800×600 mm 大小，苗木放入植穴时，要使根部舒展，不能扭曲。苗木定位放好后，然后覆土，先放开挖植穴时挖出的表土，后放底土，边覆边夯实，覆土后，浇定根水，使水慢慢下渗保证整个根系都充分与土壤接触并有足够水分供应。浇水后继续覆土，在植穴中央形成小丘。对于坡度大的消落区，应用石块或卵石压在覆土

上,防止土壤被水冲刷后流失。对于水流冲刷厉害的干流消落区,应用木桩稳固苗木(木桩长度根据苗木高度不同而定),木桩打入地下 50～60 cm,地上部分用绳子与苗木树干相连固定。

②灌木和高大草本(高草)。根据苗木大小开挖植穴,灌木一般为 500×400×400 mm 大小,高大草本一般为 300×300×300 mm 大小,苗木放入植穴时,要使根部舒展,不能扭曲。苗木定位放好后,然后覆土,先放开挖植穴时挖出的表土,后放底土,边覆边夯实,覆土后,浇定根水,使水慢慢下渗保证整个根系都充分与土壤接触并有足够水分供应。浇水后继续覆土,在植穴中央形成小丘。

③小灌木和草本。采用穴状、条状方式进行栽植,小灌木一般为 300×300×300 mm 大小,草本一般为 300×200×100 mm 大小,在采用此方式栽植时,同样要注意浇足定根水。

(2)植物栽植季节

根据三峡水库运行调度要求,每年 1 月水库水位下降消落区开始出露,6 月水库水位下降到最低,9 月水库开始蓄水水位上升消落区再次被淹没。因此与普通的植树造林不同,在消落区进行植被构建时能够用来进行植物栽种的时间很紧迫。消落区植被构建选用的植物有乔木、灌木和草本,乔木、灌木通常栽种的季节在冬季和早春植物萌动之前,但消落区水位下降出水暴露时早春已过,因此在消落区植被构建时,一旦消落区水位开始下降就要进行植物栽种,随着水位的不断下降而逐渐进行不同物种植物的栽种,以保证所有栽种的植物在 9 月水位再次上升前有更多的时间进行生长,积累营养以抵御水淹逆境。由于消落区暴露出水的时间已经错过了植物栽植的最佳季节,因此栽植成活率会降低。在具体栽种时,不同的植物物种因其生长物候和对温度光照的需求不同,栽种的具体时间可以有所不同。各种植物具体栽培时间见表 7-12。

表 7-12　植物种植时间表

种植时间(月份)	高程(m)	植物品种
5～8	145～160	狗牙根、双穗雀稗
2～6	160～170	牛鞭草、芦苇、硬秆子草、菖蒲、香根草
1～3	170～175	水杉、桑、红叶杨、枫杨、柳树、竹柳、秋华柳

(3)植被管护

在消落区按照设计的物种配置和植被构建模式建设消落区植被后,应注重对植被的抚育管理,保证植被正式生长。对于构建的植被,要加强水位

未上涨淹没前的管理,同时也要注意水位上涨淹没后的管理,具体管理内容如下:

①未淹没时的管理。

A、对试点示范区域用围栏圈定,并设立标志和警示牌,防止有意和无意的人为破坏以及牲畜放牧啃食破坏。

B、专人定时巡查,及时发现对影响植被生长的自然和人为因素,及时处理。

C、除草:消落区植被构建初期抚育要注意除掉一年生的杂草以减少对栽植植株生长的影响。消落区植被构建之时正是光照温度充足合适的时候,一些杂草会影响栽种的植物特别是草本植物和灌木,影响栽植植株定居,同时与栽植的植物争夺土壤养分,因此要勤除杂草,保证栽种植株不被杂草遮蔽,能够很好生长,尽快定居。

D、加土扶正:发现植株主干摇动的,应填土培实;发现倾斜歪倒的,要支架加固扶正,防止风倒;植穴泥土过低的,应及时覆土填平,防止雨后积水影响刚栽植的植物根系生长和植株定居。

E、补植:在植被构建半个月后水淹之前,要及时检查,对缺株、死亡株、病虫株进行清除,及时补植或重新栽种,确保栽种植株的成活率和植被构建成功。

F、其他管理:根据植物物种需要,适时修枝、整形,做好病虫害防治工作,并注意防止干旱,在有旱情时及时浇水抗旱,保证植株能够正常快速生长,成功定居。

②水位上涨淹没后的管理。

A、对试点示范区域所在的位置和范围要设立标志,并设立警示牌,防止水位上涨后渔民捕鱼拉网、过往船只停靠、锚定等对淹没的植被造成破坏。

B、专人定时巡查,及时发现并及时处理对影响破坏植被及可能影响破坏植被的自然和人为因素。

7.5.5 排水沟工程

1.布置原则

为了防止地表径流冲刷土壤,造成水土流失,应纵向建造排水沟,结合原有水系,均匀分布。

2.断面设计

(1)排水沟设计

排水沟按 10 年一遇 6 h 暴雨设计。

根据计算出的最大径流量,按明渠均匀流公式计算。

$$A = Q/C\sqrt{Ri}$$

式中：A—截排水沟断面面积,m^2；

　　　C—谢才系数；

　　　R—水力半径,m；

　　　I—截排水沟比降。

考虑到施工和后期管理的方便,参照当地水土保持治理经验,综合确定排水沟为梯形断面,砼压顶、护底,其面宽为 70 cm,底宽为 20 cm,深30 cm。断面采用浆砌石衬砌,衬砌厚度 20 cm,排水沟比降为0.23。设计示意图见7-12。

(2)排水沟施工要求

排水沟的纵坡一般按自然坡降来确定,按明渠进行施工,必须保证沟道畅通,符合水力曲线要求,严禁出现转急弯或大小不等的葫芦节。

(3)设计长度

项目区内共修建排水沟共 56 条,总长 5,608.1 m,其中吒溪河 2,485.9 m,童庄河 3,122.2 m,各桩号段具体数量见表 7-13。

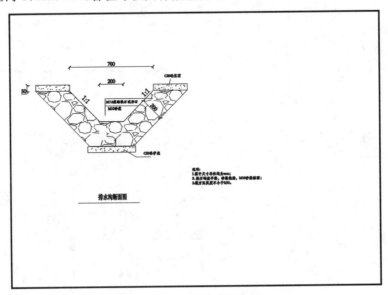

图 7-12　排水沟断面设计

表 7-13　排水沟工程特性表

序号	长度(m)						备注
	桩号范围	编号	吒溪河	桩号范围	编号	童庄河	
1	KZ0＋000～KZ0＋700	P-01	112.5	KT0＋000～KT0＋400	P-01	57.1	
2		P-02	104.0		P-02	112.2	
3	KZ0＋700～KZ1＋500	P-03	156.8		P-03	190.6	
4		P-04	99.3	KT0＋400～KT0＋800	P-04	159.1	
5		P-05	54.8		P-05	83.2	
6		P-06	43.8	KT0＋800～KT1＋200	P-06	154.0	
7	KZ1＋500～KZ2＋400	P-07	112.4		P-07	139.1	
8		P-08	92.0		P-08	137.8	
9		P-09	138.2		P-09	69.1	
10		P-10	120.9		P-10	71.4	
11		P-11	80.6		P-11	76.2	
12	KZ2＋400～KZ3＋200	P-12	73.3	KT1＋200～KT1＋600	P-12	75.6	
13		P-13	122.5		P-13	150.7	
14		P-14	123.3		P-14	64.7	
15	KZ3＋200～KZ4＋000	P-15	99.8		P-15	81.6	
16		P-16	95.3		P-16	254.4	
17		P-17	57.6	KT1＋600～KT2＋000	P-17	166.4	
18	KZ4＋000～KZ4＋850	P-18	90.8		P-18	61.1	
19	KZ4＋850～KZ5＋600	P-19	92.0	KT2＋000～KT2＋400	P-19	183.0	
20		P-20	96.8		P-20	69.0	

序号	桩号范围	编号	长度(m) 吒溪河	桩号范围	编号	童庄河	备注
21		P-21	100.2		P-21	73.0	
22		P-22	103.1		P-22	78.6	
23		P-23	68.6		P-23	84.7	
24		P-24	53.9		P-24	158.2	
25	KZ5+600～ KZ6+500	P-25	45.5	KT2+400～ KT2+800	P-25	106.4	
26		P-26	51.3	KT2+800～ KT3+200	P-26	79.9	
27		P-27	57.8		P-27	114.9	
28		P-28	39.0	KT3+200～ KT3+600	P-28	70.2	
29			2,485.9			3,122.2	
30	合计		5,608.1				

排水沟标准断面要素及工程量见表 7-14,排水沟详图见图 7-12。

表 7-14　排水沟标准断面要素及工程量表

断面尺寸			侧墙尺寸		混凝土护底	混凝土压顶	工程量		
底宽 (m)	深 (m)	面宽 (m)	坡比	厚 (m)	厚 (m)	厚 (m)	挖方 (m³)	浆砌石 (m³)	C20 混凝土 (m³)
0.3	0.4	0.7	1.1	0.2	0.05	0.05	2,691.2	1,427.6	270.75

7.5.6　蓄排坎工程

1.布置原则

在风浪较大,水土流失和土壤侵蚀比较严重的区域需要建立一些蓄排坎,以形成梯带田的形式来防止土壤流失。利用蓄排坎形成一些间歇性的水塘,水塘内地水主要来源于自然降雨和洪水,里面种植一些高大的草本植物。

蓄排坎沿等高线布置,石坎顺势,大弯就势,小弯取直。

2.蓄排坎断面设计

坎高:主要根据田面宽度、土质而定,根据项目区的多年实践,坎高 80 cm 为宜,田坎高出梯田面 10 cm。

坎宽:取决于坎高、田坎边坡系数,田坎高、边坡系数大,则坎宽些。石坎顶宽 30 cm,石坎底宽 50 cm。

边坡系数:为防止田坎塌陷,横断面应有一定的边坡,边坡系数 1∶0.25(76°)。

蓄排坎详图见图 7-13。

(1)蓄排坎稳定性验证

采用整体圆弧滑动法土坡稳定分析进行验证,该小流域坡耕地土层主要为紫色土壤,根据试验,土壤内摩擦角 $\psi=20°$,土壤粘聚力 $c=10\sim12$ kPa,土壤容重 $r=18$ kN/m^3,该图斑田坎高度 $h=0.8$ m,田坎侧坡 $a=76°$(1∶0.25)来进行稳定性验证,根据稳定数 N_s 计算图(图 7-14),查得当田坎侧坡 $a=76°$,土壤内摩擦角 $\psi=20°$时,稳定数 $N_s=0.14$,所以土坡最大高度

$$H=\frac{c}{r\times N_s}=\frac{10}{18\times0.14}=3.9>0.8 \text{ m},$$所以该梯田的边坡是稳定的。

稳定度 N_S 见下图 7-15。

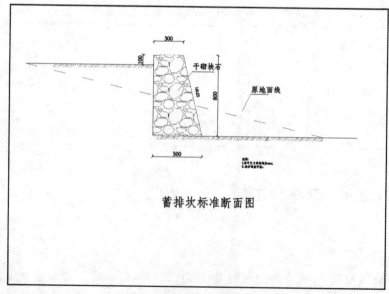

蓄排坎标准断面图

图 7-13 蓄排坎设计标准断面图

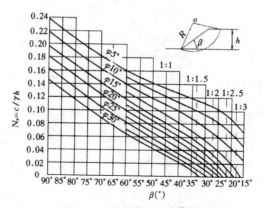

图 7-14 稳定数 N_s 计算图

（2）设计长度

项目区内共修建蓄排坎共 150 条，总长 4,092.3 m，其中吒溪河 1,290.29 m，童庄河 2,775.3 m，各桩号段具体数量见表 7-15。

7.5.7 临时道路

临时作业道路尽可能利用现有道路，或者是从最近现有道路接入。主要是为了施工管理和维护用。

道路宽度按 3.0 m 设计。

临时道路工程量见下表 7-16。

表7-15　蓄排坎工程特性表

长度(m)

序号	桩号范围	编号	吒溪河	桩号范围	编号	童庄河	桩号范围	编号	童庄河	备注
1	KZ0+000~KZ0+700	X-01	34.85	KT0+000~KT0+400	X-01	25.8	KT0+800~KT1+200	52	24.5	
2		X-02	23.01		X-02	25.7		53	30.0	
3		X-03	20.25		X-03	28.0		54	27.4	
4		X-04	36.42		X-04	24.3		55	22.6	
5		X-05	24.46		X-05	28.8		56	29.0	
6		X-06	26.68		X-06	22.0		57	26.1	
7		X-07	24.14		X-07	22.8		58	27.1	
8	KZ0+700~KZ1+500	X-08	28.83		X-08	29.6	KT1+200~KT1+600	59	28.4	
9		X-09	28.83		X-09	28.9		60	30.0	
10		X-10	12.15		X-10	30.0		61	29.5	
11		X-11	29.98		X-11	28.5		62	28.0	
12		X-12	29.27		X-12	29.0		63	28.3	
13		X-13	25.87		X-13	27.3		64	30.0	
14		X-14	31.09		X-14	28.8		65	27.8	
15		X-15	29.27		X-15	30.0		66	27.7	

续表

长度（m）

序号	桩号范围	编号	吒溪河	桩号范围	编号	童庄河	桩号范围	编号	童庄河	备注
16	KZ1+500~KZ2+400	X-16	31.33		X-16	27.6		X-67	29.4	
17		X-17	31.26		X-17	27.1		X-68	30.0	
18		X-18	29.43		X-18	30.0		X-69	25.3	
19		X-19	25.35		X-19	30.0		X-70	30.0	
20		X-20	30.04		X-20	26.4		X-71	16.8	
21		X-21	30.40	KT0+400~KT0+800	X-21	26.7		X-72	25.3	
22		X-22	28.40		X-22	28.8		X-73	29.3	
23		X-23	32.39		X-23	28.8		X-74	22.1	
24		X-24	25.71		X-24	28.1		X-75	30.0	
25		X-25	24.37		X-25	30.0		X-76	30.0	
26		X-26	29.14		X-26	29.3		X-77	25.9	
27		X-27	25.16		X-27	27.2		X-78	29.8	
28		X-28	26.96		X-28	29.6		X-79	29.4	
29		X-29	17.65		X-29	26.7		X-80	29.3	
30		X-30	20.74		X-30	28.8		X-81	28.0	

续表

序号	桩号范围	编号	吒溪河	桩号范围	编号	童庄河	桩号范围	编号	童庄河	备注
31	KZ2+400～KZ3+200	X-31	11.49		X-31	30.0		X-82	28.0	
32		X-32	18.71		X-32	30.0		X-83	28.0	
33		X-33	19.92		X-33	29.7		X-84	27.7	
34		X-34	18.44		X-34	29.4		X-85	27.7	
35	KZ3+200～KZ4+000	X-35	21.64		X-35	28.7	KT1+600～KT2+000	X-86	23.1	
36		X-36	15.77		X-36	29.0		X-87	25.6	
37	KZ4+000～KZ4+850	X-37	13.10		X-37	29.5		X-88	27.8	
38		X-38	26.98	KT0+800～KT1+200	X-38	29.1		X-89	26.2	
39	KZ4+850～KZ5+600	X-39	23.22		X-39	30.0		X-90	27.8	
40		X-40	23.22		X-40	28.9		X-91	27.9	
41		X-41	23.22		X-41	27.6		X-92	25.9	
42		X-42	27.65		X-42	27.0		X-93	30.0	
43		X-43	30.00		X-43	26.5		X-94	26.2	
44		X-44	31.93		X-44	29.8		X-95	26.5	
45		X-45	28.61		X-45	26.0	KT2+000～KT2+400	X-96	28.0	

长度（m）

续表

序号	桩号范围	编号	吒溪河	桩号范围	编号	童庄河	桩号范围	编号	童庄河	备注
						长度（m）				
46	KZ5+600~KZ6+500	X-46	29.43		X-46	25.2		X-97	28.9	
47		X-47	31.79		X-47	26.9		X-98	29.0	
48		X-48	30.57		X-48	30.0	KT2+400~KT2+800	X-99	27.8	
49		X-49	21.05		X-49	30.0	KT2+800~KT3+200	X-100	27.3	
50		X-50	16.38		X-50	24.8			1,346.4	
51		X-51	13.74		X-51	26.2			1,428.9	
52	小计		1,290.29			4,092.3			2,775.3	
53	合计									

表 7-16　临时道路工程量

项目（长度）	吒溪河区域	童庄河区域	总计	备注
临时施工道路（km）	2	5.2	7.2	道路宽3.0 m

7.5.8　项目管理

按照国务院"采取积极措施在适宜地区抓紧建立一批各种级别的自然保护区,特别是对那些生态地位重要或受到严重破坏的植被区域,更要果断地划定保护区域,实施严格有效的保护"要求,在植被恢复入口处设立区碑、各主要行政村镇设立界碑、植被恢复区及周边设置界桩以及围栏等措施。

1. 界碑、界桩和标牌规划

区碑是保护区象征性标志,拟在进入植被恢复的入口即吒溪河大桥、龙潭河大桥附近格设立区牌一座。规格 5,000×2,000 ×300 mm,砖砌基座、大理石贴面。共2座。区碑设计详图见图7-15。

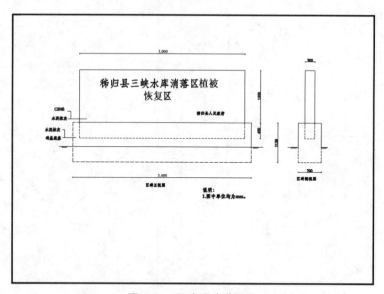

图 7-15　区碑设计详图见

界碑,以彭家坡为起点,水田坝为终点,以龙潭河起点,玄武洞大桥为终点,各设界碑1座。规格 2,000×1,000×300 mm,砖砌基座、混泥土制作,瓷砖贴面。共4座。界碑设计详图见图7-16。

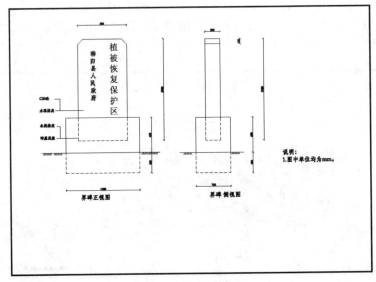

图 7-16　界碑设计详图

界桩是植被恢复区与周边社区及各功能区的界线标志,拟在植被恢复边界设界桩。规格 0.20 ×0.20 ×1.63 m,为钢筋混凝土结构。在植被恢复消落区周边人口密集处每 200 m 埋设一界桩,人口稀疏处每 400 m 埋设一界桩,界限总长约 11 km,共需要界桩 60 根。界桩设计详图见图 7-17。

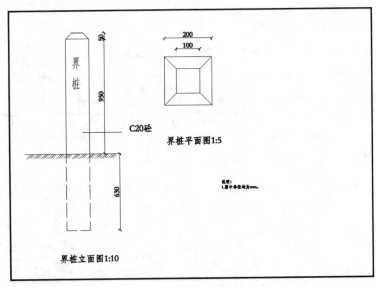

图 7-17　界桩设计详图

围栏安装等其他工程。用双层钢丝网制作，每 10 m 安装混泥土桩 1 个。主要设置在有人居住的地方。围栏总长度 11,365 m。围栏设计详图见图 7-18。

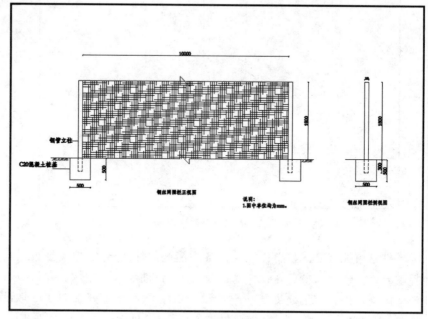

图 7-18 围栏设计详图

具体工程量见表 7-18。

表 7-18 项目管理工程量表

序号	名称	规格(mm)	材质	数量	备注
1	区碑	5,000×2,000×300	混凝土、基座砖砌,大理石贴面	2 座	
2	界碑	2,000×1,000×300	混凝土、基座砖砌,瓷砖贴面	4 座	
3	界桩	200×200×1630	钢混结构	60 根	
4	围栏	H=1,800 mm	钢丝网	6,172 m	吒溪河
				5,193 m	童庄河
5	钢管	Φ80,H=2,000		619 根	吒溪河
				523 根	童庄河
6	混凝土桩	500×500×500		619 座	吒溪河
				523 座	童庄河

2. 科研监测

常规性科研主要是包括动植物区系的组成及特点,动植物名录和珍稀物种的分布与种群数量变化情况。远期可规划建设科研监测中心,配备植物病虫害检验检疫设备、病虫害防治设备各一套;同时监测保护区的土壤、水文变化情况,配备监测设备一套。

监测及防治设备详见下表 7-19。

表 7-19　监测及防治设备表

序号	名称	规格	数量	备注
1	车载式高压远程喷雾机	DA-1000D	2 台	
2	推车式高压远程喷雾机	DA-120A	2 套	
3	塑料药箱	V=450L	4 台	
4	病虫害信息采集系统	GIS-1	2 套	
5	植物病害监测系统	DNX-1	1 套	
6	植物检疫工具箱	DU-80006A	2 套	
7	土壤墒情速测仪	TZS-3X-G	2 台	
8	水文自动测报仪	DATA86	2 套	

3. 其他

主要是包括办公设备、通讯设备及水电建设设备等。

7.6　施工组织设计

7.6.1　施工条件

施工条件如下所示。

(1)基础设施

项目区交通方便,消落区上部均有公路,不需进行较大规模的道路建设。对于一些公路不能达到的施工区域,也可以通过水路(沿江)到达,通过水路难易达到的地方,修建临时作业道路。项目所在地均已通电,且通讯设施良好,均只需就近架设线路即可解决供电、供水与通讯问题。

（2）水文

根据三峡水库运行调度要求，每年 1 月水库水位下降消落区开始出露，6 月水库水位下降到最低，9 月水库开始蓄水水位上升消落区再次被淹没。故年度施工多选择 1 月到 9 月进行。

（3）材料和种苗供应

项目区各项水土保持措施以土石方工程为主，部分水利水保工程和其他工程所需的水泥、钢筋、黄沙等材料通过购买，石料可就近采集，建设所需要的材料完全满足需要。

植被恢复所需的物种都经过武汉植物园的耐水淹试验，试验研究结果表明所需物种具备消落区特殊环境的适应能力。该项目所需的物种均为常见种，其中如杨树、桑树、水杉、池杉、狗牙根、牛鞭草等均实现了商品化的种苗供应。而对于一些没有商品化供应的种苗，一方面是可以在三峡库区就地取材，另一面是秭归县建立了 20 亩的消落区适宜植物种苗繁育基地。因此，完全可以满足该项目所需种苗。

7.6.2 施工工艺和方法

施工工艺和方法如下所示。

（1）土方开挖及边坡修整

排水沟断面开挖修整主要采用人工进行，但对开挖量较大的排水沟段可先采用小型挖掘机开挖成型，再采用人工进行修整。

（2）土方填筑

机械夯实时分层厚度（松土厚度）不大于 50 cm，采用人工夯实时分层厚度（松土厚度）不大于 30 cm，层面间应创毛洒水。土料夯实后厚度应略大于设计厚度，以便修整成设计断面。保水土坝、排水沟内坡土方回填的压实系数要达到 0.93，填土控制干密度经试验确定。

（3）混凝土浇筑

砼采用砼搅拌机拌和，搅拌好的砼采用斗车或自卸手拖或其他小型自卸车辆运输。砼振捣采用平板振捣器振捣，平板振捣器的功率不能过小，应在 1.2 kW 以上，以确保振捣密实。

（4）水泥砂浆抹面

抹面水泥砂浆随拌随用，拌好的抹面水泥砂浆采用斗车运输。抹面的水泥砂浆为 M10 水泥砂浆，厚度为 20 cm，可分 2～3 次抹压至密实、平整、光滑。在用水泥砂浆抹面之前，应把砌石基面凿毛、刷洗干净。

（5）浆砌石工程

①符合设计要求，且应有试块试验报告，试块应在砌筑现场随机制取。

②体外将石料上的泥垢冲洗干净,砌筑时保持砌石表面湿润。

③砂浆须超过初凝时间,并待砂浆强度达到 2.5 Mpa 后才可继续施工;在继续砌筑前,应将原砌体表面的浮渣清除;砌筑时应避免震动下层砌体。

④高于砌体砂浆;应按实有砌缝勾平缝,严禁勾假缝,凸缝;勾缝密实,粘接牢固,墙面洁净。

⑤浆法砌筑,砂浆厚度应为 20 mm,当气温变化时,应适当调整。

⑥砌石体转角处和交接处应同时砌筑,对不同时砌筑的面,必须留置临时间断处,并应砌成斜搓。

⑦允许偏差,不应超过有关的规定。

(6)钢筋制作安装

钢筋应有出厂质量证明书或检验报告单,每捆(盘)钢筋均应有牌号,进仓时应按批号及直径分批验收。钢筋的调直、切断、弯曲成型、焊接、绑扎应符合有关规定。

(7)其他

其他未尽事宜应根据其所处的位置、建筑物类型分别按照《渠道防渗工程技术规范》(GB/T50600—2010)、《水工混凝土施工规范》(DL/T 5144—2001)、《公路桥涵施工技术规范》(JTG/TF50—2011)等有关现行规程规范进行施工并满足其要求。

7.6.3　施工布置和组织形式

本项目主要建设内容为新建三维植物网护坡、生态植生袋护坡及绿化混凝土护坡、排水沟、蓄排坎、植被恢复、围栏工程等。

项目区内现有农业劳动力 3,682 个,实施项目需投劳根据工程进度适时安排。同时,采取专业队常年施工和农闲时集中施工相结合,农村劳动力完全能满足项目建设实施的需要。

本次召集投工投劳当地群众均为项目区受益群众,工程施工积极性高,工程质量及进度有保障。其余采用招标承包制方式施工的工程,严格按合同制度可保质、保量、按时完成工程内容。

7.6.4　施工进度

1.建设期限

根据项目建设的迫切性、建设内容与规模、所需的工程量以及劳动力、苗木供应等情况,结合三峡水库消落区的水位变化的实际情况,确定项目建设期限 2 年,即 2013 年 1 月至 2014 年 12 月。

2.建设进度与安排

根据项目实施条件、建设现状和建设任务,确定项目建设进度为:2013年夏、秋季在低水位期间完成地形整理工程、护岸建设工程、部分植被恢复工程;2013 冬季至 2014 年春季完成管护能力建设;2014 年夏季植被补种补植工作等。

3.项目实施进度安排

表 7-20　项目实施进度安排

序号	项目	2013				2014			
		一	二	三	四	一	二	三	四
1	可行性研究报告编制与审批	●							
2	初步设计编制与审批	●	●						
3	招投标及种苗准备		●	●		●	●		
4	整地及护岸工程建设		●	●	●		●	●	
5	植被恢复及抚育		●	●	●		●	●	
6	设备购置		●	●					
7	管护能力建设			●	●	●	●	●	
8	补种补植						●	●	
9	项目建设工程完工、验收							●	●

7.7　项目组织管理

7.7.1　建设管理

1.组织管理机构

由于吒溪河和童庄河消落区处在三峡库区,有一系列的对外沟通,对内协调工作,应成立吒溪河和童庄河消落区植被恢复建设与保护委员会。委员会由政府牵头组织,行政上了隶属于秭归县县人民政府,业务上归口秭归县移民局。管理中心内设办公室、计划财务室、环保室、科研宣传室、公安室。

为了实现本项目的根本目标,在坚持人员精干、管理到位的前提下,根据吒溪河和童庄河消落区植被恢复各职能机构的具体工作量,确定植被恢复管理中心人员编制为 8 人。其中:

中心领导:中心主任 1 人;

办公室:文秘勤杂各 1 人;

计划财务室:会计(兼出纳)1 人;

环保宣教室:组长及组员共 3 人;

公安室:干警 1 人。

2. 组织机构的任务、作用和职能

(1) 管理中心

① 贯彻执行国家有关生态植被保护的法律、法规、方针和政策;

② 统筹安排植被恢复的全面建设工作,制定植被恢复的各项管理制度、统一管理吒溪河和童庄河消落区植被及护坡工程;

③ 组织或者协助有关部门开展实地研究,进行自然保护的教育工作;

④ 在不影响消落区的自然环境和自然资源的前提下,组织开展多种经营、参观、旅游等活动。

(2) 办公室

① 负责上下级文书往来、人员接待、职工待遇和培训等工作;

② 负责植被恢复中心物质管理和工程施工管理。

(3) 计划财务科

① 负责资金管理,定期制作财务报表,制定年度建设计划和资金使用计划;

② 检查监督计划执行情况,及时报送上级主管部门并自觉接受审计部门和上级主管部门的检查监督。

(4) 环保宣传室

① 宣传并执行国家有关环境和自然保护的法律、法规和方针政策;

② 在该项目范围内行驶林业行政主管部门授予的行政处罚权;

③ 负责设立并管理宣传牌、警示牌、指示牌、界桩等有关保护标志;

④ 巡查项目范围内植被恢复及生长状况,调查并建立植被自然资源档案,掌握生态资源变化动态;

⑤ 负责科普宣传,职工教育培训和居民的宣教工作。

(5) 公安室

① 受公安部门的委托,负责该项目范围内的社会治安工作,并及时上报上级公安部门;

② 负责查处该项目范围内的一般违纪违法事件；

③ 对内负责安全保卫工作。

3. 计划管理

为了保证项目的顺利实施，要坚持全面规划设计、分步实施、统一管理的原则。在实施中，要根据规划的进度安排，提前做好工程量和资金的年度计划，并及时落实到位。对未能按计划完成的任务，要分析其原因，提出改进的措施，以保证工程按计划完成。

4. 工程管理

按国家基本建设程序的要求，先设计后施工。严格执行各项工程管理制度，坚持层层负责制，严把工程质量关，以确保工程建设的质量和工期。

①严格按照国家基本建设项目管理程序办事，明确项目实施各方的职责与义务，签订责任状，做到目标明确，责任到人；

②项目建设按规定进行作业设计，要由有相应资质等级的规划设计或工程咨询单位进行基地建设的总体规划和设计；

③实行项目招投标制度，按照国家要求，应该实行招投标的项目内容，要进行招投标；

④项目在建设过程中要严格按作业设计进行施工。对作业设计进行更改的必须经原设计部门同意，并报原批准部门重新批准；

⑤实行工程监理制，加强对项目实施过程的监督管理，确保项目建设按照作业设计要求事实施；

⑥实行检查验收制度，检查验收要贯穿于项目实施始终，按标准验收、按效益考核，确保项目建设质量。

5. 资金管理

(1)资金管理制度

为了加强建设项目的资金管理，提高工程的建设质量，确保工程按进度顺利实施，需建立健全完善的资金管理办法，明确规定项目的使用范围，实行专款专用，独立核算，绝不允许挤占挪用、截留拖欠或改变资金投向。资金使用时，应符合国家、省、市的有关资金合法使用的规定，各项收支都应有明细账。

(2)资金报账制度

严格执行资金报账制度，有关领导和会计要严格把关，杜绝不合理的支出入账。对资金的来源、使用、节余及使用效率、成本控制、利益分配等做出详细计划、安排、登记及具体报告。先施工、后验收、再资助，促使承建单位以质量换效益，形成共同管理的良好局面。

（3）资金审计和监督

设立资金监管部门，负责对资金使用情况的核查、审计和监督工作。监督预算编制和执行过程中财政法规、政策、制度的执行情况，监督资金运用和管理过程是否符合规定，保证各项资金使用的合法、合理，杜绝产生挪用、滥用资金状况，提高资金的利用与使用效率。

6. 信息管理

为做到对项目实行严格、规范、科学的管理与决策，保证项目建设的进度和质量，以及项目的后续管理，需要对项目各方面的信息进行汇总、分析和处理。为此，要建立管理信息系统和相应的规章制度，并有专人负责。

项目管理的信息主要包括以下几个方面。

（1）技术档案

工程建设过程中形成的有保存价值的真实的技术文件资料，包括立项、可行性研究、作业设计，以及工程管理方面的各种文件、图片、原始调查表格、报告等。

（2）物资档案

包括项目建设过程中发生的各种物资采购、发放、回收及使用情况等的历史记录。

（3）财务档案

包括项目建设中各项资金投入与支出，资金台账、财务凭证等。

（4）制度法规档案

包括项目管理的有关法规、规章、规定、制度，以及与项目有关的合同、管理文件等。

7.7.2　运营管理

1. 运营模式

根据项目区和社区实际经济发展情况，制定《秭归县消落区植被恢复管理办法》，使保护工作有法可依，有章可循。如建立目标管理制度、质量管理制度和信息管理制度，建立巡护制度和奖励机制，建立内部激励和约束机制，实行承包责任制等，逐步实现植被管理工作规范化、科学化和制度化，确保植被建设、保护与利用的有序发展。同时完善各项管理制度和乡规民约，动员社区群众自觉参与保护管理，提高保护管理效率。

2.保障措施及人员编制

(1)政策支持保障

①三峡水库消落区生态环境保护专题规划及实施规划将本项目纳入年度工作内容。县政府、移民局从项目用地、项目组织、人员安排等方面予以支持,制定切实政策支持项目建设。

②在项目建设过程中,要贯彻执行国家和地方的有关方针政策,并在政策允许的范围内,积极争取政府的支持。

③要用好现有的有关政策,如将项目建设与国家有关林业生态工程结合实施,与生态屏障区相关生态工程衔接,以提高项目实施成效,巩固项目建设成果。

(2)宣传保障

要通过电视、广播、报刊以及其他方式,大力宣传项目的重要性与必要性,让有关部门、项目区所在的政府和群众充分认识到项目建设的意义,使其积极支持项目建设,维护项目建设成果。

(3)工程管理保障

为了保证项目建设顺利进行,立项后,即要组建项目管理机构。项目管理人员负责组织施工、生产,制定经营管理制度。基地建设实施前要按照设计要求制订切实可行的工程建设实施计划,并及时地落实承包人(或承包单位)和作业人员、并与承包人签订承包协议书、准备物料、组织技术培训,以实现统一技术要求、统一组织施工、统一检查验收、统一质量标准,从而保证基地建设的质量。

(4)资金保障

该项目全部由三峡后续规划专项资金资助。制订切实可行、行之有效的资金管理办法,做好建设资金使用的监督、检查与审计工作,防止挪用建设资金,保证项目资金的专款专用。

(5)技术保障

依托湖北省林业勘察设计院、中国科学院武汉植物园等科研院所的技术力量,解决项目实施中的技术难题攻关,推广、应用成熟、先进的造林绿化技术,提高项目科技含量。开展多层次、多形式的科技与业务知识培训,提高项目参与人员的管理能力和技术水平。

7.8　项目消防、劳动安全与职业卫生、节能措施

7.8.1　依据与标准

依据与标准如下：

①《中华人民共和国环境保护法》（1989 年 12 月 26 日）；

②《中华人民共和国水污染防治法》（2008 年 6 月 1 日）；

③《建设项目环境保护管理条例》国务院令第 253 号（1998 年 11 月）；

④《中华人民共和国劳动法》。

7.8.2　消防

消防措施如下：

①对施工人员进行森林防火宣传教育，提高其森林防火意识；

②在植被恢复施工时，禁止在施工现场吸烟及任何形式的用火；

③要有防火应急预案，配备适当的消防设备，一旦发生火情，能及时出动扑火队伍，予以及时扑灭。

7.8.3　劳动安全与职业卫生

劳动安全与职业卫生要求如下：

①在项目实施中，要严格遵守《中华人民共和国劳动法》等有关法律、法规的规定，禁止安排未满 16 周岁的未成年人从事生产劳动等违反《中华人民共和国劳动法》的事件的出现；

②建立健全各项安全工作制度及操作规程，设专（兼）职安全监督人员，定期进行安全教育和安全检查；

③在加强劳动安全教育，提高安全意识，特别是在陡坡地上施工时，要做好安全预案，防止安全事故发生，一旦发生安全事故则能及时予以救助；

④在施工过程中充分考虑安全，对水塘、电缆等进行防护，对工人进行培训，严格按照操作规程作业，确保生产过程中的人身安全；

⑤施工作业时，要做好防暑、防滑坡等自然灾害工作；

⑥施工作业时，要做好防蛇等对人身严重危害的野生动物。

7.8.4 环保节能降耗措施

环保节能降耗措施如下:

①在建设中最大限度地降低水、电、气的消耗;

②科学合理地发挥消落区自身功效,尽量做到就地取材。提高管理人员的管理水平和操作人员的技术水平;

③所有材料及施工所产生的三废必须符合环保要求,不得污染周围环境,影响群众的生活、生产;

④做好输水、储水等设施防渗漏工作,提高输水效率;

⑤要充分利用自然降水,根据天气预报进行浇水决策;

⑥采取合理的灌溉措施,采用按穴浇水、沟灌等方式,避免采用漫灌;

⑦要根据物种的生物学特性、生态学特点和生长发育状况,确定浇水时间和数量。

7.9 环境影响评价

根据消落区特殊的地理位置,因地制宜开展消落区植被恢复试点示范,符合三峡工程后续工作的纲要,符合尊重自然,造福人民的主旨。该项目的建设对于促进库岸稳定、维护生态平衡,改善生态环境具有重要意义;消落区经过植被恢复后可以在沿岸形成一条绿色长廊,美化库岸景观,同时也可以减少江水对库岸的冲击,防止滑坡、减少泥沙淤积、减少交叉污染,有益于人民的身心健康。对延长三峡水库的使用寿命,为更合理、高效地开发水资源提供保障,同时为三峡水库提供洁净的水资源。

7.9.1 环境现状调查

在项目区内,消落区植被盖度低,物种稀少。消落区被当地农民开垦利用严重,挖沙取石较多,水土流失和土壤侵蚀现象比较严重。沿岸多为居民集聚区,造成的面源污染比较严重。

7.9.2 项目建设对环境影响分析

该项目的建设对于促进库岸稳定、减轻水土流失、保护库容、改善生态环境和水体具有重要意义。

(1)为三峡库区水质安全提供应有的保障

长江三峡水库消落区在水位涨落周期中,发挥着污染物、营养元素及重金属的"库"、"源"作用。而且支流及库湾水流缓慢,水体交换率低,极易引发蓝藻水华。通过本项目的建设,能够建立永久性水生/湿生植被,形成良性的生态系统,系统内的物质循环、能量流动、信息传递将保持相对稳定的平衡状态,对维护水质安全起到重要作用。

(2)固结土壤,减少水土流失,为珍稀物种提供良好生境

通过本项目实施,构建永久性的消落区植被,能有效降低消落区内的水土流失,同时又有效遏制消落区内乱搭乱建、乱倒乱堆、乱填乱挖、乱栽乱种的"八乱"行为,使消落区的生态环境将得到实质上的改善,岸线将得到有效保护,生态植被得到科学的规划和培育,为一批珍稀濒危物种栖息、迁徙、越冬和繁殖的提供优良的场所,由此产生的生物多样性保护价值是巨大和不可替代的。

(3)改善区域环境,提升三峡库区自然景观质量

三峡水库在水位降到 145 m 后,消落区大量区域暴露,不仅容易形成水土流失,地质滑坡等环境问题,而且引起明显的景观负面效果,生态植被不仅具有保持水土,降解污染,滞纳洪水等功能,而且能美化环境,特别是能够有效提升消落区及其周边的生态景观,调节区域小气候。为周边居民的生存提供良好、安全的环境条件。

7.9.3 环境保护措施

环境保护措施如下:

①为防止水土流失,在整地时,要保留好消落区内的原生植被;

②土地清理时,溪边要视溪流大小、流量、横断面、河道的稳定性情况等,区划一定范围的保护区,防止侵占库容的现象发生;

③在项目建设中,通过各种形式的宣传和教育,不仅使得周边居民对三峡工程后续工作中的生态环境保护有更为直观的认识,提升人们关心自然的自觉性,加强人们对生态环境的保护意识。

7.9.4 环境影响评价

该项目为公益性的基础设施项目,主要着重环境生态效益,而且在建设过程中注重节能、环保的要求。因此,该项目建设不仅不会造成环境污染,而且对改善消落区人居环境具有重大作用。

7.10　投资概算与资金筹措

7.10.1　概算依据

概算的主要依据如下：

①国家现行有关政策规定及《三峡后续工作规划》；

②国家计委、建设部《建设项目经济评价方法与参数》(第三版)；

③水利部水总[2002]116号发布的《水利工程设计概(估)算编制规定》及《水利建筑工程预算定额》；

④《水土保持工程概算定额》(水利部水总[2003]67号)；

⑤国家林业局颁发LY/T5126—04《自然保护区工程设计规范》；

⑥《林业建设工程概算编制办法》；

⑦《湖北省建设项目总投资组成及其他费用定额》(鄂建[2006]26号；

⑧《建设项目前期工作咨询收费暂行规定》(价格[1999]1283号；

⑨《工程勘察设计收费标准》(2002年修订本)；

⑩《基本建设财务管理规定》(财建[2002]394号)；

⑪《湖北省物价局关于制定估算投资额3000万元以下建设项目前期工作咨询收费标准的通知》(鄂价房服字[2001]107号)；

设备、材料价格：设备价格采用生产厂家询价，种苗等生产资料价格采用厂家报价和市场信息价确定；

相关材料消耗品采用宜昌市2012年第三期材料价格信息；

排蓄工程、附属工程投资参照近期完工的同类工程投资，按单位工程量指标法估算；

⑫其他费用。按《工程建设其他费用定额》标准计算；

⑬预备费(工程未预见费)。按工程费用和其他费用之和的3.5%计算。

7.10.2　概算原则

1. 节约性原则

充分利用项目区域内已有各项项目建设条件，利用已有建设条件的，不再纳入项目建设投资。

2.适用性原则

在现地综合踏查、调查的基础上,根据项目区内的自然状况、项目建设条件等综合确定各板块的护岸措施、地形整理措施、植被恢复措施,提高针对性、适用性。

3.全面性原则

投资概算内容包括项目实施中发生的各项实际费用,以及项目管理等整个过程所发生的费用、剩余物清理等所发生的费用。

7.10.3　概算范围

概算的范围如下:

①地形整理工程:包括排水沟、蓄排坎、填挖平衡等其他整理等工程;

②护岸建设工程:三维网护坡工程、绿化混凝土护坡工程和生态植生袋护坡工程等。

③植被恢复工程:种苗费,人工栽种费等。

④设备购置费用:购置一些施工必备设备。

⑤工程建设其他费用。

⑥其他费用。

7.10.4　概算说明

秭归县吒溪河水田坝乡段、童庄河郭家坝镇段消落区植被恢复总投资为 xxxx.xx 万元。其中,工程建设费 xxxx.xx 万元;工程建设其他费 xxx.xx 万元;基本预备费 xx.xx 万元。

7.10.5　资金筹措

项目建设总投资概算 xxxx.xx 万元,三峡后续工作资金资助 xxxx.xx 万元,其余为地方自筹。

详细报告见概算书(略)。

7.11　风险及效益分析

7.11.1　项目风险评价

项目风险包括实施过程中的风险和实施后的风险。实施过程风险主要包括政策风险、技术风险和资金投入风险,实施后的风险主要包括经营管理和自然灾害。

1. 政策风险

政策风险主要是国家的经济政策变化、产业结构调整、投资方向改变等因素带来的风险。本项目属于社会公益性项目,项目成果为改善库区生态环境,提高消落区的生境多样性和生物多样性。从目前看,无论国家对生态环境的重视程度、还是三峡水库、三峡水利枢纽工程对生态的实际需求,近期都难以改变,而且从国际趋势看,生态越来越重要,政府、社会,甚至个人对生态产品的需求将越来越大,因此,国家投资生态的政策难以改变。政策风险很低。

2. 技术风险

技术风险主要是指植被恢复技术不科学、不合理造成项目实施失败。武汉植物园致力于三峡水库消落区的植被恢复与重建,筛选了一系列适宜三峡水库消落区水文变化的耐淹物种,符合消落区植被恢复的特殊要求,即有实践经验。

3. 资金投入风险

资金投入风险主要是指项目资金不能到位,或不能及时到位,而使项目难以按时实施。从本项目资金来源看,全部是中央财政投资(三峡后续工作资金)。因此,在国家对生态需求政策难以改变的情况下,项目资金投入风险也非常小。

7.11.2　效益分析

根据消落区特殊的地理位置,因地制宜开展消落区植被恢复,符合三峡工程后续工作纲要,符合"尊重自然,造福人民"的主旨。该项目的建设对于促进库岸稳定、维护生态平衡,改善生态环境具有重要意义;消落区经过植被恢复后可以在沿岸形成一条绿色长廊,美化库岸景观,同时也可以减少江水对库岸的冲击,防止滑坡、减少泥沙淤积、减少交叉污染,有益于人民的身心健康。对延长三峡水库的使用寿命,为更合理、高效地开发水资源提供保障,同时为三峡水库提供洁净的水资源。

1. 生态效益

通过该项目的建设可以有效制止消落区乱搭乱建、乱倒乱堆、乱填乱挖、乱栽乱种的"八乱"行为,有效减少水库的面源污染,展现三峡移民风貌。同时改善村民的人居环境,促进村民身体健康。

(1)为三峡库区水质安全提供应有的保障

长江三峡水库消落区在水位涨落周期中,发挥着污染物、营养元素及重金属的"库"、"源"作用。而且支流及库湾水流缓慢,水体交换率低,极易引发蓝藻水华。通过本项目的建设,能够建立永久性消落区植被,形成良性的生态系统,系统内的物质循环、能量流动、信息传递将保持相对稳定的平衡状态,对维护水质安全起到重要作用。

(2)固结土壤,减少水土流失,为珍稀物种提供良好生境

通过本项目实施,构建永久性的消落区湿地植被,能有效降低消落区内的水土流失,同时又有效遏制消落区内乱搭乱建、乱倒乱堆、乱填乱挖、乱栽乱种的"八乱"行为,从而坝消落区的生态环境将得到实质上的改善,岸线也将得到有效保护,湿地植被得到科学的规划和培育,为一批珍稀濒危物种栖息、迁徙、越冬和繁殖的提供优良的场所,由此产生的生物多样性保护价值是巨大和不可替代的。

(3)改善区域环境,提升三峡库区自然景观质量

三峡水库在水位降到 145 m 后,消落区大量区域暴露,不仅容易形成水土流失,地质滑坡等环境问题,而且引起明显的景观负面效果,湿地植被不仅具有保持水土,降解污染,滞纳洪水等功能,而且能美化环境,特别是能够有效提升消落区及其周边的生态景观,调节区域小气候。为周边居民的生存提供良好、安全的环境条件。

2. 社会效益

该项目的建设所产生的社会效益如下所示。

(1)提高公众环境保护意识,维护社会稳定

在项目建设中,通过各种形式的宣传和教育,不仅使得周边居民对三峡工程后续工作中的生态环境保护有更为直观的认识,提升人们关心自然的自觉性,更能加强人们对生态环境的保护意识,推动项目区社会文明和精神

文明建设。

（2）发展科研教育事业

消落区是一种独特的湿地类型,其生境周期变化、功能形成与转化较其他类型湿地迅速,为生物多样性的恢复和保护,以及湿地资源的持续利用提供极大的科学研究价值和意义。消落区湿地的建立将为科学研究和宣传教育提供了得天独厚的场所,将为该类新型湿地的演化提供重要的科学数据和实践经验。

（3）经济效益

该项目为公益性的基础设施项目,主要着重环境生态效益,但在植被修复中用到的牛鞭草、硬秆子草、芦苇、枸杞、桑树、柳树和杨树等又能短期为农民带来直接或间接的经济利益,具有一定的经济价值。

7.11.3　结论及建议

本项目的目标是改善三峡库区生态,保障三峡水库水质,促进三峡水利枢纽工程安全持续运行,符合国家方针政策。本工程采取生物治理与生态工程措施相结合的方法进行消落区的综合治理,因地制宜,进行消落区植被恢复工程,工程的实施能有效制止消落区乱搭乱建、乱倒乱堆、乱填乱挖、乱栽乱种的"八乱"行为;有效改善吒溪河消落区的生态环境,改善生态景观,从而带动了区域环境的可持续发展,具有较好的生态效益、社会效益和经济效益。同时也为三峡水库消落区的治理提供经验、示范作用和技术支撑。

参考文献

［1］白凤春. 输变电工程水土保持植被恢复及景观设计探讨［C］. 中国水土保持学会水土保持规划设计专业委员会 2015 年年会论文集,2015：426－431.

［2］查广平,张帆,查淑娟等. 黄土高原管道工程植被恢复设计［J］. 内蒙古石油化工,2013,(15)：61－63.

［3］柴乐. 荒漠化防治中恢复生态的研究与展望［J］. 城市地理,2015,(8)：172－172.

［4］陈丽玲. 陉山废矿区综合治理研究［D］. 郑州大学,2012.

［5］陈盛彬,杜顺宝. 木渎景区金山采石宕口植被恢复与可持续景观设计［J］. 中国园林,2008,24(4)：74－77.

[6]成国涛. 铁路绿化景观规划设计研究-以大(理)丽(江)线绿化景观设计为例[D]. 四川农业大学，2008.

[7]戴泉玉，刘峰，姜东明等. 半干旱地区山区高速公路路堑边坡植被恢复设计探讨-以北京市京承高速公路(三期)为例[C]. 全国公路生态绿化理论与技术研讨会论文集，2009：64－68.

[8]冯间开. 汶川县城堡子关地震灾后植被恢复工程灌溉系统设计概述[J]. 广东水利水电，2009，(7)：19－22.

[9]高自强. 三岔河镇异地植被恢复造林初步设计[J]. 绿色科技，2015，(12)：34－37.

[10]辜再元，孙旭明. 景观建设与生态恢复相结合的边坡绿化技术在工程中的应用-浙江舟山市长岗山森林公园南入口采石宕口植被恢复设计与实施[C]. 2008 年边坡工程建设与防护、绿化技术交流研讨会论文集，2008：33－40.

[11]古新仁，刘苑秋，丁新权等. 基于生态恢复的城市生态公园建设探讨[J]. 江西农业大学学报(社会科学版)，2008，7(4)：122－125.

[12]郭强，邵明静. 矿山最终边坡爆破设计研究和分析[J]. 中国水泥，2016，(4)：105－110.

[13]郭云义，张云东，郭宇航等. 荒漠化防治中恢复生态的研究与展望[J]. 内蒙古林业调查设计，2010，33(4)：15－16，24.

[14]胡碧英. 汶川地震灾区边坡植被恢复的理论与工程技术研究[D]. 西南交通大学，2011.

[15]李彬会. 垃圾填埋场植被恢复过程中群落动态变化研究[D]. 河南农业大学，2015.

[16]李红旭，马玉春，马勇等. 滇池流域采矿区植被恢复规划设计[J]. 林业调查规划，2008，33(2)：132－135.

[17]李磊. 南水北调永久弃渣场植被恢复工程设计[J]. 城市建设理论研究(电子版)，2013，(13).

[18]刘华. 建设项目水土保持植被恢复设计的原则浅谈[J]. 世界华商经济年鉴·城乡建设，2013，(2)：272.

[19]吕杰. 建设项目水土保持植被恢复设计的原则[J]. 黑龙江科技信息，2012，(27)：291.

[20]罗刚. 呼伦贝尔沙地植被恢复与综合治理设计模式研究[J]. 内蒙古林业调查设计，2016，39(1)：37－40，81.

[21]欧云峰，王洪亮，王宫等. 黄土高原地区高速公路生态护坡植被恢复研究[J]. 武汉理工大学学报，2007，29(9)：162－166.

[22]彭向荣，蓝海瑞，王墨等. 太姥山风景名胜区绿化景观改造设计研究[J]. 城市建设理论研究(电子版)，2013，(24).

[23]彭彰俊. 长顺县森林植被恢复建设项目工程设计[J]. 科学种养，2016，(3)：267.

[24]齐菲. 高速公路植物景观设计思路[J]. 现代园艺，2013，(16)：72－73.

[25]邱庆. 水利施工植被恢复[J]. 大众科技，2012，(7)：91－92.

[26]施元旭. 茶区退化植被恢复区划设计[J]. 中国茶叶，2011，33(6)：6－7.

[27]王超，张静伟，韩维新等. 山地风电工程建设中水土保持及植被恢复的设计方案探究[J]. 环境与可持续发展，2014，39(3)：183－185.

[28]王洪海. 采矿废弃地的生态恢复与可持续景观设计[J]. 城市建设理论研究(电子版)，2015，5(34)：1369.

[29]王琳琳. 废弃采石场植被恢复设计标准与景观研究-以蜈蚣峇采石场边坡治理及复绿工程为例[D]. 南京农业大学，2012.

[30]王琼，辜再元，周连碧等. 废弃采石场景观设计与植被恢复研究[J]. 中国矿业，2010，19(6)：57－59.

[31]王鑫，李民赞，张彦娥等. 基于 GIS 的废弃矿区植被恢复信息管理系统的设计与实现[C]. 中国农业工程学会 2007 年学术年会论文汇编，2007.

[32]王振营，朱敏，王朋等. 徐州地区石质边坡生态植被恢复工程设计研究[J]. 山东林业科技，2010，40(3)：92－94.

[33]卫清茂. 浅谈钻井固化土堆放场工程设计[J]. 内蒙古石油化工，2015，(21)：62－63.

[34]吴继达. 2012 年鄂伦春自治旗异地植被恢复作业设计[J]. 中国科技博览，2012，(19)：498－499.

[35]夏振尧，戴方喜，朱丹等. 阿海水电站左岸进场公路植被恢复与绿化设计[J]. 中国水土保持，2008，(10)：18－20.

[36]肖玉保，谭昌明，肖莉等. 川西高海拔地区公路建设项目植被恢复设计[C]. 2011 公路水土保持学术交流会论文集，2011：58－59.

[37]谢冰祥. 延安市治沟造地工程植被恢复及坡面水土保持工程设计[J]. 水利科技与经济，2014，20(5)：38－39.

[38]徐跟军. 浅谈海岛植被恢复及绿化的种植设计-以赣榆秦山岛植被恢复为例[J]. 科学种养，2016，(3)：321.

[39]闫鉴，唐夫凯，崔明等. 碳汇造林技术研究与探讨-以长治市老顶

山植被恢复工程为例[J]. 林业资源管理，2012，(5)：27－30.

[40]严洪. 南安市石井镇苏内水库花岗岩矿区森林植被恢复设计[J]. 林业勘察设计，2013，(1)：40－44.

[41]杨涛，陈岗. 滑坡加固与植被恢复施工组织设计[J]. 科技资讯，2007，(13):114－114.

[42]杨旭. 昆明市垃圾填埋场废弃地景观修复设计[J]. 林业调查规划，2015，40(2)：162－164.

[43]姚玉文. 采矿废弃地植被恢复与可持续景观营造方式探索[J]. 中小企业管理与科技，2014，(13)：197－197.

[44]叶良，孙平平，李树等. 一种边坡复绿技术的设计与施工[J]. 环境科学与技术，2009，32(10)：162－165.

[45]应丰，李健. 宁波市周公宅水库水土保持设计[C]. 中国水土保持学会规划设计专业委员会 2010 年年会暨学术研讨会论文集，2010：150－154.

[46]曾祯. 沙坪湾水生态系统去除入湖污染物研究及水生植被恢复初步方案设计[D]. 华中科技大学，2011.

[47]张涛. 保定市高新区中心绿地景观规划设计研究[D]. 河北农业大学，2010.

[48]张维. 神府石窑店矿区生境修复规划设计[D]. 西北农林科技大学，2007.

[49]张锡国，阿力坦巴根那，余海龙等. 新疆荒漠地区公路路域植被恢复设计及方法[J]. 防护林科技，2010，(5)：79－80，91.

[50]张曦，贾海燕. 输水工程水土保持植被恢复设计的关键技术[J]. 水力发电，2007，33(10)：11－13，73.

[51]赵永鹏，李道亮. 基于 GIS 的排土场植被恢复环境影响评价决策支持系统的设计与实现[J]. 露天采矿技术，2007，(3)：56－59.

[52]郑芬. 辛安泉泉水出露区生态植被恢复工程设计[J]. 山西水土保持科技，2015，(4)：45－46.

[53]周述明，谢光武，李亚农等. 紫坪铺水库区阿坝州铝厂边坡防护工程中水土保持及植被恢复设计的应用探讨[C]. 全国水土保持及生态环境恢复建设交流研讨会论文集，2007：102－108.

[54]朱红霞，张家洋，朱晓勇等. 废弃矿山植被恢复技术方案设计初探[J]. 湖北农业科学，2012，51(13)：2698－2700.

第 8 章　结论与展望

三峡水库自从实行 145～175 m 的"冬季蓄水,夏季泄洪"逆反枯洪规律的人工水位调节后,原来的陆生植被难以适应三峡水库水位的反季节变化,逐步消失或死亡,形成了新的裸露水库消落区。消落区位于水、陆生态系统的过度地带,属于湿地范畴,对水、陆生态系统间的物流、能流、信息流和生物流等发挥着廊道、过滤器和屏障作用的功能。水库消落区通常存在一系列的生态环境问题,如面源污染、植被稀疏、水土流失以及营养元素(主要指氮磷)、重金属富集等。水库消落区在陆水污染物迁移转化中具有"库"、"源"、"转换传送站"和"调节器"的重要作用。一方面,水陆生态系统中的污染物、营养元素、重金属等通过土壤机械吸收、阻留、胶体的理化吸附、沉淀、生物吸收等过程不断地在土壤中富集,造成土壤污染;另一方面,水库蓄水后,被淹没的土壤中有毒有害物质被水溶出,可能引起水库的水质下降,水体富营养化。另外,水库消落区土壤含水量经常处于过饱和状态,在暴雨径流冲刷、库区水位变动侵润、来往船只航行涌波等各种动力的作用下,消落区内水土流失严重,加剧水库泥沙沉积。三峡水库消落区面积大,类型复杂多样,面临复杂多样且突出的生态环境问题;同时,由于不同类型和不同地点消落区的生态环境和社会需求的不同,水库运行后对不同地区的影响程度和方式也有所差异,其综合治理措施和策略也必须有一定的针对性。如何保持水库消落区库岸稳定、控制水土流失、提高生态环境质量和景观效果,成为国内外生态学家研究的热点。目前消落区的治理主要有工程措施、生物措施、生物+工程措施。工程措施不但成本高、而且还不具备生态功能,只适合在部分特殊区域,不能大面积推广。相对于工程措施,生物措施具有成本低、持续性好、生态服务功能强等特点,适合大面积推广应用。只有在消落区构建具有自我稳定维持机制的植被,提高消落区植被覆盖率,利用其降解吸收消落区的污染物质,阻截消落区陆上污染物和降低土壤侵蚀,稳定消落区库岸,提高消落区的生态环境质量和景观质量,才能从根本上解决消落区生态问题。目前,三峡水库消落区植被恢复试点示范工程取得了较大的成功,并且植被恢复成为《三峡后续工作总体规划——三峡水库消落区生态环境保护专题规划》的重要内容,其规划的植被恢复面积超过 60 km²。三峡水库消落区植被恢复的成功经验为其它水库消落区的植被恢复提供了较好的科学基础。

消落区植被对维护库岸稳定、减少水土流失、保持生态景观、净化水体等方面具有重要作用。消落区植被恢复的核心在于适宜物种的筛选,因为只有先筛选出适宜物种,才能构建具有自主稳定维持机制的植被,进而发挥其生态功能。研究适宜植物的耐水淹机制及后期的恢复生长能力,有利于掌握消落区植物群落自我维持机制,指导消落区的植被恢复。本书首先介绍三峡及三峡工程的由来、三峡水库消落区的基本概况、三峡水库消落区的生态环境问题及对策分析;其次对三峡水库消落区植被研究概况进行了总结,并对三峡植被研究进行了案列分析;然后对三峡水库消落区部分特殊适宜植物耐水淹机制研究进行了剖析;最后以秭归消落区植被恢复初步设计为例进行了案例分析。在这些工作的基础上,以期能更全面、透彻的了解三峡水库消落区,为消落区的植被恢复及群落构建提供一些帮助。

8.1　主要研究结论

8.1.1　消落区植被恢复适宜物种筛选研究

消落区植被特征及生态过程是由水位涨落过程、区域气候、地质构造、沿库岸上下及两侧的生物和非生物过程等共同决定的,并同局部地形、地貌、土壤、水文、干扰级别等密切相关,如库区的水位变化造成的水淹深度、水淹季节、水淹持续时间等,这些因素的变化对消落区植被的种类组成、物候、结构及生产力具有明显影响。因此,消落区内不同高程的植被类型、组成、结构、动态等都有很大区别。

消落区植被恢复的核心在于适宜物种的筛选,因为只有先筛选出适宜物种,才能构建具有自我稳定维持机制的植被,进而发挥其生态功能。充分利用生物多样性的原理,开展蓄水前河流河岸带上部及自然消落区原有植被、蓄水后水库消落区植被的调查,是筛选适合该水库消落区植被恢复适宜物种的有效途径之一。对三峡水库消落区的植被调查发现,一些多年生草本植物如双穗雀稗、野古草、牛鞭草、硬杆子草、狗牙根、暗绿蒿、香根草、菖蒲、喜旱莲子草,木质藤本地果,灌木如秋华柳、中华蚊母、枸杞、黄荆,乔木如桑树、黑杨、枫杨、柳树、水杉、池杉、落羽杉、羽脉山黄麻等能在消落区以多年生的形式存在,并在后续的模拟水淹胁迫实验、实地水淹实验、植被恢复试点示范中证明这些物种能够在不同程度适合消落区环境。相反,在调查中发现的一些多年生生活型的木本植物尽管能在消落区环境中通过种子萌发以一年生的形式存在,但在经历下一次水淹胁迫后却死亡消失,这些物种是不适合作为植被恢复的适宜候选物种。另外,采用通过植被调查发现的本地适宜物种,而不采用一些具有强适应性的外来物种如鬼针草、美洲商陆、苍耳等能有效的防治基因漂流和生物入侵,并防止外来物种对消落区植物带来的遗传学和生态学的不利影响;同时指出消落区植被恢复中的作用应以乡土物种为主。因此,对消落区植被进行本底调查,是筛选适合消落区环境适宜物种的基础环节。

土壤种子库是指存在于土壤凋落物以及土壤基质中有活力的种子的总和。土壤种子库作为繁殖体的储备库,在植被演替更新、生物多样性维持以及受损生态系统植被恢复中起着十分重要的作用。消落区土壤中蕴藏着大量随水流和风传播的种子。种子库形成和种子萌发立苗是消落区植被自然恢复的关键。但是,在对消落区植被调查时,土壤种子库中的种子有的萌发后在调查时已经完成生活史,有的在调查时还没萌发,因此有些物种不容易被发现。了解土壤种子库的萌发情况,能够有效的反应植被生长、扩散及种子传播的一般规律,并从另一个侧面反映出植被群落结构中各物种之间的内在联系,从而进一步揭示水库消落区植被变化的潜在规律。对消落区土壤种子库的研究表明,种子库中主要以1年生草本和多年生草本为主,乔、灌木相对缺少,生活型百分比例在不同海拔梯度和不同月份都存在差异。水位变动会对种子库中物种丰富度、种子萌发密度和物种数目造成极显著的差异。对土壤种子库的研究是筛选河岸植被恢复适宜物种的有效补充手段,一些多年生生活型的物种能被重新发现,这有利于进一步筛选到适合消落区植被恢复的适宜物种。

通过消落区植被调查,土壤种子库萌发实验,根据物种的生活型能推测到一些适合消落区环境的植物。为了提高植被恢复的成功率,在将这些拟定的适宜植物应用于植被恢复实践前,需要利用生态学的限制因子原理,对这些拟定的适宜植物进行耐受性检验。消落区植物不仅要忍受严重的水淹,而且还要经得住出露期的干旱。进行实地水淹实验,检验其水淹耐受性和恢复生长的能力,有利于筛选到适宜植物。另外,有研究表明,植物在生长季节和非生长季的水淹耐受性以及淹水后的恢复过程存在明显差异,年际间重复淹水-落干循环可能对植物的长期定居和生长产生显著影响。不同季节、不同年际的重复实地水淹实验能有效缩小适宜物种的筛选范围,检验其水淹耐受性,有利于提高植被恢复的成功率。

消落区不同高程被水淹没的深度和水淹时间长短是不一样的,高程越低的区域水淹深度越大、时间越长,而高程越高的区域则与之相反。消落区的不同高程,不同河段,其植被组成和生物多样性存在显著差异。对三峡库区自然消落区植物群落的研究表明水淹时间和土壤湿度是该区域植物群落组成和空间分布的主要限制性影响因子。通常在消落区的上部物种多样性丰富,以一年生植物为主;而在消落区的下部,物种多样性明显下降,大多以多年生匍匐草本为主。在消落区植被重建的适宜物种的选择上,消落区不同高程上要选择使用具有不同耐淹能力和恢复生长能力的植物,并要考虑不同的生长型类型,优化群落配置。在有选择的条件下,植被恢复不仅要考虑物种的生态适应性,同时也要注重物种所产生的经济效益。

8.1.2　消落区植被恢复适宜植物的耐水淹机制研究

消落区形成后,多年生植物利用出露期能进行正常生长发育是其在消落区长期定居、存活和扩散的重要基础。因此,研究适宜植物的耐水淹机制及后期的恢复生长能力,有利于掌握消落区植物群落的自我维持机制,指导消落区的植被恢复。水库消落区植被恢复的适宜植物必须具备耐水淹的能力,而水淹胁迫对植物的影响通常表现为两个大的方面。一方面,水淹胁迫限制了植物有氧呼吸和维持生命活动所需能量产生。水淹胁迫下植物主要以无氧呼吸为主,在代谢过程中一系列活性氧簇 ROS 物质含量的急剧增加,引起膜脂过氧化,对细胞造成氧化伤害,导致叶片中叶绿素含量降低、生长受到抑制、甚至死亡。另一方面,为适应水淹胁迫,植物在形态结构(不定根、通气组织等),代谢途径,抗氧化系统和根系脱氢酶系统,内源激素和多胺积累等多方面发生改变。研究与水淹胁迫相关基因和功能蛋白对揭示植物耐水淹的分子机理具有重要的意义。

消落区植被恢复适宜植物在水淹胁迫下的生理生态响应方面的研究较多,但主要围绕在三峡水库消落区植被恢复的适宜植物。如秋华柳在水淹胁迫后的恢复期内具有较强的恢复生长能力,并且能通过提高酶活性来降低活性氧对细胞膜的伤害以适应水淹胁迫;强水淹胁迫促进狗牙根地下茎茎节伸长、芽形成、芽萌发和分株的生长,这表明消落区低水位的狗牙根具有很强的拓殖能力,并能在抗氧化酶活力、碳水化合物积累方面形成强的适应机制。美洲黑杨在生长发育、光合特性、抗氧化酶活性等方面具备较强的耐水淹能力,适宜消落区的防护林建设;丰都车前能通过地上部分和地下部分在生物量分配、抗氧化酶活性、活性氧物质积累的差异表现来适应水淹胁迫。但这些植物对水淹胁迫后的研究内容主要集中在夏季水淹对植物的生长存活、生理生化等方面。对狗牙根在干旱胁迫、盐胁迫和水淹胁迫下的生理、蛋白质组和代谢水平方面的响应进行了比较分析。生理研究结果表明干旱和盐胁迫能增加渗透调节物质积累、活性氧物质积累和抗氧化酶的活力，相反水淹胁迫能改变或下调除电导率和抗氧化酶活力外的其它主要生理生化参数。比较蛋白质组分析表明，共成功鉴定了 82 个在干旱胁迫、盐胁迫和水淹胁迫下差异表达的蛋白，这些蛋白参与了光合作用、氧化磷酸戊糖、糖酵解、外源性化学物质的生物降解、氧化还原代谢途径等；其中有 20 个蛋白能同时被三种胁迫共同调控，15 个蛋白参与碳代谢途径。此外，代谢组学分析表明，受到干旱胁迫、盐胁迫和水淹胁迫调控的 40 个代谢产物参与了氨基酸、有机酸、糖类和糖醇代谢过程，而其中一些代谢产物如亮氨酸、异亮氨酸、蛋氨酸、缬氨酸、山梨糖、苏糖酸、戊二酸只对水淹胁迫做出特异性响应。在这些代谢产物中，有 21 个参与碳代谢途径和氨基酸代谢途径。这些结果表明狗牙根对干旱胁迫、盐胁迫和水淹胁迫产生了共同的或特异性的响应。但是，三峡水库由于实行"冬季水淹，夏季泄洪"的人工水位节律调节，其水文变化逆反自然河流的枯洪规律，因此，夏季水淹并不吻合三峡水库消落区的反季节水位变化的实际情况，对冬季水淹胁迫响应的研究也存在不足。在秋华柳水淹后的恢复期内，有一些植物存在叶绿素含量、光合作用增强的现象，这种增强效应有助于消落区植物在淹水前进行较好地生长，并储存较多的碳水化合物以抵御下一次淹水胁迫，缓解淹水胁迫下的"能量危机"，进而提高其淹水胁迫下的生存率。

在环境胁迫下雌、雄植株在生长发育、生理生态适应及蛋白质组学响应方面存在显著差异。无论是在夏季水淹还是冬季水淹情况下，美洲黑杨都表现出较强的耐水淹能力，而且雌雄植株在对水淹的适应机制方面存在差异。如在正常水分条件下，美洲黑杨雌株比雄株具有明显更快的生长速度和更高的总叶绿素、类胡萝卜素含量以及净光合速率。然而，在淹水条件下，雄株显示出了更高的相对含水量值以及瞬时水分利用效率；雄株在比叶面积、总叶绿素、类胡萝卜素和净光合速率等方面受到的负面影响小于雌株；雄株具有更高的过氧化物酶和超氧化物歧化酶活性、更高的脯氨酸和还原糖含量、更低的 O_2^- 和 H_2O_2 含量。这些结果表明雄株比雌株具有更好的细胞防御机制来减轻水淹造成的损伤，而雌株对水淹胁迫更为敏感。在冬季水淹后的蛋白质组学研究发现，上调蛋白中，有 25 个雌株特异性蛋白在水淹情况下出现了上调，而雄株水淹与雌株水淹相比，其表达量虽著高于雌株，但非雄株特异性表达；下调蛋白中，同样有 80 个蛋白在雌株水淹情况下特异性下调，而雄株水淹与雌株水淹相比，其表达量显著低于雌株，但也非雄株特异性表达。

8.1.3　消落区植被恢复生态规划设计

受水库水位大幅度反季节涨落和库区人类活动的影响,消落区生境多样化程度较低,消落区内植物种类少、群落结构简单,难以发挥固土护岸、环境净化、提供生境等生态功能,需采取必要的工程和植被恢复措施恢复消落区植物群落结构、维持消落区湿地环境类型的多样性。植被恢复应因地制宜,主要在库区 19 区县及重庆主城区的长江干流及太平溪、兰陵溪、童庄河、神农溪、沿渡河、洋溪河、大宁河、小江、梨香溪、乌江、龙河、御临河、嘉陵江等支流沿岸一些面积相对较小的农村缓坡、中缓坡消落区进行植被恢复。

受三峡水库水位涨落到影响,消落区呈周期性淹没,而这种淹没与出露时间与大部分河岸湿地刚好相反,因此,选择的物种必须具备耐冬季水淹的特性;其次,消落区呈带状分布,在海拔上垂直落差较大。因此,在消落区的植被恢复功能区的布局上,应根据不同高程的水淹时间、不同植物的耐水淹能力来进行,基于此,将分为三个区域进行建设:低矮草本区:145～160 m 消落区,该区域水淹时间最长,水力冲刷明显,水土流失和土壤侵蚀严重。原有陆生植被大多消亡,地形多变。植物选择以匍匐草本为主,主要品种为耐淹性能极强的狗牙根和双穗雀稗等优势种。高大草本(高草)-灌木区:160～170 m 消落区,该区域水位波动较为频繁,同时出露时间相对较长,而且多为蓄水前的耕地,土壤较好。该区域植被恢复主要是多年生草本及耐水淹灌木为主,除狗牙根、双穗雀稗草坪外,选用牛鞭草、块茎苔草、暗绿蒿、硬秆子草,并适当辅以一些耐水淹能力较好的灌木如秋华柳、中华蚊母等。乔灌草混种区:170～175 m 消落区,本区域水淹时间最短,出露时间最早。该区域的植被恢复采用乔-灌-草相结合的方式,本区内乔木采用“三五成群、错落有致”的方式布置,树下部种植草灌,构建丰富的层次感。草本主要以林下匍匐生长的草本为主,可在该区域内种植经济防护林,如枸杞、桑树、杨树等。在工程措施布局方面,根据不同的坡度和土壤情况,采取适当的工程辅助措施。三位植物网护坡主要是用于坡度在 $10°～15°$ 缓坡区域内水土流失和土壤侵蚀相对较厉害地方。该区域的特点主要是土壤主要为冲积土,土壤层相对较厚。植生袋护坡主要是用于坡度在 $15°～25°$ 的中缓坡内土壤层相对较薄,不利于植物的定植生长的区域。绿化混凝土护坡主要是用于坡度大于 $25°$ 的陡坡内以易发生滑坡的区域。该区域的特点主要是土壤层较薄,大量植物不能生长。

综上所述,水库消落区通常存在一系列的生态环境问题,如面源污染、植被稀疏、水土流失等。近年来,通过植被恢复和生态防护林来稳定河流湖泊库岸、减少水土流失、控制面源污染、改善土壤理化性质和抑制病原生物的滋生等方面取得了成功,有效地改善了水体质量,创造了良好的生态效益。而且以一些科技项目带动的适宜植物的耐水淹机制研究有利于掌握消落区植物群落自我维持机制,以指导消落区的植被恢复。

8.2 研究不足与展望

在本书中,对消落区的植被调查虽然从水库蓄水前的河岸带上部、自然消落区、蓄水后的水库消落区进行了相对系统的研究,但对水库蓄水后消落区植被的变化缺乏持续的跟踪调查。三峡水库蓄水后的消落区植被在目前这个阶段变数较多,植被不稳定,要全面掌握水库消落区的植被变化趋势与动态,需要持续的、全面的开展跟踪调查。另外,在本书中,由于内容限制,并没有把受三峡水库影响较大的荷叶铁线蕨、宜昌黄杨、鄂西鼠李、丰都车前、疏花水柏枝等三峡河岸带特有珍稀植物的迁地保护及保护生物学研究纳入进来。

在适宜植物对消落区环境的适应机制研究方面,尤其是作者本人的研究只是着重考虑了水淹对植物的影响及植物对水淹胁迫的适应机制研究。但是,我们知道,在三峡水库的大部分消落区,由于土壤层较薄,而且较贫瘠,在夏季受干旱天气的影响较大,在消落区的植物往往要经受水淹-干旱的交替影响。虽然在研究进展部分有所涉及,但研究内容、深度和广度都有所不足,需要加强水淹-干旱交替胁迫对植物形态、生理生化、蛋白质组、转录组及代谢组学的联合研究。而且,如果再延伸一些,在河口、滨海滩涂地区,由于含盐量高及频遭水淹,且水淹-盐复合胁迫下植物幼苗表现出的耐盐性与耐淹性可能与单因素胁迫不一,因此研究水淹-盐复合胁迫对植物的影响可能更具意义。

在以后应鼓励开展消落区演变观测和支撑相关问题解决的技术措施研究与试点示范。重点开展三峡水库消落区湿地生态系统发育观测研究,包括消落区环境结构、土壤性状、生物组成及生物量的长期研究观测;三峡水库消落区生态功能恢复技术研究与示范,包括生境修复、植物选育及配置技术、种子库生态恢复利用技术等;三峡水库消落区利用对库区生态环境影响研究;典型消落区湿地多样性保护试点研究等。在本书中没有将遥感(RS)和地理信息系统(GIS)、植物图志与植被调查的数据结合起来。如果在以后能将这些成果结合起来,可以有效实现消落区在植被恢复、湿地多样性保护、保留保护及岸线环境综合整治规划的优化设计和合理规划。另外,在本书中没有开展消落区植被恢复后生态效益评价和社会服务功能方面的讨论,希望能看到更多这方面的后续研究成果。